에듀윌과 함께 시작하면,
당신도 합격할 수 있습니다!

대학 졸업 후 안전관리자로 진로를 정하고
건설안전기사 시험을 준비하는 취준생

산업안전기사 자격증을 취득한 후
더 많은 기회를 얻기 위해 건설안전기사에 도전하는 수험생

오랜 시간 동안 건설현장에서 근로자로 일하면서
더 나은 미래를 위해 건설안전기사에 도전하는 주경야독 직장인

누구나 합격할 수 있습니다.
시작하겠다는 '다짐' 하나면 충분합니다.

마지막 페이지를 덮으면,

에듀윌과 함께
건설안전기사 합격이 시작됩니다.

꿈을 실현하는 에듀윌
Real 합격 스토리

김○○ 60대 직장인

환갑에 건설안전기사 합격!

앞으로 유망한 자격이라 생각되어 건설안전기사에 도전했습니다. 주로 주말을 이용하여 주경야독 했습니다. 어렵고 힘든 시기도 있었지만 할 수 있다는 각오와 열정으로 5개월 공부하여 합격했습니다. 2024년에는 산업안전기사에도 도전할 겁니다.

원○○ 30대 직장인

직장 다니면서도 할 수 있습니다!

각 잡고 공부할 시간이 없어 출퇴근길에 에듀윌 교재를 들고 다니며 틈틈이 7개년 기출문제를 눈으로 2회독 했습니다. 4, 5과목이 공부하는데 어려웠지만 다른 과목에서 높은 점수를 받아 거뜬하게 합격했습니다. 건설안전기사는 기출문제만 공부해도 합격할 수 있어 에듀윌 교재 추천합니다.

이○○ 50대 비전공자

건설안전기사에 이어서 산업안전기사, 위험물산업기사까지!

에듀윌 강의와 교재로 건설안전기사를 공부하여 한번에 합격하였습니다. 산업안전기사도 에듀윌로 선택하니 한번에 합격했습니다. 산업안전기사, 건설안전기사 외에도 자격시험을 준비하는 모든 사람들에게 에듀윌 적극 추천합니다! 저도 에듀윌로 위험물산업기사 준비할 생각입니다.

다음 합격의 주인공은 당신입니다!

더 많은
합격 비법

* 2023 대한민국 브랜드만족도 건설안전기사 교육 1위(한경비즈니스)

1위 에듀윌만의
체계적인 합격 커리큘럼

원하는 시간과 장소에서, 1:1 관리까지 한번에

온라인 강의

① 전 과목 최신 교재 제공
② 업계 최강 교수진의 전 강의 수강 가능
③ 맞춤형 학습플랜 및 커리큘럼으로 효율적인 학습

회원가입하고
산업/건설안전기사 입문팩
100% 무료로 받기

※ 해당 이벤트는 예고 없이 변경되거나 종료될 수 있습니다.

입문팩
무료 받기

친구 추천 이벤트

"친구 추천하고 한 달 만에 920만원 받았어요"

친구 1명 추천할 때마다 현금 10만원 제공
추천 참여 횟수 무제한 반복 가능

※ *a*o*h**** 회원의 2021년 2월 실제 리워드 금액 기준
※ 해당 이벤트는 예고 없이 변경되거나 종료될 수 있습니다.

친구 추천 이벤트
바로가기

* 2023 대한민국 브랜드만족도 건설안전기사 교육 1위(한경비즈니스)

eduwill

건설안전기사 실기 기출문제집

4주/6주 플래너

나에게 맞는
최적의 학습법에 따라 효율적으로 합격!

4주 플래너

구분	DAY	진도	완료
필답형 / week 01	DAY 1	알짜이론	☐
	DAY 2	2024년~2022년 기출문제	☐
	DAY 3	2021년~2019년 기출문제	☐
	DAY 4	2018년~2016년 기출문제	☐
	DAY 5	2015년~2013년 기출문제	☐
	DAY 6	2012년~2010년 기출문제 1회독 완료	☐
	DAY 7	2024년~2022년 기출문제	☐
week 02	DAY 8	2021년~2019년 기출문제	☐
	DAY 9	2018년~2016년 기출문제	☐
	DAY 10	2015년~2013년 기출문제	☐
	DAY 11	2012년~2010년 기출문제 2회독 완료	☐
	DAY 12	2024년~2022년 기출문제	☐
	DAY 13	2021년~2019년 기출문제	☐
	DAY 14	2018년~2016년 기출문제	☐
week 03	DAY 15	2015년~2013년 기출문제	☐
	DAY 16	2012년~2010년 기출문제 3회독 완료	☐
	DAY 17	2024년~2022년 기출문제	☐
	DAY 18	2021년~2019년 기출문제	☐
	DAY 19	2018년~2016년 기출문제	☐
	DAY 20	2015년~2013년 기출문제	☐
	DAY 21	2012년~2010년 기출문제 4회독 완료	☐
작업형 / week 04	DAY 22	알짜기출 + 무료특강	☐
	DAY 23	2024년~2022년 기출문제	☐
	DAY 24	2021년~2019년 기출문제	☐
	DAY 25	2018년~2015년 기출문제 1회독 완료	☐
	DAY 26	2024년~2020년 기출문제	☐
	DAY 27	2019년~2015년 기출문제 2회독 완료	☐
	DAY 28	작업형 실전 대비 FINAL NOTE	☐

6주 플래너

구분	DAY	진도	완료
필답형 / week 01	DAY 1	알짜이론 PART 01~05	☐
	DAY 2	알짜이론 PART 06~10	☐
	DAY 3	2024년~2023년 기출문제	☐
	DAY 4	2022년~2021년 기출문제	☐
	DAY 5	2020년~2019년 기출문제	☐
	DAY 6	2018년~2017년 기출문제	☐
	DAY 7	2016년~2015년 기출문제	☐
week 02	DAY 8	2014년~2013년 기출문제	☐
	DAY 9	2012년~2010년 기출문제 1회독 완료	☐
	DAY 10	2024년~2023년 기출문제	☐
	DAY 11	2022년~2021년 기출문제	☐
	DAY 12	2020년~2019년 기출문제	☐
	DAY 13	2018년~2017년 기출문제	☐
	DAY 14	2016년~2015년 기출문제	☐
week 03	DAY 15	2014년~2013년 기출문제	☐
	DAY 16	2012년~2010년 기출문제 2회독 완료	☐
	DAY 17	2024년~2023년 기출문제	☐
	DAY 18	2022년~2021년 기출문제	☐
	DAY 19	2020년~2019년 기출문제	☐
	DAY 20	2018년~2017년 기출문제	☐
	DAY 21	2016년~2015년 기출문제	☐
week 04	DAY 22	2014년~2013년 기출문제	☐
	DAY 23	2012년~2010년 기출문제 3회독 완료	☐
	DAY 24	2024년~2023년 기출문제	☐
	DAY 25	2022년~2021년 기출문제	☐
	DAY 26	2020년~2019년 기출문제	☐
	DAY 27	2018년~2017년 기출문제	☐
	DAY 28	2016년~2015년 기출문제	☐
week 05	DAY 29	2014년~2013년 기출문제	☐
	DAY 30	2012년~2010년 기출문제 4회독 완료	☐
	DAY 31	2024년~2022년 기출문제	☐
	DAY 32	2021년~2019년 기출문제	☐
	DAY 33	2018년~2016년 기출문제	☐
	DAY 34	2015년~2013년 기출문제	☐
	DAY 35	2012년~2010년 기출문제 5회독 완료	☐
작업형 / week 06	DAY 36	알짜기출 + 무료특강	☐
	DAY 37	2024년~2022년 기출문제	☐
	DAY 38	2021년~2019년 기출문제	☐
	DAY 39	2018년~2015년 기출문제 1회독 완료	☐
	DAY 40	2024년~2020년 기출문제	☐
	DAY 41	2019년~2015년 기출문제 2회독 완료	☐
	DAY 42	작업형 실전 대비 FINAL NOTE	☐

시작하는 방법은

말을 멈추고

즉시 행동하는 것이다.

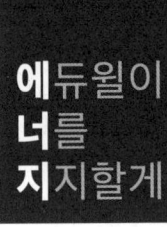

– 월트 디즈니(Walt Disney)

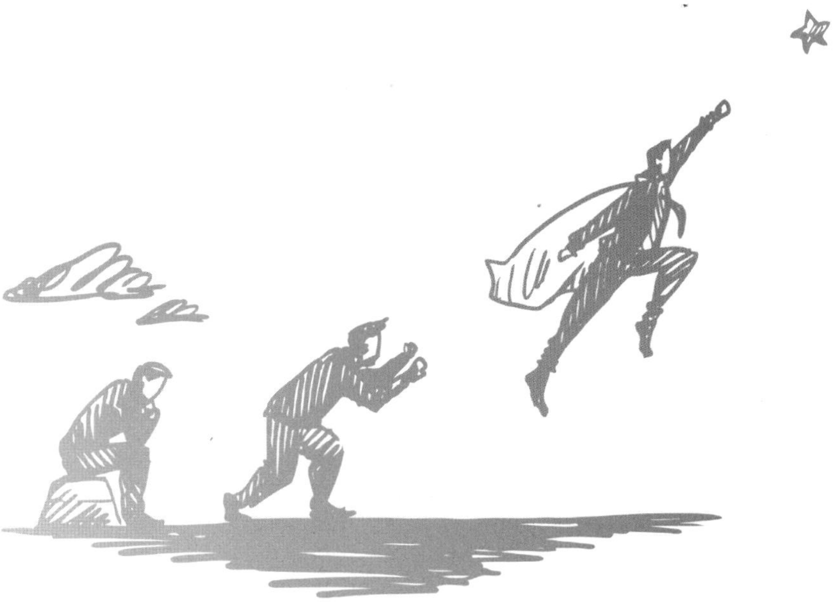

에듀윌
건설안전기사

실기 필답형

eduwill

사람의 생명을 지키는 자, 안전관리자

2023년에 2,016명이 산업재해로 생명을 잃었습니다.

❖ 2023년 산업재해 발생현황

사망자 수: 2,016명	재해자 수: 136,796명
• 사고 사망자 수: 812명 전년 동기 대비 62명(7.1%) 감소 • 질병 사망자 수: 1,204명 전년 동기 대비 145명(10.7%) 감소	• 사고 재해자 수: 113,465명 전년 동기 대비 6,251명(5.8%) 증가 • 질병 재해자 수: 23,331명 전년 동기 대비 197명(0.9%) 증가

안전보건공단, 2023. 12월말 산업재해현황 기준

❖ 사망사고 발생 최다 업종, 건설업

건설업에 종사하는 근로자는 높은 곳에서 작업하게 되는데 이때 발생한 추락사고는 사망사고로 이어지는 경우가 많다. 안전관리자는 사업장을 순회점검하며 근로자가 안전하게 작업할 수 있도록 조치하는 업무를 하기 때문에 안전관리자가 제대로 된 역할을 수행하면 사망사고를 줄일 수 있다.

【2023년 발생한 산업재해 중 사망사고의 업종별 분류 현황】

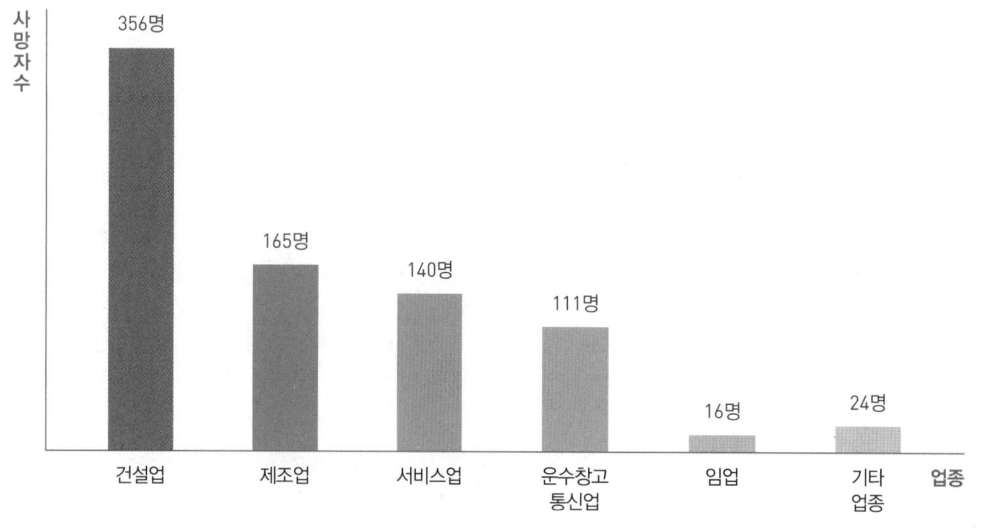

안전보건공단, 2023.12월말 산업재해현황 기준

건설업에서 안전관리자는 선택이 아니라 필수입니다.

NEWS 2024.8.30

안전관리자 부족, 자격증 취득 수요 '급증'

연이은 건설업 현장에서의 사고와 '중대재해처벌법' 적용 사례들이 발생하면서 안전에 대한 사회적 관심이 날로 커져가고 있다.
한국산업인력공단에서 발표한 2024 국가기술자격 통계연보에 따르면, 안전관리 분야의 자격 응시인원이 역대 최고치인걸로 나타났다.
'건설안전기사' 응시 인원은 2023년 34,908명으로 전년도 대비 약 31.5% 증가, '건설안전산업기사' 역시 2023년 10,908명으로 전년도 대비 약 19.4% 증가하였다.

NEWS 2024.5.10

'중대재해처벌법'에도 줄지 않는 사망자수?

고용노동부가 2023년 산업재해 현황 "재해조사 대상 사망사고 발생 현황" 결과를 발표했다.
2023년 재해조사 대상 사고사망자는 전체 598명으로, 건설업이 303명으로 가장 많았고 제조업 170명, 기타 125명으로 집계되었으며 사고사망자 수가 처음으로 500명대 수준으로 감소하였다.
고용노동부는 "올해 1월 27일부터 중대재해처벌법이 확대 적용된 50일 미만 기업에게 산업안전 컨설팅·교육·기술지도 및 재정지원 등을 집중 지원할 계획"이라고 밝혔다.

❖ 안전관리자 선임의 필수조건, 건설안전기사 취득

건설업의 경우 총 공사금액이 50억 원 이상이면 안전관리자를 선임해야 한다.
건설업에서 안전관리자로 선임될 수 있는 조건은 건설안전기사 또는 건설안전산업기사 자격을 취득한 자이다.
최근 건설안전기사 응시생 수는 지속적으로 증가하여 2023년에는 34,908명이 필기시험에 응시했다. 이 수치는 2013년에 비해 360% 이상 증가한 것이다.

합격의 첫 걸음

건설안전기사 시험정보

건설안전기사란?

건설안전기사 시험은 건설업에서 안전관리자로 선임되기 위한 필수조건인 안전관리자 자격을 취득하기 위한 시험이다.

건설업 안전관리자는 건설현장을 순회하며 근로자가 안전하게 작업할 수 있도록 점검하고, 사업장의 안전교육계획을 수립하는 등 건설현장에서 산업재해가 발생하는 것을 방지하기 위한 업무를 수행한다.

시험일정 & 합격자 발표시기

구분	필기시험	필기합격(예정자)발표	실기시험	최종합격자 발표일
1회	2025.02.07~2025.03.04	2025.03.12	2025.04.19~2025.05.09	2025.06.13
2회	2025.05.10~2025.05.30	2025.06.11	2025.07.19~2025.08.06	2025.09.12
3회	2025.08.09~2025.09.01	2025.09.10	2025.11.01~2025.11.21	2025.12.24

※ 정확한 시험일정은 한국산업인력공단(Q-net) 참고

응시자격

① 산업기사 등급 이상의 자격을 취득한 후 응시하려는 종목에 속하는 동일 및 유사 직무분야에서 1년 이상 실무에 종사한 사람

② 기능사 자격을 취득한 후 응시하려는 종목에 속하는 동일 및 유사 직무분야에서 3년 이상 실무에 종사한 사람

③ 산업안전공학, 건설안전공학, 토목공학, 건축공학 등 관련학과 졸업자 또는 졸업예정자

※ 정확한 경력 인정범위, 전공 등은 한국산업인력공단(Q-net)에 별도 문의해야 함

실기시험 세부 출제항목

과목명		주요항목
건설안전실무	안전관리	1. 안전관리 조직 이해하기 2. 안전관리계획 수립하기 3. 산업재해발생 및 재해조사 분석하기 4. 재해 예방대책 수립하기 5. 개인보호구 선정하기 6. 안전 시설물 설치하기 7. 안전보건교육 계획하기 8. 안전보건교육 실시하기
	건설공사 안전	1. 건설공사 특수성 분석하기 2. 가설공사 안전을 이해하기 3. 토공사 안전을 이해하기 4. 구조물공사 안전을 이해하기 5. 마감공사 안전을 이해하기 6. 건설기계, 기구 안전을 이해하기 7. 사고형태별 안전을 이해하기
	안전기준	1. 건설안전 관련법규 적용하기 2. 안전기준에 관한 규칙 및 기술지침 적용하기

실기시험시간 & 합격기준

시험시간	필답형(1시간 30분) + 작업형(50분 정도)
합격기준	• 필답형(60점) + 작업형(40점) • 100점을 만점으로 하여 60점 이상

건설안전기사 실기

에듀윌과 함께하는 합격 필승전략

필답형 학습 전략

'알짜이론'으로 시험에 나오는 것만 공부하자!

필답형 15개년 · 작업형 10개년 기출문제를 완벽 분석하여 합격에 필요한 이론들만 모아 10개의 PART로 압축 구성하였습니다. 실기 합격에 필요한 이론만 실속있게 정리하여 학습자의 암기 부담을 덜고 시험 준비 기간도 단축하였습니다. 또한, 개정된 최신 법령을 실어 2025년도 시험에 완벽하게 대비할 수 있도록 하였습니다.

'필답형 15개년 기출문제'로 작업형 준비까지!

필답형 15개년 기출문제를 누락없이 완벽 복원하였습니다. 필답형과 작업형의 학습내용이 유사하므로 필답형 기출문제를 반복 학습하면 작업형 대비도 함께 할 수 있습니다.

13

콘크리트 타설작업을 위하여 콘크리트타설장비 사용 시 준수사항 3가지를 쓰시오. (6점)

정답

① 작업을 시작하기 전에 콘크리트타설장비를 점검하고 이상을 발견하였으면 즉시 보수할 것
② 건축물의 난간 등에서 작업하는 근로자가 호스의 요동·선회로 인하여 추락하는 위험을 방지하기 위하여 안전난간 설치 등 필요한 조치를 할 것
③ 콘크리트타설장비의 붐을 조정하는 경우에는 주변의 전선 등에 의한 위험을 예방하기 위한 적절한 조치를 할 것
④ 작업 중에 지반의 침하나 아웃트리거 등 콘크리트타설장비 지지구조물의 손상 등에 의하여 콘크리트타설장비가 넘어질 우려가 있는 경우에는 이를 방지하기 위한 적절한 조치를 할 것

관련법령 「산업안전보건기준에 관한 규칙」 제335조(콘크리트 타설장비 사용 시의 준수사항)

▲ 필답형 2023년 4회 13번

01 **화면과 같은 콘크리트타설장비 사용 시 준수사항 3가지를 쓰시오. (6점)**

정답

① 작업을 시작하기 전에 콘크리트타설장비를 점검하고 이상을 발견하였으면 즉시 보수할 것
② 건축물의 난간 등에서 작업하는 근로자가 호스의 요동·선회로 인하여 추락하는 위험을 방지하기 위하여 안전난간 설치 등 필요한 조치를 할 것
③ 콘크리트타설장비의 붐을 조정하는 경우에는 주변의 전선 등에 의한 위험을 예방하기 위한 적절한 조치를 할 것
④ 작업 중에 지반의 침하나 아웃트리거 등 콘크리트타설장비 지지구조물의 손상 등에 의하여 콘크리트타설장비가 넘어질 우려가 있는 경우에는 이를 방지하기 위한 적절한 조치를 할 것

▲ 작업형 2022년 1회 2부 1번

작업형 학습 전략

'알짜기출 + 무료특강'으로 실전 감각을 익히자!

실제 시험과 유사한 작업형 실사 영상 50개를 제공하였습니다. 답을 단순히 암기하는 것이 아니라 영상을 통해 작업 현장을 관찰하고, 답을 이해할 수 있도록 하였습니다. 더불어 건설안전전문가가 강의하는 무료특강으로 상황별 출제될 수 있는 문제를 확인하고 학습 NOTE에 개인별 학습특성에 맞게 정리하도록 구성하였습니다.

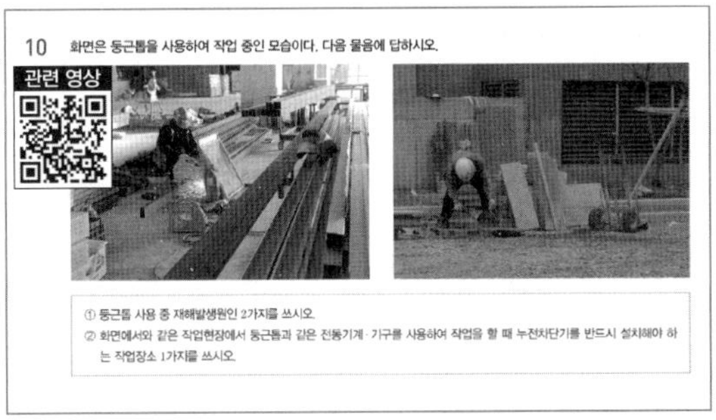
10 화면은 둥근톱을 사용하여 작업 중인 모습이다. 다음 물음에 답하시오.

관련 영상

① 둥근톱 사용 중 재해발생원인 2가지를 쓰시오.
② 화면에서와 같은 작업현장에서 둥근톱과 같은 전동기계·기구를 사용하여 작업을 할 때 누전차단기를 반드시 설치해야 하는 작업장소 1가지를 쓰시오.

※ 작업형 무료특강은 '에듀윌 도서몰(book.eduwill.net) → 동영상 강의실'에서 회원가입 후 이용 가능

'작업형 10개년 기출문제'로 합격 문 앞으로!

작업형 10개년 기출문제를 누락없이 완벽 복원하였습니다. 작업형은 필답형에 비해 어렵지 않지만 화면에서 묻고 있는 내용을 파악하지 못하여 잘못된 답을 적어 감점을 당하는 경우가 많습니다. 따라서 문제 상황과 유사한 그림과 사진을 모든 문제에 제공하여 묻고 있는 내용을 명확하게 파악할 수 있도록 구성하였습니다.

'작업형 실전 대비 FINAL NOTE'로 최종 점검!

작업형 영상을 보고 상황별 출제될 수 있는 문제를 제공하였습니다. 작업형 10개년 기출문제를 학습한 후 시험 직전에, 제공된 정답을 암기하는 것이 아니라 직접 손으로 답을 적어보며 이해할 수 있도록 구성하였습니다.

※ 작업형 실전 대비 FINAL NOTE는 '에듀윌 도서몰(book.eduwill.net) → 도서자료실 → 부가학습자료'에서 회원가입 후 이용 가능

알짜이론+알짜기출로 학습효율 UP!

2025 건설안전기사 실기 기출문제집

알짜이론 + 알짜기출로 학습효율 극대화!

실속있게 공부하는 **알짜이론**

❶ **PART 01 건설안전법규 및 안전기준**

산업재해 예방을 위하여 건설공사 현장에서 직접 사용되거나 건설업체의 본사에 설치된 안전전담부서에서 법령에 규정된 사항을 이행하는 데 소요되는 비용

2. 산업안전보건관리비 대상액

관련 규정에서 정하는 공사원가계산서 구성항목 중 직접재료비, 간접재료비와 직접노무비를 합한 금액(발주자가 재료를 제공할 경우에는 해당 재료비 포함). 단, 대상액이 명확하지 않은 경우 총 공사금액의 70[%]를 대상액으로 한다.

❷ **3. 공사종류 및 규모별 산업안전보건관리비 계상기준표**

구분 / 공사종류	5억 원 미만[%]	5억 원 이상		적용비율[%]	보건관리자 선임 대상 건설공사[%]
					2.64
					2.73
중건설공사	3.64	3.05	2,975,000	3.11	3.39
특수건설공사	2.07	1.59	2,450,000	1.64	1.78

4. 공사진척에 따른 산업안전보건관리비 사용기준

공정률[%]	50 이상 70 미만	70 이상 90 미만	90 이상
사용기준[%]	50 이상	70 이상	90 이상

5. 산업안전보건관리비 사용기준

1. 안전관리자·보건관리자의 임금 등
2. 안전시설비 등
3. 보호구 등
4. 안전보건진단비 등
5. 안전보건교육비 등
6. 근로자 건강장해예방비 등
7. 건설재해예방전문지도기관의 지도에 대한 대가로 자기공사자가 지급하는 비용

16 • 건설안전기사 실기 기출문제집 필답형

시험영상이 있는 **알짜기출**

※ 제공된 사진과 동영상은 실제 시험 형식을 기반으로 제작 · 제공하였습니다.

❸ 관련 영상

크레인의 설치·조립·해체 시 작업계획서에 포함하여야 하는 내용 4가지를 쓰시오.

정답
① 타워크레인의 종류 및 형식
② 설치·조립 및 해체순서
③ 작업도구·장비·가설설비 및 방호설비
④ 작업인원의 구성 및 작업근로자의 역할 범위
⑤ 타워크레인의 지지 방법

관련법령 「산업안전보건기준에 관한 규칙」 [별표 4] 사전조사 및 작업계획서 내용

❹ 학습 NOTE

8 • 건설안전기사 실기 기출문제집 작업형

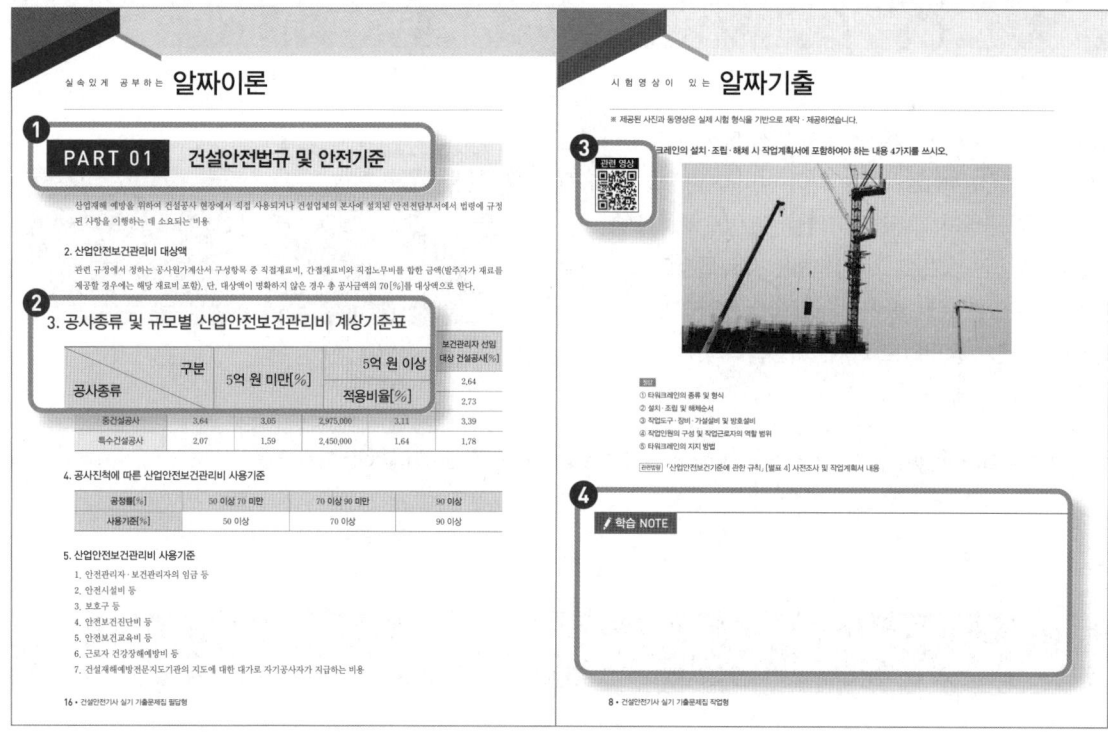

❶ 자주 출제되는 문제의 이론과 법령을 10개의 PART로 구성하여 효율적으로 암기할 수 있도록 하였습니다.

❷ 그중에서도 더 중요한 내용은 제목을 색자로 나타내어 학습자가 더 집중하여 학습할 수 있도록 하였습니다.

❸ QR코드를 통해 작업형 실사 영상을 보면서 실제와 같이 시험을 준비할 수 있습니다.

❹ 추가로 알아야 하는 관련 법령이나, 무료특강을 통해 이해한 내용을 '학습 NOTE'에 각자의 방법으로 정리할 수 있습니다.

"압축 정리된 이론과 기출로 효율적 학습"

필답형 15개년 + 작업형 10개년으로 기출 완전 정복!

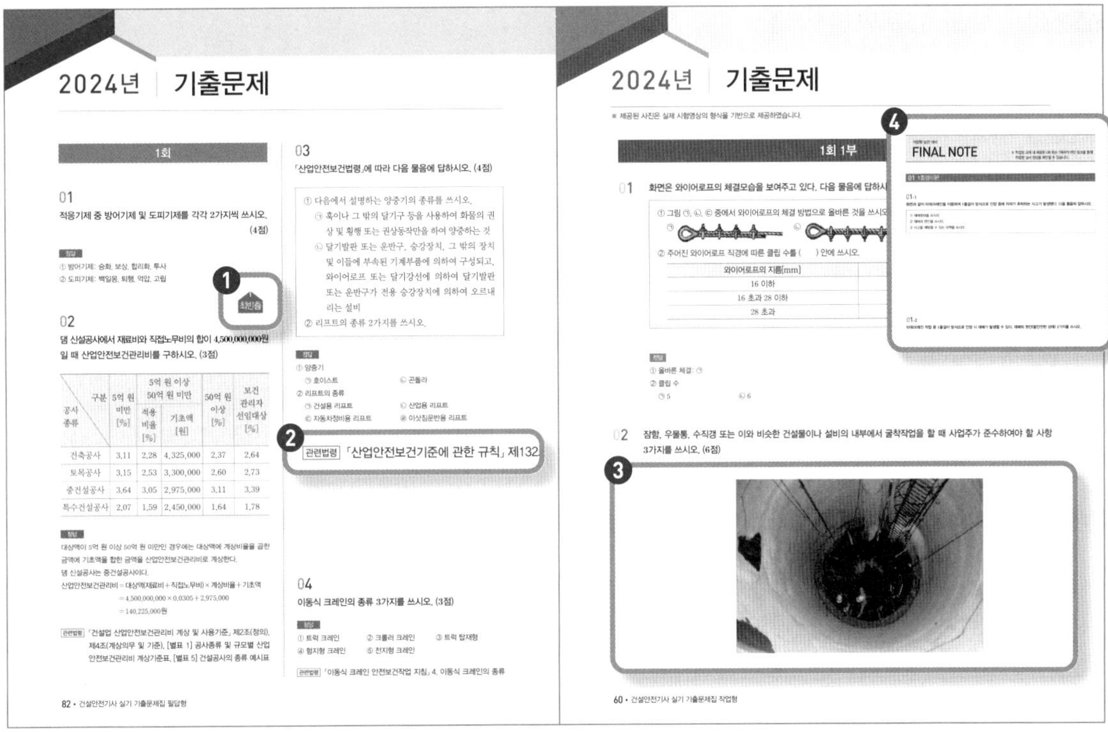

❶ 지난 15년간 5회 이상 출제된 문제는 빈출, 10회 이상 출제된 문제는 최빈출 표시를 하여 학습의 강약을 조절할 수 있도록 하였습니다.

❷ 법령 문제는 문제마다 '관련법령'을 표시하여 정답의 근거를 찾아볼 수 있도록 하였습니다.

❸ 문제와 관련된 상황 사진을 제공하여 학습의 효율을 높였습니다.

❹ 작업형 실전 대비 FINAL NOTE를 제공하여 작업형 실사 영상과 관련되어 출제될 수 있는 문제를 확인하고, 직접 답을 작성해 볼 수 있습니다.(PDF 제공)

“ 필답형 15개년+작업형 10개년 반복 학습으로 완벽하게 ”

CONTENTS

차례

알짜이론

필답형 15개년 기출문제

실속있게 공부하는

알짜이론

시험에 나오는 것만
실속있게 암기하자

실 속 있 게 공 부 하 는 **알짜이론**

PART 01 건설안전법규 및 안전기준

1. 건설업 산업안전보건관리비

산업재해 예방을 위하여 건설공사 현장에서 직접 사용되거나 건설업체의 본사에 설치된 안전전담부서에서 법령에 규정된 사항을 이행하는 데 소요되는 비용

2. 산업안전보건관리비 대상액

관련 규정에서 정하는 공사원가계산서 구성항목 중 직접재료비, 간접재료비와 직접노무비를 합한 금액(발주자가 재료를 제공할 경우에는 해당 재료비 포함). 단, 대상액이 명확하지 않은 경우 총 공사금액의 70[%]를 대상액으로 한다.

3. 공사종류 및 규모별 산업안전보건관리비 계상기준표

구분 / 공사종류	5억 원 미만[%]	5억 원 이상 50억 원 미만		50억 원 이상[%]	보건관리자 선임 대상 건설공사[%]
		적용비율[%]	기초액[원]		
건축공사	3.11	2.28	4,325,000	2.37	2.64
토목공사	3.15	2.53	3,300,000	2.60	2.73
중건설공사	3.64	3.05	2,975,000	3.11	3.39
특수건설공사	2.07	1.59	2,450,000	1.64	1.78

4. 공사진척에 따른 산업안전보건관리비 사용기준

공정률[%]	50 이상 70 미만	70 이상 90 미만	90 이상
사용기준[%]	50 이상	70 이상	90 이상

5. 산업안전보건관리비 사용기준

1. 안전관리자·보건관리자의 임금 등
2. 안전시설비 등
3. 보호구 등
4. 안전보건진단비 등
5. 안전보건교육비 등
6. 근로자 건강장해예방비 등
7. 건설재해예방전문지도기관의 지도에 대한 대가로 자기공사자가 지급하는 비용

8. 건설사업자가 아닌 자가 운영하는 사업에서 안전보건 업무를 총괄·관리하는 3명 이상으로 구성된 본사 전담조직에 소속된 근로자의 임금 및 업무수행 출장비 전액(계상된 산업안전보건관리비 총액의 5[%] 이내)
9. 위험성평가 또는 유해·위험요인 개선을 위해 필요하다고 판단하여 산업안전보건위원회 또는 노사협의체에서 사용하기로 결정한 사항을 이행하기 위한 비용(계상된 산업안전보건관리비 총액의 10[%] 이내)

6. 건설공사 유해위험방지계획서의 제출시기

해당 공사의 착공 전날까지

7. 유해위험방지계획서 심사 결과의 구분

1. 적정: 근로자의 안전과 보건을 위하여 필요한 조치가 구체적으로 확보되었다고 인정되는 경우
2. 조건부 적정: 근로자의 안전과 보건을 확보하기 위하여 일부 개선이 필요하다고 인정되는 경우
3. 부적정: 건설물·기계·기구 및 설비 또는 건설공사가 심사기준에 위반되어 공사착공 시 중대한 위험이 발생할 우려가 있거나 해당 계획에 근본적 결함이 있다고 인정되는 경우

8. 유해위험방지계획서 제출대상 건설공사

1. 다음의 어느 하나에 해당하는 건축물 또는 시설 등의 건설·개조 또는 해체(이하 "건설 등") 공사
   ① 지상높이가 31[m] 이상인 건축물 또는 인공구조물
   ② 연면적 30,000[m^2] 이상인 건축물
   ③ 연면적 5,000[m^2] 이상인 시설로서 다음의 어느 하나에 해당하는 시설
      ㉠ 문화 및 집회시설(전시장 및 동물원·식물원 제외)
      ㉡ 판매시설, 운수시설(고속철도의 역사 및 집배송시설 제외)
      ㉢ 종교시설
      ㉣ 의료시설 중 종합병원
      ㉤ 숙박시설 중 관광숙박시설
      ㉥ 지하도상가
      ㉦ 냉동·냉장 창고시설
2. 연면적 5,000[m^2] 이상인 냉동·냉장 창고시설의 설비공사 및 단열공사
3. 최대 지간길이(다리의 기둥과 기둥의 중심사이의 거리)가 50[m] 이상인 다리의 건설 등 공사
4. 터널의 건설 등 공사
5. 다목적댐, 발전용댐, 저수용량 2천만 톤 이상의 용수 전용 댐 및 지방상수도 전용 댐의 건설 등 공사
6. 깊이 10[m] 이상인 굴착공사

9. 유해위험방지계획서 중 안전보건관리계획의 세부항목

1. 공사 개요서
2. 공사현장의 주변 현황 및 주변과의 관계를 나타내는 도면(매설물 현황 포함)
3. 전체 공정표
4. 산업안전보건관리비 사용계획서
5. 안전관리 조직표
6. 재해 발생 위험 시 연락 및 대피방법

10. 유해위험방지계획서 제출대상 건설공사를 착공하려는 경우 의견을 들어야 하는 자격자

1. 건설안전 분야 산업안전지도사
2. 건설안전기술사 또는 토목·건축 분야 기술사
3. 건설안전산업기사 이상의 자격을 취득한 후 건설안전 관련 실무경력이 건설안전기사 이상의 자격은 5년, 건설안전산업기사 자격은 7년 이상인 사람

11. 「산업안전보건법령」상 중대재해

1. 사망자가 1명 이상 발생한 재해
2. 3개월 이상의 요양이 필요한 부상자가 동시에 2명 이상 발생한 재해
3. 부상자 또는 직업성 질병자가 동시에 10명 이상 발생한 재해

12. 안전관리자의 업무

1. 산업안전보건위원회 또는 노사협의체에서 심의·의결한 업무와 해당 사업장의 안전보건관리규정 및 취업규칙에서 정한 업무
2. 위험성평가에 관한 보좌 및 지도·조언
3. 안전인증대상기계 등과 자율안전확인대상기계 등 구입 시 적격품의 선정에 관한 보좌 및 지도·조언
4. 해당 사업장 안전교육계획의 수립 및 안전교육 실시에 관한 보좌 및 지도·조언
5. 사업장 순회점검, 지도 및 조치 건의
6. 산업재해 발생의 원인 조사·분석 및 재발 방지를 위한 기술적 보좌 및 지도·조언
7. 산업재해에 관한 통계의 유지·관리·분석을 위한 보좌 및 지도·조언
8. 법 또는 법에 따른 명령으로 정한 안전에 관한 사항의 이행에 관한 보좌 및 지도·조언
9. 업무 수행 내용의 기록·유지
10. 그 밖에 안전에 관한 사항으로서 고용노동부장관이 정하는 사항

13. 안전보건총괄책임자 지정 대상사업

1. 관계수급인에게 고용된 근로자를 포함한 상시근로자가 100명(선박 및 보트 건조업, 1차 금속 제조업 및 토사석 광업의 경우 50명) 이상인 사업
2. 관계수급인의 공사금액을 포함한 해당 공사의 총 공사금액이 20억 원 이상인 건설업

14. 안전보건총괄책임자의 직무

1. 위험성평가의 실시에 관한 사항
2. 산업재해가 발생할 급박한 위험이 있는 경우 및 중대재해가 발생한 경우 작업의 중지
3. 도급 시 산업재해 예방조치
4. 산업안전보건관리비의 관계수급인 간의 사용에 관한 협의·조정 및 그 집행의 감독
5. 안전인증대상기계 등과 자율안전확인대상기계 등의 사용 여부 확인

15. 명예산업안전감독관의 업무

1. 사업장에서 하는 자체점검 참여 및 근로감독관이 하는 사업장 감독 참여
2. 사업장 산업재해 예방계획 수립 참여 및 사업장에서 하는 기계·기구 자체검사 참석
3. 법령을 위반한 사실이 있는 경우 사업주에 대한 개선 요청 및 감독기관에의 신고
4. 산업재해 발생의 급박한 위험이 있는 경우 사업주에 대한 작업중지 요청
5. 작업환경측정, 근로자 건강진단 시의 참석 및 그 결과에 대한 설명회 참여
6. 직업성 질환의 증상이 있거나 질병에 걸린 근로자가 여러 명 발생한 경우 사업주에 대한 임시건강진단 실시 요청
7. 근로자에 대한 안전수칙 준수 지도
8. 법령 및 산업재해 예방정책 개선 건의
9. 안전·보건 의식을 북돋우기 위한 활동 등에 대한 참여와 지원
10. 그 밖에 산업재해 예방에 대한 홍보 등 산업재해 예방업무와 관련하여 고용노동부장관이 정하는 업무

16. 명예산업안전감독관의 해촉사유

1. 근로자대표가 사업주의 의견을 들어 명예산업안전감독관의 해촉을 요청한 경우
2. 명예산업안전감독관이 해당 단체 또는 그 산하조직으로부터 퇴직하거나 해임된 경우
3. 명예산업안전감독관의 업무와 관련하여 부정한 행위를 한 경우
4. 질병이나 부상 등의 사유로 명예산업안전감독관의 업무 수행이 곤란하게 된 경우

17. 명예산업안전감독관 위촉 대상

1. 산업안전보건위원회 구성 대상 사업의 근로자 또는 노사협의체 구성·운영 대상 건설공사의 근로자 중에서 근로자대표가 사업주의 의견을 들어 추천하는 사람
2. 노동조합 또는 그 지역 대표기구에 소속된 임직원 중에서 해당 연합단체인 노동조합 또는 그 지역 대표기구가 추천하는 사람
3. 전국 규모의 사업주단체 또는 그 산하조직에 소속된 임직원 중에서 해당 단체 또는 그 산하조직이 추천하는 사람
4. 산업재해 예방 관련 업무를 하는 단체 또는 그 산하조직에 소속된 임직원 중에서 해당 단체 또는 그 산하조직이 추천하는 사람

18. 명예산업안전감독관의 임기

명예산업안전감독관의 임기는 2년으로 하되, 연임 가능

19. 지방고용노동관서의 장이 안전관리자·보건관리자 또는 안전보건관리담당자를 정수 이상으로 증원하게 하거나 교체하여 임명할 것을 명할 수 있는 경우

1. 해당 사업장의 연간재해율이 같은 업종의 평균재해율의 2배 이상인 경우
2. 중대재해가 연간 2건 이상 발생한 경우(해당 사업장의 전년도 사망만인율이 같은 업종의 평균 사망만인율 이하인 경우 제외)
3. 관리자가 질병이나 그 밖의 사유로 3개월 이상 직무를 수행할 수 없게 된 경우
4. 화학적 인자로 인한 직업성 질병자가 연간 3명 이상 발생한 경우

20. 도급사업의 합동 안전·보건점검 시 점검반 구성 대상

1. 도급인
2. 관계수급인
3. 도급인 및 관계수급인의 근로자 각 1명

21. 산업안전보건위원회

1. 설치대상: 「산업안전보건법 시행령」 [별표 9]에 명시된 사업장
2. 개최주기
   ① 정기회의: 분기마다
   ② 임시회의: 위원장이 필요하다고 인정할 때
3. 회의록 내용
   ① 개최 일시 및 장소
   ② 출석위원
   ③ 심의 내용 및 의결·결정 사항
   ④ 그 밖의 토의사항
4. 구성
   ① 근로자위원
      ㉠ 근로자대표
      ㉡ 명예산업안전감독관이 위촉되어 있는 사업장의 경우 근로자대표가 지명하는 1명 이상의 명예산업안전감독관
      ㉢ 근로자대표가 지명하는 9명 이내의 해당 사업장의 근로자
   ② 사용자위원
      ㉠ 해당 사업의 대표자
      ㉡ 안전관리자 1명
      ㉢ 보건관리자 1명
      ㉣ 산업보건의
      ㉤ 해당 사업의 대표자가 지명하는 9명 이내의 해당 사업장 부서의 장
5. 위원장 선출방법: 산업안전보건위원회의 위원장은 위원 중에서 호선한다. 이 경우 근로자위원과 사용자위원 중 각 1명을 공동위원장으로 선출할 수 있다.
6. 의결되지 않은 사항 등의 처리: 근로자위원과 사용자위원의 합의에 따라 산업안전보건위원회에 중재기구를 두어 해결하거나 제3자에 의한 중재를 받아야 한다.

22. 노사협의체

1. 설치대상: 공사금액이 120억 원(토목공사업은 150억 원) 이상인 건설공사
2. 개최주기
   ① 정기회의: 2개월마다
   ② 임시회의: 위원장이 필요하다고 인정할 때
3. 회의록 내용
   ① 개최 일시 및 장소
   ② 출석위원

③ 심의 내용 및 의결·결정 사항
④ 그 밖의 토의사항

4. 구성

① 근로자위원

㉠ 도급 또는 하도급 사업을 포함한 전체 사업의 근로자대표
㉡ 근로자대표가 지명하는 명예산업안전감독관 1명. 다만, 명예산업안전감독관이 위촉되어 있지 않은 경우에는 근로자대표가 지명하는 해당 사업장 근로자 1명
㉢ 공사금액이 20억 원 이상인 공사의 관계수급인의 각 근로자대표

② 사용자위원

㉠ 도급 또는 하도급 사업을 포함한 전체 사업의 대표자
㉡ 안전관리자 1명
㉢ 보건관리자 1명
㉣ 공사금액이 20억 원 이상인 공사의 관계수급인의 각 대표자

23. 건설재해예방전문지도기관과 건설 산업재해 예방을 위한 지도계약을 체결하지 않아도 되는 공사

1. 공사기간이 1개월 미만인 공사
2. 육지와 연결되지 않은 섬 지역(제주특별자치도 제외)에서 이루어지는 공사
3. 사업주가 안전관리자의 자격을 가진 사람을 선임하여 안전관리자의 업무만을 전담하도록 하는 공사
4. 유해위험방지계획서를 제출해야 하는 공사

24. 「산업안전보건법령」상 안전인증대상기계 등

1. 기계 또는 설비

① 프레스	② 전단기 및 절곡기	③ 크레인
④ 리프트	⑤ 압력용기	⑥ 롤러기
⑦ 사출성형기	⑧ 고소작업대	⑨ 곤돌라

2. 방호장치

① 프레스 및 전단기 방호장치
② 양중기용 과부하방지장치
③ 보일러 압력방출용 안전밸브
④ 압력용기 압력방출용 안전밸브
⑤ 압력용기 압력방출용 파열판
⑥ 절연용 방호구 및 활선작업용 기구
⑦ 방폭구조 전기기계·기구 및 부품
⑧ 추락·낙하 및 붕괴 등의 위험 방지 및 보호에 필요한 가설기자재로서 고용노동부장관이 정하여 고시하는 것
⑨ 충돌·협착 등의 위험 방지에 필요한 산업용 로봇 방호장치로서 고용노동부장관이 정하여 고시하는 것

3. 보호구

① 추락 및 감전 위험방지용 안전모
② 안전화
③ 안전장갑

④ 방진마스크
⑤ 방독마스크
⑥ 송기마스크
⑦ 전동식 호흡보호구
⑧ 보호복
⑨ 안전대
⑩ 차광 및 비산물 위험방지용 보안경
⑪ 용접용 보안면
⑫ 방음용 귀마개 또는 귀덮개

25. 안전인증의 표시 외 안전인증제품 표시사항

1. 형식 또는 모델명
2. 규격 또는 등급 등
3. 제조자명
4. 제조번호 및 제조연월
5. 안전인증 번호

26. 안전검사합격증명서 표시사항

1. 안전검사대상기계명
2. 신청인
3. 형식번호(설치장소)
4. 합격번호
5. 검사유효기간
6. 검사기관(실시기관)

27. 자율검사프로그램의 인정을 취소하거나 인정받은 자율검사프로그램의 내용에 따라 검사를 하도록 하는 등 시정을 명할 수 있는 경우

1. 거짓이나 그 밖의 부정한 방법으로 자율검사프로그램을 인정받은 경우. 이 경우에는 인정을 취소하여야 한다.
2. 자율검사프로그램을 인정받고도 검사를 하지 아니한 경우
3. 인정받은 자율검사프로그램의 내용에 따라 검사를 하지 아니한 경우
4. 유자격자 또는 자율안전검사기관이 검사를 하지 아니한 경우

28. 「산업안전보건법령」상 자율안전확인대상기계 등

1. 기계 또는 설비
   ① 연삭기 또는 연마기(휴대형 제외)
   ② 산업용 로봇
   ③ 혼합기
   ④ 파쇄기 또는 분쇄기
   ⑤ 식품가공용 기계(파쇄 · 절단 · 혼합 · 제면기만 해당)

⑥ 컨베이어
⑦ 자동차정비용 리프트
⑧ 공작기계(선반, 드릴기, 평삭·형삭기, 밀링만 해당)
⑨ 고정형 목재가공용 기계(둥근톱, 대패, 루타기, 띠톱, 모떼기 기계만 해당)
⑩ 인쇄기

2. 방호장치
① 아세틸렌 용접장치용 또는 가스집합 용접장치용 안전기
② 교류 아크용접기용 자동전격방지기
③ 롤러기 급정지장치
④ 연삭기 덮개
⑤ 목재가공용 둥근톱 반발예방장치와 날접촉예방장치
⑥ 동력식 수동대패용 칼날접촉방지장치
⑦ 추락·낙하 및 붕괴 등의 위험 방지 및 보호에 필요한 가설기자재(안전인증대상 제외)로서 고용노동부장관이 정하여 고시하는 것

3. 보호구
① 안전모(추락 및 감전 위험방지용 안전모 제외)
② 보안경(차광 및 비산물 위험방지용 보안경 제외)
③ 보안면(용접용 보안면 제외)

29. 중대재해 발생 시 보고

1. 보고시기: 중대재해가 발생한 사실을 알게 된 경우 지체 없이
2. 보고대상: 관할 지방고용노동관서의 장
3. 보고사항
① 발생 개요 및 피해 상황
② 조치 및 전망
③ 그 밖의 중요한 사항
4. 보고방법
① 전화·팩스
② 그 밖의 적절한 방법

30. 산업재해가 발생할 급박한 위험이 있을 때 사업주의 조치

1. 즉시 작업을 중지
2. 근로자를 작업장소에서 대피

31. 산업재해 발생 시 사업주가 기록·보존하여야 하는 사항

1. 사업장의 개요 및 근로자의 인적사항
2. 재해 발생의 일시 및 장소
3. 재해 발생의 원인 및 과정
4. 재해 재발방지 계획

32. 안전보건관리규정 작성 시 포함사항

1. 안전 및 보건에 관한 관리조직과 그 직무에 관한 사항
2. 안전보건교육에 관한 사항
3. 작업장의 안전 및 보건 관리에 관한 사항
4. 사고 조사 및 대책 수립에 관한 사항
5. 그 밖에 안전 및 보건에 관한 사항

33. 안전점검의 종류 및 실시내용

1. 수시점검
   현장감독자, 작업주임이 자기가 맡고 있는 공정의 설비, 기계, 공구 등을 매일 일의 시작이나 종료 시 또는 작업 중에 틈틈이 시행하는 점검
2. 정기점검
   정기적으로 시행하는 점검으로 일반적으로 매주 또는 매월 1회씩 담당분야별로 해당 분야의 작업책임자가 기계설비의 피로, 마모, 손상, 부식 등 장치의 변화유무 등 점검
3. 특별점검
   기계, 기구 또는 설비를 신설, 변경하거나 고장, 수리 등을 할 경우 행하는 부정기적인 점검
4. 임시점검
   정기점검 실시 후 다음 점검기일 이전에 임시로 실시하는 점검

34. 관계수급인 근로자가 도급인의 사업장에서 작업을 하는 경우 도급인이 이행하여야 하는 사항

1. 도급인과 수급인을 구성원으로 하는 안전 및 보건에 관한 협의체의 구성 및 운영
2. 작업장 순회점검
3. 관계수급인이 근로자에게 하는 안전보건교육을 위한 장소 및 자료의 제공 등 지원
4. 관계수급인이 근로자에게 하는 안전보건교육의 실시 확인
5. 다음의 어느 하나의 경우에 대비한 경보체계 운영과 대피방법 등 훈련
   ① 작업 장소에서 발파작업을 하는 경우
   ② 작업 장소에서 화재·폭발, 토사·구축물 등의 붕괴 또는 지진 등이 발생한 경우
6. 위생시설 등 고용노동부령으로 정하는 시설의 설치 등을 위하여 필요한 장소의 제공 또는 도급인이 설치한 위생시설 이용의 협조
7. 같은 장소에서 이루어지는 도급인과 관계수급인 등의 작업에 있어서 관계수급인 등의 작업시기·내용, 안전조치 및 보건조치 등의 확인
8. 7.에 따른 확인 결과 관계수급인 등의 작업 혼재로 인하여 화재·폭발 등 대통령령으로 정하는 위험이 발생할 우려가 있는 경우 관계수급인 등의 작업시기·내용 등의 조정

35. 안전보건진단을 받아 안전보건개선계획을 수립하여 시행할 것을 명할 수 있는 사업장

1. 산업재해율이 같은 업종 평균 산업재해율의 2배 이상인 사업장
2. 사업주가 필요한 안전조치 또는 보건조치를 이행하지 아니하여 중대재해가 발생한 사업장
3. 직업성 질병자가 연간 2명 이상(상시근로자 1천 명 이상 사업장의 경우 3명 이상) 발생한 사업장
4. 그 밖에 작업환경 불량, 화재·폭발 또는 누출 사고 등으로 사업장 주변까지 피해가 확산된 사업장으로서 고용노동부령으로 정하는 사업장

36. 구축물 등이 근로자에게 미칠 위험성을 미리 제거하기 위해 구조검토, 안전진단 등 안전성 평가를 하여야 하는 경우

1. 구축물 등의 인근에서 굴착·항타작업 등으로 침하·균열 등이 발생하여 붕괴의 위험이 예상될 경우
2. 구축물 등에 지진, 동해, 부동침하 등으로 균열·비틀림 등이 발생하였을 경우
3. 구축물 등이 그 자체의 무게·적설·풍압 또는 그 밖에 부가되는 하중 등으로 붕괴 등의 위험이 있을 경우
4. 화재 등으로 구축물 등의 내력이 심하게 저하되었을 경우
5. 오랜 기간 사용하지 않던 구축물 등을 재사용하게 되어 안전성을 검토하여야 하는 경우
6. 구축물 등의 주요구조부에 대한 설계 및 시공 방법의 전부 또는 일부를 변경하는 경우
7. 그 밖의 잠재위험이 예상될 경우

37. 부두와 선박에서의 하역작업 시 관리감독자의 직무수행 내용

1. 작업방법을 결정하고 작업을 지휘하는 일
2. 통행설비·하역기계·보호구 및 기구·공구를 점검·정비하고 이들의 사용 상황을 감시하는 일
3. 주변 작업자 간의 연락을 조정하는 일

38. 차량계 하역운반기계 등에 단위화물의 무게가 100[kg] 이상인 화물을 싣는 작업 또는 내리는 작업을 하는 경우에 작업지휘자가 준수하여야 하는 사항

1. 작업순서 및 그 순서마다의 작업방법을 정하고 작업을 지휘할 것
2. 기구와 공구를 점검하고 불량품을 제거할 것
3. 해당 작업을 하는 장소에 관계 근로자가 아닌 사람이 출입하는 것을 금지할 것
4. 로프 풀기 작업 또는 덮개 벗기기 작업은 적재함의 화물이 떨어질 위험이 없음을 확인한 후에 하도록 할 것

39. 무재해운동의 3원칙

1. 무의 원칙
2. 선취의 원칙
3. 참가의 원칙

40. 무재해운동 추진의 3기둥

1. 최고경영자의 경영자세
2. 관리감독자에 의한 안전·보건의 추진(안전조직의 라인화)
3. 직장 내 자주안전활동의 활성화

41. T.B.M(Tool Box Meeting)

작업 현장 근처에서 작업 전에 관리감독자(작업반장, 직장, 팀장 등)를 중심으로 작업자들이 모여 작업의 내용과 안전 작업 절차 등에 대해 서로 확인 및 의논하는 활동

42. 근로자가 소음작업, 강렬한 소음작업 또는 충격소음작업에 종사하는 경우에 근로자에게 알려야 하는 사항

1. 해당 작업장소의 소음 수준
2. 인체에 미치는 영향과 증상
3. 보호구의 선정과 착용방법
4. 그 밖에 소음으로 인한 건강장해 방지에 필요한 사항

1. 작업계획서에 포함되어야 할 사항

차량계 건설기계를 사용하는 작업	1. 사용하는 차량계 건설기계의 종류 및 성능 2. 차량계 건설기계의 운행경로 3. 차량계 건설기계에 의한 작업방법
차량계 하역운반기계 등을 사용하는 작업	1. 해당 작업에 따른 추락·낙하·전도·협착 및 붕괴 등의 위험 예방대책 2. 차량계 하역운반기계 등의 운행경로 및 작업방법
중량물의 취급작업	1. 추락위험을 예방할 수 있는 안전대책 2. 낙하위험을 예방할 수 있는 안전대책 3. 전도위험을 예방할 수 있는 안전대책 4. 협착위험을 예방할 수 있는 안전대책 5. 붕괴위험을 예방할 수 있는 안전대책

2. 근로자의 위험을 방지하기 위하여 사전조사를 한 뒤, 작업계획서를 작성하고 그 계획에 따라 작업을 하도록 하여야 하는 경우

1. 타워크레인을 설치·조립·해체하는 작업
2. 차량계 하역운반기계 등을 사용하는 작업(화물자동차를 사용하는 도로상의 주행작업 제외)
3. 차량계 건설기계를 사용하는 작업
4. 화학설비와 그 부속설비를 사용하는 작업
5. 전기작업(해당 전압이 50[V]를 넘거나 전기에너지가 250[VA]를 넘는 경우로 한정)
6. 굴착면의 높이가 2[m] 이상이 되는 지반의 굴착작업
7. 터널굴착작업
8. 교량(상부구조가 금속 또는 콘크리트로 구성되는 교량으로서 그 높이가 5[m] 이상이거나 교량의 최대 지간길이가 30[m] 이상인 교량으로 한정)의 설치·해체 또는 변경 작업
9. 채석작업
10. 구축물 등의 해체작업
11. 중량물의 취급작업
12. 궤도나 그 밖의 관련 설비의 보수·점검작업
13. 열차의 입환작업

3. 안전보건관리조직의 형태

1. 직계형(Line) 조직: 100명 이하의 소규모 조직에 적합
   ① 장점
      ㉠ 안전에 대한 지시 및 전달이 신속·정확
      ㉡ 명령계통이 간단·명료

② 단점

㉠ 안전에 대한 전문지식 및 기술축적이 미흡

㉡ 신기술개발이 어려움

2. 참모형(Staff) 조직: 100~1,000명의 중규모 조직에 적합

① 장점

㉠ 전문적인 문제 해결 및 조치

㉡ 안전정보 입수가 신속

㉢ 안전업무의 표준화

② 단점

㉠ 안전에 대한 지시 및 전달이 느림

㉡ 생산부문과의 마찰 우려

㉢ 생산부문의 안전책임 결여

3. 직계-참모형(Line-Staff) 조직: 1,000명 이상의 대규모 조직에 적합

① 장점

㉠ 안전에 대한 지식 및 기술의 축적이 용이

㉡ 안전에 대한 지시 및 전달이 신속·정확

㉢ 안전에 대한 신기술의 개발 및 보급이 쉬움

㉣ 안전활동이 생산과 분리되지 않음

② 단점

㉠ 명령계통과 지도·조언 및 권고적 참여가 혼동

㉡ 참모(스태프)의 힘이 커지면 라인이 무력화됨

1. 하인리히(Heinrich)의 1 : 29 : 300의 법칙

중상 또는 사망 1건, 경상 29건, 무상해사고(아차사고) 300건의 비율로 사고가 발생한다는 이론

2. 버드(Bird)의 1 : 10 : 30 : 600의 법칙

중상 또는 사망 1건, 경상 10건, 물적손실사고 30건, 아차사고 600건의 비율로 사고가 발생한다는 이론

3. 하인리히의 도미노이론

사고요인이 연쇄적으로 발생하여 재해가 발생한다는 이론

유전적 요인 → 개인적 결함 → 불안전한 행동 및 상태 → 사고 → 재해

4. 하인리히의 사고예방대책 원리의 5단계

1. 1단계: 안전관리조직 – 안전에 대한 목표 설정 및 계획 수립
2. 2단계: 사실의 발견 – 불안전한 요소 발견
3. 3단계: 평가·분석 – 발견된 요소를 평가·분석
4. 4단계: 시정책의 선정 – 효과적인 개선방법 선정
5. 5단계: 시정책의 시행 – 개선방법 실시

5. 재해예방대책의 3E

1. Engineering(기술)
2. Education(교육)
3. Enforcement(규제)

6. 하인리히의 재해예방 4원칙

1. 손실우연의 원칙: 사고에 의해서 생기는 상해의 종류 및 정도는 우연적이다.
2. 예방가능의 원칙: 재해는 원칙적으로 예방이 가능하다.
3. 원인연계(원인계기)의 원칙: 사고의 발생과 원인의 관계는 필연적이다.
4. 대책선정의 원칙: 적합한 대책을 선정하여 재해를 예방할 수 있다.

7. 산업재해의 통상적 분류

1. 사망: 안전사고로 사망하거나 혹은 부상의 결과로서 사망한 경우
2. 영구 전노동 불능 상해: 신체장해등급 1급~3급
3. 영구 일부노동 불능 상해: 신체장해등급 4급~14급
4. 일시 전노동 불능 상해: 신체장해가 남지 않는 일반적인 휴업재해
5. 일시 일부노동 불능 상해: 작업시간 중에 일시적으로 업무를 떠나 치료를 받는 정도의 상해
6. 구급처치 상해: 응급처치 또는 의료조치를 받아 부상당한 다음날 정상적으로 작업을 할 수 있는 정도의 상해

장해등급에 따른 요양근로손실일수

구분	사망	신체장해자등급											
		1~3	4	5	6	7	8	9	10	11	12	13	14
근로손실 일수[일]	7,500	7,500	5,500	4,000	3,000	2,200	1,500	1,000	600	400	200	100	50

8. 재해율

산재보험적용근로자 100명당 발생하는 재해자 수

$$재해율 = \frac{재해자\ 수}{산재보험적용근로자\ 수} \times 100$$

9. 연천인율

근로자 1,000명당 1년 간 발생하는 재해자 수

$$연천인율 = \frac{재해자\ 수}{연평균근로자\ 수} \times 1{,}000$$

10. 도수율(빈도율)(FR; Frequency Rate of Injury)

100만 근로시간당 발생하는 재해건수

$$도수율 = \frac{재해건수}{연근로시간\ 수} \times 1{,}000{,}000$$

11. 강도율(SR; Severity Rate of Injury)

근로시간 합계 1,000시간당 요양재해로 인한 근로손실일수

$$강도율 = \frac{총\ 요양근로손실일수}{연근로시간\ 수} \times 1{,}000$$

12. 평균강도율

재해 1건당 평균근로손실일수

$$평균강도율 = \frac{강도율}{도수율} \times 1{,}000$$

13. 환산도수율과 환산강도율

1. 환산도수율

   평생근로시간(10만 시간) 동안 발생할 수 있는 재해건수

   환산도수율 = 도수율 × 0.1

2. 환산강도율

   평생근로시간(10만 시간) 동안 발생할 수 있는 근로손실일수

   환산강도율 = 강도율 × 100

14. 사망만인율

산재보험적용근로자 10,000명당 발생하는 사망자 수

$$\text{사망만인율} = \frac{\text{사망자 수}}{\text{산재보험적용근로자 수}} \times 10,000$$

15. 「산업안전보건법령」상 건설업체 산업재해발생률 계산

1. $\text{사고사망만인율[‱]} = \frac{\text{사고사망자 수}}{\text{상시근로자 수}} \times 10,000$

2. $\text{상시근로자 수} = \frac{\text{연간 국내공사 실적액} \times \text{노무비율}}{\text{건설업 월평균임금} \times 12}$

16. 종합재해지수(FSI; Frequency Severity Indicator)

$$\text{종합재해지수(FSI)} = \sqrt{\text{도수율(FR)} \times \text{강도율(SR)}}$$

17. 안전활동률

$$\text{안전활동률} = \frac{\text{안전활동건수}}{\text{평균근로자 수} \times \text{근로시간 수}} \times 1,000,000$$

18. 재해손실비

1. 하인리히 방식
   ① 재해손실비 = 직접손실비용 + 간접손실비용
   ② 직접손실비용 : 간접손실비용 = 1 : 4
2. 시몬즈방식
   재해손실비 = 보험코스트 + 비보험코스트

19. 맥그리거(McGregor)의 X-Y 이론

X-Y 이론은 맥그리거가 인간관을 동기부여의 관점에서 분류한 이론으로서 전통적 인간관을 X 이론으로, 새로운 인간관을 Y 이론으로 지칭

X 이론	Y 이론
인간불신	상호신뢰
성악설	성선설
인간은 본래 게으르고 태만, 수동적이라는 관점	인간은 본래 부지런하고 근면, 적극적, 자주적이라는 관점
저차원적 욕구(물질적 욕구)	고차원적 욕구(정신적 욕구)
명령, 통제에 의한 관리	목표통합과 자기통제에 의한 관리
인간은 쉽게 선동되고 변화를 싫어한다는 관점	인간은 자아실현을 위해 스스로 목표를 달성하려고 노력한다는 관점
조직의 욕구에 무관심	조직의 방향에 적극적으로 관여하고 노력
권위주의적 리더십	민주적 리더십

20. 알더퍼(Alderfer)의 ERG 이론

ERG 이론은 알더퍼가 인간의 욕구에 대해 매슬로우의 욕구단계설을 발전시켜 주장한 이론

1. 생존욕구(Existence Needs)
2. 관계욕구(Relatedness Needs)
3. 성장욕구(Growth Needs)

21. 부주의현상

1. 의식의 단절
2. 의식의 우회
3. 의식수준의 저하
4. 의식의 혼란
5. 의식의 과잉

22. 페일세이프(Fail safe)

기계나 시스템이 오작동이나 고장을 일으킬 경우, 이로 인해 더 위험한 상황으로 발전하지 않도록 기계나 시스템을 설계하는 방식

㉑ 항공기의 엔진이 고장나면 다른 하나의 엔진 가동, 석유·전기 난로가 일정 각도 이상 기울어지면 자동으로 전원 차단, 승강기 정전 시 마그네틱 브레이크 작동

23. 풀프루프(Fool proof)

인간의 실수가 더 위험한 상황으로 발전하여 사고나 재해가 발생되지 않도록 기계나 시스템을 설계하는 방식

㉑ 프레스의 광전자식방호장치, 승강기의 과부하방지장치, 크레인의 권과방지장치

24. 레윈(Lewin)의 행동법칙

인간의 행동을 사람과 환경의 함수로 본 관점의 이론

$B=f(P \cdot E)$

여기서, B: 행동

f: 함수관계

P: 개체(연령, 경험, 심신상태, 성격, 지능 등)

E: 환경(인간관계, 작업환경 등)

25. 바이오리듬의 종류

1. 육체적 리듬(청색)
2. 지성적 리듬(녹색)
3. 감성적 리듬(적색)

26. 허즈버그의 2요인(위생요인, 동기요인) 이론

인간의 욕구를 위생요인과 동기요인으로 구분하여 설명한 이론

1. 위생요인

① 조직의 정책과 방침 ② 작업조건 ③ 대인관계

④ 임금, 신분, 지위 ⑤ 감독

2. 동기요인

① 직무상의 성취 ② 인정 ③ 성장 또는 발전

④ 책임의 증대 ⑤ 직무내용 자체

27. 적응기제 중 방어기제와 도피기제

1. 방어기제: 승화, 보상, 합리화, 투사
2. 도피기제: 백일몽, 퇴행, 억압, 고립

28. 안전성평가 기법

1. 체크리스트기법
2. 결함수분석법(FTA)
3. 사건수분석법(ETA)
4. 상대위험순위결정기법
5. 예비위험분석(PHA)

29. 재해 발생 시 원인분석

1. 기인물: 직접적인 원인이 된 설비, 시설 또는 물질
2. 가해물: 근로자(사람)에게 직접적으로 상해를 입힌 기계, 장치, 구조물, 물체·물질, 사람 또는 환경 등
3. 사고유형: 사고가 재해로 이어진 형태나 유형

30. 위험예지훈련 4라운드

1. 1라운드: 현상파악 – 위험을 발견하는 단계
2. 2라운드: 본질추구 – 위험의 포인트를 결정하고 지적·확인하는 단계
3. 3라운드: 대책수립 – 발견된 위험을 극복하기 위한 방법을 제시하는 단계
4. 4라운드: 목표설정 – 팀의 행동목표를 설정하고 지적·확인하는 단계

31. PDCA 안전관리 사이클

1. Plan(계획): 목표나 방침을 분명히 하여 실현가능한 계획을 세운다.
2. Do(실시): 계획에 따라 착실히 실행한다.
3. Check(검토): 측정을 통해 실행 결과를 분석, 비교, 검토한다.
4. Action(조치): 개선·수정을 통해 다음 계획에 피드백한다.

32. 재해조사 목적

1. 재해 원인 및 결함 규명
2. 예방자료 수집 및 검토
3. 동종 및 유사재해 재발 방지

33. 재해조사 시 유의사항

1. 사실만 수집할 것
2. 목격자가 발언하는 사실 이외의 추측의 말은 참고만 할 것
3. 조사는 신속히 행하고 2차 재해의 방지를 도모할 것
4. 사람, 설비, 환경의 측면에서 재해요인을 도출할 것
5. 객관적인 입장에서 공정하게 조사하며, 가급적 조사는 2인 이상이 할 것
6. 책임추궁보다 재발방지를 우선하는 기본태도를 견지할 것

34. 재해조사의 순서

1. 1단계: 사실의 확인
2. 2단계: 직접원인과 문제점 확인
3. 3단계: 기본원인과 근본적인 문제의 결정
4. 4단계: 동종 및 유사재해 예방대책의 수립

35. 파레토도

불량품이나 결점, 클레임, 사고 등을 그 현상이나 원인별로 분류하여 불량개수나 손실금액이 많은 차례로 늘어놓아 그 크기를 막대그래프로 나타낸 그림

36. 특성요인도

원인과 결과를 어골(Fish Bone)상으로 세분하여 나타낸 그림

37. 클로즈분석

두 가지 또는 그 이상의 요인이 서로 밀접한 상호관계를 유지할 때 사용되는 분석방법

38. 관리도

재해발생건수 등의 추이를 파악하여 목표관리를 행하는 데 필요한 월별 재해발생건수를 그래프화하여 관리선을 설정·관리하는 통계분석방법

1. 작업 형태별 착용 보호구

1. 안전모: 물체가 떨어지거나 날아올 위험 또는 근로자가 추락할 위험이 있는 작업
2. 안전대: 높이 또는 깊이 2[m] 이상의 추락할 위험이 있는 장소에서 하는 작업
3. 안전화: 물체의 낙하·충격, 물체에의 끼임, 감전 또는 정전기의 대전에 의한 위험이 있는 작업
4. 보안경: 물체가 흩날릴 위험이 있는 작업
5. 보안면: 용접 시 불꽃이나 물체가 흩날릴 위험이 있는 작업
6. 절연용 보호구: 감전의 위험이 있는 작업
7. 방열복: 고열에 의한 화상 등의 위험이 있는 작업
8. 방진마스크: 선창 등에서 분진이 심하게 발생하는 하역작업

2. 보호구의 구비조건

1. 착용이 간편하고, 보호구를 착용해도 작업에 방해되지 않을 것
2. 유해·위험물에 대한 방호성능이 충분할 것
3. 재료의 품질이 우수하고, 피부와 접촉해도 무해할 것
4. 충분한 강도와 내구성을 가질 것
5. 외관 및 전체적인 디자인이 양호할 것

3. 안전모의 종류 및 용도

종류(기호)	사용구분
AB	물체의 낙하 또는 비래 및 추락에 의한 위험을 방지 또는 경감시키기 위한 것
AE	물체의 낙하 또는 비래에 의한 위험을 방지 또는 경감하고, 머리부위 감전에 의한 위험을 방지하기 위한 것
ABE	물체의 낙하 또는 비래 및 추락에 의한 위험을 방지 또는 경감하고, 머리부위 감전에 의한 위험을 방지하기 위한 것

4. 안전대의 종류

종류	사용구분
벨트식/안전그네식	1개걸이용
	U자걸이용
안전그네식	추락방지대
	안전블록

5. 안전대의 폐기기준

1. 로프
   ① 소선에 손상이 있는 것
   ② 페인트, 기름, 약품, 오물 등에 의해 변화된 것
   ③ 비틀림이 있는 것
   ④ 횡마로 된 부분이 헐거워진 것
2. 벨트
   ① 끝 또는 폭에 1[mm] 이상의 손상 또는 변형이 있는 것
   ② 양끝의 헤짐이 심한 것
3. 재봉부분
   ① 재봉부분의 이완이 있는 것
   ② 재봉실이 1개소 이상 절단되어 있는 것
   ③ 재봉실의 마모가 심한 것
4. D링 부분
   ① 깊이 1[mm] 이상 손상이 있는 것
   ② 눈에 보일 정도로 변형이 심한 것
   ③ 전체적으로 녹이 슬어 있는 것
5. 훅, 버클부분
   ① 훅과 갈고리 부분의 안쪽에 손상이 있는 것
   ② 훅 외측에 깊이 1[mm] 이상의 손상이 있는 것
   ③ 이탈방지장치의 작동이 나쁜 것
   ④ 전체적으로 녹이 슬어 있는 것
   ⑤ 변형되어 있거나 버클의 체결상태가 나쁜 것

6. 추락 및 감전 위험방지용 안전모의 시험성능기준

1. 내관통성
2. 충격흡수성
3. 내전압성
4. 내수성
5. 난연성
6. 턱끈풀림

7. 안전보건표지의 색도기준 및 용도

색채	색도기준	용도	사용례
빨간색	7.5R 4/14	금지	정지신호, 소화설비 및 그 장소, 유해행위의 금지
		경고	화학물질 취급장소에서의 유해·위험경고
노란색	5Y 8.5/12	경고	화학물질 취급장소에서의 유해·위험경고 이외의 위험경고, 주의표지 또는 기계 방호물

파란색	2.5PB 4/10	지시	특정 행위의 지시 및 사실의 고지
녹색	2.5G 4/10	안내	비상구 및 피난소, 사람 또는 차량의 통행표지
흰색	N9.5		파란색 또는 녹색에 대한 보조색
검은색	N0.5		문자 및 빨간색 또는 노란색에 대한 보조색

8. 안전보건표지의 종류별 색채기준

분류	종류	색채			
		바탕	기본모형	관련 부호	관련 그림
금지표지	출입금지	흰색	빨간색	검은색	검은색
	보행금지				
	차량통행금지				
	사용금지				
	탑승금지				
	금연				
	화기금지				
	물체이동금지				
경고표지	인화성물질 경고	무색	빨간색 (검은색도 가능)	검은색	검은색
	산화성물질 경고				
	폭발성물질 경고				
	급성독성물질 경고				
	부식성물질 경고				
	발암성 · 변이원성 · 생식독성 · 전신독성 · 호흡기과민성 물질 경고				
	방사성물질 경고	노란색	검은색	검은색	검은색
	고압전기 경고				
	매달린물체 경고				
	낙하물 경고				
	고온 경고				
	저온 경고				
	몸균형상실 경고				
	레이저광선 경고				
	위험장소 경고				

지시표지	보안경 착용	파란색	–	–	흰색
	방독마스크 착용				
	방진마스크 착용				
	보안면 착용				
	안전모 착용				
	귀마개 착용				
	안전화 착용				
	안전장갑 착용				
	안전복 착용				
안내표지	녹십자표지	흰색	녹색	녹색	–
	응급구호표지	녹색	–	흰색	흰색
	들것				
	세안장치				
	비상용기구				
	비상구				
	좌측비상구				
	우측비상구				
출입금지표지	허가대상물질 작업장	흰색	[글자] 흑색	다음 글자는 적색 – ○○○제조/사용/보관 중 – 석면 취급/해체 중 – 발암물질 취급 중	
	석면 취급/해체 작업장				
	금지대상물질의 취급실험실 등				

9. 안전보건표지의 형태

10. 추락방호망의 설치기준

1. 추락방호망의 설치위치는 가능하면 작업면으로부터 가까운 지점에 설치하여야 하며, 작업면으로부터 망의 설치지점까지의 수직거리는 10[m]를 초과하지 아니할 것
2. 추락방호망은 수평으로 설치하고, 망의 처짐은 짧은 변 길이의 12[%] 이상이 되도록 할 것
3. 건축물 등의 바깥쪽으로 설치하는 경우 추락방호망의 내민 길이는 벽면으로부터 3[m] 이상 되도록 할 것. 다만, 그물코가 20[mm] 이하인 추락방호망을 사용한 경우에는 낙하물 방지망을 설치한 것으로 본다.

11. 방망의 사용제한 조건

1. 방망사가 규정한 강도 이하인 방망
2. 인체 또는 이와 동등 이상의 무게를 갖는 낙하물에 대해 충격을 받은 방망
3. 파손한 부분을 보수하지 않은 방망
4. 강도가 명확하지 않은 방망

12. 방망사의 인장강도

(　　)는 폐기기준

그물코의 크기[cm]	방망의 종류[kg]	
	매듭없는 방망	매듭방망
10	240(150)	200(135)
5	–	110(60)

13. 안전난간의 구조 및 설치요건

1. 상부 난간대, 중간 난간대, 발끝막이판 및 난간기둥으로 구성할 것
2. 상부 난간대는 바닥면·발판 또는 경사로의 표면(이하 "바닥면 등")으로부터 90[cm] 이상 지점에 설치하고, 상부 난간대를 120[cm] 이하에 설치하는 경우에는 중간 난간대는 상부 난간대와 바닥면 등의 중간에 설치하여야 하며, 120[cm] 이상 지점에 설치하는 경우에는 중간 난간대를 2단 이상으로 균등하게 설치하고 난간의 상하 간격은 60[cm] 이하가 되도록 할 것
3. 발끝막이판은 바닥면 등으로부터 10[cm] 이상의 높이를 유지할 것
4. 난간기둥은 상부 난간대와 중간 난간대를 견고하게 떠받칠 수 있도록 적정한 간격을 유지할 것
5. 상부 난간대와 중간 난간대는 난간 길이 전체에 걸쳐 바닥면 등과 평행을 유지할 것
6. 난간대는 지름 2.7[cm] 이상의 금속제 파이프나 그 이상의 강도가 있는 재료일 것
7. 안전난간은 구조적으로 가장 취약한 지점에서 가장 취약한 방향으로 작용하는 100[kg] 이상의 하중에 견딜 수 있는 튼튼한 구조일 것

PART 05 안전보건교육

1. 안전교육의 3가지 기본방향

1. 사고사례 중심의 안전교육
2. 표준작업을 위한 안전교육
3. 안전의식 향상을 위한 안전교육

2. 안전교육의 목적

1. 인간정신의 안전화
2. 행동의 안전화
3. 환경의 안전화
4. 설비와 물자의 안전화

3. 안전보건교육의 단계별 교육과정

1. 1단계: 지식교육
2. 2단계: 기능교육
3. 3단계: 태도교육

4. 안전보건교육 계획 수립 시 고려사항

1. 교육목표 및 목적
2. 교육의 종류 및 교육대상
3. 교육과목 및 교육내용
4. 교육장소 및 교육방법
5. 교육기간 및 시간
6. 교육담당자 및 강사

5. 학습지도의 원리

1. 자발성의 원리
2. 개별화의 원리
3. 사회화의 원리
4. 통합의 원리
5. 직관의 원리

6. 학습목적의 3요소

1. 목표: 학습목적의 핵심, 학습을 통해 달성하려는 지표
2. 주제: 목표 달성을 위한 테마
3. 학습정도: 학습시킬 범위와 내용의 정도

7. 학습정도의 4단계

1. 1단계: 인지
2. 2단계: 지각
3. 3단계: 이해
4. 4단계: 적용

8. 교육법의 4단계

1. 1단계: 도입 – 학습할 준비를 시킨다.
2. 2단계: 제시 – 작업을 설명한다.
3. 3단계: 적용 – 작업을 시켜본다.
4. 4단계: 확인 – 가르친 뒤 살펴본다.

9. OJT 및 Off JT

1. OJT(On the Job Training)
   현장이나 직장에서 직속상사가 업무와 관련된 지식, 기능, 태도 등에 관하여 교육시키는 실무훈련과정으로서 개별교육에 적합한 교육형태이다.
2. Off JT(Off the Job Training)
   계층별 또는 직능별로 공통된 교육목적을 가진 대상자를 현장 이외의 일정한 장소에 집결시켜 실시하는 집체교육으로서 집단교육에 적합한 교육형태이다.

10. 근로자 안전보건교육 교육과정별 교육시간

<table>
<tr><th>교육과정</th><th colspan="2">교육대상</th><th>교육시간</th></tr>
<tr><td rowspan="3">정기교육</td><td colspan="2">사무직 종사 근로자</td><td>매반기 6시간 이상</td></tr>
<tr><td rowspan="2">그 밖의 근로자</td><td>판매업무에 직접 종사하는 근로자</td><td>매반기 6시간 이상</td></tr>
<tr><td>판매업무에 직접 종사하는 근로자 외의 근로자</td><td>매반기 12시간 이상</td></tr>
<tr><td rowspan="3">채용 시 교육</td><td colspan="2">일용근로자 및 근로계약기간이 1주일 이하인 기간제근로자</td><td>1시간 이상</td></tr>
<tr><td colspan="2">근로계약기간이 1주일 초과 1개월 이하인 기간제근로자</td><td>4시간 이상</td></tr>
<tr><td colspan="2">그 밖의 근로자</td><td>8시간 이상</td></tr>
<tr><td rowspan="2">작업내용 변경 시 교육</td><td colspan="2">일용근로자 및 근로계약기간이 1주일 이하인 기간제근로자</td><td>1시간 이상</td></tr>
<tr><td colspan="2">그 밖의 근로자</td><td>2시간 이상</td></tr>
<tr><td rowspan="3">특별교육</td><td colspan="2">일용근로자 및 근로계약기간이 1주일 이하인 기간제근로자
(타워크레인 신호작업 종사자 제외)</td><td>2시간 이상</td></tr>
<tr><td colspan="2">타워크레인 신호작업에 종사하는
일용근로자 및 근로계약기간이 1주일 이하인 기간제근로자</td><td>8시간 이상</td></tr>
<tr><td colspan="2">그 밖의 근로자</td><td>16시간 이상(단기간
작업은 2시간 이상)</td></tr>
</table>

건설업 기초안전 · 보건교육	건설 일용근로자	4시간 이상

11. 관리감독자 안전보건교육 교육과정별 교육시간

교육과정	교육시간
정기교육	연간 16시간 이상
채용 시 교육	8시간 이상
작업내용 변경 시 교육	2시간 이상
특별교육	16시간 이상(단기간 작업은 2시간 이상)

12. 근로자 정기 안전보건교육 내용

1. 산업안전 및 사고 예방에 관한 사항
2. 산업보건 및 직업병 예방에 관한 사항
3. 위험성평가에 관한 사항
4. 건강증진 및 질병 예방에 관한 사항
5. 유해 · 위험 작업환경 관리에 관한 사항
6. 「산업안전보건법령」 및 산업재해보상보험 제도에 관한 사항
7. 직무스트레스 예방 및 관리에 관한 사항
8. 직장 내 괴롭힘, 고객의 폭언 등으로 인한 건강장해 예방 및 관리에 관한 사항

13. 관리감독자 정기 안전보건교육 내용

1. 산업안전 및 사고 예방에 관한 사항
2. 산업보건 및 직업병 예방에 관한 사항
3. 위험성평가에 관한 사항
4. 유해 · 위험 작업환경 관리에 관한 사항
5. 「산업안전보건법령」 및 산업재해보상보험 제도에 관한 사항
6. 직무스트레스 예방 및 관리에 관한 사항
7. 직장 내 괴롭힘, 고객의 폭언 등으로 인한 건강장해 예방 및 관리에 관한 사항
8. 작업공정의 유해 · 위험과 재해 예방대책에 관한 사항
9. 사업장 내 안전보건관리체제 및 안전 · 보건조치 현황에 관한 사항
10. 표준안전 작업방법 결정 및 지도 · 감독 요령에 관한 사항
11. 현장근로자와의 의사소통능력 및 강의능력 등 안전보건교육 능력 배양에 관한 사항
12. 비상시 또는 재해 발생 시 긴급조치에 관한 사항
13. 그 밖의 관리감독자의 직무에 관한 사항

14. 근로자 채용 시 교육 및 작업내용 변경 시 교육 내용

1. 산업안전 및 사고 예방에 관한 사항
2. 산업보건 및 직업병 예방에 관한 사항
3. 위험성평가에 관한 사항
4. 「산업안전보건법령」 및 산업재해보상보험 제도에 관한 사항
5. 직무스트레스 예방 및 관리에 관한 사항
6. 직장 내 괴롭힘, 고객의 폭언 등으로 인한 건강장해 예방 및 관리에 관한 사항
7. 기계·기구의 위험성과 작업의 순서 및 동선에 관한 사항
8. 작업 개시 전 점검에 관한 사항
9. 정리정돈 및 청소에 관한 사항
10. 사고 발생 시 긴급조치에 관한 사항
11. 물질안전보건자료에 관한 사항

15. 관리감독자 채용 시 교육 및 작업내용 변경 시 교육 내용

1. 산업안전 및 사고 예방에 관한 사항
2. 산업보건 및 직업병 예방에 관한 사항
3. 위험성평가에 관한 사항
4. 「산업안전보건법령」 및 산업재해보상보험 제도에 관한 사항
5. 직무스트레스 예방 및 관리에 관한 사항
6. 직장 내 괴롭힘, 고객의 폭언 등으로 인한 건강장해 예방 및 관리에 관한 사항
7. 기계·기구의 위험성과 작업의 순서 및 동선에 관한 사항
8. 작업 개시 전 점검에 관한 사항
9. 물질안전보건자료에 관한 사항
10. 사업장 내 안전보건관리체제 및 안전·보건조치 현황에 관한 사항
11. 표준안전 작업방법 결정 및 지도·감독 요령에 관한 사항
12. 비상시 또는 재해 발생 시 긴급조치에 관한 사항
13. 그 밖의 관리감독자의 직무에 관한 사항

16. 건설업 기초안전보건교육 내용

1. 건설공사의 종류(건축·토목 등) 및 시공 절차
2. 산업재해 유형별 위험요인 및 안전보건조치
3. 안전보건관리체제 현황 및 산업안전보건 관련 근로자 권리·의무

17. 특별교육 대상 작업별 교육 내용

1. 굴착면의 높이가 2[m] 이상이 되는 지반 굴착작업(터널 및 수직갱 외의 갱 굴착은 제외)
   ① 지반의 형태·구조 및 굴착 요령에 관한 사항
   ② 지반의 붕괴재해 예방에 관한 사항
   ③ 붕괴 방지용 구조물 설치 및 작업방법에 관한 사항
   ④ 보호구의 종류 및 사용에 관한 사항

⑤ 그 밖에 안전·보건관리에 필요한 사항

2. 1톤 이상의 크레인을 사용하는 작업 또는 1톤 미만의 크레인 또는 호이스트를 5대 이상 보유한 사업장에서 해당 기계로 하는 작업
   ① 방호장치의 종류, 기능 및 취급에 관한 사항
   ② 걸고리·와이어로프 및 비상정지장치 등의 기계·기구 점검에 관한 사항
   ③ 화물의 취급 및 안전작업방법에 관한 사항
   ④ 신호방법 및 공동작업에 관한 사항
   ⑤ 인양 물건의 위험성 및 낙하·비래·충돌재해 예방에 관한 사항
   ⑥ 인양물이 적재될 지반의 조건, 인양하중, 풍압 등이 인양물과 타워크레인에 미치는 영향
   ⑦ 그 밖에 안전·보건관리에 필요한 사항
3. 거푸집 동바리의 조립 또는 해체작업
   ① 동바리의 조립방법 및 작업 절차에 관한 사항
   ② 조립재료의 취급방법 및 설치기준에 관한 사항
   ③ 조립·해체 시의 사고 예방에 관한 사항
   ④ 보호구 착용 및 점검에 관한 사항
   ⑤ 그 밖에 안전·보건관리에 필요한 사항
4. 밀폐공간에서의 작업
   ① 산소농도 측정 및 작업환경에 관한 사항
   ② 사고 시의 응급처치 및 비상 시 구출에 관한 사항
   ③ 보호구 착용 및 보호 장비에 관한 사항
   ④ 작업내용·안전작업방법 및 절차에 관한 사항
   ⑤ 장비·설비 및 시설 등의 안전점검에 관한 사항
   ⑥ 그 밖에 안전·보건관리에 필요한 사항

18. 직무교육 대상자

1. 안전보건관리책임자
2. 안전관리자
3. 보건관리자
4. 안전보건관리담당자
5. 다음의 기관에서 안전과 보건에 관련된 업무에 종사하는 사람
   ① 안전관리전문기관
   ② 보건관리전문기관
   ③ 건설재해예방전문지도기관
   ④ 안전검사기관
   ⑤ 자율안전검사기관
   ⑥ 석면조사기관

PART 06 가설공사(비계, 통로)

1. 비계의 종류

1. 강관비계
2. 강관틀비계
3. 달비계
4. 달대비계
5. 말비계
6. 이동식비계
7. 시스템비계

2. 강관비계의 구조

1. 비계기둥의 간격은 띠장 방향에서는 1.85[m] 이하, 장선 방향에서는 1.5[m] 이하로 할 것. 다만, 다음의 어느 하나에 해당하는 작업의 경우에는 안전성에 대한 구조검토를 실시하고 조립도를 작성하면 띠장 방향 및 장선 방향으로 각각 2.7[m] 이하로 할 수 있다.
   ① 선박 및 보트 건조작업
   ② 그 밖에 장비 반입·반출을 위하여 공간 등을 확보할 필요가 있는 등 작업의 성질상 비계기둥 간격에 관한 기준을 준수하기 곤란한 작업
2. 띠장 간격은 2.0[m] 이하로 할 것
3. 비계기둥의 제일 윗부분으로부터 31[m] 되는 지점 밑부분의 비계기둥은 2개의 강관으로 묶어 세울 것
4. 비계기둥 간의 적재하중은 400[kg]을 초과하지 않도록 할 것

3. 강관비계 조립 시 준수사항

1. 비계기둥에는 미끄러지거나 침하하는 것을 방지하기 위하여 밑받침철물을 사용하거나 깔판·받침목 등을 사용하여 밑둥잡이를 설치하는 등의 조치를 할 것
2. 강관의 접속부 또는 교차부는 적합한 부속철물을 사용하여 접속하거나 단단히 묶을 것
3. 교차 가새로 보강할 것
4. 외줄비계·쌍줄비계 또는 돌출비계에 대해서는 다음에서 정하는 바에 따라 벽이음 및 버팀을 설치할 것
   ① 강관비계의 조립간격은 다음 기준에 적합하도록 할 것

강관비계의 종류	조립간격[m]	
	수직 방향	수평 방향
단관비계	5	5
틀비계(높이 5[m] 미만 제외)	6	8

   ② 강관·통나무 등의 재료를 사용하여 견고한 것으로 할 것
   ③ 인장재와 압축재로 구성된 경우에는 인장재와 압축재의 간격을 1[m] 이내로 할 것
5. 가공전로에 근접하여 비계를 설치하는 경우에는 가공전로를 이설하거나 가공전로에 절연용 방호구를 장착하는 등 가공전로와의 접촉을 방지하기 위한 조치를 할 것

4. 강관틀비계를 조립하여 사용 시 준수사항

1. 비계기둥의 밑둥에는 밑받침철물을 사용하여야 하며 밑받침에 고저차가 있는 경우에는 조절형 밑받침철물을 사용하여 각각의 강관틀비계가 항상 수평 및 수직을 유지하도록 할 것
2. 높이가 20[m]를 초과하거나 중량물의 적재를 수반하는 작업을 할 경우에는 주틀 간의 간격을 1.8[m] 이하로 할 것
3. 주틀 간에 교차 가새를 설치하고 최상층 및 5층 이내마다 수평재를 설치할 것
4. 수직 방향으로 6[m], 수평 방향으로 8[m] 이내마다 벽이음을 할 것
5. 길이가 띠장 방향으로 4[m] 이하이고 높이가 10[m]를 초과하는 경우에는 10[m] 이내마다 띠장 방향으로 버팀기둥을 설치할 것

5. 동바리로 사용하는 강관틀 조립 시 준수사항

1. 강관틀과 강관틀 사이에 교차 가새를 설치할 것
2. 최상단 및 5단 이내마다 동바리의 측면과 틀면의 방향 및 교차 가새의 방향에서 5개 이내마다 수평연결재를 설치하고 수평연결재의 변위를 방지할 것
3. 최상단 및 5단 이내마다 동바리의 틀면의 방향에서 양단 및 5개틀 이내마다 교차 가새의 방향으로 띠장틀을 설치할 것

6. 말비계를 조립하여 사용 시 준수사항

1. 지주부재의 하단에는 미끄럼 방지장치를 하고, 근로자가 양측 끝부분에 올라서서 작업하지 않도록 할 것
2. 지주부재와 수평면의 기울기를 75° 이하로 하고, 지주부재와 지주부재 사이를 고정시키는 보조부재를 설치할 것
3. 말비계의 높이가 2[m]를 초과하는 경우에는 작업발판의 폭을 40[cm] 이상으로 할 것

7. 시스템비계의 구조

1. 수직재·수평재·가새재를 견고하게 연결하는 구조가 되도록 할 것
2. 비계 밑단의 수직재와 받침철물은 밀착되도록 설치하고, 수직재와 받침철물의 연결부의 겹침길이는 받침철물 전체길이의 $\frac{1}{3}$ 이상이 되도록 할 것
3. 수평재는 수직재와 직각으로 설치하여야 하며, 체결 후 흔들림이 없도록 견고하게 설치할 것
4. 수직재와 수직재의 연결철물은 이탈되지 않도록 견고한 구조로 할 것
5. 벽 연결재의 설치간격은 제조사가 정한 기준에 따라 설치할 것

8. 시스템비계의 조립 작업 시 준수사항

1. 비계기둥의 밑둥에는 밑받침철물을 사용하여야 하며, 밑받침에 고저차가 있는 경우에는 조절형 밑받침철물을 사용하여 시스템비계가 항상 수평 및 수직을 유지하도록 할 것
2. 경사진 바닥에 설치하는 경우에는 피벗형 받침철물 또는 쐐기 등을 사용하여 밑받침철물의 바닥면이 수평을 유지하도록 할 것
3. 가공전로에 근접하여 비계를 설치하는 경우에는 가공전로를 이설하거나 가공전로에 절연용 방호구를 설치하는 등 가공전로와의 접촉을 방지하기 위하여 필요한 조치를 할 것
4. 비계 내에서 근로자가 상하 또는 좌우로 이동하는 경우에는 반드시 지정된 통로를 이용하도록 주지시킬 것
5. 비계 작업 근로자는 같은 수직면상의 위와 아래 동시 작업을 금지할 것
6. 작업발판에는 제조사가 정한 최대적재하중을 초과하여 적재해서는 아니 되며, 최대적재하중이 표기된 표지판을 부착하고 근로자에게 주지시키도록 할 것

9. 이동식비계를 조립하여 작업 시 준수사항

1. 이동식비계의 바퀴에는 뜻밖의 갑작스러운 이동 또는 전도를 방지하기 위하여 브레이크·쐐기 등으로 바퀴를 고정시킨 다음 비계의 일부를 견고한 시설물에 고정하거나 아웃트리거를 설치하는 등 필요한 조치를 할 것
2. 승강용사다리는 견고하게 설치할 것
3. 비계의 최상부에서 작업을 하는 경우에는 안전난간을 설치할 것
4. 작업발판은 항상 수평을 유지하고 작업발판 위에서 안전난간을 딛고 작업을 하거나 받침대 또는 사다리를 사용하여 작업하지 않도록 할 것
5. 작업발판의 최대적재하중은 250[kg]을 초과하지 않도록 할 것

10. 달비계 또는 높이 5[m] 이상의 비계를 조립·해체하거나 변경하는 작업 시 준수사항

1. 근로자가 관리감독자의 지휘에 따라 작업하도록 할 것
2. 조립·해체 또는 변경의 시기·범위 및 절차를 그 작업에 종사하는 근로자에게 주지시킬 것
3. 조립·해체 또는 변경 작업구역에는 해당 작업에 종사하는 근로자가 아닌 사람의 출입을 금지하고 그 내용을 보기 쉬운 장소에 게시할 것
4. 비, 눈, 그 밖의 기상상태의 불안정으로 날씨가 몹시 나쁜 경우에는 그 작업을 중지시킬 것
5. 비계재료의 연결·해체작업을 하는 경우에는 폭 20[cm] 이상의 발판을 설치하고 근로자로 하여금 안전대를 사용하도록 하는 등 추락을 방지하기 위한 조치를 할 것
6. 재료·기구 또는 공구 등을 올리거나 내리는 경우에는 근로자가 달줄 또는 달포대 등을 사용하게 할 것

11. 곤돌라형 달비계 설치 시 준수사항

1. 다음의 어느 하나에 해당하는 와이어로프를 달비계에 사용하지 아니할 것
   ① 이음매가 있는 것
   ② 와이어로프의 한 꼬임에서 끊어진 소선의 수가 10[%] 이상인 것
   ③ 지름의 감소가 공칭지름의 7[%]를 초과하는 것
   ④ 꼬인 것
   ⑤ 심하게 변형되거나 부식된 것
   ⑥ 열과 전기충격에 의해 손상된 것
2. 다음의 어느 하나에 해당하는 달기 체인을 달비계에 사용하지 아니할 것
   ① 달기 체인의 길이가 달기 체인이 제조된 때의 길이의 5[%]를 초과한 것
   ② 링의 단면지름이 달기 체인이 제조된 때의 해당 링의 지름의 10[%]를 초과하여 감소한 것
   ③ 균열이 있거나 심하게 변형된 것
3. 달기 강선 및 달기 강대는 심하게 손상·변형 또는 부식된 것을 사용하지 않도록 할 것
4. 달기 와이어로프, 달기 체인, 달기 강선, 달기 강대는 한쪽 끝을 비계의 보 등에, 다른 쪽 끝을 내민 보, 앵커볼트 또는 건축물의 보 등에 각각 풀리지 않도록 설치할 것
5. 작업발판은 폭을 40[cm] 이상으로 하고 틈새가 없도록 할 것
6. 작업발판의 재료는 뒤집히거나 떨어지지 않도록 비계의 보 등에 연결하거나 고정시킬 것
7. 비계가 흔들리거나 뒤집히는 것을 방지하기 위하여 비계의 보·작업발판 등에 버팀을 설치하는 등 필요한 조치를 할 것
8. 선반 비계에서는 보의 접속부 및 교차부를 철선·이음철물 등을 사용하여 확실하게 접속시키거나 단단하게 연결시킬 것

9. 근로자의 추락 위험을 방지하기 위하여 다음의 조치를 할 것
   ① 달비계에 구명줄을 설치할 것
   ② 근로자에게 안전대를 착용하도록 하고 근로자가 착용한 안전줄을 달비계의 구명줄에 체결하도록 할 것
   ③ 달비계에 안전난간을 설치할 수 있는 구조인 경우에는 달비계에 안전난간을 설치할 것

12. 비, 눈, 그 밖의 기상상태의 악화로 작업을 중지시킨 후 또는 비계를 조립·해체하거나 변경한 후에 그 비계에서 작업을 하는 경우 해당 작업을 시작하기 전 점검·보수하여야 하는 사항

1. 발판 재료의 손상 여부 및 부착 또는 걸림 상태
2. 해당 비계의 연결부 또는 접속부의 풀림 상태
3. 연결 재료 및 연결 철물의 손상 또는 부식 상태
4. 손잡이의 탈락 여부
5. 기둥의 침하, 변형, 변위 또는 흔들림 상태
6. 로프의 부착 상태 및 매단 장치의 흔들림 상태

13. 외부 비계에 설치하는 벽 이음재의 역할

1. 풍하중에 의한 움직임 방지
2. 수평하중에 의한 움직임 방지

14. 가설통로 설치 시 준수사항

1. 견고한 구조로 할 것
2. 경사는 30° 이하로 할 것
3. 경사가 15°를 초과하는 경우에는 미끄러지지 아니하는 구조로 할 것
4. 추락할 위험이 있는 장소에는 안전난간을 설치할 것
5. 수직갱에 가설된 통로의 길이가 15[m] 이상인 경우에는 10[m] 이내마다 계단참을 설치할 것
6. 건설공사에 사용하는 높이 8[m] 이상인 비계다리에는 7[m] 이내마다 계단참을 설치할 것

15. 경사로의 미끄럼막이 간격

경사각	미끄럼막이 간격[cm]	경사각	미끄럼막이 간격[cm]
30°	30	22°	40
29°	33	19° 20′	43
27°	35	17°	45
24° 15′	37	14°	47

16. 계단의 설치기준

강도	1. 계단 및 계단참을 설치하는 경우 1[m^2] 당 500[kg] 이상의 하중에 견딜 수 있는 강도를 가진 구조로 설치할 것 2. 안전율은 4 이상으로 할 것 3. 계단 및 승강구 바닥을 구멍이 있는 재료로 만드는 경우 렌치나 그 밖의 공구 등이 낙하할 위험이 없는 구조로 할 것
폭	1. 계단을 설치하는 경우 그 폭을 1[m] 이상으로 할 것 2. 계단에 손잡이 외의 다른 물건 등을 설치하거나 쌓아 두지 아니할 것
계단참	높이가 3[m]를 초과하는 계단에는 높이 3[m] 이내마다 진행방향으로 길이 1.2[m] 이상의 계단참을 설치할 것
천장의 높이	계단을 설치하는 경우 바닥면으로부터 높이 2[m] 이내의 공간에 장애물이 없도록 할 것
난간	높이 1[m] 이상인 계단의 개방된 측면에 안전난간을 설치할 것

17. 사다리식 통로 등의 설치 시 준수사항

1. 견고한 구조로 할 것
2. 심한 손상·부식 등이 없는 재료를 사용할 것
3. 발판의 간격은 일정하게 할 것
4. 발판과 벽과의 사이는 15[cm] 이상의 간격을 유지할 것
5. 폭은 30[cm] 이상으로 할 것
6. 사다리가 넘어지거나 미끄러지는 것을 방지하기 위한 조치를 할 것
7. 사다리의 상단은 걸쳐놓은 지점으로부터 60[cm] 이상 올라가도록 할 것
8. 사다리식 통로의 길이가 10[m] 이상인 경우에는 5[m] 이내마다 계단참을 설치할 것
9. 사다리식 통로의 기울기는 75° 이하로 할 것. 다만, 고정식 사다리식 통로의 기울기는 90° 이하로 하고, 그 높이가 7[m] 이상인 경우에는 다음의 구분에 따른 조치를 할 것
   ① 등받이울이 있어도 근로자 이동에 지장이 없는 경우: 바닥으로부터 높이가 2.5[m] 되는 지점부터 등받이울을 설치할 것
   ② 등받이울이 있으면 근로자가 이동이 곤란한 경우: 한국산업표준에서 정하는 기준에 적합한 개인용 추락 방지 시스템을 설치하고 근로자로 하여금 한국산업표준에서 정하는 기준에 적합한 전신안전대를 사용하도록 할 것
10. 접이식 사다리 기둥은 사용 시 접혀지거나 펼쳐지지 않도록 철물 등을 사용하여 견고하게 조치할 것

18. 통로의 설치

1. 작업장으로 통하는 장소 또는 작업장 내에 근로자가 사용할 안전한 통로를 설치하고 항상 사용할 수 있는 상태로 유지할 것
2. 통로의 주요 부분에 통로표시를 하고, 근로자가 안전하게 통행할 수 있도록 할 것
3. 통로면으로부터 높이 2[m] 이내에는 장애물이 없도록 할 것

19. 사다리 미끄럼방지 장치의 종류

1. 고무, 코르크, 가죽, 강스파이크 등: 사다리 지주의 끝에 부착시켜 바닥과의 미끄럼 방지
2. 쐐기형 강스파이크: 지반이 평탄한 맨땅 위에 세울 때 사용
3. 미끄럼방지 판자 및 미끄럼방지 고정쇠: 돌마무릴 또는 인조석 깔기마감 한 바닥용으로 사용
4. 미끄럼방지 발판: 인조고무 등으로 마감한 실내용을 사용

20. 비계의 높이가 2[m] 이상인 작업장소에 설치하는 작업발판의 구조

1. 발판재료는 작업할 때의 하중을 견딜 수 있도록 견고한 것으로 할 것
2. 작업발판의 폭은 40[cm] 이상으로 하고, 발판재료 간의 틈은 3[cm] 이하로 할 것
3. 2.에도 불구하고 선박 및 보트 건조작업의 경우 선박블록 또는 엔진실 등의 좁은 작업공간에 작업발판을 설치하기 위하여 필요하면 작업발판의 폭을 30[cm] 이상으로 할 수 있고, 걸침비계의 경우 강관기둥 때문에 발판재료 간의 틈을 3[cm] 이하로 유지하기 곤란하면 5[cm] 이하로 할 것. 이 경우 그 틈 사이로 물체 등이 떨어질 우려가 있는 곳에는 출입금지 등의 조치를 하여야 한다.
4. 추락의 위험이 있는 장소에는 안전난간을 설치할 것
5. 작업발판의 지지물은 하중에 의하여 파괴될 우려가 없는 것을 사용할 것
6. 작업발판재료는 뒤집히거나 떨어지지 않도록 둘 이상의 지지물에 연결하거나 고정시킬 것
7. 작업발판을 작업에 따라 이동시킬 경우에는 위험 방지에 필요한 조치를 할 것

21. 거푸집 조립 시 준수사항

1. 거푸집을 조립하는 경우에는 거푸집이 콘크리트 하중이나 그 밖의 외력에 견딜 수 있거나, 넘어지지 않도록 견고한 구조의 긴결재, 버팀대 또는 지지대를 설치하는 등 필요한 조치를 할 것
2. 거푸집이 곡면인 경우에는 버팀대의 부착 등 그 거푸집의 부상을 방지하기 위한 조치를 할 것

22. 동바리 조립 시 준수사항

1. 받침목이나 깔판의 사용, 콘크리트 타설, 말뚝박기 등 동바리의 침하를 방지하기 위한 조치를 할 것
2. 동바리의 상하 고정 및 미끄러짐 방지 조치를 할 것
3. 상부·하부의 동바리가 동일 수직선 상에 위치하도록 하여 깔판·받침목에 고정시킬 것
4. 개구부 상부에 동바리를 설치하는 경우에는 상부하중을 견딜 수 있는 견고한 받침대를 설치할 것
5. U헤드 등의 단판이 없는 동바리의 상단에 멍에 등을 올릴 경우에는 해당 상단에 U헤드 등의 단판을 설치하고, 멍에 등이 전도되거나 이탈되지 않도록 고정시킬 것
6. 동바리의 이음은 같은 품질의 재료를 사용할 것
7. 강재의 접속부 및 교차부는 볼트·클램프 등 전용철물을 사용하여 단단히 연결할 것
8. 거푸집의 형상에 따른 부득이한 경우를 제외하고는 깔판이나 받침목은 2단 이상 끼우지 않도록 할 것
9. 깔판이나 받침목을 이어서 사용하는 경우에는 그 깔판·받침목을 단단히 연결할 것

23. 높이가 3[m] 이상인 장소로부터 물체를 투하하는 경우 조치사항

1. 적당한 투하설비 설치
2. 감시인 배치

1. 표준관입시험(SPT; Standard Penetration Test)

63.5[kg]의 추를 76[cm] 높이에서 자유낙하시켜 로드 상단의 샘플러를 30[cm] 관입시키는 데 필요한 타격횟수 N값을 구하는 시험(사질토 지반에 적합)

2. 베인 시험(Vane Test)

십자형 날개를 가진 봉을 지면에 관입한 후 회전시켜 점토의 저항력을 측정하는 시험(연약한 점토 지반에 적합)

3. 평판재하시험(PBT; Plate Bearing Test)

지름 30~75[cm]의 원형 재하판을 지면에 놓고 하중을 가하여 지반의 허용지지력 및 예상침하량을 측정하는 시험

4. 모래 지반과 점토 지반의 특성 비교

특성	모래 지반	점토 지반
투수성	큼	작음
소성	작음	큼
침하량	작음	큼
침하속도	빠름	느림

5. 보일링(Boiling) 현상

사질토 지반을 굴착할 때 굴착 저면과 흙막이 배면의 지하수 수위차로 인해 굴착 저면의 흙과 물이 함께 솟구쳐 오르는 현상

1. 보일링의 원인
   ① 흙막이 배면 지반과 터파기면의 수위차가 있을 때
   ② 연약한 사질토 지반일 때
   ③ 지하수위가 높을 때
   ④ 흙막이벽의 근입 깊이가 부족할 때
2. 보일링의 방지대책
   ① 지하수위 저하를 위한 배수조치
   ② 지하수의 흐름 변경
   ③ 흙막이벽의 근입 깊이 연장
   ④ 차수성이 높은 흙막이 설치
   ⑤ 지반을 복구하기 위한 압성토공법 시행

6. 히빙(Heaving) 현상

연약한 점토 지반에서 굴착에 의한 흙막이 내외부 흙의 중량 차이로 인해 굴착저면이 부풀어 오르는 현상

1. 히빙의 원인
   ① 흙막이 내외부 흙의 중량차가 있을 때
   ② 연약한 점토 지반일 때
   ③ 흙막이벽의 근입 깊이가 부족할 때
2. 히빙의 방지대책
   ① 흙막이벽의 근입 깊이 연장
   ② 흙막이 배면의 표토를 제거하여 하중 감소
   ③ 지반 개량
   ④ 굴착면의 하중 증가
   ⑤ 지하수위 저하

7. 파이핑(Piping) 현상

보일링 현상으로 인해 지반 내에 물의 통로가 생기면서 파이프 모양으로 구멍이 뚫려 흙이 세굴되어 지반이 파괴되는 현상

1. 파이핑의 원인
   ① 흙막이벽의 근입 깊이가 부족할 때
   ② 흙막이 배면의 지하수위가 굴착저면의 지하수위보다 높을 때
   ③ 굴착저면 하부가 사질토 지반일 때
2. 파이핑의 방지대책
   ① 흙막이벽의 근입 깊이 연장
   ② 차수성이 높은 흙막이 설치
   ③ 지하수위 저하

8. 흙의 연화현상(융해)

동결된 지반이 융해될 때 흙 속의 과잉 수분으로 인해 강도가 저하되는 현상

1. 연화현상의 원인
   ① 융해수가 배수되지 않을 때
   ② 융해를 잘 일으키는 실트질의 흙이 존재할 때
2. 연화현상의 방지대책
   ① 동결심도 아래 배수층 설치
   ② 동결심도 상부의 흙을 비동결성 재료로 치환
   ③ 모관수 상승을 방지하는 차단층 설치

9. 흙의 동결현상(동상)

흙 속의 공극수가 얼어서 지표면이 부풀어 오르는 현상

1. 동결현상의 원인
   ① 영하의 기온이 오래 지속될 때
   ② 동결이 쉬운 실트질의 흙이 존재할 때
   ③ 수분이 많은 지반일 때

2. 동결량을 지배하는 요인
   ① 흙의 투수성
   ② 지하수 및 모관 상승고의 위치
   ③ 동결온도의 유지기간
3. 동결현상의 방지대책
   ① 단열재료 삽입
   ② 지히수위 저하
   ③ 동결심도 아래 배수층 설치
   ④ 모관수 상승을 방지하는 차단층 설치
   ⑤ 지표의 흙을 화학처리하여 동결온도 저하

10. 연약 점토 지반 개량 공법

1. 생석회말뚝공법
2. 페이퍼드레인공법
3. 샌드드레인공법
4. 치환공법
5. 압밀(재하)공법

11. 연약 사질토 지반 개량공법

1. 바이브로 플로테이션공법
2. 다짐말뚝공법
3. 전기충격공법
4. 다짐모래말뚝공법

12. 사질토 및 모래 지반인 연약지반 굴착 시 유의하여야 할 안전대책

1. 널말뚝의 근입 깊이 점검
2. 차수 대책으로 약액주입공법 채택
3. 지하수위 저감대책 및 배수시설 설치

13. 굴착공사 시 토석붕괴의 외적 원인

1. 사면, 법면의 경사 및 기울기의 증가
2. 절토 및 성토 높이의 증가
3. 공사에 의한 진동 및 반복 하중의 증가
4. 지표수 및 지하수의 침투에 의한 토사 중량의 증가
5. 지진, 차량, 구조물의 하중작용
6. 토사 및 암석의 혼합층두께

14. 굴착공사 시 토석붕괴의 내적 원인

1. 절토 사면의 토질·암질
2. 성토 사면의 토질구성 및 분포
3. 토석의 강도 저하

15. 토사 등 또는 구축물의 붕괴 또는 낙하 등에 의하여 근로자가 위험해질 우려가 있는 경우 조치사항

1. 지반은 안전한 경사로 하고 낙하의 위험이 있는 토석을 제거하거나 옹벽, 흙막이 지보공 등을 설치할 것
2. 토사 등의 붕괴 또는 낙하 원인이 되는 빗물이나 지하수 등을 배제할 것
3. 갱내의 낙반·측벽 붕괴의 위험이 있는 경우에는 지보공을 설치하고 부석을 제거하는 등 필요한 조치를 할 것

16. 굴착면의 기울기 기준

지반의 종류	굴착면의 기울기
모래	1 : 1.8
연암 및 풍화암	1 : 1.0
경암	1 : 0.5
그 밖의 흙	1 : 1.2

17. 옹벽의 안정조건 검토사항

1. 전도에 대한 안정
2. 활동에 대한 안정
3. 기초지반 지지력에 대한 안정

18. 비탈면 보호공법

1. 뿜어붙이기공
2. 블록공
3. 돌쌓기공
4. 식생공
5. 현장타설 콘크리트격자공

19. 흙막이 지보공의 정기 점검·보수사항

1. 부재의 손상·변형·부식·변위 및 탈락의 유무와 상태
2. 버팀대의 긴압의 정도
3. 부재의 접속부·부착부 및 교차부의 상태
4. 침하의 정도

20. 흙막이 공법의 분류

1. 지지방식별
   ① 자립공법 ② 버팀대공법 ③ 어스앵커공법 ④ 타이로드공법
2. 시공(구조)방식별
   ① H-Pile공법 ② 널말뚝공법 ③ 지하연속벽공법 ④ 탑다운공법

21. 오픈 컷 공법의 장점

1. 부지의 효율적인 이용
2. 굴착토량의 최소화
3. 토질조건에 따른 비교적 적은 제약

22. 흙막이 공법의 종류 및 특징

1. 자립공법
   흙막이벽 근입 부분의 수평저항이 충분하고 수동토압에 견딜 수 있는 지반에 설치
2. 버팀대공법
   굴착토량을 최소화할 수 있고 부지를 효율적으로 이용할 수 있으나 오픈 컷에 비하여 공사비가 많이 들며 버팀대 및 띠장, 지주 등의 강성 확보 필요
3. 어스앵커, 타이로드공법
   ① 어스앵커를 설치하여 일반저항에 지지하며, 굴착면적이 넓고 굴착깊이를 깊게 해야 할 경우 사용하는 공법
   ② 앵커강재의 강도검토 및 장시간 사용 시 부식에 유의

23. 흙막이 주변의 침하원인

1. 흙막이벽의 변형
2. 지하수위의 저하
3. 세립토사의 유출

24. 흙막이 지보공 조립 시 조립도에 명시하여야 할 내용

1. 부재의 배치
2. 부재의 치수
3. 부재의 재질
4. 설치방법과 순서

25. 부동침하의 원인

1. 지반이 연약한 경우
2. 지하수위의 변화
3. 상재하중을 단시간에 과도하게 가한 경우
4. 구조물에 인접하여 터파기할 경우

26. 토사붕괴 발생의 예방을 위한 조치사항

1. 적절한 경사면의 기울기를 계획할 것
2. 경사면의 기울기가 당초 계획과 차이가 발생되면 즉시 재검토하여 계획을 변경할 것
3. 활동할 가능성이 있는 토석은 제거할 것
4. 경사면의 하단부에 압성토 등 보강공법으로 활동에 대한 저항대책을 강구할 것
5. 말뚝(강관, H형강, 철근 콘크리트)을 타입하여 지반을 강화시킬 것

27. 굴착작업을 하는 경우 사전 점검사항

1. 작업장소 및 그 주변의 부석·균열의 유무
2. 함수·용수 및 동결의 유무 또는 상태의 변화

28. 굴착작업을 하는 경우 사전조사 내용

1. 형상·지질 및 지층의 상태
2. 균열·함수·용수 및 동결의 유무 또는 상태
3. 매설물 등의 유무 또는 상태
4. 지반의 지하수위 상태

29. 깊은 굴착작업 시 설치하여야 하는 계측기기

1. 수위계
2. 경사계
3. 하중 및 침하계
4. 응력계

30. 굴착작업 전 조사하여야 하는 지하매설물

1. 가스관
2. 상하수도관
3. 지하케이블
4. 건축물의 기초

1. 거푸집 및 지보공(동바리) 설계 시 고려하여야 하는 하중

1. 연직방향 하중: 거푸집, 지보공(동바리), 콘크리트, 철근, 작업원, 타설용 기계기구, 가설설비 등의 중량 및 충격하중
2. 횡방향 하중: 작업할 때의 진동, 충격, 시공오차 등에 기인되는 횡방향 하중 이외에 필요에 따라 풍압, 유수압, 지진 등
3. 콘크리트의 측압: 굳지 않은 콘크리트의 측압
4. 특수하중: 시공 중에 예상되는 특수한 하중
5. 기타하중: 1~4의 하중에 안전율을 고려한 하중

2. 거푸집 및 동바리를 조립하거나 해체하는 작업 시 준수사항

1. 해당 작업을 하는 구역에는 관계 근로자가 아닌 사람의 출입을 금지할 것
2. 비, 눈, 그 밖의 기상상태의 불안정으로 날씨가 몹시 나쁜 경우에는 그 작업을 중지할 것
3. 재료, 기구 또는 공구 등을 올리거나 내리는 경우에는 근로자로 하여금 달줄·달포대 등을 사용하도록 할 것
4. 낙하·충격에 의한 돌발적 재해를 방지하기 위하여 버팀목을 설치하고 거푸집 및 동바리를 인양장비에 매단 후에 작업을 하도록 하는 등 필요한 조치를 할 것

3. 콘크리트 압축강도를 시험할 경우 거푸집널의 해체 시기

부재		콘크리트 압축강도(f_{cu})
기초, 보, 기둥, 벽 등의 측면		5[MPa] 이상
슬래브 및 보의 밑면, 아치 내면	단층구조인 경우	설계기준압축강도의 $\frac{2}{3}$배 이상 또한, 최소 14[MPa] 이상
	다층구조인 경우	설계기준압축강도 이상

4. 금속재 거푸집의 장단점

장점	단점
1. 강도가 큼 2. 강성이 크고 정밀도가 높음 3. 운용도가 좋음 4. 수밀성이 좋음	1. 외부온도의 영향을 받기 쉬움 2. 초기 투자비용이 높음 3. 콘크리트가 녹물로 오염될 우려가 있음 4. 중량이 무거워 취급이 어려움

5. 작업발판 일체형 거푸집의 종류

1. 갱 폼(Gang Form)
2. 슬립 폼(Slip Form)
3. 클라이밍 폼(Climbing Form)
4. 터널 라이닝 폼(Tunnel Lining Form)
5. 그 밖에 거푸집과 작업발판이 일체로 제작된 거푸집 등

6. 거푸집 및 지보공(동바리)의 재료 선정 시 고려사항

1. 강도
2. 강성
3. 내구성
4. 작업성
5. 타설콘크리트에 대한 영향력
6. 경제성

7. 거푸집 및 동바리의 고정·조립 또는 해체작업, 노천굴착작업, 흙막이 지보공의 고정·조립 또는 해체작업, 터널의 굴착작업, 구축물 등의 해체작업 시 관리감독자의 직무수행 내용

1. 안전한 작업방법을 결정하고 작업을 지휘하는 일
2. 재료·기구의 결함 유무를 점검하고 불량품을 제거하는 일
3. 작업 중 안전대 및 안전모 등 보호구 착용 상황을 감시하는 일

8. 갱 폼의 조립 등 작업 시 준수사항

1. 조립 등의 범위 및 작업절차를 미리 그 작업에 종사하는 근로자에게 주지시킬 것
2. 근로자가 안전하게 구조물 내부에서 갱 폼의 작업발판으로 출입할 수 있는 이동통로를 설치할 것
3. 갱 폼의 지지 또는 고정철물의 이상 유무를 수시점검하고 이상이 발견된 경우에는 교체하도록 할 것
4. 갱 폼을 조립하거나 해체하는 경우에는 갱 폼을 인양장비에 매단 후에 작업을 실시하도록 하고, 인양장비에 매달기 전에 지지 또는 고정철물을 미리 해체하지 않도록 할 것
5. 갱 폼 인양 시 작업발판용 케이지에 근로자가 탑승한 상태에서 갱 폼의 인양작업을 하지 않을 것

9. 동바리로 사용하는 파이프 서포트의 조립 시 준수사항

1. 파이프 서포트를 3개 이상 이어서 사용하지 않도록 할 것
2. 파이프 서포트를 이어서 사용하는 경우에는 4개 이상의 볼트 또는 전용철물을 사용하여 이을 것
3. 높이가 3.5[m]를 초과하는 경우에는 높이 2[m] 이내마다 수평연결재를 2개 방향으로 만들고 수평연결재의 변위를 방지할 것

10. 동바리로 사용하는 강관틀의 조립 시 준수사항

1. 강관틀과 강관틀 사이에 교차 가새를 설치할 것
2. 최상단 및 5단 이내마다 동바리의 측면과 틀면의 방향 및 교차 가새의 방향에서 5개 이내마다 수평연결재를 설치하고 수평연결재의 변위를 방지할 것
3. 최상단 및 5단 이내마다 동바리의 틀면의 방향에서 양단 및 5개틀 이내마다 교차 가새의 방향으로 띠장틀을 설치할 것

11. 동바리로 사용하는 조립강주의 조립 시 준수사항

조립강주의 높이가 4[m]를 초과하는 경우에는 높이 4[m] 이내마다 수평연결재를 2개 방향으로 설치하고 수평연결재의 변위를 방지할 것

12. 콘크리트 측압이 커지는 경우

1. 온도가 낮을수록
2. 습도가 높을수록
3. 슬럼프 값이 클수록
4. 물시멘트비가 클수록
5. 타설속도가 빠를수록
6. 철근량이 적을수록
7. 다짐이 충분할수록
8. 시공연도가 좋을수록

13. 콘크리트 타설작업 시 준수사항

1. 당일의 작업을 시작하기 전에 해당 작업에 관한 거푸집 및 동바리의 변형·변위 및 지반의 침하 유무 등을 점검하고 이상이 있으면 보수할 것
2. 작업 중에는 감시자를 배치하는 등의 방법으로 거푸집 및 동바리의 변형·변위 및 침하 유무 등을 확인하여야 하며, 이상이 있으면 작업을 중지하고 근로자를 대피시킬 것
3. 콘크리트 타설작업 시 거푸집 붕괴의 위험이 발생할 우려가 있으면 충분한 보강조치를 할 것
4. 설계도서상의 콘크리트 양생기간을 준수하여 거푸집 및 동바리를 해체할 것
5. 콘크리트를 타설하는 경우에는 편심이 발생하지 않도록 골고루 분산하여 타설할 것

14. 콘크리트의 종류

1. 한중콘크리트: 겨울철에 사용할 수 있는 콘크리트
2. 서중콘크리트: 여름철에 사용할 수 있는 콘크리트
3. 수밀콘크리트: 방수성을 향상시킨 콘크리트
4. 중량콘크리트: 강도가 크고 내구성이 필요한 경우 사용하는 콘크리트
5. 경량콘크리트: 방음이나 단열이 주목적인 콘크리트

15. 블리딩(Bleeding) 현상

1. 정의
   콘크리트 타설 후 비교적 무거운 골재는 침하하고 물 또는 가벼운 골재는 상승하여 콘크리트 표면 위로 떠오르는 재료분리 현상
2. 블리딩의 방지대책
   ① 물시멘트비 저감
   ② 단위수량이 적은 된비빔의 콘크리트 사용
   ③ 표면활성제 및 감수제 사용
   ④ 분말도가 큰 시멘트 사용

16. 콘크리트 시험의 종류

1. 압축강도시험
2. 염화물시험
3. 공기량시험
4. 슬럼프시험

17. 건립기계의 종류

1. 타워크레인: 360° 회전 가능, 초고층건물에 적합
2. 가이데릭: 360° 회전 가능, 고층건물에 적합
3. 스티프레그데릭(삼각데릭): 270° 회전가능, 층수가 적고 긴 평면의 구조에 적합
4. 진폴데릭: 소규모공사에 적합

18. 건립기계 선정 시 검토사항

1. 입지조건
2. 소음의 영향
3. 인양하중
4. 건물의 형태
5. 작업반경

19. 철골작업 중지기준

1. 풍속: 초당 10[m] 이상인 경우
2. 강우량: 시간당 1[mm] 이상인 경우
3. 강설량: 시간당 1[cm] 이상인 경우

20. 건립 중 강풍에 의한 풍압 등 외압에 대한 내력이 설계에 고려되었는지 확인하여야 할 철골구조물

1. 높이 20[m] 이상의 구조물
2. 구조물의 폭과 높이의 비가 1 : 4 이상인 구조물
3. 단면구조에 현저한 차이가 있는 구조물
4. 연면적당 철골량이 50[kg/m²] 이하인 구조물
5. 기둥이 타이플레이트(Tie Plate)형인 구조물
6. 이음부가 현장용접인 구조물

21. 철골공사 공작도에 포함시켜야 할 사항

1. 외부비계받이 및 화물승강설비용 브라켓
2. 기둥 승강용 트랩
3. 구명줄 설치용 고리
4. 건립에 필요한 와이어 걸이용 고리
5. 난간 설치용 부재
6. 기둥 및 보 중앙의 안전대 설치용 고리
7. 방망 설치용 부재
8. 비계 연결용 부재
9. 방호선반 설치용 부재
10. 양중기 설치용 보강재

22. 철골건립계획수립에 있어서 건립기계 선정 시 검토사항

1. 건립기계의 출입로, 설치장소, 기계조립에 필요한 면적, 이동식 크레인은 건물 주위 주행통로의 유무, 타워크레인과 가이데릭 등 기초구조물을 필요로 하는 정치식 기계는 기초구조물을 설치할 수 있는 공간과 면적 등을 검토할 것
2. 이동식 크레인의 엔진소음은 부근의 환경을 해칠 우려가 있으므로 학교, 병원, 주택 등이 근접되어 있는 경우에는 소음을 측정 조사하고 소음진동 허용치는 관계법에서 정하는 바에 따라 처리할 것
3. 건물의 길이 또는 높이 등 건물의 형태에 적합한 건립기계를 선정할 것
4. 타워크레인, 가이데릭, 삼각데릭 등 정치식 건립기계의 경우 그 기계의 작업반경이 건물전체를 수용할 수 있는지의 여부, 또 붐이 안전하게 인양할 수 있는 하중범위, 수평거리, 수직높이 등을 검토할 것

23. 강말뚝의 부식방지방법

1. 콘크리트 피복
2. 방식도장
3. 두께가 두꺼운 말뚝 사용
4. 전기방식법 이용

24. 지붕 위에서 작업을 할 때에 추락하거나 넘어질 위험이 있는 경우 조치사항

1. 지붕의 가장자리에 안전난간을 설치할 것
2. 채광창(Skylight)에는 견고한 구조의 덮개를 설치할 것
3. 슬레이트 등 강도가 약한 재료로 덮은 지붕에는 폭 30[cm] 이상의 발판을 설치할 것

1. 차량계 건설기계의 종류

1. 도저형 건설기계(불도저, 스트레이트도저, 틸트도저, 앵글도저, 버킷도저 등)
2. 모터그레이더(땅 고르는 기계)
3. 로더
4. 스크레이퍼(흙을 절삭·운반하거나 펴 고르는 등의 작업을 하는 토공기계)
5. 크레인형 굴착기계(클램셸, 드래그라인 등)
6. 굴착기
7. 항타기 및 항발기
8. 천공용 건설기계(어스드릴, 어스오거, 크롤러드릴, 점보드릴 등)
9. 지반 압밀침하용 건설기계(샌드드레인머신, 페이퍼드레인머신, 팩드레인머신 등)
10. 지반 다짐용 건설기계(타이어롤러, 매커덤롤러, 탠덤롤러 등)
11. 준설용 건설기계(버킷준설선, 그래브준설선, 펌프준설선 등)
12. 콘크리트 펌프카
13. 덤프트럭
14. 콘크리트 믹서 트럭
15. 도로포장용 건설기계(아스팔트 살포기, 콘크리트 살포기, 아스팔트 피니셔, 콘크리트 피니셔 등)
16. 골재 채취 및 살포용 건설기계(쇄석기, 자갈채취기, 골재살포기 등)
17. 위 건설기계와 유사한 구조 또는 기능을 갖는 건설기계로서 건설작업에 사용하는 것

2. 도저(Dozer)의 종류 및 용도

1. 스트레이트도저: 트랙터 앞쪽에 블레이드를 90°로 부착한 것으로 블레이드를 상하로 조종하면서 작업을 수행할 수 있다. 주작업은 직선 송토작업, 굴토작업, 거친배수로 매몰작업 등이다.
2. 틸트도저: 수평면을 기준으로 하여 블레이드를 좌우로 15[cm] 정도 조절할 수 있어 블레이드의 한쪽 끝부분에 힘을 집중시킬 수 있으며 V형 배수로 굴착, 굳은 땅파기, 나무뿌리 뽑기, 바위 굴리기 등에 사용한다.
3. 레이크도저: 블레이드 대신에 갈퀴(Rake)를 설치하고, 나무뿌리나 잡목을 제거하는 데 사용한다.
4. 앵글도저: 블레이드 면의 방향이 진행방향의 중심선에 대하여 20°~30°의 경사가 진 것으로서 사면굴착, 정지, 흙 메우기 등으로 차체의 진행에 따라 흙을 측면으로 보내는 작업에 적정하다.

3. 차량계 건설기계를 이송하기 위해 자주 또는 견인에 의해 화물자동차 등에 싣거나 내리는 작업을 할 때에 발판·성토 등을 사용하는 경우 해당 차량계 건설기계의 전도 또는 굴러 떨어짐에 의한 위험을 방지하기 위한 준수사항

1. 싣거나 내리는 작업은 평탄하고 견고한 장소에서 할 것
2. 발판을 사용하는 경우에는 충분한 길이·폭 및 강도를 가진 것을 사용하고 적당한 경사를 유지하기 위하여 견고하게 설치할 것
3. 자루·가설대 등을 사용하는 경우에는 충분한 폭 및 강도와 적당한 경사를 확보할 것

4. 기준면 아래의 굴착에 적합한 굴착기계

1. 백호우(Backhoe)
2. 클램셸(Clamshell)
3. 드래그라인(Dragline)

5. 기준면보다 높은 장소의 굴착에 적합한 굴착기계

파워셔블(Power Shovel)

6. 클램셸

1. 정의
   버킷을 와이어로 매달아 주로 좁고 깊은 장소에 수직으로 떨어뜨려 흙을 굴착하는 기계
2. 용도
   ① 수직 굴착
   ② 수중 굴착

7. 「산업안전보건법령」상 양중기의 종류

1. 크레인(호이스트 포함)
2. 이동식 크레인
3. 리프트(이삿짐운반용 리프트의 경우에는 적재하중이 0.1톤 이상인 것으로 한정)
4. 곤돌라
5. 승강기

8. 타워크레인을 설치·조립·해체하는 작업 시 작업계획서 내용

1. 타워크레인의 종류 및 형식
2. 설치·조립 및 해체순서
3. 작업도구·장비·가설설비 및 방호설비
4. 작업인원의 구성 및 작업근로자의 역할 범위
5. 타워크레인의 지지 방법

9. 타워크레인을 와이어로프로 지지하는 경우 준수사항

1. 와이어로프를 고정하기 위한 전용 지지프레임을 사용할 것
2. 와이어로프 설치각도는 수평면에서 60° 이내로 하되, 지지점은 4개소 이상으로 하고, 같은 각도로 설치할 것
3. 와이어로프와 그 고정부위는 충분한 강도와 장력을 갖도록 설치하고, 와이어로프를 클립·샤클 등의 고정기구를 사용하여 견고하게 고정시켜 풀리지 않도록 하며, 사용 중에는 충분한 강도와 장력을 유지하도록 할 것
4. 와이어로프가 가공전선에 근접하지 않도록 할 것

10. 크레인의 설치 · 조립 · 수리 · 점검 또는 해체 작업 시 조치사항

1. 작업순서를 정하고 그 순서에 따라 작업을 할 것
2. 작업을 할 구역에 관계 근로자가 아닌 사람의 출입을 금지하고 그 취지를 보기 쉬운 곳에 표시할 것
3. 비, 눈, 그 밖에 기상상태의 불안정으로 날씨가 몹시 나쁜 경우에는 그 작업을 중지시킬 것
4. 작업장소는 안전한 작업이 이루어질 수 있도록 충분한 공간을 확보하고 장애물이 없도록 할 것
5. 들어올리거나 내리는 기자재는 균형을 유지하면서 작업을 하도록 할 것
6. 크레인의 성능, 사용조건 등에 따라 충분한 응력을 갖는 구조로 기초를 설치하고 침하 등이 일어나지 않도록 할 것
7. 규격품인 조립용 볼트를 사용하고 대칭되는 곳을 차례로 결합하고 분해할 것

11. 항타기 또는 항발기에 사용하는 권상기에 부착하는 방호장치

1. 쐐기장치
2. 역회전방지용 브레이크

12. 항타기 또는 항발기 조립 · 해체 시 점검사항

1. 본체 연결부의 풀림 또는 손상의 유무
2. 권상용 와이어로프 · 드럼 및 도르래의 부착상태의 이상 유무
3. 권상장치의 브레이크 및 쐐기장치 기능의 이상 유무
4. 권상기의 설치상태의 이상 유무
5. 리더(Leader)의 버팀 방법 및 고정상태의 이상 유무
6. 본체 · 부속장치 및 부속품의 강도가 적합한지 여부
7. 본체 · 부속장치 및 부속품에 심한 손상 · 마모 · 변형 또는 부식이 있는지 여부

13. 동력을 사용하는 항타기 또는 항발기의 무너짐을 방지하기 위한 준수사항

1. 연약한 지반에 설치하는 경우에는 아웃트리거 · 받침 등 지지구조물의 침하를 방지하기 위하여 깔판 · 받침목 등을 사용할 것
2. 시설 또는 가설물 등에 설치하는 경우에는 그 내력을 확인하고 내력이 부족하면 그 내력을 보강할 것
3. 아웃트리거 · 받침 등 지지구조물이 미끄러질 우려가 있는 경우에는 말뚝 또는 쐐기 등을 사용하여 해당 지지구조물을 고정시킬 것
4. 궤도 또는 차로 이동하는 항타기 또는 항발기에 대해서는 불시에 이동하는 것을 방지하기 위하여 레일 클램프 및 쐐기 등으로 고정시킬 것
5. 상단 부분은 버팀대 · 버팀줄로 고정하여 안정시키고, 그 하단 부분은 견고한 버팀 · 말뚝 또는 철골 등으로 고정시킬 것

14. 지게차 화물운반 시 안전운행 방법

1. 짐을 실은 상태에서는 저속으로 후진운행할 것
2. 정차할 때에는 포크(Fork)를 지면에 내려놓을 것
3. 작업을 시작할 때에는 시동 후 5분 정도 지난 다음 운행할 것
4. 이동 시에는 포크를 지면으로부터 30[cm] 정도 들고 이동할 것

15. 지게차가 갖추어야 하는 안전장치

1. 헤드가드
2. 백레스트
3. 전조등
4. 후미등
5. 안전벨트

16. 구내운반차 사용 시 준수사항

1. 주행을 제동하거나 정지상태를 유지하기 위하여 유효한 제동장치를 갖출 것
2. 경음기를 갖출 것
3. 운전석이 차 실내에 있는 것은 좌우에 한 개씩 방향지시기를 갖출 것
4. 전조등과 후미등을 갖출 것

17. 콘크리트 타설작업을 하기 위하여 콘크리트타설장비 사용 시 준수사항

1. 작업을 시작하기 전에 콘크리트타설장비를 점검하고 이상을 발견하였으면 즉시 보수할 것
2. 건축물의 난간 등에서 작업하는 근로자가 호스의 요동·선회로 인하여 추락하는 위험을 방지하기 위하여 안전난간 설치 등 필요한 조치를 할 것
3. 콘크리트타설장비의 붐을 조정하는 경우에는 주변의 전선 등에 의한 위험을 예방하기 위한 적절한 조치를 할 것
4. 작업 중에 지반의 침하나 아웃트리거 등 콘크리트타설장비 지지구조물의 손상 등에 의하여 콘크리트타설장비가 넘어질 우려가 있는 경우에는 이를 방지하기 위한 적절한 조치를 할 것

18. 차량계 하역운반기계 등, 차량계 건설기계의 운전자가 운전위치를 이탈하는 경우 운전자의 준수사항

1. 포크, 버킷, 디퍼 등의 장치를 가장 낮은 위치 또는 지면에 내려 둘 것
2. 원동기를 정지시키고 브레이크를 확실히 거는 등 차량계 하역운반기계 등, 차량계 건설기계의 갑작스러운 이동을 방지하기 위한 조치를 할 것
3. 운전석을 이탈하는 경우에는 시동키를 운전대에서 분리시킬 것

19. 차량계 하역운반기계 등에 화물 적재 시 준수사항

1. 하중이 한쪽으로 치우치지 않도록 적재할 것
2. 구내운반차 또는 화물자동차의 경우 화물의 붕괴 또는 낙하에 의한 위험을 방지하기 위하여 화물에 로프를 거는 등 필요한 조치를 할 것
3. 운전자의 시야를 가리지 않도록 화물을 적재할 것
4. 최대적재량을 초과하지 않도록 할 것

20. 낙하물 보호구조를 갖추어야 하는 차량계 건설기계

1. 불도저
2. 트랙터
3. 굴착기
4. 로더

5. 스크레이퍼
6. 덤프트럭
7. 모터그레이더
8. 롤러
9. 천공기
10. 항타기 및 항발기

21. 차량계 건설기계를 사용하는 작업을 할 때에 그 기계가 넘어지거나 굴러떨어짐으로써 근로자가 위험해질 우려가 있는 경우 조치사항

1. 유도자 배치
2. 지반의 부동침하 방지 조치
3. 갓길의 붕괴 방지 조치
4. 도로 폭의 유지

22. 작업지휘자 지정대상 작업

1. 차량계 하역운반기계 등을 사용하는 작업
2. 굴착면의 높이가 2[m] 이상이 되는 지반의 굴착작업
3. 교량(상부구조가 금속 또는 콘크리트로 구성되는 교량으로서 그 높이가 5[m] 이상이거나 교량의 최대 지간길이가 30[m] 이상인 교량으로 한정)의 설치·해체 또는 변경 작업
4. 구축물 등의 해체작업
5. 중량물의 취급작업
6. 항타기나 항발기를 조립·해체·변경 또는 이동하여 작업을 하는 경우

23. 달비계 와이어로프의 사용금지기준

1. 이음매가 있는 것
2. 와이어로프의 한 꼬임에서 끊어진 소선의 수가 10[%] 이상인 것
3. 지름의 감소가 공칭지름의 7[%]를 초과하는 것
4. 꼬인 것
5. 심하게 변형되거나 부식된 것
6. 열과 전기충격에 의해 손상된 것

24. 와이어로프에 걸리는 하중 계산

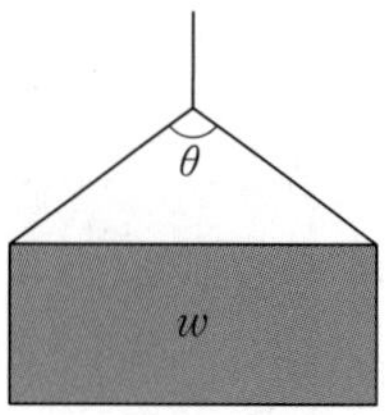

로프 한 가닥에 걸리는 하중 $= \dfrac{\text{화물 무게}(w)}{2} \div \cos\dfrac{\theta}{2} = \dfrac{w}{2\cos\dfrac{\theta}{2}}$

25. 총하중 계산

총하중＝정하중＋동하중

$$동하중 = \frac{정하중}{중력가속도} \times 가속도$$

26. 풍속별 안전조치사항

기준	조치사항
순간풍속 10[m/s] 초과	타워크레인의 설치·수리·점검 또는 해체 작업 중지
순간풍속 15[m/s] 초과	타워크레인의 운전 작업 중지
순간풍속 30[m/s] 초과	옥외에 설치되어 있는 주행 크레인의 이탈방지장치 작동
	옥외에 설치되어 있는 양중기 점검
순간풍속 35[m/s] 초과	건설용 리프트에 대하여 받침의 수 증가 등 붕괴 등을 방지하기 위한 조치
	옥외에 설치되어 있는 승강기에 대하여 받침의 수 증가 등 무너지는 것을 방지하기 위한 조치

27. 정격하중 등의 표시

양중기(승강기 제외) 및 달기구를 사용하여 작업하는 운전자 또는 작업자가 보기 쉬운 곳에 다음 사항을 부착하여야 한다. 다만, 달기구는 정격하중만 표시한다.

1. 정격하중
2. 운전속도
3. 경고표시

28. 양중기의 방호장치

1. 과부하방지장치
2. 권과방지장치
3. 비상정지장치
4. 제동장치

29. 승강기의 방호장치

1. 파이널 리미트 스위치
2. 속도조절기
3. 출입문 인터 록

30. 승강기의 종류

1. 승객용 엘리베이터
2. 승객화물용 엘리베이터
3. 화물용 엘리베이터
4. 소형화물용 엘리베이터
5. 에스컬레이터

31. 리프트의 종류

1. 건설용 리프트
2. 산업용 리프트
3. 자동차정비용 리프트
4. 이삿짐운반용 리프트

32. 달비계 달기 체인의 사용금지기준

1. 달기 체인의 길이가 달기 체인이 제조된 때의 길이의 5[%]를 초과한 것
2. 링의 단면지름이 달기 체인이 제조된 때의 해당 링의 지름의 10[%]를 초과하여 감소한 것
3. 균열이 있거나 심하게 변형된 것

33. 작업시작 전 점검사항

1. 공기압축기를 가동할 때
   ① 공기저장 압력용기의 외관 상태
   ② 드레인밸브의 조작 및 배수
   ③ 압력방출장치의 기능
   ④ 언로드밸브의 기능
   ⑤ 윤활유의 상태
   ⑥ 회전부의 덮개 또는 울
   ⑦ 그 밖의 연결 부위의 이상 유무
2. 컨베이어 등을 사용하여 작업을 할 때
   ① 원동기 및 풀리 기능의 이상 유무
   ② 이탈 등의 방지장치 기능의 이상 유무
   ③ 비상정지장치 기능의 이상 유무
   ④ 원동기 · 회전축 · 기어 및 풀리 등의 덮개 또는 울 등의 이상 유무
3. 고소작업대를 사용하여 작업을 할 때
   ① 비상정지장치 및 비상하강 방지장치 기능의 이상 유무
   ② 과부하방지장치의 작동 유무(와이어로프 또는 체인구동방식의 경우)
   ③ 아웃트리거 또는 바퀴의 이상 유무
   ④ 작업면의 기울기 또는 요철 유무
   ⑤ 활선작업용 장치의 경우 홈 · 균열 · 파손 등 그 밖의 손상 유무
4. 크레인을 사용하여 작업을 하는 때
   ① 권과방지장치 · 브레이크 · 클러치 및 운전장치의 기능
   ② 주행로의 상측 및 트롤리가 횡행하는 레일의 상태
   ③ 와이어로프가 통하고 있는 곳의 상태
5. 지게차를 사용하여 작업을 하는 때
   ① 제동장치 및 조종장치 기능의 이상 유무
   ② 하역장치 및 유압장치 기능의 이상 유무
   ③ 바퀴의 이상 유무

④ 전조등·후미등·방향지시기 및 경보장치 기능의 이상 유무

6. 리프트(자동차정비용 리프트 포함)를 사용하여 작업을 할 때
   ① 방호장치·브레이크 및 클러치의 기능
   ② 와이어로프가 통하고 있는 곳의 상태

34. 고소작업대 이동 시 준수사항

1. 작업대를 가장 낮게 내릴 것
2. 작업자를 태우고 이동하지 말 것. 다만, 이동 중 전도 등의 위험예방을 위하여 유도하는 사람을 배치하고 짧은 구간을 이동하는 경우에는 작업대를 가장 낮게 내린 상태에서 작업자를 태우고 이동할 수 있다.
3. 이동통로의 요철상태 또는 장애물의 유무 등을 확인할 것

35. 금속의 용접·용단 또는 가열에 사용되는 가스 등의 용기 취급 시 준수사항

1. 다음의 어느 하나에 해당하는 장소에서 사용하거나 해당 장소에 설치·저장 또는 방치하지 않도록 할 것
   ① 통풍이나 환기가 불충분한 장소
   ② 화기를 사용하는 장소 및 그 부근
   ③ 위험물 또는 인화성 액체를 취급하는 장소 및 그 부근
2. 용기의 온도를 40[℃] 이하로 유지할 것
3. 전도의 위험이 없도록 할 것
4. 충격을 가하지 않도록 할 것
5. 운반하는 경우에는 캡을 씌울 것
6. 사용하는 경우에는 용기의 마개에 부착되어 있는 유류 및 먼지를 제거할 것
7. 밸브의 개폐는 서서히 할 것
8. 사용 전 또는 사용 중인 용기와 그 밖의 용기를 명확히 구별하여 보관할 것
9. 용해아세틸렌의 용기는 세워 둘 것
10. 용기의 부식·마모 또는 변형상태를 점검한 후 사용할 것

36. 고압가스 용기의 색상

가스	용기 색상
액화석유가스	밝은 회색
수소	주황색
아세틸렌	황색
액화암모니아	백색
액화염소	갈색
산소(의료용 제외)	녹색
액화탄산가스(의료용 제외)	청색
그 밖의 가스(의료용 제외)	회색

PART 10 공종별 안전(잠함, 터널, 교량, 발파 및 해체, 채석, 전기)

1. 잠함 또는 우물통의 내부에서 근로자가 굴착작업을 하는 경우에 잠함 또는 우물통의 급격한 침하에 의한 위험을 방지하기 위한 준수사항

1. 침하관계도에 따라 굴착방법 및 재하량 등을 정할 것
2. 바닥으로부터 천장 또는 보까지의 높이는 1.8[m] 이상으로 할 것

2. 잠함 등의 내부에서 굴착작업을 하는 경우 준수사항

1. 산소 결핍 우려가 있는 경우에는 산소의 농도를 측정하는 사람을 지명하여 측정하도록 할 것
2. 근로자가 안전하게 오르내리기 위한 설비를 설치할 것
3. 굴착 깊이가 20[m]를 초과하는 경우에는 해당 작업장소와 외부와의 연락을 위한 통신설비 등을 설치할 것

3. 잠함 등의 내부에서 굴착작업을 중지하여야 하는 경우

1. 근로자가 안전하게 오르내리기 위한 설비에 고장이 있는 경우
2. 외부와의 연락을 위한 통신설비 등에 고장이 있는 경우
3. 송기를 위한 설비에 고장이 있는 경우
4. 잠함 등의 내부에 많은 양의 물 등이 스며들 우려가 있는 경우

4. 구축물 등의 해체작업 시 작업계획서 내용

1. 해체의 방법 및 해체 순서도면
2. 가설설비·방호설비·환기설비 및 살수·방화설비 등의 방법
3 사업장 내 연락방법
4. 해체물의 처분계획
5. 해체작업용 기계·기구 등의 작업계획서
6. 해체작업용 화약류 등의 사용계획서
7. 그 밖에 안전·보건에 관련된 사항

5. 해체공사 작업계획 수립 시 준수사항

1. 작업구역 내에는 관계자 이외의 자에 대하여 출입을 통제할 것
2. 강풍, 폭우, 폭설 등 악천후 시에는 작업을 중지할 것
3. 사용기계·기구 등을 인양하거나 내릴 때에는 그물망이나 그물포대 등을 사용할 것
4. 외벽과 기둥 등을 전도시키는 작업을 할 경우에는 전도 낙하위치 검토 및 파편 비산거리 등을 예측하여 작업반경을 설정할 것
5. 전도작업을 수행할 때에는 작업자 이외의 다른 작업자는 대피시키도록 하고 완전 대피상태를 확인한 다음 전도시키도록 할 것
6. 해체건물 외곽에 방호용 비계를 설치하여야 하며 해체물의 전도, 낙하, 비산의 안전거리를 유지할 것
7. 파쇄공법의 특성에 따라 방진벽, 비산차단벽, 분진억제 살수시설을 설치할 것
8. 작업자 상호 간의 적정한 신호규정을 준수하고 신호방식 및 신호기기사용법은 사전교육에 의해 숙지될 것
9. 적정한 위치에 대피소를 설치할 것

6. 압쇄기에 의한 건물해체(파쇄작업) 순서

슬래브 – 보 – 벽체 – 기둥

7. 해체공사의 공법에 따라 발생하는 소음과 진동의 방지대책

1. 공기압축기 등은 적당한 장소에 설치하여야 하며 장비의 소음 진동기준은 관계법에서 정하는 바에 따라서 처리할 것
2. 전도공법의 경우 전도물 규모를 작게 하여 중량을 최소화하며 전도대상물의 높이도 되도록 작게 할 것
3. 철해머 공법의 경우 해머의 중량과 낙하높이를 가능한 한 낮게 할 것
4. 현장 내에서는 대형 부재로 해체하며 장외에서 잘게 파쇄할 것
5. 인접건물의 피해를 줄이기 위해 방음, 방진 목적의 가시설을 설치할 것

8. 회전날 끝에 다이아몬드 입자를 혼합·경화하여 제조된 절단톱으로 기둥, 보, 바닥, 벽체를 적당한 크기로 절단하여 해체 시 준수사항

1. 작업현장은 정리정돈이 잘 되어야 할 것
2. 절단기에 사용되는 전기시설과 급수, 배수설비를 수시로 정비·점검할 것
3. 회전날에는 접촉방지 커버를 부착할 것
4. 회전날의 조임상태는 안전한지 작업 전에 점검할 것
5. 절단 중 회전날을 냉각시키는 냉각수는 충분한지 점검하고 불꽃이 많이 비산되거나 수증기 등이 발생되면 과열된 것이므로 일시중단 한 후 작업을 실시할 것
6. 절단방향을 직선을 기준하여 절단하고 부재 중에 철근 등이 있어 절단이 안될 경우에는 최소단면으로 절단할 것
7. 절단기는 매일 점검하고 정비해 두어야 하며 회전 구조부에는 윤활유를 주유해 둘 것

9. 구조물 해체 시 기계·기구를 이용하는 공법 중 유압기계를 사용하는 공법

1. 압쇄기를 이용한 압쇄공법
2. 크레인을 이용한 철해머 공법
3. 백호우 등을 이용한 브레이커 공법

10. 해체공사 공법의 종류

1. 압쇄공법
2. 대형브레이커 공법
3. 전도공법
4. 철해머 공법
5. 화약발파 공법

11. 터널공법 중 NATM 공법

원래 지반의 강도를 최대한 활용하기 위해 록볼트로 고정한 다음 숏크리트와 지보재로 보강하여 굴착면을 안정화한 후 터널을 굴착하는 공법

12. 터널공법 중 실드(Shield) 공법

실드라고 부르는 원통형의 철강재를 투입시켜 커터헤드를 회전시키면서 터널을 굴착하는 공법

13. 터널 등의 건설작업

1. 낙반 등에 의한 위험의 방지
   ① 터널 지보공 및 록볼트의 설치
   ② 부석의 제거
2. 시계의 유지
   터널 내부의 시계가 배기가스나 분진 등에 의하여 현저하게 제한되는 경우에는 환기를 하거나 물을 뿌리는 등 시계를 유지하기 위하여 필요한 조치 이행
3. 터널 지보공을 설치한 경우 수시 점검·보수사항
   ① 부재의 손상·변형·부식·변위·탈락의 유무 및 상태
   ② 부재의 긴압 정도
   ③ 부재의 접속부 및 교차부의 상태
   ④ 기둥침하의 유무 및 상태

14. 터널에 설치하는 자동경보장치의 당일 작업시작 전 점검·보수사항

1. 계기의 이상 유무
2. 검지부의 이상 유무
3. 경보장치의 작동상태

15. 터널 출입구 부근의 지반의 붕괴나 토사 등의 낙하에 의한 위험 방지조치

1. 흙막이 지보공의 설치
2. 방호망의 설치

16. 뿜어붙이기 콘크리트(숏크리트)의 효과

1. 지반을 조기에 안정
2. 굴착면의 요철감소 및 응력집중 예방
3. 록볼트의 힘을 지반에 분산 전달
4. 암반의 이동 및 크랙 방지

17. 터널 작업면에 대한 조도기준

작업	기준[lux]
막장구간	70 이상
터널중간구간	50 이상
터널 입·출구, 수직구 구간	30 이상

18. 터널 굴착공사 시 터널 내 공기오염의 원인

1. 착암, 굴착, 발파 등으로 비산되는 분진
2. 건설기계, 운반기계 등이 배출하는 배기가스
3. 지반으로부터 용출되는 유해가스

19. 터널굴착작업 시 사전조사 내용

보링(Boring) 등 적절한 방법으로 낙반·출수 및 가스폭발 등으로 인한 근로자의 위험을 방지하기 위하여 미리 지형·지질 및 지층상태를 조사

20. 터널굴착작업 시 작업계획서 내용

1. 굴착의 방법
2. 터널 지보공 및 복공의 시공방법과 용수의 처리방법
3. 환기 또는 조명시설을 설치할 때에는 그 방법

21. NATM 공법 터널작업 시 사전 계측계획의 포함사항

1. 측정위치 개소 및 측정의 기능 분류
2. 계측 시 소요장비
3. 계측빈도
4. 계측결과 분석방법
5. 변위 허용치 기준
6. 이상 변위 시 조치 및 보강대책
7. 계측 전담반 운영계획
8. 계측관리 기록분석 계통기준 수립

22. NATM 공법 계측방법의 종류

1. 내공변위 측정
2. 천단침하 측정
3. 록볼트 인발시험
4. 지표면 침하 측정
5. 지중변위 측정
6. 지중침하 측정
7. 지중수평변위 측정
8. 지하수위 측정
9. 록볼트 축력 측정

23. 록볼트 설치 시 효과

1. 봉합효과
2. 내압작용효과
3. 보형성효과
4. 아치형성효과
5. 지반보강효과

24. 터널건설작업 시 터널 등의 내부에서 금속의 용접·용단 또는 가열작업을 하는 경우 화재 예방을 위한 조치사항

1. 부근에 있는 넝마, 나무부스러기, 종이부스러기, 그 밖의 인화성 액체를 제거하거나, 그 인화성 액체에 불연성 물질의 덮개를 하거나, 그 작업에 수반하는 불티 등이 날아 흩어지는 것을 방지하기 위한 격벽을 설치할 것
2. 해당 작업에 종사하는 근로자에게 소화설비의 설치장소 및 사용방법을 주지시킬 것
3. 해당 작업 종료 후 불티 등에 의하여 화재가 발생할 위험이 있는지를 확인할 것

25. 장약작업 시 준수사항

1. 장약작업 장소 인근에서는 화기사용 및 흡연을 하지 않도록 할 것
2. 장약작업 장소 인근에서는 전기용접 작업이나 동력을 사용하는 기계를 사용하지 않을 것
3. 장약작업을 하는 근로자가 안전모 등 적절한 보호구를 착용하도록 할 것
4. 기존의 발파에 사용된 발파공에는 장약하지 않도록 할 것
5. 약포는 1개씩 손을 사용하여 신중하게 장약봉으로 넣고, 약포 간에 간격이 없도록 그때마다 구멍길이의 차를 측정하면서 장약을 수행하도록 할 것
6. 장약봉은 곧바르고 견고하며, 마찰·충격·정전기 등에 대하여 안전한 부도체(플라스틱, 나무 등)를 사용하여 약포 지름보다 약간 굵고, 적당한 길이로 하고, 개수는 충분히 준비하게 할 것
7. 장약은 뇌관의 관체, 각선, 연결장치 등이 충격 또는 손상되지 않도록 주의하며, 각선의 길이는 결선작업을 고려하여 충분한 길이의 것을 사용하게 할 것
8. 초유폭약을 장약하는 경우 다음의 사항을 따를 것
   ① 장약 중에 흡습 또는 이물의 혼입을 방지하기 위한 조치를 강구할 것
   ② 갱내에서는 가스 등의 환기에 유의하고, 통기가 나쁜 장소에서는 사용하지 말 것
   ③ 폭약을 장약한 후에는 신속하게 기폭할 것
9. 낙석 또는 붕락의 위험이 있는 뜬돌(부석) 등의 유무를 확인하고, 이를 제거하는 등 안전조치 후 작업하도록 할 것
10. 장약작업 중에는 관계 근로자가 아닌 사람의 출입을 금지할 것

26. 발파작업 시 관리감독자의 직무수행 내용

1. 점화 전에 점화작업에 종사하는 근로자가 아닌 사람에게 대피를 지시하는 일
2. 점화작업에 종사하는 근로자에게 대피장소 및 경로를 지시하는 일
3. 점화 전에 위험구역 내에서 근로자가 대피한 것을 확인하는 일
4. 점화순서 및 방법에 대하여 지시하는 일
5. 점화신호를 하는 일
6. 점화작업에 종사하는 근로자에게 대피신호를 하는 일

7. 발파 후 터지지 않은 장약이나 남은 장약의 유무, 용수의 유무 및 토사 등의 낙하 여부 등을 점검하는 일
8. 점화하는 사람을 정하는 일
9. 공기압축기의 안전밸브 작동 유무를 점검하는 일
10. 안전모 등 보호구 착용 상황을 감시하는 일

27. 강아치 지보공의 조립 시 조치사항

1. 조립간격은 조립도에 따를 것
2. 주재가 아치작용을 충분히 할 수 있도록 쐐기를 박는 등 필요한 조치를 할 것
3. 연결볼트 및 띠장 등을 사용하여 주재 상호간을 튼튼하게 연결할 것
4. 터널 등의 출입구 부분에는 받침대를 설치할 것
5. 낙하물이 근로자에게 위험을 미칠 우려가 있는 경우에는 널판 등을 설치할 것

28. 부두·안벽 등 하역작업을 하는 장소에 대한 조치사항

1. 작업장 및 통로의 위험한 부분에는 안전하게 작업할 수 있는 조명을 유지할 것
2. 부두 또는 안벽의 선을 따라 통로를 설치하는 경우에는 폭을 90[cm] 이상으로 할 것
3. 육상에서의 통로 및 작업장소로서 다리 또는 선거 갑문을 넘는 보도 등의 위험한 부분에는 안전난간 또는 울타리 등을 설치할 것

29. 항만하역작업에서 선박승강설비의 설치기준

1. 300톤급 이상의 선박에서 하역작업을 하는 경우에 근로자들이 안전하게 오르내릴 수 있는 현문 사다리를 설치하여야 하며, 이 사다리 밑에 안전망을 설치할 것
2. 현문 사다리는 견고한 재료로 제작된 것으로 너비는 55[cm] 이상이어야 하고, 양측에 82[cm] 이상의 높이로 울타리를 설치하여야 하며, 바닥은 미끄러지지 않도록 적합한 재질로 처리되어야 할 것
3. 현문 사다리는 근로자의 통행에만 사용하여야 하며, 화물용 발판 또는 화물용 보판으로 사용하도록 해서는 아니 될 것

30. 화물취급작업 시 관리감독자의 직무수행 내용

1. 작업방법 및 순서를 결정하고 작업을 지휘하는 일
2. 기구 및 공구를 점검하고 불량품을 제거하는 일
3. 그 작업장소에는 관계 근로자가 아닌 사람의 출입을 금지하는 일
4. 로프 등의 해체작업을 할 때에는 하대 위의 화물의 낙하위험 유무를 확인하고 작업의 착수를 지시하는 일

31. 작업장에 출입구 설치 시 준수사항

1. 출입구의 위치, 수 및 크기가 작업장의 용도와 특성에 맞도록 할 것
2. 출입구에 문을 설치하는 경우에는 근로자가 쉽게 열고 닫을 수 있도록 할 것
3. 주된 목적이 하역운반기계용인 출입구에는 인접하여 보행자용 출입구를 따로 설치할 것
4. 하역운반기계의 통로와 인접하여 있는 출입구에서 접촉에 의하여 근로자에게 위험을 미칠 우려가 있는 경우에는 비상등·비상벨 등 경보장치를 할 것
5. 계단이 출입구와 바로 연결된 경우에는 작업자의 안전한 통행을 위하여 그 사이에 1.2[m] 이상 거리를 두거나 안내표지 또는 비상벨 등을 설치할 것

32. 감전위험요인

1. 1차적 감전위험요인(인체에 대한 위험정도를 좌우하는 요소)
   ① 통전전류의 크기 ② 통전경로 ③ 통전시간 ④ 전원의 종류
   ⑤ 주파수
2. 2차적 감전위험요인
   ① 전압의 크기 ② 인체의 조건(저항) ③ 계절적 요인 ④ 개인차

33. 충전전로에 대한 접근한계거리

충전전로의 선간전압[kV]	충전전로에 대한 접근한계거리[cm]
0.3 이하	접촉금지
0.3 초과 0.75 이하	30
0.75 초과 2 이하	45
2 초과 15 이하	60
15 초과 37 이하	90
37 초과 88 이하	110
88 초과 121 이하	130
121 초과 145 이하	150
145 초과 169 이하	170
169 초과 242 이하	230
242 초과 362 이하	380
362 초과 550 이하	550
550 초과 800 이하	790

34. 전기기계·기구 또는 전로 등의 충전부분에 접촉하거나 접근함으로써 감전 위험이 있는 충전부분에 대한 방호대책

1. 충전부가 노출되지 않도록 폐쇄형 외함이 있는 구조로 할 것
2. 충전부에 충분한 절연효과가 있는 방호망이나 절연덮개를 설치할 것
3. 충전부는 내구성이 있는 절연물로 완전히 덮어 감쌀 것
4. 발전소·변전소 및 개폐소 등 구획되어 있는 장소로서 관계 근로자가 아닌 사람의 출입이 금지되는 장소에 충전부를 설치하고, 위험표시 등의 방법으로 방호를 강화할 것
5. 전주 위 및 철탑 위 등 격리되어 있는 장소로서 관계 근로자가 아닌 사람이 접근할 우려가 없는 장소에 충전부를 설치할 것

35. 누전에 의한 감전위험을 방지하기 위하여 감전방지용 누전차단기를 설치하여야 하는 장소

1. 대지전압이 150[V]를 초과하는 이동형 또는 휴대형 전기기계·기구
2. 물 등 도전성이 높은 액체가 있는 습윤장소에서 사용하는 저압(1,500[V] 이하 직류전압이나 1,000[V] 이하의 교류전압)용 전기기계·기구
3. 철판·철골 위 등 도전성이 높은 장소에서 사용하는 이동형 또는 휴대형 전기기계·기구
4. 임시배선의 전로가 설치되는 장소에서 사용하는 이동형 또는 휴대형 전기기계·기구

36. 충전전로를 취급하거나 그 인근에서 작업하는 경우 조치사항

1. 충전전로를 방호, 차폐하거나 절연 등의 조치를 하는 경우에는 근로자의 신체가 전로와 직접 접촉하거나 도전재료, 공구 또는 기기를 통하여 간접 접촉되지 않도록 할 것
2. 충전전로를 취급하는 근로자에게 그 작업에 적합한 절연용 보호구를 착용시킬 것
3. 충전전로에 근접한 장소에서 전기작업을 하는 경우에는 해당 전압에 적합한 절연용 방호구를 설치할 것
4. 고압 및 특별고압의 전로에서 전기작업을 하는 근로자에게 활선작업용 기구 및 장치를 사용하도록 할 것
5. 근로자가 절연용 방호구의 설치·해체작업을 하는 경우에는 절연용 보호구를 착용하거나 활선작업용 기구 및 장치를 사용하도록 할 것
6. 유자격자가 아닌 근로자가 충전전로 인근의 높은 곳에서 작업할 때에 근로자의 몸 또는 긴 도전성 물체가 방호되지 않은 충전전로에서 대지전압이 50[kV] 이하인 경우에는 300[cm] 이내로, 대지전압이 50[kV]를 넘는 경우에는 10[kV]당 10[cm]씩 더한 거리 이내로 각각 접근할 수 없도록 할 것

37. 채석작업 시 작업계획서 내용

1. 노천굴착과 갱내굴착의 구별 및 채석방법
2. 굴착면의 높이와 기울기
3. 굴착면 소단의 위치와 넓이
4. 갱내에서의 낙반 및 붕괴방지 방법
5. 발파방법
6. 암석의 분할방법
7. 암석의 가공장소
8. 사용하는 굴착기계 등의 종류 및 성능
9. 토석 또는 암석의 적재 및 운반방법과 운반경로
10. 표토 또는 용수의 처리방법

38. 교량건설 공법 중 FCM과 PSM의 차이점

1. FCM(Free Cantilever Method)

   FCM 공법은 교량의 시공 방식 중 하나로 교량 하부에 동바리를 사용하지 않고 특수한 가설장비를 이용하여 각 교각으로부터 좌우평형을 맞추면서 세그먼트를 순차적으로 접합하는 방식으로, 경간을 구성하면서 인접한 교각에서 만들어져 온 세그먼트와 접합하는 방식의 시공법

2. PSM(Precast Segment Method)

PSM 공법은 교량상부구조 가설공법 중 캔틸레버 공법의 일종으로 일정한 길이로 분할된 세그먼트를 별도의 제작소에서 제작·운반하여 인양기계를 이용하여 가설한 후 세그먼트를 접합하여 포스트 텐셔닝(Post-tensioning)하여 연결함으로써 상부구조를 가설하는 공법

39. 화재의 분류 및 화재유형

화재의 분류	설명	가연물
A급화재	일반화재	목재, 섬유 등
B급화재	유류화재	석유, 가스
C급화재	전기화재	전기기계·설비
D급화재	금속화재	나트륨, 마그네슘 등

40. 운반작업 시 준수사항

1. 하물의 운반은 수평거리 운반을 원칙으로 하며, 여러 번 들어 움직이거나 중계 운반, 반복운반을 하지 아니할 것
2. 운반 시의 시선은 진행방향을 향하고 뒷걸음 운반을 하지 아니할 것
3. 어깨높이보다 높은 위치에서 하물을 들고 운반하지 아니할 것
4. 쌓여 있는 하물을 운반할 때에는 중간 또는 하부에서 뽑아내지 아니할 것

41. 근로자가 상시 분진작업에 관련된 업무를 하는 경우 근로자에게 알려야 하는 사항

1. 분진의 유해성과 노출경로
2. 분진의 발산 방지와 작업장의 환기 방법
3. 작업장 및 개인위생 관리
4. 호흡용 보호구의 사용 방법
5. 분진에 관련된 질병 예방 방법

바람이 돕지 않는다면 노를 저어라.

– 윈스턴 처칠(Winston Churchill)

필답형
15개년 기출문제

최신기출 위주로
실속있게 공부하자

2024년 | 기출문제

1회

01

적응기제 중 방어기제 및 도피기제를 각각 2가지씩 쓰시오. (4점)

정답

① 방어기제: 승화, 보상, 합리화, 투사

② 도피기제: 백일몽, 퇴행, 억압, 고립

02

최빈출

댐 신설공사에서 재료비와 직접노무비의 합이 4,500,000,000원일 때 산업안전보건관리비를 구하시오. (3점)

구분 / 공사 종류	5억 원 미만 [%]	5억 원 이상 50억 원 미만		50억 원 이상 [%]	보건관리자 선임대상 [%]
		적용 비율 [%]	기초액 [원]		
건축공사	3.11	2.28	4,325,000	2.37	2.64
토목공사	3.15	2.53	3,300,000	2.60	2.73
중건설공사	3.64	3.05	2,975,000	3.11	3.39
특수건설공사	2.07	1.59	2,450,000	1.64	1.78

정답

대상액이 5억 원 이상 50억 원 미만인 경우에는 대상액에 계상비율을 곱한 금액에 기초액을 합한 금액을 산업안전보건관리비로 계상한다.

댐 신설공사는 중건설공사이다.

산업안전보건관리비 = 대상액(재료비 + 직접노무비) × 계상비율 + 기초액

= 4,500,000,000 × 0.0305 + 2,975,000

= 140,225,000원

관련법령 「건설업 산업안전보건관리비 계상 및 사용기준」 제2조(정의), 제4조(계상의무 및 기준), [별표 1] 공사종류 및 규모별 산업안전보건관리비 계상기준표, [별표 5] 건설공사의 종류 예시표

03

「산업안전보건법령」에 따라 다음 물음에 답하시오. (4점)

① 다음에서 설명하는 양중기의 종류를 쓰시오.

㉠ 훅이나 그 밖의 달기구 등을 사용하여 화물의 권상 및 횡행 또는 권상동작만을 하여 양중하는 것

㉡ 달기발판 또는 운반구, 승강장치, 그 밖의 장치 및 이들에 부속된 기계부품에 의하여 구성되고, 와이어로프 또는 달기강선에 의하여 달기발판 또는 운반구가 전용 승강장치에 의하여 오르내리는 설비

② 리프트의 종류 2가지를 쓰시오.

정답

① 양중기

㉠ 호이스트　　㉡ 곤돌라

② 리프트의 종류

㉠ 건설용 리프트　　㉡ 산업용 리프트

㉢ 자동차정비용 리프트　　㉣ 이삿짐운반용 리프트

관련법령 「산업안전보건기준에 관한 규칙」 제132조(양중기)

04

이동식 크레인의 종류 3가지를 쓰시오. (3점)

정답

① 트럭 크레인　② 크롤러 크레인　③ 트럭 탑재형

④ 험지형 크레인　⑤ 전지형 크레인

관련법령 「이동식 크레인 안전보건작업 지침」 4. 이동식 크레인의 종류

05

PS 콘크리트의 응력 도입 후 초기 손실의 원인 2가지를 쓰시오. (4점)

정답

① 콘크리트 탄성수축에 의한 손실
② 콘크리트 건조수축에 의한 손실
③ 정착 재료의 움직임(거동)에 따른 손실

06

차량계 하역운반기계에 화물 적재 시 사업주의 준수사항 3가지를 쓰시오. (6점)

정답

① 하중이 한쪽으로 치우치지 않도록 적재할 것
② 구내운반차 또는 화물자동차의 경우 화물의 붕괴 또는 낙하에 의한 위험을 방지하기 위하여 화물에 로프를 거는 등 필요한 조치를 할 것
③ 운전자의 시야를 가리지 않도록 화물을 적재할 것
④ 최대적재량을 초과하지 않도록 할 것

관련법령 「산업안전보건기준에 관한 규칙」 제173조(화물적재 시의 조치)

07

빈출

가설통로 설치 시 준수사항 3가지를 쓰시오. (3점)

정답

① 견고한 구조로 할 것
② 경사는 30° 이하로 할 것
③ 경사가 15°를 초과하는 경우에는 미끄러지지 아니하는 구조로 할 것
④ 추락할 위험이 있는 장소에는 안전난간을 설치할 것
⑤ 수직갱에 가설된 통로의 길이가 15[m] 이상인 경우에는 10[m] 이내마다 계단참을 설치할 것
⑥ 건설공사에 사용하는 높이 8[m] 이상인 비계다리에는 7[m] 이내마다 계단참을 설치할 것

관련법령 「산업안전보건기준에 관한 규칙」 제23조(가설통로의 구조)

08

토공사의 비탈면 보호방법(공법)의 종류 4가지를 쓰시오. (4점)

정답

① 뿜어붙이기공　② 블록공
③ 돌쌓기공　④ 식생공
⑤ 현장타설 콘크리트격자공

09

최빈출

「산업안전보건법령」상 다음 안전보건표지의 이름을 쓰시오. (4점)

①	②

정답

① 폭발성물질 경고　② 급성독성물질 경고

관련법령 「산업안전보건법 시행규칙」 [별표 6] 안전보건표지의 종류와 형태

10

콘크리트 파쇄용 화약류 취급 시에 준수사항 2가지를 쓰시오. (4점)

정답

① 화약류에 의한 발파파쇄 해체 시에는 사전에 시험발파에 의한 폭력, 폭속, 진동치 속도 등에 파쇄능력과 진동, 소음의 영향력을 사전에 검토하여야 한다.
② 소음, 분진, 진동으로 인한 공해대책, 파편에 대한 예방대책을 수립하여야 한다.
③ 화약류 취급에 대하여는 관계법에서 규정하는 바에 의하여 취급하여야 한다.
④ 화약저장소 설치기준을 준수하여야 한다.
⑤ 시공순서는 화약취급절차에 의한다.

관련법령 「해체공사표준안전작업지침」 제6조(화약류)

11

가설구조물의 구조적 특징 3가지를 쓰시오. (5점)

정답

① 구조계산이 정확하지 않은 상태에서 시공된다.
② 연결재가 적은 구조이다.
③ 부재 접합이 단순하여 접합부가 취약하다.
④ 조립에 대한 정밀도가 낮다.
⑤ 부재가 과소단면이거나 결함 있는 재료 사용이 쉽다.

12

흙막이 공법의 종류를 다음과 같이 구분하여 각각 3가지씩 쓰시오. (6점)

① 지지방식에 의한 분류 ② 구조방식에 의한 분류

정답

① 지지방식에 의한 분류
   ㉠ 자립공법 ㉡ 버팀대공법
   ㉢ 어스앵커공법 ㉣ 타이로드공법
② 구조방식에 의한 분류
   ㉠ H-Pile공법 ㉡ 널말뚝공법
   ㉢ 지하연속벽공법 ㉣ 탑다운공법

13

안전보건진단을 받아 안전보건개선계획을 수립하도록 명할 수 있는 사업장 3곳을 쓰시오. (6점)

정답

① 산업재해율이 같은 업종 평균 산업재해율의 2배 이상인 사업장
② 사업주가 필요한 안전조치 또는 보건조치를 이행하지 아니하여 중대재해가 발생한 사업장
③ 직업성 질병자가 연간 2명 이상(상시근로자 1천 명 이상 사업장의 경우 3명 이상) 발생한 사업장
④ 그 밖에 작업환경 불량, 화재·폭발 또는 누출 사고 등으로 사업장 주변까지 피해가 확산된 사업장으로서 고용노동부령으로 정하는 사업장

관련법령 「산업안전보건법 시행령」 제49조(안전보건진단을 받아 안전보건개선계획을 수립할 대상)

14

「산업안전보건법령」상 누전에 의한 감전위험을 방지하기 위하여 감전방지용 누전차단기를 설치하여야 하는 전기기계·기구 2가지를 쓰시오. (4점)

정답

① 대지전압이 150[V]를 초과하는 이동형 또는 휴대형 전기기계·기구
② 물 등 도전성이 높은 액체가 있는 습윤장소에서 사용하는 저압용 전기기계·기구
③ 철판·철골 위 등 도전성이 높은 장소에서 사용하는 이동형 또는 휴대형 전기기계·기구
④ 임시배선의 전로가 설치되는 장소에서 사용하는 이동형 또는 휴대형 전기기계·기구

관련법령 「산업안전보건기준에 관한 규칙」 제304조(누전차단기에 의한 감전방지)

2회

01

정기안전점검 결과 건설공사의 물리적·기능적 결함 등이 발견되어 보수·보강 등의 조치를 위하여 실시하는 점검은 무엇인지 쓰시오. (4점)

정답

정밀안전점검

관련법령 「건설기술 진흥법 시행령」 제100조(안전점검의 시기·방법 등)

02

콘크리트 타설작업 시 거푸집 및 동바리와 관련하여 사업주의 준수사항 3가지를 쓰시오. (6점)

정답

① 당일의 작업을 시작하기 전에 해당 작업에 관한 거푸집 및 동바리의 변형·변위 및 지반의 침하 유무 등을 점검하고 이상이 있으면 보수할 것
② 작업 중에는 감시자를 배치하는 등의 방법으로 거푸집 및 동바리의 변형·변위 및 침하 유무 등을 확인하여야 하며, 이상이 있으면 작업을 중지하고 근로자를 대피시킬 것
③ 콘크리트 타설작업 시 거푸집 붕괴의 위험이 발생할 우려가 있으면 충분한 보강조치를 할 것
④ 설계도서상의 콘크리트 양생기간을 준수하여 거푸집 및 동바리를 해체할 것

관련법령 「산업안전보건기준에 관한 규칙」 제334조(콘크리트의 타설작업)

03

재해발생 원인을 통계적으로 분석하는 방법 2가지를 쓰시오. (4점)

정답

① 파레토도　② 특성요인도
③ 클로즈분석도　④ 관리도

04

곤돌라 작업 시 운반구에 근로자가 탑승 가능한 경우 2가지를 쓰시오. (4점)

정답

① 운반구가 뒤집히거나 떨어지지 않도록 필요한 조치를 한 경우
② 안전대나 구명줄을 설치하고, 안전난간을 설치할 수 있는 구조인 경우이면 안전난간을 설치한 경우

관련법령 「산업안전보건기준에 관한 규칙」 제86조(탑승의 제한)

05

안전보건개선계획 수립에 대한 내용이다. 다음 (　) 안에 알맞은 내용을 쓰시오. (4점)

> 사업주는 안전보건개선계획을 수립할 때에는 (①)의 심의를 거쳐야 한다. 다만, (①)가 설치되어 있지 아니한 사업장의 경우에는 (②)의 의견을 들어야 한다.

정답

① 산업안전보건위원회　② 근로자대표

관련법령 「산업안전보건법」 제49조(안전보건개선계획의 수립·시행 명령)

06

「산업안전보건법령」상 중대재해에 대하여 다음 물음에 답하시오. (4점)

> ① 중대재해가 발생한 사실을 알게 된 경우 관할 지방고용노동관서의 장에게 보고해야 할 사항 2가지를 쓰시오. (단, 그 밖의 중요한 사항은 제외한다.)
> ② 중대재해의 종류 2가지를 쓰시오.

정답

① 보고사항
  ㉠ 발생 개요 및 피해 상황
  ㉡ 조치 및 전망
② 중대해재의 종류
  ㉠ 사망자가 1명 이상 발생한 재해
  ㉡ 3개월 이상의 요양이 필요한 부상자가 동시에 2명 이상 발생한 재해
  ㉢ 부상자 또는 직업성 질병자가 동시에 10명 이상 발생한 재해

관련법령 「산업안전보건법 시행규칙」 제3조(중대재해의 범위), 제67조(중대재해 발생 시 보고)

07

크레인과 관련한 용어 중 (   ) 안에 알맞은 내용을 쓰시오. (4점)

> 가. (①): 크레인의 권상하중에서 훅, 크랩 또는 버킷 등 달기구의 중량에 상당하는 하중을 뺀 하중
> 나. (②): 주행레일 중심 간의 거리
> 다. (③): 화물의 권상 및 횡행 또는 권상 동작만을 행하는 크레인
> 라. (④): 수직면에서 지브 각의 변화

정답

① 정격하중 ② 스팬
③ 호이스트 ④ 기복

08

빈출

곤돌라형 달비계를 설치하는 경우 와이어로프의 사용금지 사항 4가지를 쓰시오. (4점)

정답

① 이음매가 있는 것
② 와이어로프의 한 꼬임에서 끊어진 소선의 수가 10[%] 이상인 것
③ 지름의 감소가 공칭지름의 7[%]를 초과하는 것
④ 꼬인 것
⑤ 심하게 변형되거나 부식된 것
⑥ 열과 전기충격에 의해 손상된 것

관련법령 「산업안전보건기준에 관한 규칙」 제63조(달비계의 구조)

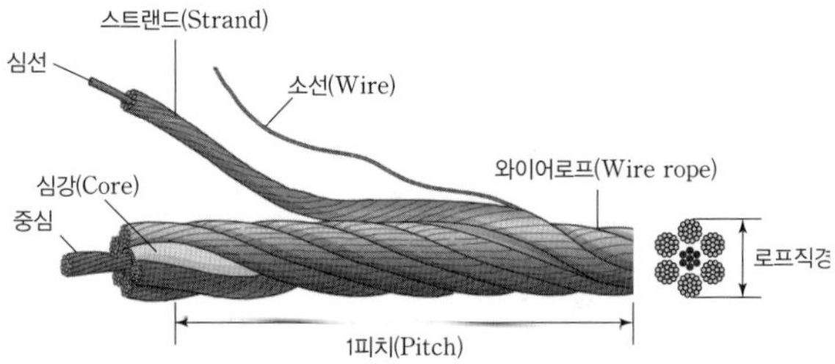

09

「산업안전보건법령」에 따라 차량계 하역운반기계(지게차 등)의 운전자가 운전위치를 이탈하고자 할 때 운전자가 준수하여야 할 사항 2가지를 쓰시오. (4점)

정답

① 포크, 버킷, 디퍼 등의 장치를 가장 낮은 위치 또는 지면에 내려 둘 것
② 원동기를 정지시키고 브레이크를 확실히 거는 등 차량계 하역운반기계 등의 갑작스러운 이동을 방지하기 위한 조치를 할 것
③ 운전석을 이탈하는 경우에는 시동키를 운전대에서 분리시킬 것

관련법령 「산업안전보건기준에 관한 규칙」 제99조(운전위치 이탈 시의 조치)

10

「산업안전보건법령」에 따라 사업장의 안전 및 보건에 관한 중요사항을 심의·의결하기 위하여 산업안전보건위원회를 구성하여야 한다. 산업안전보건위원회의 구성원 4인을 쓰시오. (4점)

정답

(1) 근로자위원
  ① 근로자대표
  ② 명예산업안전감독관이 위촉되어 있는 사업장의 경우 근로자대표가 지명하는 1명 이상의 명예산업안전감독관
  ③ 근로자대표가 지명하는 9명 이내의 해당 사업장의 근로자

(2) 사용자위원
  ① 해당 사업의 대표자
  ② 안전관리자 1명
  ③ 보건관리자 1명
  ④ 산업보건의
  ⑤ 해당 사업의 대표자가 지명하는 9명 이내의 해당 사업장 부서의 장

관련법령 「산업안전보건법 시행령」 제35조(산업안전보건위원회의 구성)

11

빈출

철골공사 작업을 중지해야 하는 조건이다. (　　) 안에 알맞은 내용을 쓰시오. (4점)

가. 풍속: (　①　) 이상인 경우
나. 강우량: (　②　) 이상인 경우

정답

① 초당 10[m](10[m/s])　　② 시간당 1[mm](1[mm/h])

관련법령 「산업안전보건기준에 관한 규칙」 제383조(작업의 제한)

12

지난해 총산업재해보상보험 보상액이 214,730,693,000원일 때, 하인리히 방식으로 각 손실비용을 구하시오. (6점)

① 직접손실비용
② 간접손실비용
③ 총 손실비용

정답

① 직접손실비용 = 총산업재해보상보험 보상액 = 214,730,693,000원
② 하인리히 방식에 따르면 직접손실비용과 간접손실비용의 비는 1 : 4이다.
간접손실비용 = 직접손실비용 × 4
= 214,730,693,000 × 4 = 858,922,772,000원
③ 총 손실비용 = 직접손실비용 + 간접손실비용
= 214,730,693,000 + 858,922,772,000
= 1,073,653,465,000원

13

「철골공사표준안전작업지침」상 추락방지를 위한 설비 5가지를 쓰시오. (5점)

정답

① 비계　② 달비계
③ 수평통로　④ 안전난간대
⑤ 추락방지용 방망　⑥ 난간
⑦ 울타리　⑧ 안전대 부착설비
⑨ 안전대　⑩ 구명줄

관련법령 「철골공사표준안전작업지침」 제16조(재해방지 설비)

14

「산업안전보건법령」상 사다리식 통로를 설치 시 준수사항 3가지를 쓰시오. (단, 고정식 사다리의 경우는 제외한다.) (3점)

정답

① 견고한 구조로 할 것
② 심한 손상·부식 등이 없는 재료를 사용할 것
③ 발판의 간격은 일정하게 할 것
④ 발판과 벽과의 사이는 15[cm] 이상의 간격을 유지할 것
⑤ 폭은 30[cm] 이상으로 할 것
⑥ 사다리가 넘어지거나 미끄러지는 것을 방지하기 위한 조치를 할 것
⑦ 사다리의 상단은 걸쳐놓은 지점으로부터 60[cm] 이상 올라가도록 할 것
⑧ 사다리식 통로의 길이가 10[m] 이상인 경우에는 5[m] 이내마다 계단참을 설치할 것
⑨ 사다리식 통로의 기울기는 75° 이하로 할 것
⑩ 접이식 사다리 기둥은 사용 시 접혀지거나 펼쳐지지 않도록 철물 등을 사용하여 견고하게 조치할 것

관련법령 「산업안전보건기준에 관한 규칙」 제24조(사다리식 통로 등의 구조)

3회

※ 2024년 시험은 4회가 아닌 3회에 실시되었습니다.

01

안전보건관리규정의 작성 및 변경에 관한 내용이다. 다음 물음에 답하시오. (4점)

> ① 건설업의 경우 안전보건관리규정을 작성하여야 할 상시근로자 수 기준은 몇 명인가?
> ② 안전보건관리규정의 내용을 변경할 사유가 발생한 경우 사유가 발생한 날부터 며칠 이내에 작성하여야 하는가?

정답

① 100명 이상 ② 30일

관련법령 「산업안전보건법 시행규칙」 제25조(안전보건관리규정의 작성)

02

다음 공법의 이름을 쓰시오. (4점)

> ① 흙막이벽의 배면을 원통형으로 굴착하고, 여기에 고강도 PC강재 등의 인장재와 그라우트를 주입시켜 형성한 앵커체(deadman)에 긴장력을 주어 흙막이벽을 지지하는 공법
> ② 굴착 작업 전 흙막이 벽체를 우선 시공한 후 1개층씩 단계별로 지하 토공사와 구조물 공사를 위에서 아래로 반복해가며 지하구조물을 형성하는 공법

정답

① 어스앵커공법 ② 탑다운공법

03

빈출

사고사망만인율에서 상시근로자 수 산출 식을 쓰시오. (3점)

정답

$$상시근로자\ 수 = \frac{연간\ 국내공사\ 실적액 \times 노무비율}{건설업\ 월평균임금 \times 12}$$

관련법령 「산업안전보건법 시행규칙」 [별표 1] 건설업체 산업재해발생률 및 산업재해 발생 보고의무 위반건수의 산정 기준과 방법

04

관계수급인 근로자가 도급인의 사업장에서 작업을 하는 경우 도급인의 이행사항 2가지를 쓰시오. (4점)

정답

① 도급인과 수급인을 구성원으로 하는 안전 및 보건에 관한 협의체의 구성 및 운영
② 작업장 순회점검
③ 관계수급인이 근로자에게 하는 안전보건교육을 위한 장소 및 자료의 제공 등 지원
④ 관계수급인이 근로자에게 하는 안전보건교육의 실시 확인
⑤ 작업 장소에서 발파작업 또는 화재·폭발, 토사·구축물 등의 붕괴 또는 지진 등이 발생한 경우에 대비한 경보체계 운영과 대피방법 등 훈련
⑥ 위생시설 등 고용노동부령으로 정하는 시설의 설치 등을 위하여 필요한 장소의 제공 또는 도급인이 설치한 위생시설 이용의 협조
⑦ 같은 장소에서 이루어지는 도급인과 관계수급인 등의 작업에 있어서 관계수급인 등의 작업시기·내용, 안전조치 및 보건조치 등의 확인
⑧ 관계수급인 등의 작업 혼재로 인하여 화재·폭발 등 대통령령으로 정하는 위험이 발생할 우려가 있는 경우 관계수급인 등의 작업시기·내용 등의 조정

관련법령 「산업안전보건법」 제64조(도급에 따른 산업재해 예방조치)

05

건설업 산업안전보건관리비 계상 및 사용기준에 관한 내용이다. ( ) 안에 알맞은 내용을 쓰시오. (4점)

> 가. 공사원가계산서 구성항목 중 직접재료비, 간접재료비와 직접노무비를 합한 금액(발주자가 재료를 제공할 경우에는 해당 재료비 포함)을 (①)이라 한다.
> 나. 건설공사의 시공을 주도하여 총괄·관리하는 자(발주자로부터 건설공사를 최초로 도급받은 수급인 제외)를 (②)라 한다.

정답

① 산업안전보건관리비 대상액(대상액)
② 자기공사자

관련법령 「건설업 산업안전보건관리비 계상 및 사용기준」 제2조(정의)

06

수직재, 수평재, 가새재 등의 부재를 공장에서 제작하여 현장에서 조립하여 사용하는 가설 구조물인 비계는 무엇인지 쓰시오. (2점)

정답

시스템비계

관련법령 「시스템 비계 안전작업 지침」 3. 용어의 정의

07

건설업 기초안전·보건교육 시 ① 교육시간과 ② 교육내용 2가지를 쓰시오. (4점)

정답

① 교육시간: 4시간 이상
② 교육내용
  ㉠ 건설공사의 종류(건축·토목 등) 및 시공 절차
  ㉡ 산업재해 유형별 위험요인 및 안전보건조치
  ㉢ 안전보건관리체제 현황 및 산업안전보건 관련 근로자 권리·의무

관련법령 「산업안전보건법 시행규칙」 [별표 4] 안전보건교육 교육과정별 교육시간, [별표 5] 안전보건교육 교육대상별 교육내용

08

최빈출

건설업에서 공사금액에 따라 선임해야 할 안전관리자의 인원을 쓰시오. (단, 전체 공사기간을 100으로 할 때 공사 시작에서 15에 해당하는 기간, 85에서 100에 해당하는 기간이 아니다.) (6점)

> 가. 800억 원 이상 1,500억 원 미만: (①)명 이상
> 나. 2,200억 원 이상 3,000억 원 미만: (②)명 이상
> 다. 7,200억 원 이상 8,500억 원 미만: (③)명 이상

정답

① 2　　② 4　　③ 9

관련법령 「산업안전보건법 시행령」 [별표 3] 안전관리자를 두어야 하는 사업의 종류, 사업장의 상시근로자 수, 안전관리자의 수 및 선임방법

09

빈출

근로자 수가 200명인 어느 사업장에서 연간재해건수가 5건 발생하였는데, 그 중 사망 1명, 14급 2명, 30일 가료 1명, 7일 가료 1명이다. 이 사업장의 강도율을 구하시오. (단, 1일 8시간, 연간 300일 근무이다.) (4점)

정답

$$강도율 = \frac{총\ 요양근로손실일수}{연근로시간\ 수} \times 1{,}000$$

$$= \frac{7{,}500 + 50 \times 2 + (30+7) \times \frac{300}{365}}{200 \times (8 \times 300)} \times 1{,}000 ≒ 15.90$$

관련법령 「산업재해통계업무처리규정」 [별표 1] 요양근로손실일수 산정요령

10

공기압축기의 작업시작 전 점검사항 2가지를 쓰시오. (단, 그 밖의 연결 부위의 이상 유무는 제외한다.) (4점)

정답

① 공기저장 압력용기의 외관 상태
② 드레인밸브의 조작 및 배수
③ 압력방출장치의 기능
④ 언로드밸브의 기능
⑤ 윤활유의 상태
⑥ 회전부의 덮개 또는 울

관련법령 「산업안전보건기준에 관한 규칙」 [별표 3] 작업시작 전 점검사항

11

강관비계 조립 시 외줄비계·쌍줄비계 또는 돌출비계에 대해서 벽이음 또는 버팀을 설치해야 한다. 다음 물음에 답하시오. (4점)

① ( ) 안에 알맞은 내용을 쓰시오.

강관비계의 종류	조립간격[m]	
	수직 방향	수평 방향
(㉠)	5	(㉡)
틀비계(높이 5[m] 미만인 것은 제외)	6	(㉢)

② 인장재와 압축재로 구성된 경우에 인장재와 압축재의 간격기준을 쓰시오.

정답

① 조립간격
　㉠ 단관비계　　㉡ 5　　㉢ 8
② 간격기준: 1[m] 이내

관련법령 「산업안전보건기준에 관한 규칙」 제59조(강관비계 조립 시의 준수사항), [별표 5] 강관비계의 조립간격

12

빈출

크레인 탑승설비 작업 시 추락에 의한 근로자 위험방지를 위한 조치사항 2가지를 쓰시오. (4점)

정답

① 탑승설비가 뒤집히거나 떨어지지 않도록 필요한 조치를 할 것
② 안전대나 구명줄을 설치하고, 안전난간을 설치할 수 있는 구조인 경우에는 안전난간을 설치할 것
③ 탑승설비를 하강시킬 때에는 동력하강방법으로 할 것

관련법령 「산업안전보건기준에 관한 규칙」 제86조(탑승의 제한)

13

굴착공사 시 토석이 붕괴되는 원인을 외적 원인과 내적 원인으로 구분할 때 외적 원인에 해당하는 사항 3가지를 쓰시오. (6점)

정답

① 사면, 법면의 경사 및 기울기의 증가
② 절토 및 성토 높이의 증가
③ 공사에 의한 진동 및 반복 하중의 증가
④ 지표수 및 지하수의 침투에 의한 토사 중량의 증가
⑤ 지진, 차량, 구조물의 하중작용
⑥ 토사 및 암석의 혼합층두께

관련법령 「굴착공사 표준안전 작업지침」 제28조(토석붕괴의 원인)

14

「산업안전보건법령」상 안전보건총괄책임자의 직무 3가지를 쓰시오. (단, 도급 시 산업재해 예방조치는 제외한다.) (6점)

정답

① 위험성평가의 실시에 관한 사항
② 산업재해가 발생할 급박한 위험이 있는 경우 및 중대재해가 발생한 경우 작업의 중지
③ 산업안전보건관리비의 관계수급인 간의 사용에 관한 협의·조정 및 그 집행의 감독
④ 안전인증대상기계 등과 자율안전확인대상기계 등의 사용 여부 확인

관련법령 「산업안전보건법 시행령」 제53조(안전보건총괄책임자의 직무 등)

2023년 | 기출문제

1회

01

빈출

구축물 등에 대하여 안전진단 등 안전성 평가를 실시하여 근로자에게 미칠 위험성을 미리 제거하여야 하는 경우 3가지를 쓰시오. (단, 그 밖의 잠재위험이 예상될 경우는 제외한다.) (6점)

정답

① 구축물 등의 인근에서 굴착·항타작업 등으로 침하·균열 등이 발생하여 붕괴의 위험이 예상될 경우
② 구축물 등에 지진, 동해, 부동침하 등으로 균열·비틀림 등이 발생하였을 경우
③ 구축물 등이 그 자체의 무게·적설·풍압 또는 그 밖에 부가되는 하중 등으로 붕괴 등의 위험이 있을 경우
④ 화재 등으로 구축물 등의 내력이 심하게 저하되었을 경우
⑤ 오랜 기간 사용하지 않던 구축물 등을 재사용하게 되어 안전성을 검토하여야 하는 경우
⑥ 구축물 등의 주요구조부에 대한 설계 및 시공 방법의 전부 또는 일부를 변경하는 경우

관련법령 「산업안전보건기준에 관한 규칙」 제52조(구축물등의 안전성 평가)

02

「산업안전보건법령」상 지반 굴착 시 굴착면의 기울기 기준을 쓰시오. (3점)

지반의 종류	기울기
모래	(①)
연암 및 풍화암	(②)
경암	(③)
그 밖의 흙	1 : 1.2

정답

① 1 : 1.8　　② 1 : 1.0　　③ 1 : 0.5

관련법령 「산업안전보건기준에 관한 규칙」 [별표 11] 굴착면의 기울기 기준

03

투수성이 좋은 사질토 지반에서 흙막이 주변 수위차이로 지하수가 모래를 휘감아 함께 솟구쳐 오르는 현상은 무엇인지 쓰시오. (3점)

정답

보일링(Boiling) 현상

04

TBM(Tool Box Meeting)에 대해 설명하시오. (3점)

정답

작업 개시 전 또는 종료 후 10명 이하의 작업원이 리더를 중심으로 둘러서서 10분 내외에 걸쳐 작업 중 발생할 수 있는 위험을 예측하고 사전에 점검하여 대책을 수립하는 문제해결 기법이다.

05

빈출

「산업안전보건법령」상 사업주가 근로자에게 실시해야 하는 안전보건교육에 대한 교육시간을 ( ) 안에 쓰시오. **(4점)**

교육과정	교육대상	교육시간
정기교육	사무직 종사 근로자	매반기 (①)시간 이상
채용 시 교육	일용근로자 및 근로계약기간이 1주일 이하인 기간제근로자	(②)시간 이상
	근로계약기간이 1주일 초과 1개월 이하인 기간제근로자	4시간 이상
	그 밖의 근로자	8시간 이상
작업내용 변경 시 교육	일용근로자 및 근로계약기간이 1주일 이하인 기간제근로자	1시간 이상
	그 밖의 근로자	(③)시간 이상
건설업 기초안전·보건교육	건설 일용근로자	(④)시간 이상

정답

① 6 ② 1 ③ 2 ④ 4

관련법령 「산업안전보건법 시행규칙」 [별표 4] 안전보건교육 교육과정별 교육시간

06

빈출

곤돌라형 달비계에 사용할 수 없는 와이어로프의 조건 3가지를 쓰시오. (단, 이음매가 있는 것, 꼬인 것은 제외한다.) **(3점)**

정답

① 와이어로프의 한 꼬임에서 끊어진 소선의 수가 10[%] 이상인 것
② 지름의 감소가 공칭지름의 7[%]를 초과하는 것
③ 심하게 변형되거나 부식된 것
④ 열과 전기충격에 의해 손상된 것

관련법령 「산업안전보건기준에 관한 규칙」 제63조(달비계의 구조)

07

빈출

계단의 설치 기준이다. ( ) 안에 알맞은 내용을 쓰시오. **(6점)**

가. 사업주는 계단 및 계단참을 설치하는 경우 매 [m^2]당 (①)[kg] 이상의 하중에 견딜 수 있는 강도를 가진 구조로 설치하여야 하며, 안전율은 (②) 이상으로 하여야 한다.
나. 사업주는 높이가 3[m]를 초과하는 계단에 높이 3[m] 이내마다 진행방향으로 길이 (③)[m] 이상의 계단참을 설치하여야 한다.

정답

① 500 ② 4 ③ 1.2

관련법령 「산업안전보건기준에 관한 규칙」 제26조(계단의 강도), 제28조(계단참의 설치)

08

터널 지보공은 수시로 점검하여야 하며 이상을 발견한 때에는 즉시 보강하거나 보수하여야 한다. 이때 수시 점검사항 2가지를 쓰시오. (4점)

정답

① 부재의 손상·변형·부식·변위 탈락의 유무 및 상태
② 부재의 긴압 정도
③ 부재의 접속부 및 교차부의 상태
④ 기둥침하의 유무 및 상태

관련법령 「산업안전보건기준에 관한 규칙」 제366조(붕괴 등의 방지)

09

안전대의 종류 및 명칭에 대하여 (　　) 안에 알맞은 내용을 쓰시오. (6점)

종류	등급	사용구분
벨트식 안전그네식	1종	(①)
	2종	(②)
	3종	1개걸이, U자걸이(공용)
안전그네식	4종	(③)
	5종	추락방지대

정답

① U자걸이(전용)　② 1개걸이(전용)　③ 안전블록

10

굴착공사의 재해방지를 위하여 기본적인 토질에 대한 조사 대상 4가지를 쓰시오. (4점)

정답

① 지형　② 지질
③ 지층　④ 지하수
⑤ 용수　⑥ 식생

관련법령 「굴착공사 표준안전 작업지침」 제3조(사전조사)

11

「산업안전보건법령」에 따라 항타기 또는 항발기 조립·해체 시 점검하여야 할 사항 3가지를 쓰시오. (6점)

정답

① 본체 연결부의 풀림 또는 손상의 유무
② 권상용 와이어로프·드럼 및 도르래의 부착상태의 이상 유무
③ 권상장치의 브레이크 및 쐐기장치 기능의 이상 유무
④ 권상기의 설치상태의 이상 유무
⑤ 리더(Leader)의 버팀 방법 및 고정상태의 이상 유무
⑥ 본체·부속장치 및 부속품의 강도가 적합한지 여부
⑦ 본체·부속장치 및 부속품에 심한 손상·마모·변형 또는 부식이 있는지 여부

관련법령 「산업안전보건기준에 관한 규칙」 제207조(조립·해체 시 점검사항)

12

빈출

상시근로자가 500명인 사업장에서 연간 6건의 재해가 발생하였고 8명의 재해자가 발생하였다. 재해로 인한 휴업일수가 103일이고, 1일 8시간 280일 근무할 때 이 사업장의 종합재해지수를 구하시오. (4점)

정답

(1) 도수율 계산

$$도수율=\frac{재해건수}{연근로시간\ 수}\times 1,000,000$$

$$=\frac{6}{500\times(8\times 280)}\times 1,000,000 \fallingdotseq 5.36$$

(2) 강도율 계산

$$강도율=\frac{총\ 요양근로손실일수}{연근로시간\ 수}\times 1,000$$

$$=\frac{휴업일수\times\frac{연근로일수}{365}}{연근로시간\ 수}$$

$$=\frac{103\times\frac{280}{365}}{500\times(8\times 280)}\times 1,000 \fallingdotseq 0.07$$

(3) 종합재해지수(FSI) 계산

$$종합재해지수(FSI)=\sqrt{도수율\times 강도율}=\sqrt{5.36\times 0.07}\fallingdotseq 0.61$$

13

최빈출

다음 안전보건표지의 명칭을 쓰시오. (4점)

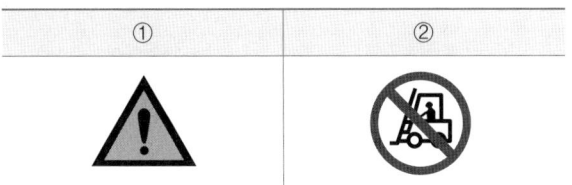

①	②

정답

① 위험장소 경고　　② 차량통행금지

관련법령 「산업안전보건법 시행규칙」 [별표 6] 안전보건표지의 종류와 형태

14

동바리를 조립하는 경우, 사업주의 준수사항이다. (　　) 안에 알맞은 내용을 쓰시오. (4점)

> 가. 동바리로 사용하는 파이프 서포트는 (①)개 이상 이어서 사용하지 않도록 할 것
> 나. 동바리로 사용하는 파이프 서포트의 높이가 3.5[m]를 초과하는 경우에는 높이 2[m] 이내마다 수평연결재를 (②)개 방향으로 만들고 수평연결재의 변위를 방지할 것
> 다. 시스템 동바리의 수직 및 수평하중에 대해 동바리의 구조적 안정성이 확보되도록 조립도에 따라 수직재 및 수평재에는 (③)를 견고하게 설치할 것
> 라. 시스템 동바리 최상단과 최하단의 수직재와 받침철물은 서로 밀착되도록 설치하고 수직재와 받침철물의 연결부의 겹침길이는 받침철물 전체길이의 (④) 이상 되도록 할 것

정답

① 3　　② 2　　③ 가새재　　④ $\frac{1}{3}$

관련법령 「산업안전보건기준에 관한 규칙」 제332조의2(동바리 유형에 따른 동바리 조립 시의 안전조치)

2회

01

다음은 강관비계에 대한 설명이다. (　　) 안에 알맞은 내용을 쓰시오. (3점)

> 가. 비계기둥의 간격은 띠장 방향에서는 (①)[m] 이하, 장선 방향에서는 1.5[m] 이하로 할 것
> 나. 띠장 간격은 (②)[m] 이하로 할 것
> 다. 비계기둥의 제일 윗부분으로부터 (③)[m] 되는 지점 밑부분의 비계기둥은 2개의 강관으로 묶어 세울 것

정답

① 1.85　　② 2　　③ 31

관련법령 「산업안전보건기준에 관한 규칙」 제60조(강관비계의 구조)

02

빈출

크레인(이동식 크레인 제외)을 사용하여 작업을 하는 때에 작업시작 전 점검사항 3가지를 쓰시오. (6점)

정답

① 권과방지장치·브레이크·클러치 및 운전장치의 기능
② 주행로의 상측 및 트롤리가 횡행하는 레일의 상태
③ 와이어로프가 통하고 있는 곳의 상태

관련법령 「산업안전보건기준에 관한 규칙」 [별표 3] 작업시작 전 점검사항

03

다음 현상이 발생하는 지반을 쓰시오. (4점)

① 히빙	② 보일링

정답

① 히빙: 연약한 점토 지반

② 보일링: 지하수위가 높은 사질토 지반

04

「산업안전보건법령」상 근로자가 지붕 위에서 작업을 할 때에 추락하거나 넘어질 위험이 있는 경우 사업주의 조치사항이다. ( ) 안에 알맞은 내용을 쓰시오. (4점)

가. 지붕의 가장자리에 안전난간을 설치할 것

나. 채광창(Skylight)에는 견고한 구조의 (①)를 설치할 것

다. 슬레이트 등 강도가 약한 재료로 덮은 지붕에는 폭 (②)[cm] 이상의 발판을 설치할 것

정답

① 덮개 ② 30

관련법령 「산업안전보건기준에 관한 규칙」 제45조(지붕 위에서의 위험 방지)

05

빈출

「산업안전보건법령」상 가설통로 설치 시 사업주의 준수사항이다. ( ) 안에 알맞은 내용을 쓰시오. (6점)

가. 견고한 구조로 할 것

나. 경사는 (①)° 이하로 할 것

다. 경사가 (②)°를 초과하는 경우에는 미끄러지지 아니하는 구조로 할 것

라. 추락할 위험이 있는 장소에는 안전난간을 설치할 것

마. 수직갱에 가설된 통로의 길이가 (③)[m] 이상인 경우에는 (④)[m] 이내마다 계단참을 설치할 것

바. 건설공사에 사용하는 높이 (⑤)[m] 이상인 비계다리에는 (⑥)[m] 이내마다 계단참을 설치할 것

정답

① 30	② 15	③ 15
④ 10	⑤ 8	⑥ 7

관련법령 「산업안전보건기준에 관한 규칙」 제23조(가설통로의 구조)

06

「산업안전보건법령」상 자율안전확인대상 기계 또는 설비 5가지를 쓰시오. (5점)

정답

① 연삭기 또는 연마기(휴대형 제외)

② 산업용 로봇

③ 혼합기

④ 파쇄기 또는 분쇄기

⑤ 식품가공용 기계(파쇄·절단·혼합·제면기만 해당)

⑥ 컨베이어

⑦ 자동차정비용 리프트

⑧ 공작기계(선반, 드릴기, 평삭·형삭기, 밀링만 해당)

⑨ 고정형 목재가공용 기계(둥근톱, 대패, 루타기, 띠톱, 모떼기 기계만 해당)

⑩ 인쇄기

관련법령 「산업안전보건법 시행령」 제77조(자율안전확인대상기계등)

07

콘크리트 타설 시 콘크리트 측압이 커지는 경우 4가지를 쓰시오. (4점)

정답

① 온도가 낮을수록
② 습도가 높을수록
③ 슬럼프 값이 클수록
④ 물시멘트비가 클수록
⑤ 타설속도가 빠를수록
⑥ 철근량이 적을수록
⑦ 다짐이 충분할수록
⑧ 시공연도가 좋을수록

08

「산업안전보건법령」상 흙막이 지보공을 설치하였을 때 정기적으로 점검하고 이상을 발견하면 즉시 보수하여야 하는 사항 3가지를 쓰시오. (3점)

정답

① 부재의 손상·변형·부식·변위 및 탈락의 유무와 상태
② 버팀대의 긴압의 정도
③ 부재의 접속부·부착부 및 교착부의 상태
④ 침하의 정도

관련법령 「산업안전보건기준에 관한 규칙」 제347조(붕괴 등의 위험 방지)

09

안전모의 종류 AE, ABE의 사용구분에 따른 용도를 쓰시오. (4점)

정답

① AE: 물체의 낙하 또는 비래에 의한 위험을 방지 또는 경감하고, 머리부위 감전에 의한 위험을 방지하기 위한 것
② ABE: 물체의 낙하 또는 비래 및 추락에 의한 위험을 방지 또는 경감하고, 머리부위 감전에 의한 위험을 방지하기 위한 것

관련법령 「보호구 안전인증 고시」 [별표 1] 추락 및 감전 위험방지용 안전모의 성능기준

10

안면부 여과식 방진마스크의 시험성능기준에 있는 각 등급별 여과재 분진 등 포집효율을 나타낸 표이다. (　　) 안에 알맞은 내용을 쓰시오. (3점)

형태 및 등급		염화나트륨(NaCl) 및 파라핀 오일(Paraffin oil) 시험[%]
안면부 여과식	특급	(①) 이상
	1급	(②) 이상
	2급	(③) 이상

정답

① 99　　② 94　　③ 80

관련법령 「보호구 안전인증 고시」 [별표 4] 방진마스크의 성능기준

11

토목공사 다짐기계에 사용되는 다짐공법 3가지를 쓰시오. (3점)

정답

① 다짐말뚝공법　　② 진동다짐공법
③ 전기충격공법　　④ 폭파다짐공법

12

「산업안전보건법령」에서 정의하는 승강기의 종류 5가지를 쓰시오. (5점)

정답

① 승객용 엘리베이터
② 승객화물용 엘리베이터
③ 화물용 엘리베이터
④ 소형화물용 엘리베이터
⑤ 에스컬레이터

관련법령 「산업안전보건기준에 관한 규칙」 제132조(양중기)

13

휴업재해율, 도수율, 강도율을 나타내는 공식을 차례로 쓰시오. (6점)

정답

① 휴업재해율 $= \frac{\text{휴업재해자 수}}{\text{임금근로자 수}} \times 100$

② 도수율 $= \frac{\text{재해건수}}{\text{연근로시간 수}} \times 1{,}000{,}000$

③ 강도율 $= \frac{\text{총 요양근로손실일수}}{\text{연근로시간 수}} \times 1{,}000$

관련법령 「산업재해통계업무처리규정」 제3조(산업재해통계의 산출방법 및 정의)

14

작업발판에 대한 설명 중 (　　) 안에 알맞은 내용을 쓰시오. (4점)

> 가. 비계의 높이가 2[m] 이상인 작업장소에 설치하는 작업발판의 폭은 (①)[cm] 이상으로 하고, 발판재료 간의 틈은 (②)[cm] 이하로 할 것
> 나. 선박 및 보트 건조작업의 경우 선박블록 또는 엔진실 등의 좁은 작업공간에 작업발판을 설치하기 위하여 필요하면 작업발판의 폭을 (③)[cm] 이상으로 할 수 있고, 걸침비계의 경우 강관기둥 때문에 발판재료 간의 틈을 3[cm] 이하로 유지하기 곤란하면 (④)[cm] 이하로 할 수 있다. 이 경우 그 틈 사이로 물체 등이 떨어질 우려가 있는 곳에는 출입금지 등의 조치를 하여야 한다.

정답

① 40　　② 3　　③ 30　　④ 5

관련법령 「산업안전보건기준에 관한 규칙」 제56조(작업발판의 구조)

4회

01

빈출

하인리히의 사고예방대책 5단계를 순서대로 쓰시오. (5점)

정답

① 1단계: 안전관리조직
② 2단계: 사실의 발견
③ 3단계: 평가·분석
④ 4단계: 시정책의 선정
⑤ 5단계: 시정책의 시행

02

빈출

다음 사망사고의 만인율을 구하시오. (4점)

> 가. 연간 작업자: 4,000명
> 나. 사망사고: 1건 발생

정답

사고사망만인율 $= \frac{\text{사고사망자 수}}{\text{상시근로자 수}} \times 10{,}000 = \frac{1}{4{,}000} \times 10{,}000 = 2.5[‱]$

관련법령 「산업안전보건법 시행규칙」 [별표 1] 건설업체 산업재해발생률 및 산업재해 발생 보고의무 위반건수의 산정 기준과 방법

03

철근을 정착시키는 방법 2가지를 쓰시오. (4점)

정답

① 지압(매립)식　　② 쐐기(갈고리)식

04

무재해운동의 3원칙을 쓰시오. (3점)

정답

① 무의 원칙
② 선취의 원칙
③ 참가의 원칙

05

빈출

근로자가 작업발판 위에서 전기용접 작업을 하다가 지면으로 떨어져 부상을 당했다. 재해분석을 하시오. (3점)

> 가. 발생형태 : (①)
> 나. 기인물 : (②)
> 다. 가해물 : (③)

정답

① 떨어짐(추락) ② 작업발판 ③ 지면

06

다음에서 설명하는 거푸집의 부재 명칭을 쓰시오. (4점)

> 가. (①) : 거푸집의 일부로써 콘크리트에 직접 접하는 목재나 금속 등의 판류
> 나. (②) : 타설된 콘크리트가 소정의 강도를 얻기까지 고정하중 및 작업하중 등을 지지하기 위하여 설치하는 부재 또는 작업장소가 높은 경우 발판, 재료 운반이나 위험물 낙하 방지를 위해 설치하는 임시지지대

정답

① 거푸집널 ② 동바리

관련법령 「거푸집 및 동바리공사 일반사항」 1.3 용어의 정의

07

굴착면의 높이가 2[m] 이상이 되는 암석의 굴착작업 시 특별교육 내용 3가지를 쓰시오. (단, 그 밖에 안전·보건관리에 필요한 사항은 제외한다.) (6점)

정답

① 폭발물 취급 요령과 대피 요령에 관한 사항
② 안전거리 및 안전기준에 관한 사항
③ 방호물의 설치 및 기준에 관한 사항
④ 보호구 및 신호방법 등에 관한 사항

관련법령 「산업안전보건법 시행규칙」 [별표 5] 안전보건교육 교육대상별 교육내용

08

빈출

달비계 또는 높이 5[m] 이상의 비계를 조립, 해체하거나 변경작업을 할 때에 사업주가 준수해야 할 사항 3가지를 쓰시오. (3점)

정답

① 근로자가 관리감독자의 지휘에 따라 작업하도록 할 것
② 조립·해체 또는 변경의 시기·범위 및 절차를 그 작업에 종사하는 근로자에게 주지시킬 것
③ 조립·해체 또는 변경 작업구역에는 해당 작업에 종사하는 근로자가 아닌 사람의 출입을 금지하고 그 내용을 보기 쉬운 장소에 게시할 것
④ 비, 눈, 그 밖의 기상상태의 불안정으로 날씨가 몹시 나쁜 경우에는 그 작업을 중지시킬 것
⑤ 비계재료의 연결·해체작업을 하는 경우에는 폭 20[cm] 이상의 발판을 설치하고 근로자로 하여금 안전대를 사용하도록 하는 등 추락을 방지하기 위한 조치를 할 것
⑥ 재료·기구 또는 공구 등을 올리거나 내리는 경우에는 근로자가 달줄 또는 달포대 등을 사용하게 할 것

관련법령 「산업안전보건기준에 관한 규칙」 제57조(비계 등의 조립·해체 및 변경)

09

빈출

다음 경우에 대한 ① Safe-T-Score를 구하고, 안전도의 ② 심각성 여부를 판정하시오. (5점)

> 가. 전년도 도수율: 120
> 나. 올해 도수율: 100
> 다. 근로자 수: 400명
> 라. 올해 근로시간 수: 1일 8시간, 300일 근무

정답

① Safe-T-Score 계산

Safe-T-Score

$$=\frac{\text{현재 도수율}-\text{과거 도수율}}{\sqrt{\frac{\text{과거 도수율}}{\text{현재 총근로시간 수}}\times 1{,}000{,}000}}$$

$$=\frac{100-120}{\sqrt{\frac{120}{400\times(8\times300)}\times 1{,}000{,}000}}\fallingdotseq -1.79$$

② 심각성 여부 판정

Safe-T-Score는 다음 표에 따라 판정한다.

+2 이상	안전도가 과거보다 나빠짐
+2 ~ −2	과거의 안전도와 심각한 차이 없음
−2 이하	안전도가 과거보다 좋아짐

Safe-T-Score가 −1.79이므로 과거의 안전도와 심각한 차이가 없다.

10

작업발판 일체형 거푸집의 종류 4가지를 쓰시오. (4점)

정답

① 갱 폼(Gang Form)
② 슬립 폼(Slip Form)
③ 클라이밍 폼(Climbing Form)
④ 터널 라이닝 폼(Tunnel Lining Form)

관련법령 「산업안전보건기준에 관한 규칙」 제331조의3(작업발판 일체형 거푸집의 안전조치)

11

사질토 지반의 개량공법 4가지를 쓰시오. (4점)

정답

① 바이브로 플로테이션공법
② 다짐말뚝공법
③ 전기충격공법
④ 다짐모래말뚝공법

12

초음파를 이용한 콘크리트의 균열깊이 측정방법 3가지를 쓰시오. (3점)

정답

① Tc−To법 ② T법 ③ BS법

13

콘크리트 타설작업을 위하여 콘크리트타설장비 사용 시 준수사항 3가지를 쓰시오. (6점)

정답

① 작업을 시작하기 전에 콘크리트타설장비를 점검하고 이상을 발견하였으면 즉시 보수할 것
② 건축물의 난간 등에서 작업하는 근로자가 호스의 요동·선회로 인하여 추락하는 위험을 방지하기 위하여 안전난간 설치 등 필요한 조치를 할 것
③ 콘크리트타설장비의 붐을 조정하는 경우에는 주변의 전선 등에 의한 위험을 예방하기 위한 적절한 조치를 할 것
④ 작업 중에 지반의 침하나 아웃트리거 등 콘크리트타설장비 지지구조물의 손상 등에 의하여 콘크리트타설장비가 넘어질 우려가 있는 경우에는 이를 방지하기 위한 적절한 조치를 할 것

관련법령 「산업안전보건기준에 관한 규칙」 제335조(콘크리트 타설장비 사용 시의 준수사항)

14

「산업안전보건법령」에 따른 명예산업안전감독관의 업무 3가지를 쓰시오. (단, 그 밖에 산업재해 예방에 대한 홍보 등 산업재해 예방업무와 관련하여 고용노동부장관이 정하는 업무는 제외한다.) (6점)

정답

① 사업장에서 하는 자체점검 참여 및 근로감독관이 하는 사업장 감독 참여
② 사업장 산업재해 예방계획 수립 참여 및 사업장에서 하는 기계·기구 자체검사 참석
③ 법령을 위반한 사실이 있는 경우 사업주에 대한 개선 요청 및 감독기관에의 신고
④ 산업재해 발생의 급박한 위험이 있는 경우 사업주에 대한 작업중지 요청
⑤ 작업환경측정, 근로자 건강진단 시의 참석 및 그 결과에 대한 설명회 참여
⑥ 직업성 질환의 증상이 있거나 질병에 걸린 근로자가 여러 명 발생한 경우 사업주에 대한 임시건강진단 실시 요청
⑦ 근로자에 대한 안전수칙 준수 지도
⑧ 법령 및 산업재해 예방정책 개선 건의
⑨ 안전·보건 의식을 북돋우기 위한 활동 등에 대한 참여와 지원

관련법령 「산업안전보건법 시행령」 제32조(명예산업안전감독관 위촉 등)

2022년 | 기출문제

1회

01
빈출

지게차를 사용하여 작업을 하는 때 작업시작 전 점검사항 4가지를 쓰시오. (4점)

정답

① 제동장치 및 조종장치 기능의 이상 유무
② 하역장치 및 유압장치 기능의 이상 유무
③ 바퀴의 이상 유무
④ 전조등·후미등·방향지시기 및 경보장치 기능의 이상 유무

관련법령 「산업안전보건기준에 관한 규칙」 [별표 3] 작업시작 전 점검사항

02
최빈출

건설공사의 총 공사원가가 100억 원이고, 이 중 재료비와 직접노무비의 합이 60억 원인 터널신설공사의 산업안전보건관리비를 다음 기준표를 참고하여 구하시오. (4점)

구분 / 공사종류	5억 원 미만 [%]	5억 원 이상 50억 원 미만		50억 원 이상 [%]
		적용비율 [%]	기초액 [원]	
중건설공사	3.64	3.05	2,975,000	3.11
건축공사	3.11	2.28	4,325,000	2.37

정답

터널신설공사는 중건설공사이다.
대상액이 5억 원 미만 또는 50억 원 이상인 경우에는 대상액에 계상비율을 곱한 금액을 산업안전보건관리비로 계상한다.
산업안전보건관리비 = 대상액(재료비 + 직접노무비) × 계상비율
= 60억 × 0.0311 = 186,600,000원

관련법령 「건설업 산업안전보건관리비 계상 및 사용기준」 제2조(정의), 제4조(계상의무 및 기준), [별표 5] 건설공사의 종류 예시표

03
빈출

크레인에 전용 탑승설비를 설치하고 근로자를 운반하거나 근로자를 달아 올리는 작업을 할 때, 추락 위험을 방지하기 위한 사업주의 조치사항 3가지를 쓰시오. (6점)

정답

① 탑승설비가 뒤집히거나 떨어지지 않도록 필요한 조치를 할 것
② 안전대나 구명줄을 설치하고, 안전난간을 설치할 수 있는 구조인 경우에는 안전난간을 설치할 것
③ 탑승설비를 하강시킬 때에는 동력하강방법으로 할 것

관련법령 「산업안전보건기준에 관한 규칙」 제86조(탑승의 제한)

04

「산업안전보건법령」상 다음 작업을 하는 근로자에 대해서 사업자가 지급하고 착용하도록 해야 하는 보호구를 1가지씩 쓰시오. (6점)

① 물체가 떨어지거나 날아올 위험 또는 근로자가 추락할 위험이 있는 작업
② 높이 또는 깊이 2[m] 이상의 추락할 위험이 있는 장소에서 하는 작업
③ 물체의 낙하·충격, 물체에의 끼임, 감전 또는 정전기의 대전에 의한 위험이 있는 작업
④ 물체가 흩날릴 위험이 있는 작업
⑤ 용접 시 불꽃이나 물체가 흩날릴 위험이 있는 작업
⑥ 감전의 위험이 있는 작업

정답

① 안전모 ② 안전대 ③ 안전화
④ 보안경 ⑤ 보안면 ⑥ 절연용 보호구

관련법령 「산업안전보건기준에 관한 규칙」 제32조(보호구의 지급 등)

05

빈출

하인리히의 재해예방대책 5단계에 대하여, 다음 물음에 답하시오. (5점)

> ① 다음은 하인리히의 재해예방대책 5단계이다. 이 중 '불안전요소를 발견하는 단계'는 어느 것인가?
> - 제1단계: 안전관리조직
> - 제2단계: 사실의 발견
> - 제3단계: 평가·분석
> - 제4단계: 시정책의 선정
> - 제5단계: 시정책의 시행
>
> ② '시정책의 시행' 단계에서 적용할 3E를 쓰시오.

정답

① 제2단계: 사실의 발견

② 3E

㉠ Engineering(기술)

㉡ Education(교육)

㉢ Enforcement(규제)

06

빈출

연약한 점토 지반을 굴착할 때, 흙막이벽 배면 흙의 중량이 굴착 바닥면의 지지력보다 커지면서 중량 차이로 인해 굴착 바닥면이 부풀어 오르는 현상을 히빙(Heaving)이라고 한다. 히빙(Heaving) 방지대책 2가지를 쓰시오. (4점)

정답

① 흙막이벽의 근입 깊이 연장

② 흙막이 배면의 표토를 제거하여 하중 감소

③ 지반 개량

④ 굴착면의 하중 증가

⑤ 지하수위 저하

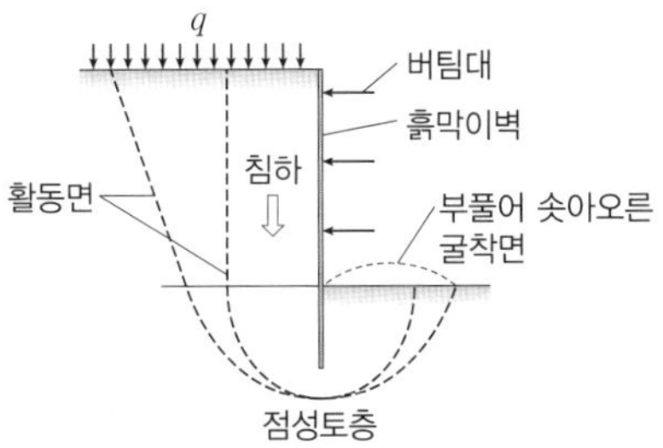

▲ 히빙 현상

07

빈출

가설통로 설치 시 준수사항 3가지를 쓰시오. (6점)

정답

① 견고한 구조로 할 것

② 경사는 30° 이하로 할 것

③ 경사가 15°를 초과하는 경우에는 미끄러지지 아니하는 구조로 할 것

④ 추락할 위험이 있는 장소에는 안전난간을 설치할 것

⑤ 수직갱에 가설된 통로의 길이가 15[m] 이상인 경우에는 10[m] 이내마다 계단참을 설치할 것

⑥ 건설공사에 사용하는 높이 8[m] 이상인 비계다리에는 7[m] 이내마다 계단참을 설치할 것

관련법령 「산업안전보건기준에 관한 규칙」 제23조(가설통로의 구조)

08

이동식 크레인을 사용하여 작업을 하는 때에 작업시작 전 점검사항 3가지를 쓰시오. (3점)

정답

① 권과방지장치나 그 밖의 경보장치의 기능

② 브레이크·클러치 및 조정장치의 기능

③ 와이어로프가 통하고 있는 곳 및 작업장소의 지반상태

관련법령 「산업안전보건기준에 관한 규칙」 [별표 3] 작업시작 전 점검사항

09

다음 ( ) 안에 알맞은 내용을 쓰시오. (2점)

> 사업주는 순간풍속이 ( )[m/s]를 초과하는 바람이 불어올 우려가 있는 경우 옥외에 설치되어 있는 주행 크레인에 대하여 이탈방지장치를 작동시키는 등 이탈 방지를 위한 조치를 하여야 한다.

정답

30

관련법령 「산업안전보건기준에 관한 규칙」 제140조(폭풍에 의한 이탈 방지)

10

빈출

차량계 건설기계를 사용하여 작업을 할 때에는 작업계획서를 작성하고 그 계획에 따라 작업을 실시하도록 하여야 한다. 이 작업계획서에 포함되어야 할 사항 3가지를 쓰시오. (3점)

정답

① 사용하는 차량계 건설기계의 종류 및 성능
② 차량계 건설기계의 운행경로
③ 차량계 건설기계에 의한 작업방법

관련법령 「산업안전보건기준에 관한 규칙」 [별표 4] 사전조사 및 작업계획서 내용

11

건설공사의 콘크리트 구조물 시공에 사용되는 비계의 종류 4가지를 쓰시오. (4점)

정답

① 강관비계	② 강관틀비계	③ 달비계
④ 달대비계	⑤ 말비계	⑥ 이동식비계
⑦ 시스템비계		

12

빈출

달비계 또는 높이 5[m] 이상의 비계를 조립, 해체하거나 변경작업을 할 때에 사업주가 준수해야 할 사항 3가지를 쓰시오. (6점)

정답

① 근로자가 관리감독자의 지휘에 따라 작업하도록 할 것
② 조립·해체 또는 변경의 시기·범위 및 절차를 그 작업에 종사하는 근로자에게 주지시킬 것
③ 조립·해체 또는 변경 작업구역에는 해당 작업에 종사하는 근로자가 아닌 사람의 출입을 금지하고 그 내용을 보기 쉬운 장소에 게시할 것
④ 비, 눈, 그 밖의 기상상태의 불안정으로 날씨가 몹시 나쁜 경우에는 그 작업을 중지시킬 것
⑤ 비계재료의 연결·해체작업을 하는 경우에는 폭 20[cm] 이상의 발판을 설치하고 근로자로 하여금 안전대를 사용하도록 하는 등 추락을 방지하기 위한 조치를 할 것
⑥ 재료·기구 또는 공구 등을 올리거나 내리는 경우에는 근로자가 달줄 또는 달포대 등을 사용하게 할 것

관련법령 「산업안전보건기준에 관한 규칙」 제57조(비계 등의 조립·해체 및 변경)

13

발파작업 시 관리감독자의 유해·위험 방지업무 4가지를 쓰시오. (4점)

정답

① 점화 전에 점화작업에 종사하는 근로자가 아닌 사람에게 대피를 지시하는 일
② 점화작업에 종사하는 근로자에게 대피장소 및 경로를 지시하는 일
③ 점화 전에 위험구역 내에서 근로자가 대피한 것을 확인하는 일
④ 점화순서 및 방법에 대하여 지시하는 일
⑤ 점화신호를 하는 일
⑥ 점화작업에 종사하는 근로자에게 대피신호를 하는 일
⑦ 발파 후 터지지 않은 장약이나 남은 장약의 유무, 용수의 유무 및 토사 등의 낙하 여부 등을 점검하는 일
⑧ 점화하는 사람을 정하는 일
⑨ 공기압축기의 안전밸브 작동 유무를 점검하는 일
⑩ 안전모 등 보호구 착용 상황을 감시하는 일

관련법령 「산업안전보건기준에 관한 규칙」 [별표 2] 관리감독자의 유해·위험 방지

14

다음은 사다리식 통로의 설치기준이다. ( ) 안에 알맞은 내용을 쓰시오. (3점)

> 가. 사다리의 상단은 걸쳐놓은 지점으로부터 (①) [cm] 이상 올라가도록 할 것
> 나. 사다리식 통로의 기울기는 (②)° 이하로 할 것. 다만, 고정식 사다리식 통로의 기울기는 90° 이하로 하고, 그 높이가 7[m] 이상인 경우에는 등받이울이 있어도 근로자 이동에 지장이 없는 경우 바닥으로부터 높이가 2.5[m] 되는 지점부터 등받이울을 설치할 것
> 다. 사다리식 통로의 길이가 10[m] 이상인 경우에는 (③)[m] 이내마다 계단참을 설치할 것

정답

① 60	② 75	③ 5

관련법령 「산업안전보건기준에 관한 규칙」 제24조(사다리식 통로 등의 구조)

2회

01

최빈출

다음 물음에 답하시오. (4점)

> ① 총 공사금액이 1,000억 원인 건설업의 안전관리자 최소 인원을 쓰시오. (공사기간 15~85[%] 기준)
> ② 선임하여야 할 안전관리자 수가 3명 이상인 건설업의 경우에 3명 중 1명은 필수로 선임해야 하는 자격을 쓰시오.

정답

① 2명 ② 산업안전지도사 등

관련법령 「산업안전보건법 시행령」 [별표 3] 안전관리자를 두어야 하는 사업의 종류, 사업장의 상시근로자 수, 안전관리자의 수 및 선임방법

02

발파작업 시 관리감독자의 유해·위험방지업무 4가지를 쓰시오. (8점)

정답

① 점화 전에 점화작업에 종사하는 근로자가 아닌 사람에게 대피를 지시하는 일
② 점화작업에 종사하는 근로자에게 대피장소 및 경로를 지시하는 일
③ 점화 전에 위험구역 내에서 근로자가 대피한 것을 확인하는 일
④ 점화순서 및 방법에 대하여 지시하는 일
⑤ 점화신호를 하는 일
⑥ 점화작업에 종사하는 근로자에게 대피신호를 하는 일
⑦ 발파 후 터지지 않은 장약이나 남은 장약의 유무, 용수의 유무 및 토사 등의 낙하 여부 등을 점검하는 일
⑧ 점화하는 사람을 정하는 일
⑨ 공기압축기의 안전밸브 작동 유무를 점검하는 일
⑩ 안전모 등 보호구 착용 상황을 감시하는 일

관련법령 「산업안전보건기준에 관한 규칙」 [별표 2] 관리감독자의 유해·위험 방지

03

빈출

계단의 설치 기준이다. ( ) 안에 알맞은 내용을 쓰시오. (2점)

> 사업주는 계단 및 계단참을 설치하는 경우 1[m^2]당 (①)[kg] 이상의 하중에 견딜 수 있는 강도를 가진 구조로 설치하여야 하며, 안전율은 (②) 이상으로 하여야 한다.

정답

① 500 ② 4

관련법령 「산업안전보건기준에 관한 규칙」 제26조(계단의 강도)

04

빈출

건설현장의 지난 한 해 동안 근무상황이 다음과 같을 때, ① 도수율, ② 강도율, ③ 종합재해지수를 각각 구하시오. (6점)

> 가. 연평균 근로자수: 200명
> 나. 1일 작업시간: 8시간
> 다. 연근로일수: 300일
> 라. 출근율: 90[%]
> 마. 연간 재해건수: 9건
> 바. 휴업일수: 125일
> 사. 시간 외 작업시간 합계: 20,000시간
> 아. 지각 및 조퇴시간 합계: 2,000시간

정답

① $\text{도수율} = \dfrac{\text{재해건수}}{\text{연근로시간 수}} \times 1{,}000{,}000$

$= \dfrac{9}{200 \times (8 \times 300 \times 0.9) + (20{,}000 - 2{,}000)} \times 1{,}000{,}000 = 20$

② $\text{강도율} = \dfrac{\text{총 요양근로손실일수}}{\text{연근로시간 수}} \times 1{,}000$

$= \dfrac{125 \times \dfrac{300}{365}}{200 \times (8 \times 300 \times 0.9) + (20{,}000 - 2{,}000)} \times 1{,}000 \fallingdotseq 0.23$

③ $\text{종합재해지수(FSI)} = \sqrt{\text{도수율} \times \text{강도율}} = \sqrt{20 \times 0.23} \fallingdotseq 2.14$

05

근로자의 추락 등의 위험방지를 위하여 설치하는 안전난간의 구조 및 설치요건이다. (　　) 안에 알맞은 내용을 쓰시오. (3점)

> 가. 상부 난간대, 중간 난간대, 발끝막이판 및 난간기둥으로 구성할 것
> 나. 상부 난간대는 바닥면·발판 또는 경사로의 표면으로부터 (①)[cm] 이상 지점에 설치하고, 상부 난간대를 120[cm] 이하에 설치하는 경우에는 중간 난간대는 상부 난간대와 바닥면 등의 중간에 설치하여야 하며, 120[cm] 이상 지점에 설치하는 경우에는 중간 난간대를 2단 이상으로 균등하게 설치하고 난간의 상하 간격은 (②)[cm] 이하가 되도록 할 것
> 다. 발끝막이판은 바닥면 등으로부터 (③)[cm] 이상의 높이를 유지할 것

정답

① 90　　② 60　　③ 10

관련법령 「산업안전보건기준에 관한 규칙」 제13조(안전난간의 구조 및 설치요건)

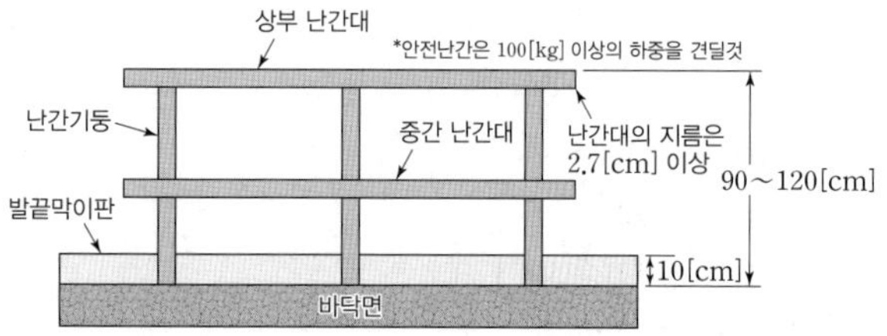

06

빈출

(　　) 안에 알맞은 교육시간을 쓰시오. (4점)

> 가. 정기교육
> 사무직 종사 근로자: 매반기 (①)시간 이상
> 관리감독자: 연간 (②)시간 이상
> 나. 작업내용 변경 시 교육
> 일용근로자 및 근로계약기간이 1주일 이하인 기간제근로자를 제외한 근로자: (③)시간 이상
> 다. 건설업 기초안전·보건교육
> 건설 일용근로자: (④)시간 이상

정답

① 6　　② 16　　③ 2　　④ 4

관련법령 「산업안전보건법 시행규칙」 [별표 4] 안전보건교육 교육과정별 교육시간

07

구조물 해체공사 시 기계·기구의 유압력에 의한 해체공법 2가지를 쓰시오. (4점)

정답

① 압쇄기를 이용한 압쇄공법
② 크레인을 이용한 철해머 공법
③ 백호우 등을 이용한 대형브레이커 공법

08

굴착공사 시 히빙(Heaving)현상의 발생 원인 3가지를 쓰시오. (6점)

정답

① 흙막이 내외부 흙의 중량차가 있을 때
② 연약한 점토 지반일 때
③ 흙막이벽의 근입 깊이가 부족할 때

09

지반의 연화현상(Frost Boil) 방지대책 2가지를 쓰시오. (4점)

정답

① 동결심도 아래 배수층 설치
② 동결심도 상부의 흙을 비동결성 재료로 치환
③ 모관수 상승을 방지하는 차단층 설치

10

「산업안전보건법령」상 빗물 등의 침투에 의한 붕괴재해를 예방하기 위하여 필요한 조치사항 2가지를 쓰시오. (4점)

정답

① 측구 설치
② 굴착경사면에 비닐 덮기

관련법령 「산업안전보건기준에 관한 규칙」 제339조(굴착면의 붕괴 등에 의한 위험방지)

11

다음 ( ) 안에 알맞은 내용을 쓰시오. (3점)

> 가. 안전보건개선계획의 수립·시행 명령을 받은 사업주는 고용노동부령으로 정하는 바에 따라 안전보건개선계획서를 작성하여 그 명령을 받은 날부터 (①)일 이내에 관할 지방고용노동관서의 장에게 제출하여야 한다.
> 나. 안전보건개선계획서에는 시설, (②), (③), 산업재해 예방 및 작업환경의 개선을 위하여 필요한 사항이 포함되어야 한다.

정답

① 60 ② 안전보건관리체제
③ 안전보건교육

관련법령 「산업안전보건법 시행규칙」 제61조(안전보건개선계획의 제출 등)

12

하인리히가 제시한 재해예방대책 4원칙을 쓰시오. (4점)

정답

① 손실우연의 원칙
② 예방가능의 원칙
③ 원인연계(원인계기)의 원칙
④ 대책선정의 원칙

13

인화성 가스가 발생할 우려가 있는 지하작업장에서 폭발이나 화재를 방지하기 위해 가스농도를 측정하는 자를 지정해야 한다. 이때 가스농도를 측정하는 시점 3가지를 쓰시오. (6점)

정답

① 매일 작업을 시작하기 전
② 가스의 누출이 의심되는 경우
③ 가스가 발생하거나 정체할 위험이 있는 장소가 있는 경우
④ 장시간 작업을 계속하는 경우(이 경우 4시간마다 측정)

관련법령 「산업안전보건기준에 관한 규칙」 제296조(지하작업장 등)

14

연약한 지반에 하중을 가하여 흙을 압밀시키는 방법 중 하나로 구조물 축조장소에 사전 성토하여 침하시켜 흙의 전단강도를 증가시킨 후 성토부분을 제거하는 공법의 명칭을 쓰시오. (2점)

정답

프리로딩 공법

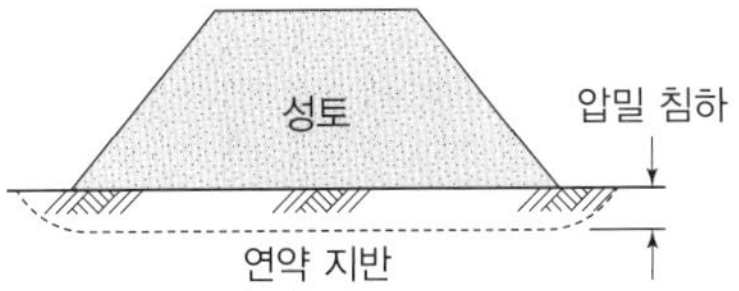

4회

01

빈출

계단의 설치 기준이다. (　　) 안에 알맞은 내용을 쓰시오.

(5점)

가. 사업주는 계단 및 계단참을 설치하는 경우 매 $[m^2]$당 (①)[kg] 이상의 하중에 견딜 수 있는 강도를 가진 구조로 설치하여야 하며, 안전율은 (②) 이상으로 하여야 한다.
나. 사업주는 계단을 설치하는 경우 그 폭을 (③)[m] 이상으로 하여야 한다.
다. 사업주는 계단을 설치하는 경우 바닥면으로부터 높이 (④)[m] 이내의 공간에 장애물이 없도록 하여야 한다.
라. 사업주는 높이 (⑤)[m] 이상인 계단의 개방된 측면에 안전난간을 설치하여야 한다.

정답

① 500　　② 4　　③ 1
④ 2　　⑤ 1

관련법령 「산업안전보건기준에 관한 규칙」 제26조(계단의 강도), 제27조(계단의 폭), 제29조(천장의 높이), 제30조(계단의 난간)

02

최빈출

다음 표를 참고하여 건설업 산업안전보건관리비를 구하시오.

(4점)

구분 / 공사 종류	5억 원 미만 [%]	5억 원 이상 50억 원 미만		50억 원 이상 [%]	보건 관리자 선임대상 [%]
		적용 비율 [%]	기초액 [원]		
건축공사	3.11	2.28	4,325,000	2.37	2.64
토목공사	3.15	2.53	3,300,000	2.60	2.73
중건설공사	3.64	3.05	2,975,000	3.11	3.39
특수건설공사	2.07	1.59	2,450,000	1.64	1.78

가. 건축공사
나. 예정가격 내역서 상의 재료비: 210억 원(발주자가 세공한 재료비 제외 금액)
다. 예정가격 내역서 상의 직접노무비: 190억 원
라. 발주자가 제공한 재료비: 90억 원

정답

대상액이 5억 원 미만 또는 50억 원 이상인 경우에는 대상액에 계상비율을 곱한 금액을 산업안전보건관리비로 계상한다. 다만, 발주자가 재료를 제공하거나 일부 물품이 완제품의 형태로 제작·납품되는 경우에는 해당 재료비 또는 완제품 가액을 대상액에 포함하여 산출한 산업안전보건관리비와 해당 재료비 또는 완제품 가액을 대상액에서 제외하고 산출한 산업안전보건관리비의 1.2배에 해당하는 값을 비교하여 그 중 작은 값 이상의 금액으로 계상한다.

(1) 산업안전보건관리비(관급재료비 포함)
　= 대상액(재료비 + 직접노무비 + 관급재료비) × 계상비율
　= (210억 + 190억 + 90억) × 0.0237 = 1,161,300,000원
(2) 산업안전보건관리비(관급재료비 미포함)
　= 대상액(재료비 + 직접노무비) × 계상비율 × 1.2
　= (210억 + 190억) × 0.0237 × 1.2 = 1,137,600,000원
(3) 산업안전보건관리비: 1,137,600,000원(둘 중 더 작은 값 선택)

관련법령 「건설업 산업안전보건관리비 계상 및 사용기준」 제2조(정의), 제4조(계상의무 및 기준)

03

「산업안전보건법령」상 양중기에 설치하여야 하는 방호장치의 종류 4가지를 쓰시오. (4점)

정답

① 과부하방지장치
② 권과방지장치
③ 비상정지장치
④ 제동장치

관련법령 「산업안전보건기준에 관한 규칙」 제134조(방호장치의 조정)

04

시멘트 품질시험 4가지를 쓰시오. (4점)

정답

① 분말도시험
② 안정도시험
③ 응결시간시험
④ 수화열시험
⑤ 압축강도시험

05

다음은 「건설업 산업안전보건관리비 계상 및 사용기준」에 의해 수급인 또는 자기공사자가 사용하여야 하는 공사진척에 따른 산업안전보건관리비의 사용기준이다. (　　) 안에 알맞은 내용을 쓰시오. (3점)

공정률	50[%] 이상 70[%] 미만	70[%] 이상 90[%] 미만	90[%] 이상
사용기준	(①)[%] 이상	(②)[%] 이상	(③)[%] 이상

정답

① 50　② 70　③ 90

관련법령 「건설업 산업안전보건관리비 계상 및 사용기준」 [별표 3] 공사진척에 따른 산업안전보건관리비 사용기준

06

빈출

히빙 현상의 방지대책 5가지를 쓰시오. (5점)

정답

① 흙막이벽의 근입 깊이 연장
② 흙막이 배면의 표토를 제거하여 하중 감소
③ 지반 개량
④ 굴착면의 하중 증가
⑤ 지하수위 저하

07

달비계의 적재하중을 정하고자 한다. (　　) 안에 안전계수를 쓰시오. (4점)

> 가. 달기 와이어로프 및 달기 강선의 안전계수: (①) 이상
> 나. 달기 체인 및 달기 훅의 안전계수: (②) 이상
> 다. 달기 강대와 달비계의 하부 및 상부 지점의 안전계수: 강재의 경우 (③) 이상, 목재의 경우 (④) 이상

※ 「산업안전보건법령」이 개정됨에 따라 '달비계의 최대적재하중을 정하는 경우 안전계수 기준'은 삭제되었습니다. 이에 따라 이 문제는 성립될 수 없습니다.

08

빈출

크레인 탑승설비 작업 시 추락에 의한 근로자의 위험방지를 위한 조치사항 3가지를 쓰시오. (6점)

정답

① 탑승설비가 뒤집히거나 떨어지지 않도록 필요한 조치를 할 것
② 안전대나 구명줄을 설치하고, 안전난간을 설치할 수 있는 구조인 경우에는 안전난간을 설치할 것
③ 탑승설비를 하강시킬 때에는 동력하강방법으로 할 것

관련법령 「산업안전보건기준에 관한 규칙」 제86조(탑승의 제한)

09

작업으로 인하여 물체가 떨어지거나 날아올 위험이 있는 경우 위험방지를 위하여 취해야 할 조치사항 3가지를 쓰시오. (3점)

정답

① 낙하물 방지망의 설치
② 수직보호망의 설치
③ 방호선반의 설치
④ 출입금지구역의 설정
⑤ 보호구의 착용

관련법령 「산업안전보건기준에 관한 규칙」 제14조(낙하물에 의한 위험의 방지)

10

빈출

비계작업 시 비, 눈, 그 밖의 기상상태의 악화로 작업을 중지시킨 후 그 비계에서 작업을 할 때 작업시작 전 점검사항 3가지를 쓰시오. (6점)

정답

① 발판 재료의 손상 여부 및 부착 또는 걸림 상태
② 해당 비계의 연결부 또는 접속부의 풀림 상태
③ 연결 재료 및 연결 철물의 손상 또는 부식 상태
④ 손잡이의 탈락 여부
⑤ 기둥의 침하, 변형, 변위 또는 흔들림 상태
⑥ 로프의 부착 상태 및 매단 장치의 흔들림 상태

관련법령 「산업안전보건기준에 관한 규칙」 제58조(비계의 점검 및 보수)

11

빈출

공사용 가설도로를 설치하는 경우 준수사항 2가지를 쓰시오. (4점)

정답

① 도로는 장비와 차량이 안전하게 운행할 수 있도록 견고하게 설치할 것
② 도로와 작업장이 접하여 있을 경우에는 울타리 등을 설치할 것
③ 도로는 배수를 위하여 경사지게 설치하거나 배수시설을 설치할 것
④ 차량의 속도제한 표지를 부착할 것

관련법령 「산업안전보건기준에 관한 규칙」 제379조(가설도로)

12

구조물 해체 공사에 쓰이는 해체작업용 기계기구 5가지를 쓰시오. (5점)

정답

① 압쇄기	② 대형브레이커	③ 철제해머
④ 핸드브레이커	⑤ 절단톱	⑥ 절단줄톱

관련법령 「해체공사표준안전작업지침」 제2장 해체작업용 기계기구

13

도로터널의 제1종시설물 3가지를 쓰시오. (3점)

정답

① 연장 1,000[m] 이상의 터널
② 3차로 이상의 터널
③ 터널구간의 연장이 500[m] 이상인 지하차도

관련법령 「시설물의 안전 및 유지관리에 관한 특별법 시행령」 [별표 1] 제1종시설물 및 제2종시설물의 종류

14

섬유로프의 사용 제한조건 2가지를 쓰시오. (4점)

정답

① 꼬임이 끊어진 것
② 심하게 손상되거나 부식된 것
③ 2개 이상의 작업용 섬유로프를 연결한 것
④ 작업높이보다 길이가 짧은 것

관련법령 「산업안전보건기준에 관한 규칙」 제63조(달비계의 구조)

2021년 | 기출문제

1회

01

「산업안전보건법 시행규칙」에 따라 안전관리자를 정수 이상으로 증원·교체임명할 수 있는 사유 3가지를 쓰시오. (6점)

정답

① 해당 사업장의 연간재해율이 같은 업종의 평균재해율의 2배 이상인 경우
② 중대재해가 연간 2건 이상 발생한 경우
③ 관리자가 질병이나 그 밖의 사유로 3개월 이상 직무를 수행할 수 없게 된 경우
④ 화학적 인자로 인한 직업성 질병자가 연간 3명 이상 발생한 경우

관련법령 「산업안전보건법 시행규칙」 제12조(안전관리자 등의 증원·교체임명 명령)

02

「산업안전보건법령」상 안전관리자가 수행해야 할 업무 3가지를 쓰시오. (6점)

정답

① 산업안전보건위원회 또는 노사협의체에서 심의·의결한 업무와 해당 사업장의 안전보건관리규정 및 취업규칙에서 정한 업무
② 위험성평가에 관한 보좌 및 지도·조언
③ 안전인증대상기계 등과 자율안전확인대상기계 등 구입 시 적격품의 선정에 관한 보좌 및 지도·조언
④ 해당 사업장 안전교육계획의 수립 및 안전교육 실시에 관한 보좌 및 지도·조언
⑤ 사업장 순회점검, 지도 및 조치 건의
⑥ 산업재해 발생의 원인 조사·분석 및 재발 방지를 위한 기술적 보좌 및 지도·조언
⑦ 산업재해에 관한 통계의 유지·관리·분석을 위한 보좌 및 지도·조언
⑧ 법 또는 법에 따른 명령으로 정한 안전에 관한 사항의 이행에 관한 보좌 및 지도·조언
⑨ 업무 수행 내용의 기록·유지
⑩ 그 밖에 안전에 관한 사항으로서 고용노동부장관이 정하는 사항

관련법령 「산업안전보건법 시행령」 제18조(안전관리자의 업무 등)

03

빈출

「산업안전보건법령」상 적절한 안전교육시간을 ( ) 안에 쓰시오. (3점)

교육과정	교육대상	교육시간
정기교육	사무직 종사 근로자	매반기 (①) 이상
채용 시 교육	일용근로자	(②) 이상
건설업 기초안전·보건교육	건설 일용근로자	(③) 이상

정답

① 6시간 ② 1시간 ③ 4시간

관련법령 「산업안전보건법 시행규칙」 [별표 4] 안전보건교육 교육과정별 교육시간

04

( ) 안에 알맞은 내용을 쓰시오. (2점)

가. 달아올리기하중: 크레인, 이동식 크레인 또는 데릭의 재료에 따라 부하시킬 수 있는 하중
나. (   ): 지브 혹은 붐의 경사각 및 길이 또는 지브의 위에 놓이는 도르래의 위치에 따라 부하시킬 수 있는 최대하중으로부터 훅, 버킷 등 달아올리기 기구의 중량에 상당하는 하중을 공제한 하중
다. 적재하중: 엘리베이터, 간이리프트 또는 건설용 리프트의 구조 및 재료에 따라서 운반기에 사람 또는 짐을 올려놓고 승강시킬 수 있는 최대하중

정답

정격하중

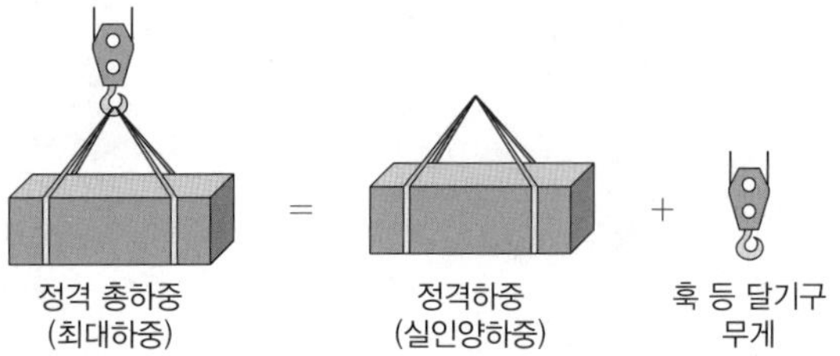

05

빈출

연평균 200명이 근무하는 A사업장에서 사망재해가 1건 발생하여 1명이 사망하고 휴업일수가 50일인 사람 2명, 휴업일수가 20일인 사람 1명이 발생하였다. 이때 A사업장의 강도율을 구하시오. (단, 종업원의 근무시간은 1일 8시간, 연간 305일이다.) (4점)

정답

(1) 요양근로손실일수 계산

- 사망으로 인한 요양근로손실일수
  사망 1건=근로손실일수 7,500일
- 휴업으로 인한 요양근로손실일수

$$\text{근로손실일수}=\text{휴업일수}\times\frac{\text{연근로일수}}{365}$$

$$=(50\times2+20)\times\frac{305}{365}\fallingdotseq100.27\text{일}$$

- 총 요양근로손실일수
  7,500+100.27=7,600.27일

(2) 강도율 계산

$$\text{강도율}=\frac{\text{총 요양근로손실일수}}{\text{연근로시간 수}}\times1{,}000$$

$$=\frac{7{,}600.27}{200\times(8\times305)}\times1{,}000\fallingdotseq15.57$$

관련법령 「산업재해통계업무처리규정」 [별표 1] 요양근로손실일수 산정요령

06

이동식 크레인의 종류 3가지를 쓰시오. (3점)

정답

① 트럭 크레인 ② 크롤러 크레인
③ 트럭 탑재형 ④ 험지형 크레인
⑤ 전지형 크레인

관련법령 「이동식 크레인 안전보건작업 지침」 4. 이동식 크레인의 종류

07

「산업안전보건법령」에 따른 명예산업안전감독관의 업무 4가지를 쓰시오. (단, 그 밖에 산업재해 예방에 대한 홍보 등 산업재해 예방업무와 관련하여 고용노동부장관이 정하는 업무는 제외한다.) (8점)

정답

① 사업장에서 하는 자체점검 참여 및 근로감독관이 하는 사업장 감독 참여
② 사업장 산업재해 예방계획 수립 참여 및 사업장에서 하는 기계·기구 자체검사 참석
③ 법령을 위반한 사실이 있는 경우 사업주에 대한 개선 요청 및 감독기관에의 신고
④ 산업재해 발생의 급박한 위험이 있는 경우 사업주에 대한 작업중지 요청
⑤ 작업환경측정, 근로자 건강진단 시의 참석 및 그 결과에 대한 설명회 참여
⑥ 직업성 질환의 증상이 있거나 질병에 걸린 근로자가 여러 명 발생한 경우 사업주에 대한 임시건강진단 실시 요청
⑦ 근로자에 대한 안전수칙 준수 지도
⑧ 법령 및 산업재해 예방정책 개선 건의
⑨ 안전·보건 의식을 북돋우기 위한 활동 등에 대한 참여와 지원

관련법령 「산업안전보건법 시행령」 제32조(명예산업안전감독관 위촉 등)

08

다음은 콘크리트 타설 시 측압에 영향을 주는 것에 관한 내용이다. 틀린 것의 번호를 모두 쓰시오. (4점)

① 외기의 온·습도가 낮을수록 측압이 작다.
② 진동기를 사용해 다지면 측압이 증가한다.
③ 슬럼프 값이 낮으면 측압이 작다.
④ 철근, 배근이 많으면 측압이 크다.

정답

①, ④

오답해설

① 온도가 낮을수록, 습도가 높을수록 측압이 크다.
④ 철근량이 적을수록 측압이 크다.

09

「산업안전보건법령」에 따라 잠함, 우물통, 수직갱 또는 이와 비슷한 건설물이나 설비의 내부에서 굴착작업을 할 때 사업주가 준수하여야 할 사항 3가지를 쓰시오. (6점)

정답

① 산소 결핍 우려가 있는 경우에는 산소의 농도를 측정하는 사람을 지명하여 측정하도록 할 것
② 근로자가 안전하게 오르내리기 위한 설비를 설치할 것
③ 굴착 깊이가 20[m]를 초과하는 경우에는 해당 작업장소와 외부와의 연락을 위한 통신설비 등을 설치할 것

관련법령 「산업안전보건기준에 관한 규칙」 제377조(잠함 등 내부에서의 작업)

10

교량건설공법 중 PGM(Precast Girder Method) 공법과 PSM(Precast Segment Mehtod) 공법에 대해 설명하시오. (4점)

정답

① PGM 공법: 교량상부구조의 교각과 교각의 한 구간을 제작장에서 지간길이로 제작하여 현장에 운반 후 설치하는 방법
② PSM 공법: 교량상부구조의 교각과 교각의 한 구간을 제작장에서 여러 개의 조각으로 제작하여 현장에 운반 후 조립 가설하는 방법

11

다음 현상이 발생하는 지반을 쓰시오. (2점)

① 히빙 ② 보일링

정답

① 히빙: 연약한 점토 지반
② 보일링: 지하수위가 높은 사질토 지반

12

「산업안전보건법령」에 따라 사업주가 근로자의 위험을 방지하기 위하여 중량물 취급 작업 시 작성하고 그에 따라 작업을 하도록 하여야 하는 작업계획서의 내용 2가지를 쓰시오. (2점)

정답

① 추락위험을 예방할 수 있는 안전대책
② 낙하위험을 예방할 수 있는 안전대책
③ 전도위험을 예방할 수 있는 안전대책
④ 협착위험을 예방할 수 있는 안전대책
⑤ 붕괴위험을 예방할 수 있는 안전대책

관련법령 「산업안전보건기준에 관한 규칙」 [별표 4] 사전조사 및 작업계획서 내용

13

「산업안전보건법령」에 따라 차량계 하역운반기계(지게차 등)의 운전자가 운전위치를 이탈하고자 할 때 운전자가 준수하여야 할 사항 2가지를 쓰시오. (4점)

정답

① 포크, 버킷, 디퍼 등의 장치를 가장 낮은 위치 또는 지면에 내려 둘 것
② 원동기를 정지시키고 브레이크를 확실히 거는 등 차량계 하역운반기계 등의 갑작스러운 이동을 방지하기 위한 조치를 할 것
③ 운전석을 이탈하는 경우에는 시동키를 운전대에서 분리시킬 것

관련법령 「산업안전보건기준에 관한 규칙」 제99조(운전위치 이탈 시의 조치)

14

「산업안전보건법령」에 따라 고소작업대 이동 시 준수사항 3가지를 쓰시오. (6점)

정답

① 작업대를 가장 낮게 내릴 것
② 작업자를 태우고 이동하지 말 것
③ 이동통로의 요철상태 또는 장애물의 유무 등을 확인할 것

관련법령 「산업안전보건기준에 관한 규칙」 제186조(고소작업대 설치 등의 조치)

2회

01

「산업안전보건법령」상 사업주가 시스템비계를 사용하여 비계를 구성하는 경우 준수해야 할 사항 3가지를 쓰시오. (6점)

정답

① 수직재 · 수평재 · 가새재를 견고하게 연결하는 구조가 되도록 할 것
② 비계 밑단의 수직재와 받침철물은 밀착되도록 설치하고, 수직재와 받침철물의 연결부의 겹침길이는 받침철물 전체길이의 $\frac{1}{3}$ 이상이 되도록 할 것
③ 수평재는 수직재와 직각으로 설치하여야 하며, 체결 후 흔들림이 없도록 견고하게 설치할 것
④ 수직재와 수직재의 연결철물은 이탈되지 않도록 견고한 구조로 할 것
⑤ 벽 연결재의 설치간격은 제조사가 정한 기준에 따라 설치할 것

관련법령 「산업안전보건기준에 관한 규칙」 제69조(시스템 비계의 구조)

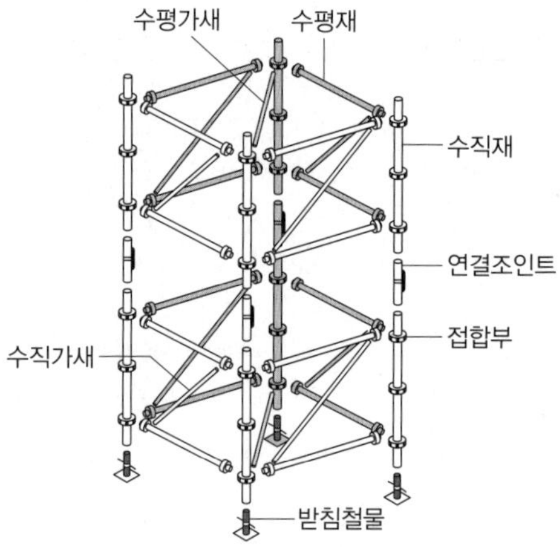

▲ 시스템비계의 구성

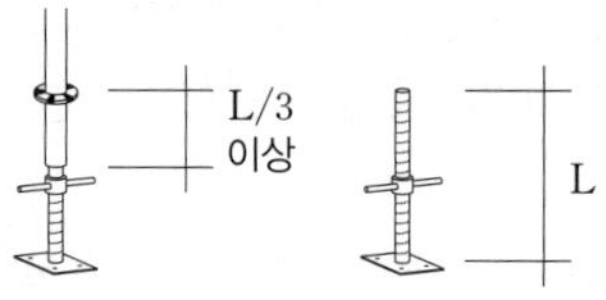

▲ 시스템비계 조립 상태

02

「산업안전보건법령」상 건설업 중 유해위험방지계획서 제출 대상과 관련하여 ( ) 안에 알맞은 내용을 쓰시오. (5점)

가. 지상높이가 (①)[m] 이상인 건축물 또는 인공구조물의 건설 등 공사
나. 최대 지간길이가 (②)[m] 이상인 다리의 건설 등 공사
다. 다목적댐, 발전용댐, 저수용량 (③) 톤 이상의 용수 전용 댐 및 지방상수도 전용 댐의 건설 등 공사
라. 연면적 (④)[m^2] 이상인 냉동·냉장 창고시설의 설비공사 및 단열공사
마. 깊이 10[m] 이상인 (⑤)

정답

① 31 ② 50 ③ 2천만
④ 5,000 ⑤ 굴착공사

관련법령 「산업안전보건법 시행령」 제42조(유해위험방지계획서 제출 대상)

03

최빈출

「산업안전보건법령」상 다음 안전보건표지의 이름을 쓰시오. (2점)

①	②

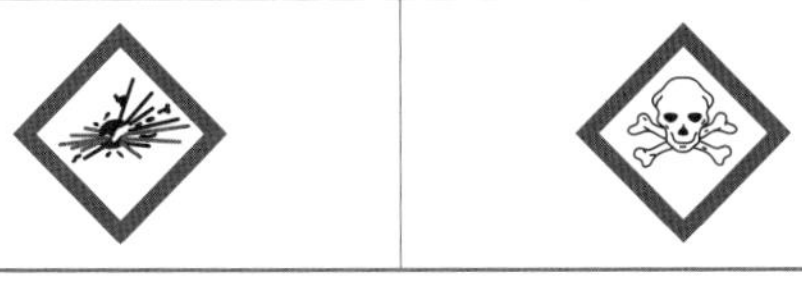

정답

① 폭발성물질 경고 ② 급성독성물질 경고

관련법령 「산업안전보건법 시행규칙」 [별표 6] 안전보건표지의 종류와 형태

04

① 앵글도저, ② 틸트도저에 대해 각각 설명하시오. (6점)

정답

① 앵글도저: 블레이드 면의 방향이 진행방향의 중심선에 대하여 20°~30°의 경사가 진 것으로서 사면굴착, 정지, 흙 메우기 등으로 차체의 진행에 따라 흙을 측면으로 보내는 작업에 적정하다.
② 틸트도저: 수평면을 기준으로 하여 블레이드를 좌우로 15[cm] 정도 조절할 수 있어 블레이드의 한쪽 끝부분에 힘을 집중시킬 수 있으며 V형 배수로 굴착, 굳은 땅파기, 나무뿌리 뽑기, 바위 굴리기 등에 사용한다.

05

「운반하역 표준안전 작업지침」에 따라 인력으로 중량물을 운반할 때 준수해야 할 사항 3가지를 쓰시오. (6점)

정답

① 하물의 운반은 수평거리 운반을 원칙으로 하며, 여러 번 들어 움직이거나 중계 운반, 반복운반을 하지 아니할 것
② 운반 시의 시선은 진행방향을 향하고 뒷걸음 운반을 하지 아니할 것
③ 어깨높이보다 높은 위치에서 하물을 들고 운반하지 아니할 것
④ 쌓여 있는 하물을 운반할 때에는 중간 또는 하부에서 뽑아내지 아니할 것

관련법령 「운반하역 표준안전 작업지침」 제8조(운반)

06

빈출

사업주는 크레인을 사용하여 근로자를 운반하거나 근로자를 달아 올린 상태에서 작업에 종사시켜서는 아니 된다. 다만, 크레인에 전용 탑승설비를 설치하고 추락 위험을 방지하기 위한 조치를 한 경우에는 그러하지 아니하는데, 이때 실시해야 하는 조치 3가지를 쓰시오. (6점)

정답

① 탑승설비가 뒤집히거나 떨어지지 않도록 필요한 조치를 할 것
② 안전대나 구명줄을 설치하고, 안전난간을 설치할 수 있는 구조인 경우에는 안전난간을 설치할 것
③ 탑승설비를 하강시킬 때에는 동력하강방법으로 할 것

관련법령 「산업안전보건기준에 관한 규칙」 제86조(탑승의 제한)

07

빈출

「산업안전보건법령」상 건설현장에서 크레인을 사용하여 작업할 때 작업시작 전 점검사항 3가지를 쓰시오. (3점)

정답

① 권과방지장치·브레이크·클러치 및 운전장치의 기능
② 주행로의 상측 및 트롤리가 횡행하는 레일의 상태
③ 와이어로프가 통하고 있는 곳의 상태

관련법령 「산업안전보건기준에 관한 규칙」 [별표 3] 작업시작 전 점검사항

08

빈출

다음 경우에 대한 ① Safe-T-Score를 구하고, 안전도의 ② 심각성 여부를 판정하시오. (4점)

가. 전년도 도수율: 120
나. 올해 도수율: 100
다. 근로자 수: 400명
라. 올해 근로시간 수: 1일 8시간, 300일 근무

정답

① Safe-T-Score 계산

Safe-T-Score

$$= \frac{\text{현재 도수율} - \text{과거 도수율}}{\sqrt{\dfrac{\text{과거 도수율}}{\text{현재 총근로시간 수}} \times 1{,}000{,}000}}$$

$$= \frac{100-120}{\sqrt{\dfrac{120}{400\times(8\times300)}\times1{,}000{,}000}} \fallingdotseq -1.79$$

② 심각성 여부 판정

Safe-T-Score는 다음 표에 따라 판정한다.

+2 이상	안전도가 과거보다 나빠짐
+2 ~ −2	과거의 안전도와 심각한 차이 없음
−2 이하	안전도가 과거보다 좋아짐

Safe-T-Score가 −1.79이므로 과거의 안전도와 심각한 차이가 없다.

09

「산업안전보건법령」상 사업 내 안전보건교육에 있어 굴착면의 높이가 2[m] 이상이 되는 지반 굴착(터널 및 수직갱 외의 갱 굴착은 제외)작업의 특별교육내용 4가지를 쓰시오. (단, 그 밖에 안전·보건관리에 필요한 사항은 제외한다.)

(4점)

정답

① 지반의 형태·구조 및 굴착 요령에 관한 사항
② 지반의 붕괴재해 예방에 관한 사항
③ 붕괴 방지용 구조물 설치 및 작업방법에 관한 사항
④ 보호구의 종류 및 사용에 관한 사항

관련법령 「산업안전보건법 시행규칙」 [별표 5] 안전보건교육 교육대상별 교육내용

10

깊이 10.5[m] 이상의 굴착의 경우 흙막이 구조의 안전을 예측하기 위해 설치하여야 하는 계측기기 4가지를 쓰시오.

(4점)

정답

① 수위계 ② 경사계
③ 하중 및 침하계 ④ 응력계

관련법령 「굴착공사 표준안전 작업지침」 제15조(착공전 조사)

11

강관비계(외줄비계·쌍줄비계 또는 돌출비계 한정) 조립 시 벽이음 또는 버팀을 설치하는 간격을 빈칸에 알맞게 쓰시오.

(4점)

강관비계의 종류	조립간격[m]	
	수직 방향	수평 방향
단관비계	①	②
틀비계(높이 5[m] 미만인 것은 제외)	③	④

정답

① 5 ② 5 ③ 6 ④ 8

관련법령 「산업안전보건기준에 관한 규칙」 [별표 5] 강관비계의 조립 간격

12

하인리히의 ① 재해구성비율을 쓰고, 그 ② 의미에 대해서 설명하시오. (4점)

정답

① 재해구성비율

중상 또는 사망 : 경상 : 무상해사고=1 : 29 : 300

② 의미: 330건의 사고 중 중상 또는 사망 1건, 경상 29건, 무상해사고(아차사고) 300건의 비율로 사고가 발생한다는 이론이다.

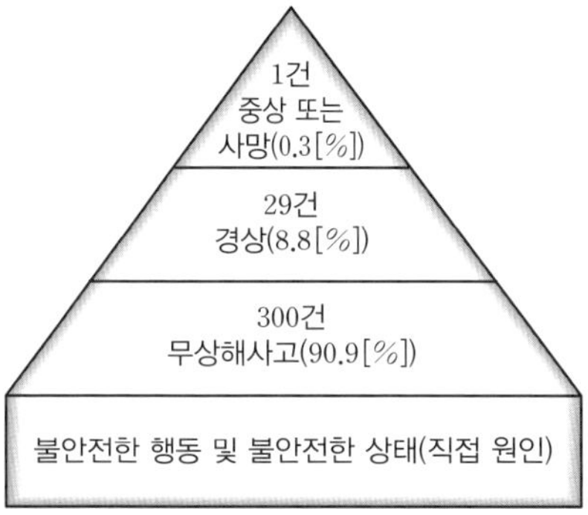

▲ 하인리히의 1 : 29 : 300의 법칙

13

「추락재해방지표준안전작업지침」에 따라 방망에 대하여 (　　) 안에 알맞은 내용을 쓰시오. (3점)

방망은 망, 테두리로프, 달기로프, 시험용사로 구성되어진 것으로서 각 부분은 다음에 정하는 바에 적합하여야 한다.

가. 소재: (①) 또는 그 이상의 물리적 성질을 갖는 것이어야 한다.

나. 그물코: 사각 또는 (②)로서 그 크기는 (③)[cm] 이하이어야 한다.

정답

① 합성섬유　　② 마름모　　③ 10

관련법령 「추락재해방지표준안전작업지침」 제3조(구조 및 치수)

14

빈출

「산업안전보건법령」에 따라 (　　) 안에 알맞은 내용을 쓰시오. (3점)

가. 사고사망만인율 $= \dfrac{(\ ①\ )}{\text{상시근로자 수}} \times 10{,}000$

나. 상시근로자 수 $= \dfrac{(\ ②\ ) \times \text{노무비율}}{(\ ③\ ) \times 12}$

정답

① 사고사망자 수

② 연간 국내공사 실적액

③ 건설업 월평균임금

관련법령 「산업안전보건법 시행규칙」 [별표 1] 건설업체 산업재해발생률 및 산업재해 발생 보고의무 위반건수의 산정 기준과 방법

4회

01

다음의 특징을 갖는 안전관리조직을 쓰시오. (2점)

> 가. 안전지식과 기술축적이 용이하다.
> 나. 권한다툼이나 조정때문에 통제 수속이 복잡해지며, 시간과 노력이 소모된다.
> 다. 생산부분은 안전에 대한 책임과 권한이 없다.

정답

참모형(Staff) 조직

02

「산업안전보건법령」상 리프트의 종류 2가지를 쓰시오. (2점)

정답

① 건설용 리프트　② 산업용 리프트
③ 자동차정비용 리프트　④ 이삿짐운반용 리프트

관련법령 「산업안전보건기준에 관한 규칙」 제132조(양중기)

03

강관비계와 구조체 사이 벽이음의 역할 2가지를 쓰시오. (4점)

정답

① 풍하중에 의한 움직임 방지
② 수평하중에 의한 움직임 방지

관련법령 「비계공사 일반사항」 3.3 벽 이음재

04

「터널공사 표준안전 작업지침-NATM공법」에 의거하여 터널작업 시 사전 계측계획에 포함되어야 할 사항 4가지를 쓰시오. (8점)

정답

① 측정위치 개소 및 측정의 기능 분류
② 계측 시 소요장비
③ 계측빈도
④ 계측결과 분석방법
⑤ 변위 허용치 기준
⑥ 이상 변위 시 조치 및 보강대책
⑦ 계측 전담반 운영계획
⑧ 계측관리 기록분석 계통기준 수립

관련법령 「터널공사 표준안전 작업지침-NATM공법」 제26조(계측관리)

05

「산업안전보건법령」상 작업발판에 대해 (　　) 안에 알맞은 내용을 쓰시오. (3점)

> 가. 비계의 높이가 2[m] 이상인 작업장소에 설치하는 작업발판의 폭은 (①)[cm] 이상으로 하고, 발판재료 간의 틈은 (②)[cm] 이하로 할 것
> 나. 작업발판재료는 뒤집히거나 떨어지지 않도록 (③) 이상의 지지물에 연결하거나 고정시킬 것

정답

① 40　② 3　③ 둘(=2)

관련법령 「산업안전보건기준에 관한 규칙」 제56조(작업발판의 구조)

06

빈출

「산업안전보건법령」상 다음 경우에 해당하는 양중기의 와이어로프 안전계수를 ( ) 안에 쓰시오. (2점)

> 가. 근로자가 탑승하는 운반구를 지지하는 달기와이어로프 또는 달기체인의 경우: (①) 이상
> 나. 화물의 하중을 직접 지지하는 달기와이어로프 또는 달기체인의 경우: (②) 이상
> 다. 훅, 샤클, 클램프, 리프팅 빔의 경우: 3 이상
> 라. 그 밖의 경우: 4 이상

정답

① 10 ② 5

관련법령 「산업안전보건기준에 관한 규칙」 제163조(와이어로프 등 달기구의 안전계수)

07

「산업안전보건법령」상 거푸집 및 동바리의 고정·조립 또는 해체 작업/노천굴착작업/흙막이 지보공의 고정·조립 또는 해체 작업/터널의 굴착작업/구축물 등의 해체작업 시 유해·위험을 방지하기 위한 관리감독자의 직무 3가지를 쓰시오. (3점)

정답

① 안전한 작업방법을 결정하고 작업을 지휘하는 일
② 재료·기구의 결함 유무를 점검하고 불량품을 제거하는 일
③ 작업 중 안전대 및 안전모 등 보호구 착용 상황을 감시하는 일

관련법령 「산업안전보건기준에 관한 규칙」 [별표 2] 관리감독자의 유해·위험 방지

08

「건설업 산업안전보건관리비 계상 및 사용기준」에 따른 산업안전보건관리비의 기본항목 4가지를 쓰시오. (8점)

정답

① 안전관리자·보건관리자의 임금 등
② 안전시설비 등
③ 보호구 등
④ 안전보건진단비 등
⑤ 안전보건교육비 등
⑥ 근로자 건강장해예방비 등
⑦ 건설재해예방전문지도기관의 지도에 대한 대가로 자기공사자가 지급하는 비용
⑧ 건설사업자가 아닌 자가 운영하는 사업에서 안전보건 업무를 총괄·관리하는 3명 이상으로 구성된 본사 전담조직에 소속된 근로자의 임금 및 업무수행 출장비 전액(계상된 산업안전보건관리비 총액의 5[%] 이내)
⑨ 위험성평가 또는 유해·위험요인 개선을 위해 필요하다고 판단하여 산업안전보건위원회 또는 노사협의체에서 사용하기로 결정한 사항을 이행하기 위한 비용(계상된 산업안전보건관리비 총액의 10[%] 이내)

관련법령 「건설업 산업안전보건관리비 계상 및 사용기준」 제7조(사용기준)

09

「산업안전보건기준에 관한 규칙」에 따라 컨베이어 작업시작 전에 관리감독자가 확인하여야 할 점검사항 3가지를 쓰시오. (3점)

정답

① 원동기 및 풀리 기능의 이상 유무
② 이탈 등의 방지장치 기능의 이상 유무
③ 비상정지장치 기능의 이상 유무
④ 원동기·회전축·기어 및 풀리 등의 덮개 또는 울 등의 이상 유무

관련법령 「산업안전보건기준에 관한 규칙」 [별표 3] 작업시작 전 점검사항

10

암질변화 구간 및 이상암질의 출현 시 암질판별법(암반분류법) 4가지를 쓰시오. (4점)

정답

① R.Q.D ② 탄성파 속도
③ R.M.R ④ 일축압축강도
⑤ 진동치 속도

※ 「굴착공사 표준안전 작업지침」이 개정됨에 따라 '암질판별 구간 및 이상암질의 출현 시 암질판별 기준'이 해당 고시에서는 삭제되었습니다.

11

「산업안전보건법령」상 사업주가 근로자에게 실시해야 하는 안전보건교육에 있어, 근로자 정기교육의 교육내용 4가지를 쓰시오. (4점)

정답

① 산업안전 및 사고 예방에 관한 사항
② 산업보건 및 직업병 예방에 관한 사항
③ 위험성평가에 관한 사항
④ 건강증진 및 질병 예방에 관한 사항
⑤ 유해·위험 작업환경 관리에 관한 사항
⑥ 「산업안전보건법령」 및 산업재해보상보험 제도에 관한 사항
⑦ 직무스트레스 예방 및 관리에 관한 사항
⑧ 직장 내 괴롭힘, 고객의 폭언 등으로 인한 건강장해 예방 및 관리에 관한 사항

관련법령 「산업안전보건법 시행규칙」 [별표 5] 안전보건교육 교육대상별 교육내용

12

빈출

보일링 방지대책 3가지를 쓰시오. (6점)

정답

① 지하수위 저하를 위한 배수조치
② 지하수의 흐름 변경
③ 흙막이벽의 근입 깊이 연장
④ 차수성이 높은 흙막이 설치
⑤ 지반을 복구하기 위한 압성토공법 시행

13

빈출

흙의 동상 방지대책 4가지를 쓰시오. (8점)

정답

① 단열재료 삽입
② 지하수위 저하
③ 동결심도 아래 배수층 설치
④ 모관수 상승을 방지하는 차단층 설치
⑤ 지표의 흙을 화학처리하여 동결온도 저하

14

최빈출

「산업안전보건법령」상 다음 안전보건표지의 명칭을 쓰시오. (3점)

①	②	③

정답

① 사용금지 ② 산화성물질 경고 ③ 고압전기 경고

관련법령 「산업안전보건법 시행규칙」 [별표 6] 안전보건표지의 종류와 형태

2020년 | 기출문제

1회

01

빈출

다음은 가설통로의 설치기준이다. (   ) 안에 알맞은 내용을 쓰시오. (5점)

> 가. 경사가 (①)°를 초과하는 경우에는 미끄러지지 아니하는 구조로 할 것
> 나. 수직갱에 가설된 통로의 길이가 15[m] 이상인 경우에는 (②)[m] 이내마다 (③)을 설치할 것
> 다. 건설공사에 사용하는 높이 (④)[m] 이상인 비계다리에는 (⑤)[m] 이내마다 계단참을 설치할 것

정답

① 15　② 10　③ 계단참
④ 8　⑤ 7

관련법령 「산업안전보건기준에 관한 규칙」 제23조(가설통로의 구조)

02

타워크레인의 설치·조립·해체 시 작업계획서에 포함하여야 하는 내용 4가지를 쓰시오. (4점)

정답

① 타워크레인의 종류 및 형식
② 설치·조립 및 해체순서
③ 작업도구·장비·가설설비 및 방호설비
④ 작업인원의 구성 및 작업근로자의 역할 범위
⑤ 타워크레인의 지지 방법

관련법령 「산업안전보건기준에 관한 규칙」 [별표 4] 사전조사 및 작업계획서 내용

03

(   ) 안에 알맞은 내용을 쓰시오. (3점)

> 적정공기란 산소농도의 범위가 (①)[%] 이상 23.5[%] 미만, 이산화탄소의 농도가 1.5[%] 미만, (②)의 농도가 30[ppm] 미만, (③)의 농도가 10[ppm] 미만인 수준의 공기를 말한다.

정답

① 18　② 일산화탄소　③ 황화수소

관련법령 「산업안전보건기준에 관한 규칙」 제618조(정의)

04

OJT 교육에 대해 설명하시오. (3점)

정답

현장이나 직장에서 직속상사가 업무와 관련된 지식, 기능, 태도 등에 관하여 교육시키는 실무훈련과정

05

근로자가 상시 분진작업에 관련된 업무를 하는 경우에 사업주가 근로자에게 알려야 하는 사항 3가지를 쓰시오. (6점)

정답

① 분진의 유해성과 노출경로
② 분진의 발산 방지와 작업장의 환기 방법
③ 작업장 및 개인위생 관리
④ 호흡용 보호구의 사용 방법
⑤ 분진에 관련된 질병 예방 방법

관련법령 「산업안전보건기준에 관한 규칙」 제614조(분진의 유해성 등의 주지)

06

차량계 하역운반기계 등을 사용하는 작업을 할 때에 그 기계가 넘어지거나 굴러떨어짐에 의해 근로자에게 위험을 미칠 우려가 있는 경우 조치사항 2가지를 쓰시오. (4점)

정답

① 유도자 배치
② 지반의 부동침하 방지 조치
③ 갓길 붕괴 방지 조치

관련법령 「산업안전보건기준에 관한 규칙」 제171조(전도 등의 방지)

07

빈출

근로자가 작업발판 위에서 전기용접 작업을 하다가 지면으로 떨어져 부상을 당했다. 재해분석을 하시오. (3점)

가. 발생형태: (①)
나. 기인물: (②)
다. 가해물: (③)

정답

① 떨어짐(추락) ② 작업발판 ③ 지면

08

NATM 공법에 있어서 록볼트의 효과 4가지와 그 설명을 쓰시오. (4점)

정답

① 봉합효과
굴착에 의해 이완된 지반을 견고한 지반에 고정하여 낙반 방지
② 내압작용효과
숏크리트와 같이 주변지반을 3축응력상태로 유지하여 지반강도 저하 방지
③ 보형성효과
층리나 절리면 사이를 조여줌으로써 전단력 전달이 가능한 합성보 형성
④ 아치형성효과
시스템 록볼트의 내압작용효과로 주변지반에 내하력이 큰 그랜드 아치 형성
⑤ 지반보강효과
지반의 전단저항력을 증대하여 지반의 내하력을 증대시키고 잔류강도 향상

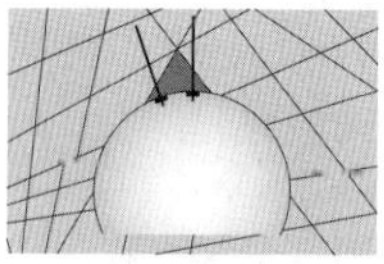
① 봉합효과

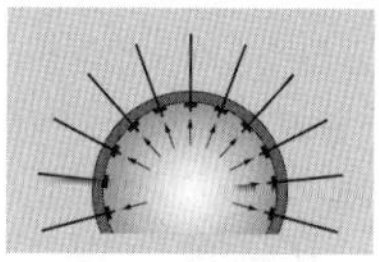
② 내압작용효과

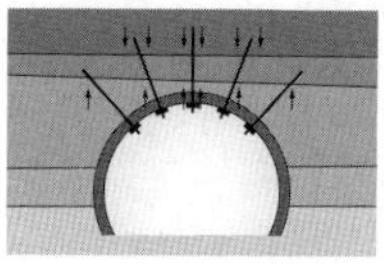
③ 보형성효과

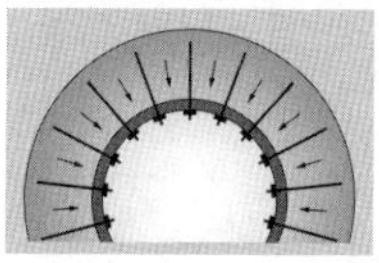
④ 아치형성효과

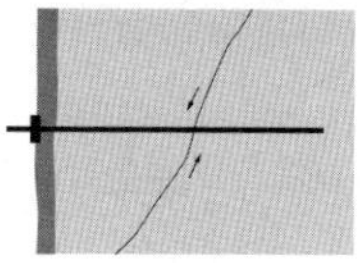
⑤ 지반보강효과

09

지반의 연화현상(Frost Boil) 방지대책 3가지를 쓰시오. (6점)

정답

① 동결심도 아래 배수층 설치
② 동결심도 상부의 흙을 비동결성 재료로 치환
③ 모관수 상승을 방지하는 차단층 설치

10

빈출

곤돌라형 달비계를 설치하는 경우 와이어로프의 사용금지 사항 3가지를 쓰시오. (6점)

정답

① 이음매가 있는 것
② 와이어로프의 한 꼬임에서 끊어진 소선의 수가 10[%] 이상인 것
③ 지름의 감소가 공칭지름의 7[%]를 초과하는 것
④ 꼬인 것
⑤ 심하게 변형되거나 부식된 것
⑥ 열과 전기충격에 의해 손상된 것

관련법령 「산업안전보건기준에 관한 규칙」 제63조(달비계의 구조)

11

전기기계·기구 또는 전로 등의 충전부분에 접촉 시 감전방지대책 2가지를 쓰시오. (4점)

정답

① 충전부가 노출되지 않도록 폐쇄형 외함이 있는 구조로 할 것
② 충전부에 충분한 절연효과가 있는 방호망이나 절연덮개를 설치할 것
③ 충전부는 내구성이 있는 절연물로 완전히 덮어 감쌀 것
④ 발전소·변전소 및 개폐소 등 구획되어 있는 장소로서 관계 근로자가 아닌 사람의 출입이 금지되는 장소에 충전부를 설치하고, 위험표시 등의 방법으로 방호를 강화할 것
⑤ 전주 위 및 철탑 위 등 격리되어 있는 장소로서 관계 근로자가 아닌 사람이 접근할 우려가 없는 장소에 충전부를 설치할 것

관련법령 「산업안전보건기준에 관한 규칙」 제301조(전기 기계·기구 등의 충전부 방호)

12

최빈출

다음 안전보건표지의 명칭을 쓰시오. (2점)

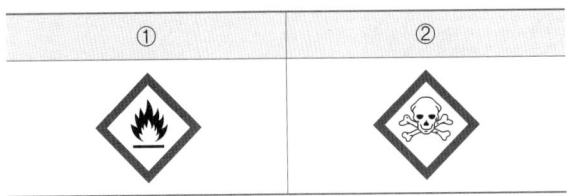

①	②

정답

① 인화성물질 경고　　② 급성독성물질 경고

관련법령 「산업안전보건법 시행규칙」 [별표 6] 안전보건표지의 종류와 형태

13

꽂음접속기를 설치하거나 사용하는 경우 준수하여야 할 사항 3가지를 쓰시오. (6점)

정답

① 서로 다른 전압의 꽂음접속기는 서로 접속되지 아니한 구조의 것을 사용할 것
② 습윤한 장소에 사용되는 꽂음접속기는 방수형 등 그 장소에 적합한 것을 사용할 것
③ 근로자가 해당 꽂음접속기를 접속시킬 경우에는 땀 등으로 젖은 손으로 취급하지 않도록 할 것
④ 해당 꽂음접속기에 잠금장치가 있는 경우에는 접속 후 잠그고 사용할 것

관련법령 「산업안전보건기준에 관한 규칙」 제316조(꽂음접속기의 설치·사용 시 준수사항)

14

빈출

다음 사망사고의 만인율을 구하시오. (4점)

가. 연간 작업자: 4,000명
나. 사망사고: 1건 발생

정답

$$\text{사고사망만인율} = \frac{\text{사고사망자 수}}{\text{상시근로자 수}} \times 10,000 = \frac{1}{4,000} \times 10,000 = 2.5[‱]$$

관련법령 「산업안전보건법 시행규칙」 [별표 1] 건설업체 산업재해발생률 및 산업재해 발생 보고의무 위반건수의 산정 기준과 방법

2회

01

물체를 투하할 때 적당한 투하설비를 갖춰야 하는 최소 투하높이를 쓰시오. (2점)

정답

3[m]

관련법령 「산업안전보건기준에 관한 규칙」 제15조(투하설비 등)

02

콘크리트 타설 시 거푸집 측압에 영향을 미치는 요인 3가지를 쓰시오. (3점)

정답

① 온도 ② 습도 ③ 슬럼프 값
④ 물시멘트비 ⑤ 타설속도 ⑥ 철근량
⑦ 다짐 정도 ⑧ 시공연도

03

가공전로에 근접하여 비계 설치작업 시 가공전로와의 접촉을 방지하기 위한 조치사항 2가지를 쓰시오. (4점)

정답

① 가공전로 이설
② 가공전로에 절연용 방호구 장착

관련법령 「산업안전보건기준에 관한 규칙」 제59조(강관비계 조립 시의 준수사항)

04

다음은 타워크레인의 작업 중지에 관한 내용이다. ( ) 안에 알맞은 내용을 쓰시오. (2점)

가. 설치·수리·점검 또는 해체 작업을 중지하여야 하는 순간풍속: (①)[m/s] 초과
나. 운전작업을 중지하여야 하는 순간풍속: (②)[m/s] 초과

정답

① 10 ② 15

관련법령 「산업안전보건기준에 관한 규칙」 제37조(악천후 및 강풍 시 작업 중지)

05

「산업안전보건법령」상 산업재해가 발생한 때 사업주가 기록·보존해야 할 사항 4가지를 쓰시오. (단, 산업재해조사표의 사본을 보존하거나 요양신청서의 사본에 재해 재발방지 계획을 첨부하여 보존한 경우는 제외한다.) (8점)

정답

① 사업장의 개요 및 근로자의 인적사항
② 재해 발생의 일시 및 장소
③ 재해 발생의 원인 및 과정
④ 재해 재발방지 계획

관련법령 「산업안전보건법 시행규칙」 제72조(산업재해 기록 등)

06

근로감독관이 질문·검사·점검하거나 관계 서류의 제출을 요구할 수 있는 상황 3가지를 쓰시오. (6점)

정답

① 산업재해가 발생하거나 산업재해 발생의 급박한 위험이 있는 경우
② 근로자의 신고 또는 고소·고발 등에 대한 조사가 필요한 경우
③ 법 또는 법에 따른 명령을 위반한 범죄의 수사 등 사법경찰관리의 직무를 수행하기 위하여 필요한 경우
④ 그 밖에 고용노동부장관 또는 지방고용노동관서의 장이 법 또는 법에 따른 명령의 위반 여부를 조사하기 위하여 필요하다고 인정하는 경우

관련법령 「산업안전보건법 시행규칙」 제235조(감독기준)

07

작업발판의 끝이나 개구부로서 근로자가 추락할 위험이 있는 장소에서 작업 시 추락방지대책 3가지를 쓰시오. (6점)

정답

① 안전난간 설치
② 울타리 설치
③ 수직형 추락방망 설치
④ 덮개 설치
⑤ 추락방호망 설치
⑥ 근로자의 안전대 착용

관련법령 「산업안전보건기준에 관한 규칙」 제43조(개구부 등의 방호 조치)

08

「산업안전보건법령」상 다음 경우에 해당하는 안전교육시간을 ( ) 안에 쓰시오. (8점)

구분	신규교육	보수교육
안전보건관리책임자	(①) 이상	(②) 이상
안전관리자, 안전관리 전문기관의 종사자	(③) 이상	(④) 이상
보건관리자, 보건관리 전문기관의 종사자	(⑤) 이상	(⑥) 이상
건설재해예방전문지도 기관의 종사자	(⑦) 이상	(⑧) 이상

정답

① 6시간 ② 6시간 ③ 34시간 ④ 24시간
⑤ 34시간 ⑥ 24시간 ⑦ 34시간 ⑧ 24시간

관련법령 「산업안전보건법 시행규칙」 [별표 4] 안전보건교육 교육과정별 교육시간

09

터널공사 시 터널 작업면의 조도를 쓰시오. (3점)

가. 막장구간: (①)[lux] 이상
나. 터널중간구간: (②)[lux] 이상
다. 터널 입·출구, 수직구 구간: (③)[lux] 이상

정답

① 70 ② 50 ③ 30

관련법령 「터널공사 표준안전 작업지침 – NATM공법」 제36조(조명시설의 기준)

10

「산업안전보건기준에 관한 규칙」에 따라 사업주가 근로자의 위험을 방지하기 위하여 해당 작업, 작업장의 지형·지반 및 지층 상태 등에 대한 사전조사를 하고 그 결과를 기록·보존하여야 하며, 조사결과를 고려하여 작업계획서를 작성하고 그 계획에 따라 작업을 하도록 하여야 하는 작업 3가지를 쓰시오. (6점)

정답

① 타워크레인을 설치·조립·해체하는 작업
② 차량계 하역운반기계 등을 사용하는 작업(화물자동차를 사용하는 도로상의 주행작업 제외)
③ 차량계 건설기계를 사용하는 작업
④ 화학설비와 그 부속설비를 사용하는 작업
⑤ 전기작업(해당 전압이 50[V]를 넘거나 전기에너지가 250[VA]를 넘는 경우로 한정)
⑥ 굴착면의 높이가 2[m] 이상이 되는 지반의 굴착작업
⑦ 터널굴착작업
⑧ 교량(상부구조가 금속 또는 콘크리트로 구성되는 교량으로서 그 높이가 5[m] 이상이거나 교량의 최대 지간길이가 30[m] 이상인 교량으로 한정)의 설치·해체 또는 변경 작업
⑨ 채석작업
⑩ 구축물 등의 해체작업
⑪ 중량물의 취급작업
⑫ 궤도나 그 밖의 관련 설비의 보수·점검작업
⑬ 열차의 입환작업

관련법령 「산업안전보건기준에 관한 규칙」 제38조(사전조사 및 작업계획서의 작성 등)

11

보호구 안전인증제품에 안전인증 표시 외에 표시하여야 하는 사항 3가지를 쓰시오. (3점)

정답

① 형식 또는 모델명
② 규격 또는 등급 등
③ 제조자명
④ 제조번호 및 제조연월
⑤ 안전인증 번호

관련법령 「보호구 안전인증 고시」 제34조(안전인증 제품표시의 붙임)

12

차량계 하역운반기계(지게차 등)의 운전자가 운전위치를 이탈하고자 할 때 준수하여야 할 사항 2가지를 쓰시오. (4점)

정답

① 포크, 버킷, 디퍼 등의 장치를 가장 낮은 위치 또는 지면에 내려 둘 것
② 원동기를 정지시키고 브레이크를 확실히 거는 등 차량계 하역운반기계 등의 갑작스러운 이동을 방지하기 위한 조치를 할 것
③ 운전석을 이탈하는 경우에는 시동키를 운전대에서 분리시킬 것

관련법령 「산업안전보건기준에 관한 규칙」 제99조(운전위치 이탈 시의 조치)

13

사고예방대책의 기본원리 5단계 중 '시정책의 시행' 단계에서 적용할 3E를 쓰시오. (3점)

정답

① Engineering(기술)
② Education(교육)
③ Enforcement(규제)

14

최빈출

공사금액이 1,800억 원인 건설업에서 선임해야 할 안전관리자의 인원을 쓰시오. (2점)

> 가. 일반적인 경우: (①)명 이상
> 나. 전체 공사기간을 100으로 할 때 공사 시작에서 15에 해당하는 기간과 공사 종료 전의 15에 해당하는 기간: (②)명 이상

정답

① 3   ② 2

관련법령 「산업안전보건법 시행령」 [별표 3] 안전관리자를 두어야 하는 사업의 종류, 사업장의 상시근로자 수, 안전관리자의 수 및 선임방법

3회

01

관계수급인 근로자가 도급인의 사업장에서 작업을 하는 경우 도급인의 이행사항 2가지를 쓰시오. (4점)

정답

① 도급인과 수급인을 구성원으로 하는 안전 및 보건에 관한 협의체의 구성 및 운영
② 작업장 순회점검
③ 관계수급인이 근로자에게 하는 안전보건교육을 위한 장소 및 자료의 제공 등 지원
④ 관계수급인이 근로자에게 하는 안전보건교육의 실시 확인
⑤ 작업 장소에서 발파작업 또는 화재·폭발, 토사·구축물 등의 붕괴 또는 지진 등이 발생한 경우에 대비한 경보체계 운영과 대피방법 등 훈련
⑥ 위생시설 등 고용노동부령으로 정하는 시설의 설치 등을 위하여 필요한 장소의 제공 또는 도급인이 설치한 위생시설 이용의 협조
⑦ 같은 장소에서 이루어지는 도급인과 관계수급인 등의 작업에 있어서 관계수급인 등의 작업시기·내용, 안전조치 및 보건조치 등의 확인
⑧ 관계수급인 등의 작업 혼재로 인하여 화재·폭발 등 대통령령으로 정하는 위험이 발생할 우려가 있는 경우 관계수급인 등의 작업시기·내용 등의 조정

관련법령 「산업안전보건법」 제64조(도급에 따른 산업재해 예방조치)

02

최빈출

건설업에서 선임해야 할 안전관리자의 인원을 쓰시오. (단, 전체 공사기간을 100으로 할 때 공사 시작에서 15에 해당하는 기간과 공사 종료 전의 15에 해당하는 기간이 아니다.) (2점)

가. 공사금액 800억 원 이상 1,500억 원 미만:
(①)명 이상
나. 공사금액 2,200억 원 이상 3,000억 원 미만:
(②)명 이상

정답

① 2　　② 4

관련법령 「산업안전보건법 시행령」 [별표 3] 안전관리자를 두어야 하는 사업의 종류, 사업장의 상시근로자 수, 안전관리자의 수 및 선임방법

03

사업장에 승강기의 설치·조립·수리·점검 또는 해체 작업을 하는 경우 사업주가 작업을 지휘하는 사람에게 이행하도록 하여야 하는 사항 3가지를 쓰시오. (6점)

정답

① 작업방법과 근로자의 배치를 결정하고 해당 작업을 지휘하는 일
② 재료의 결함 유무 또는 기구 및 공구의 기능을 점검하고 불량품을 제거하는 일
③ 작업 중 안전대 등 보호구의 착용 상황을 감시하는 일

관련법령 「산업안전보건기준에 관한 규칙」 제162조(조립 등의 작업)

04

기둥·보·벽체·슬래브 등의 거푸집 및 동바리를 조립하거나 해체하는 작업을 하는 경우 사업주가 준수해야 할 사항 3가지를 쓰시오. (6점)

정답

① 해당 작업을 하는 구역에는 관계 근로자가 아닌 사람의 출입을 금지할 것
② 비, 눈, 그 밖의 기상상태의 불안정으로 날씨가 몹시 나쁜 경우에는 그 작업을 중지할 것
③ 재료, 기구 또는 공구 등을 올리거나 내리는 경우에는 근로자로 하여금 달줄·달포대 등을 사용하도록 할 것
④ 낙하·충격에 의한 돌발적 재해를 방지하기 위하여 버팀목을 설치하고 거푸집 및 동바리를 인양장비에 매단 후에 작업을 하도록 하는 등 필요한 조치를 할 것

관련법령 「산업안전보건기준에 관한 규칙」 제333조(조립·해체 등 작업 시의 준수사항)

05

빈출

어느 사업장의 재해상황이 다음과 같을 때, 이 사업장의 종합재해지수(FSI)를 구하시오. (4점)

가. 상시근로자 수: 500명 나. 근무시간: 1일 8시간, 280일 근무 다. 연간 재해건수: 10건 라. 휴업일수: 159일

정답

(1) 도수율 계산

$$도수율=\frac{재해건수}{연근로시간\ 수}\times 1{,}000{,}000$$

$$=\frac{10}{500\times(8\times 280)}\times 1{,}000{,}000 \fallingdotseq 8.93$$

(2) 강도율 계산

$$강도율=\frac{총\ 요양근로손실일수}{연근로시간\ 수}\times 1{,}000$$

$$=\frac{159\times\frac{280}{365}}{500\times(8\times 280)}\times 1{,}000 \fallingdotseq 0.11$$

(3) 종합재해지수(FSI) 계산

$$종합재해지수(FSI)=\sqrt{도수율\times 강도율}=\sqrt{8.93\times 0.11}\fallingdotseq 0.99$$

06

발파작업 시 사업장 내에서 화약류를 운반할 때 준수해야 할 사항 3가지를 쓰시오. (6점)

정답

① 화약류를 갱내 또는 발파장소로 운반할 때에는 정해진 포장 및 상자 등을 사용할 것

② 폭약과 뇌관은 1인이 동시에 운반하지 않도록 할 것. 다만, 부득이하게 1인이 운반하는 경우 별개의 용기에 넣어 운반할 것

③ 화약류는 운반하는 자의 체력에 적당하도록 소량을 운반하도록 할 것

④ 화약류를 운반할 때에는 화기나 전선의 부근을 피하고, 던지거나, 넘어지거나, 떨어뜨리거나, 부딪히는 등 충격을 주지 않도록 주의할 것

⑤ 빈 화약류 용기 및 포장재료는 제조사에서 정한 기준에 따라 처분할 것

⑥ 전기뇌관을 운반할 때에는 각선의 피복 등이 벗겨지거나 손상되지 않도록 용기에 넣고, 건전지 또는 전선의 피복이 벗겨진 전기기구를 휴대하지 말아야 하며, 전등선, 동력선, 기타 누전의 우려가 있는 것에 접근시키지 말 것

관련법령 「발파 표준안전 작업지침」 제9조(사업장 내 운반)

07

곤돌라형 달비계에 사용할 수 없는 달기 체인의 기준 2가지를 쓰시오. (4점)

정답

① 달기 체인의 길이가 달기 체인이 제조된 때의 길이의 5[%]를 초과한 것

② 링의 단면지름이 달기 체인이 제조된 때의 해당 링의 지름의 10[%]를 초과하여 감소한 것

③ 균열이 있거나 심하게 변형된 것

관련법령 「산업안전보건기준에 관한 규칙」 제63조(달비계의 구조)

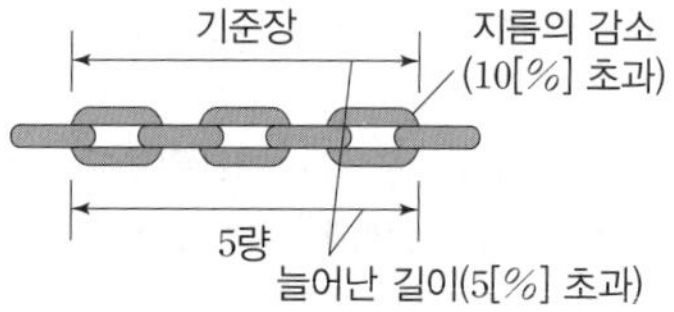

08

거푸집 및 지보공(동바리) 시공 시 고려해야 할 하중의 종류와 그 예를 쓰시오. (4점)

정답

① 연직방향 하중: 거푸집, 지보공(동바리), 콘크리트, 철근, 작업원, 타설용 기계기구, 가설설비 등의 중량 및 충격하중

② 횡방향 하중: 작업할 때의 진동, 충격, 시공오차 등에 기인되는 횡방향 하중 이외에 필요에 따라 풍압, 유수압, 지진 등

③ 콘크리트의 측압: 굳지 않은 콘크리트의 측압

④ 특수하중: 시공 중에 예상되는 특수한 하중

⑤ 기타하중: ①~④의 하중에 안전율을 고려한 하중

관련법령 「콘크리트공사표준안전작업지침」 제4조(하중)

09

「건설기술 진흥법령」에 따라 분야별 안전관리책임자 또는 안전관리담당자가 당일 공사작업자를 대상으로 매일 공사착수 전에 실시해야 하는 안전교육 내용 3가지를 쓰시오. (6점)

정답

① 당일 작업의 공법 이해

② 시공상세도면에 따른 세부 시공순서

③ 시공기술상의 주의사항

관련법령 「건설기술 진흥법 시행령」 제103조(안전교육)

10

흙막이 지보공의 보강 또는 동바리를 설치하거나 해체하는 작업을 할 때 실시해야 하는 교육내용 3가지를 쓰시오. (3점)

정답

① 작업안전 점검 요령과 방법에 관한 사항
② 동바리의 운반·취급 및 설치 시 안전작업에 관한 사항
③ 해체작업 순서와 안전기준에 관한 사항
④ 보호구 취급 및 사용에 관한 사항
⑤ 그 밖에 안전·보건관리에 필요한 사항

관련법령 「산업안전보건법 시행규칙」 [별표 5] 안전보건교육 교육대상별 교육내용

11

최빈출

「산업안전보건법령」상 안전보건표지 중 녹십자표지를 그리시오. (단, 색상표시는 글자로 나타내고 크기에 대한 기준은 표시하지 않는다.) (4점)

정답

① 형태

② 색상
　㉠ 바탕: 흰색
　㉡ 기본모형 및 관련 부호: 녹색

관련법령 「산업안전보건법 시행규칙」 [별표 6] 안전보건표지의 종류와 형태, [별표 7] 안전보건표지의 종류별 용도, 설치·부착 장소, 형태 및 색채

12

고소작업대를 사용하는 경우 사업주가 준수해야 하는 사항 3가지를 쓰시오. (6점)

정답

① 작업자가 안전모·안전대 등의 보호구를 착용하도록 할 것
② 관계자가 아닌 사람이 작업구역에 들어오는 것을 방지하기 위하여 필요한 조치를 할 것
③ 안전한 작업을 위하여 적정수준의 조도를 유지할 것
④ 전로에 근접하여 작업을 하는 경우에는 작업감시자를 배치하는 등 감전사고를 방지하기 위하여 필요한 조치를 할 것
⑤ 작업대를 정기적으로 점검하고 붐·작업대 등 각 부위의 이상 유무를 확인할 것
⑥ 전환스위치는 다른 물체를 이용하여 고정하지 말 것
⑦ 작업대는 정격하중을 초과하여 물건을 싣거나 탑승하지 말 것
⑧ 작업대의 붐대를 상승시킨 상태에서 탑승자는 작업대를 벗어나지 말 것

관련법령 「산업안전보건기준에 관한 규칙」 제186조(고소작업대 설치 등의 조치)

13

철륜 표면에 다수의 돌기를 붙여 접지면적을 작게 하여 접지압을 증가시킨 롤러로서 고함수비 점성토 지반의 다짐작업에 적합한 롤러를 쓰시오. (2점)

정답

탬핑롤러

14

정밀안전진단의 정의를 쓰시오. (3점)

정답

시설물의 물리적·기능적 결함을 발견하고 그에 대한 신속하고 적절한 조치를 하기 위하여 구조적 안전성과 결함의 원인 등을 조사·측정·평가하여 보수·보강 등의 방법을 제시하는 행위

관련법령 「시설물의 안전 및 유지관리에 관한 특별법」 제2조(정의)

4회

01

터널 등의 건설작업을 하는 경우에 낙반 등에 의하여 근로자가 위험해질 우려가 있을 때 사업주의 조치사항 3가지를 쓰시오. (6점)

정답

① 터널 지보공의 설치
② 록볼트의 설치
③ 부석의 제거

관련법령 「산업안전보건기준에 관한 규칙」 제351조(낙반 등에 의한 위험의 방지)

02

거푸집동바리 등에 사용하는 동바리·멍에 등 주요 부분의 강관의 기준에 맞는 신장률을 (   ) 안에 쓰시오. (2점)

인장강도[kg/mm²]	신장률[%]
34 이상 41 미만	25 이상
41 이상 50 미만	20 이상
50 이상	( ) 이상

※ 「산업안전보건법령」이 개정됨에 따라 '강재의 사용기준'은 삭제되었습니다. 이에 따라 이 문제는 성립될 수 없습니다.

03

최빈출

댐 신설공사에서 재료비와 직접노무비의 합이 4,500,000,000원일 때 산업안전보건관리비를 구하시오. (4점)

정답

(1) 산업안전보건관리비 계상기준

대상액이 5억 원 이상 50억 원 미만인 경우에는 대상액에 계상비율을 곱한 금액에 기초액을 합한 금액을 산업안전보건관리비로 계상한다.

구분 / 공사종류	5억 원 미만 [%]	5억 원 이상 50억 원 미만		50억 원 이상 [%]	보건관리자 선임대상 [%]
		적용비율 [%]	기초액[원]		
건축공사	3.11	2.28	4,325,000	2.37	2.64
토목공사	3.15	2.53	3,300,000	2.60	2.73
중건설공사	3.64	3.05	2,975,000	3.11	3.39
특수건설공사	2.07	1.59	2,450,000	1.64	1.78

(2) 산업안전보건관리비 계상

댐 신설공사는 중건설공사이다.

산업안전보건관리비 = 대상액(재료비 + 직접노무비) × 계상비율 + 기초액
= 4,500,000,000 × 0.0305 + 2,975,000
= 140,225,000원

관련법령 「건설업 산업안전보건관리비 계상 및 사용기준」 제2조(정의), 제4조(계상의무 및 기준), [별표 1] 공사종류 및 규모별 산업안전보건관리비 계상기준표, [별표 5] 건설공사의 종류 예시표

04

높이 5[m] 이상의 비계를 조립·해체하거나 변경작업을 할 때에 관리감독자의 업무 4가지를 쓰시오. (4점)

정답

① 재료의 결함 유무를 점검하고 불량품을 제거하는 일
② 기구·공구·안전대 및 안전모 등의 기능을 점검하고 불량품을 제거하는 일
③ 작업방법 및 근로자 배치를 결정하고 작업 진행 상태를 감시하는 일
④ 안전대와 안전모 등의 착용 상황을 감시하는 일

관련법령 「산업안전보건기준에 관한 규칙」 [별표 2] 관리감독자의 유해·위험 방지

05

빈출

철골작업을 중지해야 하는 조건을 모두 쓰시오. (6점)

정답

① 풍속: 초당 10[m] 이상인 경우
② 강우량: 시간당 1[mm] 이상인 경우
③ 강설량: 시간당 1[cm] 이상인 경우

관련법령 「산업안전보건기준에 관한 규칙」 제383조(작업의 제한)

06

안전보건개선계획에 대해 (　　) 안에 알맞은 내용을 쓰시오. (2점)

> 안전보건개선계획의 수립·시행 명령을 받은 사업주는 고용노동부령으로 정하는 바에 따라 안전보건개선계획서를 작성하여 그 명령을 받은 날부터 (　　)일 이내에 관할 지방고용노동관서의 장에게 제출하여야 한다.

정답

60

관련법령 「산업안전보건법 시행규칙」 제61조(안전보건개선계획의 제출 등)

07

빈출

하인리히의 사고예방대책 5단계를 순서대로 쓰시오. (5점)

정답

① 1단계: 안전관리조직
② 2단계: 사실의 발견
③ 3단계: 평가·분석
④ 4단계: 시정책의 선정
⑤ 5단계: 시정책의 시행

08

빈출

곤돌라형 달비계를 설치하는 경우 와이어로프의 사용금지 사항 중 (　　) 안에 알맞은 내용을 쓰시오. (2점)

> 가. 이음매가 있는 것
> 나. 꼬인 것
> 다. 심하게 변형되거나 부식된 것
> 라. 와이어로프의 한 꼬임에서 끊어진 소선의 수가 (①)[%] 이상인 것
> 마. 지름의 감소가 공칭지름의 (②)[%]를 초과하는 것

정답

① 10　　② 7

관련법령 「산업안전보건기준에 관한 규칙」 제63조(달비계의 구조)

09

빈출

공사용 가설도로를 설치하는 경우 준수하여야 할 사항 3가지를 쓰시오. (6점)

정답

① 도로는 장비와 차량이 안전하게 운행할 수 있도록 견고하게 설치할 것
② 도로와 작업장이 접하여 있을 경우에는 울타리 등을 설치할 것
③ 도로는 배수를 위하여 경사지게 설치하거나 배수시설을 설치할 것
④ 차량의 속도제한 표지를 부착할 것

관련법령 「산업안전보건기준에 관한 규칙」 제379조(가설도로)

10

터널 내의 누수로 인한 붕괴위험으로부터 근로자를 보호하기 위한 배수 및 방수계획의 내용 3가지를 쓰시오. (6점)

정답

① 지하수위 및 투수계수에 의한 예상 누수량 산출
② 배수펌프 소요대수 및 용량
③ 배수방식의 선정 및 집수구 설치방식
④ 터널내부 누수개소 조사 및 점검 담당자 선임
⑤ 누수량 집수유도 계획 또는 방수계획
⑥ 굴착상부지반의 채수대 조사

관련법령 「터널공사 표준안전 작업지침 – NATM공법」 제29조(배수 및 방수계획의 작성)

11

빈출

크레인(이동식 크레인 제외)의 작업시작 전 점검사항 3가지를 쓰시오. (3점)

정답

① 권과방지장치 · 브레이크 · 클러치 및 운전장치의 기능
② 주행로의 상측 및 트롤리가 횡행하는 레일의 상태
③ 와이어로프가 통하고 있는 곳의 상태

관련법령 「산업안전보건기준에 관한 규칙」 [별표 3] 작업시작 전 점검사항

12

굴착작업 시 토석이 붕괴되는 원인을 외적 원인과 내적 원인으로 구분할 때 외적 원인에 해당하는 사항 4가지를 쓰시오. (8점)

정답

① 사면, 법면의 경사 및 기울기의 증가
② 절토 및 성토 높이의 증가
③ 공사에 의한 진동 및 반복 하중의 증가
④ 지표수 및 지하수의 침투에 의한 토사 중량의 증가
⑤ 지진, 차량, 구조물의 하중작용
⑥ 토사 및 암석의 혼합층두께

관련법령 「굴착공사 표준안전 작업지침」 제28조(토석붕괴의 원인)

13

곤돌라의 와이어로프가 일정 수준 이상으로 감기는 것을 방지하기 위한 방호장치를 쓰시오. (2점)

정답

권과방지장치

14

안전모의 종류 AE, ABE의 사용구분에 따른 용도를 쓰시오. (4점)

정답

① AE: 물체의 낙하 또는 비래에 의한 위험을 방지 또는 경감하고, 머리부위 감전에 의한 위험을 방지하기 위한 것
② ABE: 물체의 낙하 또는 비래 및 추락에 의한 위험을 방지 또는 경감하고, 머리부위 감전에 의한 위험을 방지하기 위한 것

관련법령 「보호구 안전인증 고시」 [별표 1] 추락 및 감전 위험방지용 안전모의 성능기준

2019년 | 기출문제

1회

01

빈출

비계작업 시 비, 눈, 그 밖의 기상상태의 악화로 작업을 중지시킨 후 그 비계에서 작업을 할 때 작업시작 전 점검사항 3가지를 쓰시오. (6점)

정답

① 발판 재료의 손상 여부 및 부착 또는 걸림 상태
② 해당 비계의 연결부 또는 접속부의 풀림 상태
③ 연결 재료 및 연결 철물의 손상 또는 부식 상태
④ 손잡이의 탈락 여부
⑤ 기둥의 침하, 변형, 변위 또는 흔들림 상태
⑥ 로프의 부착 상태 및 매단 장치의 흔들림 상태

관련법령 「산업안전보건기준에 관한 규칙」 제58조(비계의 점검 및 보수)

02

1차적 감전위험요인 3가지를 쓰시오. (3점)

정답

① 통전전류의 크기　② 통전경로
③ 통전시간　④ 전원의 종류
⑤ 주파수

03

빈출

근로자가 작업대 위에서 전기용접 작업을 하다가 지면으로 떨어져 부상을 당했다. 재해분석을 하시오. (3점)

가. 발생형태: (①)
나. 기인물: (②)
다. 가해물: (③)

정답

① 떨어짐(추락)　② 작업대　③ 지면

04

최빈출

다음 안전보건표지의 명칭을 쓰시오. (4점)

①	②	③	④

정답

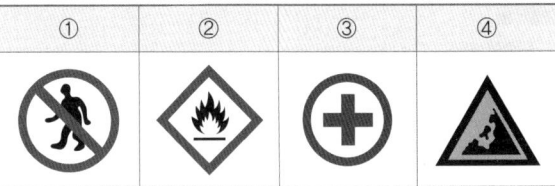

① 보행금지　② 인화성물질 경고
③ 녹십자표지　④ 낙하물 경고

관련법령 「산업안전보건법 시행규칙」 [별표 6] 안전보건표지의 종류와 형태

05

작업으로 인하여 물체가 떨어지거나 날아올 위험이 있는 경우 위험방지를 위하여 취해야 할 조치사항 3가지를 쓰시오. (6점)

정답

① 낙하물 방지망의 설치
② 수직보호망의 설치
③ 방호선반의 설치
④ 출입금지구역의 설정
⑤ 보호구의 착용

관련법령 「산업안전보건기준에 관한 규칙」 제14조(낙하물에 의한 위험의 방지)

06

빈출

다음 사업장의 종합재해지수(FSI)를 구하시오. (4점)

가. 상시근로자 수: 500명
나. 근무시간: 1일 8시간, 280일 근무
다. 연간 재해건수: 6건
라. 휴업일수: 103일

정답

(1) 도수율 계산

$$도수율 = \frac{재해건수}{연근로시간\ 수} \times 1,000,000$$

$$= \frac{6}{500 \times (8 \times 280)} \times 1,000,000 ≒ 5.36$$

(2) 강도율 계산

$$강도율 = \frac{총\ 요양근로손실일수}{연근로시간\ 수} \times 1,000$$

$$= \frac{103 \times \frac{280}{365}}{500 \times (8 \times 280)} \times 1,000 ≒ 0.07$$

(3) 종합재해지수(FSI) 계산

$$종합재해지수(FSI) = \sqrt{도수율 \times 강도율} = \sqrt{5.36 \times 0.07} ≒ 0.61$$

07

「산업안전보건법령」상 건설업 중 유해위험방지계획서 제출 사업에 대해 ( ) 안에 알맞은 내용을 쓰시오. (5점)

가. 다음의 어느 하나에 해당하는 건축물 또는 시설 등의 건설·개조 또는 해체 공사
  ㄱ. 지상높이가 (①)[m] 이상인 건축물 또는 인공구조물
  ㄴ. 연면적 30,000[m^2] 이상인 건축물
  ㄷ. 연면적 5,000[m^2] 이상의 문화 및 집회시설(전시장 및 동물원·식물원 제외), 판매시설, 운수시설(고속철도의 역사 및 집배송시설 제외), 종교시설, 의료시설 중 종합병원, 숙박시설 중 관광숙박시설, 지하도상가, 냉동·냉장 창고시설
나. 연면적 (②)[m^2] 이상인 냉동·냉장 창고시설의 설비공사 및 단열공사
다. 최대 지간길이가 (③)[m] 이상인 다리의 건설 등 공사
라. 터널의 건설 등 공사
마. 다목적댐, 발전용댐, 저수용량 (④) 톤 이상의 용수 전용 댐 및 지방상수도 전용 댐의 건설 등 공사
바. 깊이 10[m] 이상인 (⑤)

정답

① 31	② 5,000	③ 50
④ 2천만	⑤ 굴착공사	

관련법령 「산업안전보건법 시행령」 제42조(유해위험방지계획서 제출 대상)

08

강관비계(외줄비계·쌍줄비계 또는 돌출비계 한정)의 조립 시 벽이음 또는 버팀을 설치하는 간격을 빈칸에 알맞게 쓰시오. (4점)

강관비계의 종류	조립간격[m]	
	수직 방향	수평 방향
단관비계	①	②
틀비계(높이 5[m] 미만인 것은 제외)	③	④

정답

① 5 ② 5 ③ 6 ④ 8

관련법령 「산업안전보건기준에 관한 규칙」 [별표 5] 강관비계의 조립 간격

09

빈출

보일링 방지대책 3가지를 쓰시오. (6점)

정답

① 지하수위 저하를 위한 배수조치
② 지하수의 흐름 변경
③ 흙막이벽의 근입 깊이 연장
④ 차수성이 높은 흙막이 설치
⑤ 지반을 복구하기 위한 압성토공법 시행

10

라인형 안전조직의 장단점을 각각 1개씩 쓰시오. (4점)

정답

① 장점
 ㉠ 안전에 대한 지시 및 전달이 신속·정확
 ㉡ 명령계통이 간단·명료
② 단점
 ㉠ 안전에 대한 전문지식 및 기술축적이 미흡
 ㉡ 신기술개발이 어려움

11

빈출

건설업체의 사고사망만인율 공식을 쓰시오. (3점)

정답

$$\text{사고사망만인율}[‰] = \frac{\text{사고사망자 수}}{\text{상시근로자 수}} \times 10{,}000$$

관련법령 「산업안전보건법 시행규칙」 [별표 1] 건설업체 산업재해발생률 및 산업재해 발생 보고의무 위반건수의 산정 기준과 방법

12

산업안전보건교육 중 근로자 정기교육 시 교육내용 3가지를 쓰시오. (단, 「산업안전보건법령」 및 산업재해보상보험 제도에 관한 사항은 제외한다.) (3점)

정답

① 산업안전 및 사고 예방에 관한 사항
② 산업보건 및 직업병 예방에 관한 사항
③ 위험성평가에 관한 사항
④ 건강증진 및 질병 예방에 관한 사항
⑤ 유해·위험 작업환경 관리에 관한 사항
⑥ 직무스트레스 예방 및 관리에 관한 사항
⑦ 직장 내 괴롭힘, 고객의 폭언 등으로 인한 건강장해 예방 및 관리에 관한 사항

관련법령 「산업안전보건법 시행규칙」 [별표 5] 안전보건교육 교육대상별 교육내용

13

콘크리트 구조물 해체공법 선정 시 고려해야 할 사항 3가지를 쓰시오. (6점)

정답

① 해체 대상물의 구조
② 부지 내 작업용 공지
③ 부지 주변의 도로상황 및 환경
④ 해체공법의 안전관리 대책

14

해체공법의 종류 3가지를 쓰시오. (3점)

정답

① 압쇄공법 ② 대형브레이커 공법
③ 전도공법 ④ 철해머 공법
⑤ 화약발파 공법

관련법령 「해체공사표준안전작업지침」 제4장 해체공사 안전시공

2회

01

최빈출

다음 안전보건표지의 명칭을 쓰시오. (3점)

①	②	③

정답

① 사용금지　② 산화성물질 경고　③ 고압전기 경고

관련법령 「산업안전보건법 시행규칙」 [별표 6] 안전보건표지의 종류와 형태

02

「건설업 산업안전보건관리비 계상 및 사용기준」상 안전관리비로 사용할 수 없는 항목을 모두 고르시오. (4점)

① 외부인 출입금지 표지, 공사장 경계표시를 위한 가설울타리
② 감리원이나 외부에서 방문하는 인사에게 지급하는 보호구
③ 계단, 통로, 비계에 추가로 설치하는 안전난간
④ 절토부 및 성토부 등의 토사유실 방지를 위한 설비
⑤ 현장 외부에서 진행하는 안전기원제

※ 「건설업 산업안전보건관리비 계상 및 사용기준」이 개정됨에 따라 '안전관리비의 항목별 사용 불가내역'은 삭제되었습니다. 이에 따라 이 문제는 성립될 수 없습니다.

03

「산업안전보건법령」상 고용노동부장관이 명예산업안전감독관을 해촉할 수 있는 경우 3가지를 쓰시오. (6점)

정답

① 근로자대표가 사업주의 의견을 들어 명예산업안전감독관의 해촉을 요청한 경우
② 명예산업안전감독관이 해당 단체 또는 그 산하조직으로부터 퇴직하거나 해임된 경우
③ 명예산업안전감독관의 업무와 관련하여 부정한 행위를 한 경우
④ 질병이나 부상 등의 사유로 명예산업안전감독관의 업무 수행이 곤란하게 된 경우

관련법령 「산업안전보건법 시행령」 제33조(명예산업안전감독관의 해촉)

04

균열이 있는 암석 경사면의 붕괴방지를 위해 설치하거나 조치를 하여야 할 사항 3가지를 쓰시오. (6점)

정답

① 적절한 경사면의 기울기를 계획할 것
② 경사면의 기울기가 당초 계획과 차이가 발생되면 즉시 재검토하여 계획을 변경시킬 것
③ 활동할 가능성이 있는 토석은 제거할 것
④ 경사면의 하단부에 압성토 등 보강공법으로 활동에 대한 저항대책을 강구할 것
⑤ 말뚝(강관, H형강, 철근 콘크리트)을 타입하여 지반을 강화시킬 것

관련법령 「굴착공사 표준안전 작업지침」 제31조(예방)

05

유해위험방지계획서에 첨부되는 안전보건관리계획의 첨부서류 4가지를 쓰시오. (단, 공사 개요서는 제외한다.) (4점)

정답

① 공사현장의 주변 현황 및 주변과의 관계를 나타내는 도면(매설물 현황 포함)
② 전체 공정표
③ 산업안전보건관리비 사용계획서
④ 안전관리 조직표
⑤ 재해 발생 위험 시 연락 및 대피방법

관련법령 「산업안전보건법 시행규칙」 [별표 10] 유해위험방지계획서 첨부서류

06

작업발판에 대한 구조 기준에서 (　　) 안에 알맞은 내용을 쓰시오. (3점)

> 가. 비계의 높이가 2[m] 이상인 작업장소에 설치하는 작업발판의 폭은 (①)[cm] 이상으로 하고, 발판재료 간의 틈은 (②)[cm] 이하로 할 것
> 나. 작업발판재료는 뒤집히거나 떨어지지 않도록 (③) 이상의 지지물에 연결하거나 고정시킬 것

정답

① 40　② 3　③ 둘(=2)

관련법령 「산업안전보건기준에 관한 규칙」 제56조(작업발판의 구조)

07

중대재해가 발생한 사실을 알게 된 경우 사업주가 관할 지방고용노동관서의 장에게 보고해야 할 사항 2가지를 쓰시오. (4점)

정답

① 발생 개요 및 피해 상황
② 조치 및 전망
③ 그 밖의 중요한 사항

관련법령 「산업안전보건법 시행규칙」 제67조(중대재해 발생 시 보고)

08

「산업안전보건법령」상 양중기의 종류 3가지를 쓰시오. (3점)

정답

① 크레인(호이스트 포함)
② 이동식 크레인
③ 리프트(이삿짐운반용 리프트의 경우에는 적재하중이 0.1톤 이상인 것으로 한정)
④ 곤돌라
⑤ 승강기

관련법령 「산업안전보건기준에 관한 규칙」 제132조(양중기)

09

빈출

차량계 건설기계를 사용하여 작업을 할 때에는 작업계획서를 작성하고 그 계획에 따라 작업을 실시하도록 하여야 한다. 이 작업계획서에 포함되어야 할 사항 3가지를 쓰시오. (3점)

정답

① 사용하는 차량계 건설기계의 종류 및 성능
② 차량계 건설기계의 운행경로
③ 차량계 건설기계에 의한 작업방법

관련법령 「산업안전보건기준에 관한 규칙」 [별표 4] 사전조사 및 작업계획서 내용

10

토공사 비탈면 보호공법의 종류 4가지를 쓰시오. (4점)

정답

① 뿜어붙이기공　② 블록공
③ 돌쌓기공　④ 식생공
⑤ 현장타설 콘크리트격자공

11

빈출

구축물 등에 대하여 안전진단 등 안전성 평가를 실시하여 근로자에게 미칠 위험성을 미리 제거하여야 하는 경우 4가지를 쓰시오. (단, 그 밖의 잠재위험이 예상될 경우는 제외한다.) (8점)

정답

① 구축물 등의 인근에서 굴착·항타작업 등으로 침하·균열 등이 발생하여 붕괴의 위험이 예상될 경우
② 구축물 등에 지진, 동해, 부동침하 등으로 균열·비틀림 등이 발생하였을 경우
③ 구축물 등이 그 자체의 무게·적설·풍압 또는 그 밖에 부가되는 하중 등으로 붕괴 등의 위험이 있을 경우
④ 화재 등으로 구축물 등의 내력이 심하게 저하되었을 경우
⑤ 오랜 기간 사용하지 않던 구축물 등을 재사용하게 되어 안전성을 검토하여야 하는 경우
⑥ 구축물 등의 주요구조부에 대한 설계 및 시공 방법의 전부 또는 일부를 변경하는 경우

관련법령 「산업안전보건기준에 관한 규칙」 제52조(구축물등의 안전성 평가)

12

와이어로프의 안전계수에 대해 설명하시오. (3점)

정답

와이어로프 절단하중의 값을 그 와이어로프에 걸리는 하중의 최대값으로 나눈 값

관련법령 「산업안전보건기준에 관한 규칙」 제163조(와이어로프 등 달기구의 안전계수)

13

이동식 크레인을 사용하여 작업을 하는 때에 작업시작 전 점검사항 3가지를 쓰시오. (3점)

정답

① 권과방지장치나 그 밖의 경보장치의 기능
② 브레이크·클러치 및 조정장치의 기능
③ 와이어로프가 통하고 있는 곳 및 작업장소의 지반상태

관련법령 「산업안전보건기준에 관한 규칙」 [별표 3] 작업시작 전 점검사항

14

안전모의 종류 AB, AE, ABE의 사용구분에 따른 용도를 쓰시오. (6점)

정답

① AB: 물체의 낙하 또는 비래 및 추락에 의한 위험을 방지 또는 경감시키기 위한 것
② AE: 물체의 낙하 또는 비래에 의한 위험을 방지 또는 경감하고, 머리부위 감전에 의한 위험을 방지하기 위한 것
③ ABE: 물체의 낙하 또는 비래 및 추락에 의한 위험을 방지 또는 경감하고, 머리부위 감전에 의한 위험을 방지하기 위한 것

관련법령 「보호구 안전인증 고시」 [별표 1] 추락 및 감전 위험방지용 안전모의 성능기준

4회

01

빈출

「산업안전보건법령」상 사업주는 근로자의 위험을 방지하기 위하여 차량계 건설기계를 사용하여 작업을 할 때에는 작업계획서를 작성하고 그 계획에 따라 작업을 실시하도록 하여야 한다. 이 작업계획서에 포함되어야 할 사항 3가지를 쓰시오. (3점)

정답

① 사용하는 차량계 건설기계의 종류 및 성능
② 차량계 건설기계의 운행경로
③ 차량계 건설기계에 의한 작업방법

관련법령 「산업안전보건기준에 관한 규칙」 [별표 4] 사전조사 및 작업계획서 내용

02

다음은 강관비계에 관한 설명이다. ( ) 안에 알맞은 내용을 쓰시오. (4점)

가. 띠장 간격은 2[m] 이하로 할 것
나. 비계기둥의 간격은 띠장 방향에서는 (①)[m] 이하, 장선 방향에서는 (②)[m] 이하로 할 것
다. 비계기둥의 제일 윗부분으로부터 (③)[m] 되는 지점 밑부분의 비계기둥은 (④)개의 강관으로 묶어 세울 것
라. 비계기둥 간의 적재하중은 400[kg]을 초과하지 않도록 할 것

정답

① 1.85 ② 1.5 ③ 31 ④ 2

관련법령 「산업안전보건기준에 관한 규칙」 제60조(강관비계의 구조)

03

지반 굴착 시 굴착면의 기울기 기준을 쓰시오. (3점)

지반의 종류	기울기
모래	(①)
연암 및 풍화암	1 : 1.0
경암	(②)
그 밖의 흙	(③)

정답

① 1 : 1.8　　② 1 : 0.5　　③ 1 : 1.2

관련법령 「산업안전보건기준에 관한 규칙」 [별표 11] 굴착면의 기울기 기준

04

빈출

어떤 사업장의 산업재해현황이 다음과 같을 때 이 사업장의 ① 도수율, ② 강도율, ③ 연천인율을 각각 구하시오. (6점)

가. 상시근로자 수: 500명
나. 근로손실일수: 600일
다. 재해건수: 12건
라. 재해자 수: 15명
마. 근로시간: 1일 9시간, 270일 근무

정답

① 도수율 $= \frac{\text{재해건수}}{\text{연근로시간 수}} \times 1,000,000$

$= \frac{12}{500 \times (9 \times 270)} \times 1,000,000 \fallingdotseq 9.88$

② 강도율 $= \frac{\text{총 요양근로손실일수}}{\text{연근로시간 수}} \times 1,000$

$= \frac{600}{500 \times (9 \times 270)} \times 1,000 \fallingdotseq 0.49$

③ 연천인율 $= \frac{\text{재해자 수}}{\text{연평균근로자 수}} \times 1,000 = \frac{15}{500} \times 1,000 = 30$

05

전기기계·기구 또는 전로 등의 충전부분에 접촉 시 감전방지대책 2가지를 쓰시오. (4점)

정답

① 충전부가 노출되지 않도록 폐쇄형 외함이 있는 구조로 할 것
② 충전부에 충분한 절연효과가 있는 방호망이나 절연덮개를 설치할 것
③ 충전부는 내구성이 있는 절연물로 완전히 덮어 감쌀 것
④ 발전소·변전소 및 개폐소 등 구획되어 있는 장소로서 관계 근로자가 아닌 사람의 출입이 금지되는 장소에 충전부를 설치하고, 위험표시 등의 방법으로 방호를 강화할 것
⑤ 전주 위 및 철탑 위 등 격리되어 있는 장소로서 관계 근로자가 아닌 사람이 접근할 우려가 없는 장소에 충전부를 설치할 것

관련법령 「산업안전보건기준에 관한 규칙」 제301조(전기 기계·기구 등의 충전부 방호)

06

빈출

구조적으로 위험이 큰 철골구조물 건립 중 강풍에 의한 풍압 등 외압에 대한 내력이 설계에 고려되어 있는지 확인하여야 할 구조물 2가지를 쓰시오. (4점)

정답

① 높이 20[m] 이상의 구조물
② 구조물의 폭과 높이의 비가 1 : 4 이상인 구조물
③ 단면구조에 현저한 차이가 있는 구조물
④ 연면적당 철골량이 50[kg/m^2] 이하인 구조물
⑤ 기둥이 타이플레이트형인 구조물
⑥ 이음부가 현장용접인 구조물

관련법령 「철골공사표준안전작업지침」 제3조(설계도 및 공작도 확인)

07

빈출

고용노동부장관이 산업재해 예방활동에 대한 참여와 지원을 촉진하기 위해 명예산업안전감독관으로 위촉할 수 있는 대상자의 조건 2가지를 쓰시오. (4점)

정답

① 산업안전보건위원회 구성 대상 사업의 근로자 또는 노사협의체 구성·운영 대상 건설공사의 근로자 중에서 근로자대표가 사업주의 의견을 들어 추천하는 사람
② 노동조합 또는 그 지역 대표기구에 소속된 임직원 중에서 해당 연합단체인 노동조합 또는 그 지역 대표기구가 추천하는 사람
③ 전국 규모의 사업주단체 또는 그 산하조직에 소속된 임직원 중에서 해당 단체 또는 그 산하조직이 추천하는 사람
④ 산업재해 예방 관련 업무를 하는 단체 또는 그 산하조직에 소속된 임직원 중에서 해당 단체 또는 그 산하조직이 추천하는 사람

관련법령 「산업안전보건법 시행령」 제32조(명예산업안전감독관 위촉 등)

08

「산업안전보건법령」상 산업재해의 발생예방을 위해 조치가 필요한 2개소를 쓰시오. (4점)

정답

① 근로자가 추락할 위험이 있는 장소
② 토사·구축물 등이 붕괴할 우려가 있는 장소
③ 물체가 떨어지거나 날아올 위험이 있는 장소
④ 천재지변으로 인한 위험이 발생할 우려가 있는 장소

관련법령 「산업안전보건법」 제38조(안전조치)

09

빈출

달비계 또는 높이 5[m] 이상의 비계를 조립, 해체하거나 변경작업을 할 때에 사업주가 준수해야 할 사항 3가지를 쓰시오. (6점)

정답

① 근로자가 관리감독자의 지휘에 따라 작업하도록 할 것
② 조립·해체 또는 변경의 시기·범위 및 절차를 그 작업에 종사하는 근로자에게 주지시킬 것
③ 조립·해체 또는 변경 작업구역에는 해당 작업에 종사하는 근로자가 아닌 사람의 출입을 금지하고 그 내용을 보기 쉬운 장소에 게시할 것
④ 비, 눈, 그 밖의 기상상태의 불안정으로 날씨가 몹시 나쁜 경우에는 그 작업을 중지시킬 것
⑤ 비계재료의 연결·해체작업을 하는 경우에는 폭 20[cm] 이상의 발판을 설치하고 근로자로 하여금 안전대를 사용하도록 하는 등 추락을 방지하기 위한 조치를 할 것
⑥ 재료·기구 또는 공구 등을 올리거나 내리는 경우에는 근로자가 달줄 또는 달포대 등을 사용하게 할 것

관련법령 「산업안전보건기준에 관한 규칙」 제57조(비계 등의 조립·해체 및 변경)

10

「산업안전보건법령」상 자율안전확인대상 기계 또는 설비 3가지를 쓰시오. (3점)

정답

① 연삭기 또는 연마기(휴대형 제외)
② 산업용 로봇
③ 혼합기
④ 파쇄기 또는 분쇄기
⑤ 식품가공용 기계(파쇄·절단·혼합·제면기만 해당)
⑥ 컨베이어
⑦ 자동차정비용 리프트
⑧ 공작기계(선반, 드릴기, 평삭·형삭기, 밀링만 해당)
⑨ 고정형 목재가공용 기계(둥근톱, 대패, 루타기, 띠톱, 모떼기 기계만 해당)
⑩ 인쇄기

관련법령 「산업안전보건법 시행령」 제77조(자율안전확인대상기계등)

11

굴착공사 시 토석이 붕괴되는 원인을 외적 원인과 내적 원인으로 구분할 때 외적 원인에 해당하는 사항 3가지를 쓰시오. (6점)

정답

① 사면, 법면의 경사 및 기울기의 증가
② 절토 및 성토 높이의 증가
③ 공사에 의한 진동 및 반복 하중의 증가
④ 지표수 및 지하수의 침투에 의한 토사 중량의 증가
⑤ 지진, 차량, 구조물의 하중작용
⑥ 토사 및 암석의 혼합층두께

관련법령 「굴착공사 표준안전 작업지침」 제28조(토석붕괴의 원인)

12

지반의 전단파괴에 관한 설명 중 옳은 것을 모두 고르시오. (4점)

① 전반전단파괴: 흙 전체가 모두 전단파괴되는 것을 말한다.
② 펀칭전단파괴: 기초 폭에 비하여 근입 깊이가 작을 때 발생한다.
③ 국부전단파괴: 주로 느슨한 사질토·점토 지반에서 발생한다.
④ 전반전단파괴: 주로 굳은 사질토·점토 지반에서 발생한다.

정답

①, ③, ④

오답해설

② 펀칭전단파괴: 기초 폭에 비해 근입 깊이가 클 때 발생한다.

13

무재해운동을 추진하기 위한 3기둥을 쓰시오. (3점)

정답

① 최고경영자의 경영자세
② 관리감독자에 의한 안전·보건의 추진(안전조직의 라인화)
③ 직장 내 자주안전활동의 활성화

14

히빙의 원인 3가지를 쓰시오. (6점)

정답

① 흙막이 내외부 흙의 중량차가 있을 때
② 연약한 점토 지반일 때
③ 흙막이벽의 근입 깊이가 부족할 때

2018년 | 기출문제

1회

01

빈출

비계작업 시 비, 눈, 그 밖의 기상상태의 악화로 작업을 중지시킨 후 그 비계에서 작업을 할 때 작업시작 전 점검사항 2가지를 쓰시오. (4점)

정답

① 발판 재료의 손상 여부 및 부착 또는 걸림 상태
② 해당 비계의 연결부 또는 접속부의 풀림 상태
③ 연결 재료 및 연결 철물의 손상 또는 부식 상태
④ 손잡이의 탈락 여부
⑤ 기둥의 침하, 변형, 변위 또는 흔들림 상태
⑥ 로프의 부착 상태 및 매단 장치의 흔들림 상태

관련법령 「산업안전보건기준에 관한 규칙」 제58조(비계의 점검 및 보수)

02

빈출

지반의 동결방지대책(조치사항) 2가지를 쓰시오. (4점)

정답

① 단열재료 삽입
② 지하수위 저하
③ 동결심도 아래 배수층 설치
④ 모관수 상승을 방지하는 차단층 설치
⑤ 지표의 흙을 화학처리하여 동결온도 저하

03

빈출

히빙 현상의 방지대책 2가지를 쓰시오. (4점)

정답

① 흙막이벽의 근입 깊이 연장
② 흙막이 배면의 표토를 제거하여 하중 감소
③ 지반 개량
④ 굴착면의 하중 증가
⑤ 지하수위 저하

04

빈출

가설통로 설치 시 준수사항 3가지를 쓰시오. (6점)

정답

① 견고한 구조로 할 것
② 경사는 30° 이하로 할 것
③ 경사가 15°를 초과하는 경우에는 미끄러지지 아니하는 구조로 할 것
④ 추락할 위험이 있는 장소에는 안전난간을 설치할 것
⑤ 수직갱에 가설된 통로의 길이가 15[m] 이상인 경우에는 10[m] 이내마다 계단참을 설치할 것
⑥ 건설공사에 사용하는 높이 8[m] 이상인 비계다리에는 7[m] 이내마다 계단참을 설치할 것

관련법령 「산업안전보건기준에 관한 규칙」 제23조(가설통로의 구조)

05

다음 (　　) 안에 알맞은 내용을 쓰시오. (3점)

> 사업주는 순간풍속이 (　　)[m/s]를 초과하는 바람이 불어올 우려가 있는 경우 옥외에 설치되어 있는 주행 크레인에 대하여 이탈방지장치를 작동시키는 등 이탈 방지를 위한 조치를 하여야 한다.

정답

30

관련법령 「산업안전보건기준에 관한 규칙」 제140조(폭풍에 의한 이탈 방지)

06

하인리히가 제시한 재해예방대책 4원칙을 쓰시오. (4점)

정답

① 손실우연의 원칙
② 예방가능의 원칙
③ 원인연계(원인계기)의 원칙
④ 대책선정의 원칙

07

빈출

다음의 교육시간을 ( ) 안에 쓰시오. (3점)

> 가. 일용근로자의 채용 시 교육시간: (①)시간 이상
> 나. 건설 일용근로자의 건설업 기초안전·보건교육시간: (②)시간 이상
> 다. 2[m] 이상인 구축물 파쇄작업 종사 일용근로자의 특별교육시간: (③)시간 이상

정답

① 1　② 4　③ 2

관련법령 「산업안전보건법 시행규칙」 [별표 4] 안전보건교육 교육과정별 교육시간

08

최빈출

다음 물음에 답하시오. (2점)

> ① 총 공사금액이 1,000억 원인 건설업의 안전관리자 최소 인원을 쓰시오. (공사기간 15~85[%] 기준)
> ② 선임하여야 할 안전관리자 수가 3명 이상인 건설업의 경우에 3명 중 1명은 필수로 선임해야 하는 자격을 쓰시오.

정답

① 2명　② 산업안전지도사 등

관련법령 「산업안전보건법 시행령」 [별표 3] 안전관리자를 두어야 하는 사업의 종류, 사업장의 상시근로자 수, 안전관리자의 수 및 선임방법

09

산업재해 발생 시 사업주가 기록·보존해야 하는 항목 3가지를 쓰시오. (6점)

정답

① 사업장의 개요 및 근로자의 인적사항
② 재해 발생의 일시 및 장소
③ 재해 발생의 원인 및 과정
④ 재해 재발방지 계획

관련법령 「산업안전보건법 시행규칙」 제72조(산업재해 기록 등)

10

① 안전보건총괄책임자 지정 대상사업의 종류 1가지와 ② 직무사항 2가지를 쓰시오. (단, 상시근로자가 50인 이상인 사업이다.) (6점)

정답

① 안전보건총괄책임자 지정 대상사업
　㉠ 선박 및 보트 건조업
　㉡ 1차 금속 제조업
　㉢ 토사석 광업
② 안전보건총괄책임자의 직무
　㉠ 위험성평가의 실시에 관한 사항
　㉡ 산업재해가 발생할 급박한 위험이 있는 경우 및 중대재해가 발생한 경우 작업의 중지
　㉢ 도급 시 산업재해 예방조치
　㉣ 산업안전보건관리비의 관계수급인 간의 사용에 관한 협의·조정 및 그 집행의 감독
　㉤ 안전인증대상기계 등과 자율안전확인대상기계 등의 사용 여부 확인

관련법령 「산업안전보건법 시행령」 제52조(안전보건총괄책임자 지정 대상사업), 제53조(안전보건총괄책임자의 직무 등)

11

빈출

① 명예산업안전감독관으로 위촉할 수 있는 사람의 조건 2가지와 ② 임기를 쓰시오. (6점)

정답

① 명예산업안전감독관 위촉 대상
 ㉠ 산업안전보건위원회 구성 대상 사업의 근로자 또는 노사협의체 구성·운영 대상 건설공사의 근로자 중에서 근로자대표가 사업주의 의견을 들어 추천하는 사람
 ㉡ 노동조합 또는 그 지역 대표기구에 소속된 임직원 중에서 해당 연합단체인 노동조합 또는 그 지역 대표기구가 추천하는 사람
 ㉢ 전국 규모의 사업주단체 또는 그 산하조직에 소속된 임직원 중에서 해당 단체 또는 그 산하조직이 추천하는 사람
 ㉣ 산업재해 예방 관련 업무를 하는 단체 또는 그 산하조직에 소속된 임직원 중에서 해당 단체 또는 그 산하조직이 추천하는 사람
② 임기: 2년, 연임 가능

관련법령 「산업안전보건법 시행령」 제32조(명예산업안전감독관 위촉 등)

12

굴착공사에서 토사붕괴의 발생을 예방하기 위한 안전점검 사항 3가지를 쓰시오. (6점)

정답

① 전 지표면의 답사
② 경사면의 지층 변화부 상황 확인
③ 부석의 상황 변화의 확인
④ 용수의 발생 유·무 또는 용수량의 변화 확인
⑤ 결빙과 해빙에 대한 상황의 확인
⑥ 각종 경사면 보호공의 변위, 탈락 유·무

관련법령 「굴착공사 표준안전 작업지침」 제32조(점검)

13

중력식 옹벽의 붕괴방지를 위하여 외력에 대한 안정조건 3가지를 쓰시오. (3점)

정답

① 전도에 대한 안정
② 활동에 대한 안정
③ 기초지반 지지력에 대한 안정

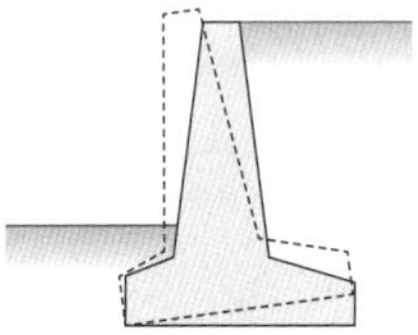

▲ 전도

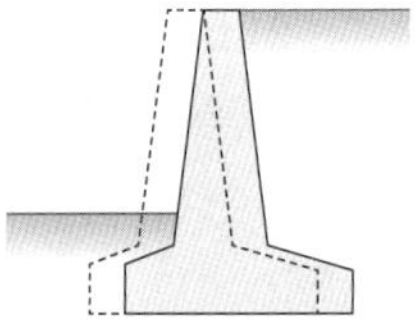

▲ 활동

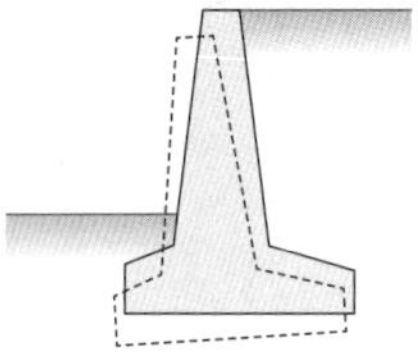

▲ 기초지반 지지력

14

터널공사 시 터널 작업면에 대한 조도기준을 (　　) 안에 쓰시오. (3점)

작업기준	조도[lux]
막장구간	(①) 이상
터널중간구간	(②) 이상
터널 입·출구, 수직구 구간	(③) 이상

정답

① 70　　② 50　　③ 30

관련법령 「터널공사 표준안전 작업지침 – NATM공법」 제36조(조명시설의 기준)

2회

01

「산업안전보건법령」상 건설업 중 유해위험방지계획서 제출 사업에 대하여 ( ) 안에 알맞은 내용을 쓰시오. (3점)

> 가. 연면적 (①)[m^2] 이상의 문화 및 집회시설(전시장 및 동물원·식물원 제외)의 건설·개조 또는 해체 공사
> 나. 최대 지간길이가 (②)[m] 이상인 다리의 건설 등 공사
> 다. 깊이 (③)[m] 이상인 굴착공사

정답

① 5,000 ② 50 ③ 10

관련법령 「산업안전보건법 시행령」 제42조(유해위험방지계획서 제출 대상)

02

고소작업대를 사용하는 경우 사업주의 준수사항 4가지를 쓰시오. (8점)

정답

① 작업자가 안전모·안전대 등의 보호구를 착용하도록 할 것
② 관계자가 아닌 사람이 작업구역에 들어오는 것을 방지하기 위하여 필요한 조치를 할 것
③ 안전한 작업을 위하여 적정수준의 조도를 유지할 것
④ 전로에 근접하여 작업을 하는 경우에는 작업감시자를 배치하는 등 감전 사고를 방지하기 위하여 필요한 조치를 할 것
⑤ 작업대를 정기적으로 점검하고 붐·작업대 등 각 부위의 이상 유무를 확인할 것
⑥ 전환스위치는 다른 물체를 이용하여 고정하지 말 것
⑦ 작업대는 정격하중을 초과하여 물건을 싣거나 탑승하지 말 것
⑧ 작업대의 붐대를 상승시킨 상태에서 탑승자는 작업대를 벗어나지 말 것

관련법령 「산업안전보건기준에 관한 규칙」 제186조(고소작업대 설치 등의 조치)

03

빈출

채석작업 시 작업계획서에 포함해야 하는 사항 5가지를 쓰시오. (5점)

정답

① 노천굴착과 갱내굴착의 구별 및 채석방법
② 굴착면의 높이와 기울기
③ 굴착면 소단의 위치와 넓이
④ 갱내에서의 낙반 및 붕괴방지 방법
⑤ 발파방법
⑥ 암석의 분할방법
⑦ 암석의 가공장소
⑧ 사용하는 굴착기계 등의 종류 및 성능
⑨ 토석 또는 암석의 적재 및 운반방법과 운반경로
⑩ 표토 또는 용수의 처리방법

관련법령 「산업안전보건기준에 관한 규칙」 [별표 4] 사전조사 및 작업계획서 내용

04

하역작업을 할 때 화물운반용 또는 고정용으로 사용할 수 없는 섬유로프의 사용제한조건 2가지를 쓰시오. (4점)

정답

① 꼬임이 끊어진 것
② 심하게 손상되거나 부식된 것

관련법령 「산업안전보건기준에 관한 규칙」 제387조(꼬임이 끊어진 섬유로프 등의 사용 금지)

05

빈출

하인리히의 재해예방대책 5단계를 ( ) 안에 알맞게 쓰시오. (5점)

> 가. 1단계: (①)
> 나. 2단계: (②)
> 다. 3단계: (③)
> 라. 4단계: (④)
> 마. 5단계: (⑤)

정답

① 안전관리조직 ② 사실의 발견
③ 평가·분석 ④ 시정책의 선정
⑤ 시정책의 시행

06

안전보건표지의 색채기준을 ( ) 안에 쓰시오. (3점)

색채	색도기준	용도	사용례
(①)	7.5R 4/14	금지	정지신호, 소화설비 및 그 장소, 유해행위의 금지
		경고	화학물질 취급장소에서의 유해·위험 경고
(②)	5Y 8.5/12	경고	화학물질 취급장소에서의 유해·위험경고 이외의 위험경고, 주의표지 또는 기계 방호물
파란색	(③)	지시	특정 행위의 지시 및 사실의 고지

정답

① 빨간색　② 노란색　③ 2.5PB 4/10

관련법령 「산업안전보건법 시행규칙」 [별표 8] 안전보건표지의 색도기준 및 용도

07

「산업안전보건법 시행규칙」에 의하면 안전관리자에 선임되거나 채용된 후 3개월 이내에 직무를 수행하는 데 필요한 신규교육을 받아야 하며, 신규교육을 이수한 후 매 2년이 되는 날을 기준으로 전후 6개월 사이에 고용노동부장관이 실시하는 안전보건에 관한 보수교육을 받아야 한다. 이때 받아야 하는 교육시간을 ( ) 안에 쓰시오. (2점)

교육대상	교육시간	
	신규교육	보수교육
안전관리자	(①)시간 이상	(②)시간 이상

정답

① 34　② 24

관련법령 「산업안전보건법 시행규칙」 [별표 4] 안전보건교육 교육과정별 교육시간

08

최빈출

다음은 건설업의 안전관리자 선임기준이다. ( ) 안에 알맞은 내용을 쓰시오. (3점)

> 가. 공사금액 120억 원 이상 800억 원 미만 공사:
> (①)명 이상
> 나. 공사금액 800억 원 이상 1,500억 원 미만 공사:
> (②)명 이상(공사기간 15~85[%] 기준)
> 다. 공사금액 1,500억 원 이상 2,200억 원 미만 공사:
> (③)명 이상(공사기간 15~85[%] 기준)

정답

① 1　② 2　③ 3

관련법령 「산업안전보건법 시행령」 [별표 3] 안전관리자를 두어야 하는 사업의 종류, 사업장의 상시근로자 수, 안전관리자의 수 및 선임방법

09

빈출

어느 사업장의 재해상황이 다음과 같을 때, 이 사업장의 종합재해지수(FSI)를 구하시오. (4점)

> 가. 상시근로자 수: 500명
> 나. 근무시간: 1일 8시간, 280일 근무
> 다. 연간 재해건수: 10건
> 라. 휴업일수: 159일

정답

(1) 도수율 계산

$$도수율=\frac{재해건수}{연근로시간\ 수}\times 1{,}000{,}000$$

$$=\frac{10}{500\times(8\times 280)}\times 1{,}000{,}000 \fallingdotseq 8.93$$

(2) 강도율 계산

$$강도율=\frac{총\ 요양근로손실일수}{연근로시간\ 수}\times 1{,}000$$

$$=\frac{159\times\frac{280}{365}}{500\times(8\times 280)}\times 1{,}000 \fallingdotseq 0.11$$

(3) 종합재해지수(FSI) 계산

$$종합재해지수(FSI)=\sqrt{도수율\times 강도율}=\sqrt{8.93\times 0.11}\fallingdotseq 0.99$$

10

굴착작업 시 사전조사 후 굴착시기와 작업순서를 정하여야 한다. 사전조사내용 4가지를 쓰시오. (4점)

정답

① 형상·지질 및 지층의 상태
② 균열·함수·용수 및 동결의 유무 또는 상태
③ 매설물 등의 유무 또는 상태
④ 지반의 지하수위 상태

관련법령 「산업안전보건기준에 관한 규칙」 [별표 4] 사전조사 및 작업계획서 내용

11

「산업안전보건법령」에서 정의하는 승강기의 종류 5가지를 쓰시오. (5점)

정답

① 승객용 엘리베이터
② 승객화물용 엘리베이터
③ 화물용 엘리베이터
④ 소형화물용 엘리베이터
⑤ 에스컬레이터

관련법령 「산업안전보건기준에 관한 규칙」 제132조(양중기)

12

거푸집 및 지보공(동바리) 설계 시 고려해야 하는 하중 4가지를 쓰시오. (4점)

정답

① 연직방향 하중　② 횡방향 하중
③ 콘크리트의 측압　④ 특수하중
⑤ ①~④의 하중에 안전율을 고려한 하중

관련법령 「콘크리트공사표준안전작업지침」 제4조(하중)

13

흙막이공사를 할 경우 주변 침하원인 3가지를 쓰시오. (6점)

정답

① 흙막이벽의 변형
② 지하수위의 저하
③ 세립토사의 유출

14

지반의 동상(Frost Heave)의 원인 2가지를 쓰시오. (4점)

정답

① 영하의 기온이 오래 지속될 때
② 동결이 쉬운 실트질의 흙이 존재할 때
③ 수분이 많은 지반일 때

01

하역작업을 할 때 화물운반용 또는 고정용으로 사용할 수 없는 섬유로프의 사용제한조건 2가지를 쓰시오. (4점)

정답

① 꼬임이 끊어진 것
② 심하게 손상되거나 부식된 것

관련법령 「산업안전보건기준에 관한 규칙」 제387조(꼬임이 끊어진 섬유로프 등의 사용 금지)

02

전기기계·기구 또는 전로 등의 충전부분에 접촉 시 감전방지대책 2가지를 쓰시오. (4점)

정답

① 충전부가 노출되지 않도록 폐쇄형 외함이 있는 구조로 할 것
② 충전부에 충분한 절연효과가 있는 방호망이나 절연덮개를 설치할 것
③ 충전부는 내구성이 있는 절연물로 완전히 덮어 감쌀 것
④ 발전소·변전소 및 개폐소 등 구획되어 있는 장소로서 관계 근로자가 아닌 사람의 출입이 금지되는 장소에 충전부를 설치하고, 위험표시 등의 방법으로 방호를 강화할 것
⑤ 전주 위 및 철탑 위 등 격리되어 있는 장소로서 관계 근로자가 아닌 사람이 접근할 우려가 없는 장소에 충전부를 설치할 것

관련법령 「산업안전보건기준에 관한 규칙」 제301조(전기 기계·기구 등의 충전부 방호)

03

빈출

철골구조물 건립 중 강풍에 의한 풍압 등 외압에 대한 내력이 설계에 고려되어 있는지 확인하여야 할 구조물 3가지를 쓰시오. (6점)

정답

① 높이 20[m] 이상의 구조물
② 구조물의 폭과 높이의 비가 1 : 4 이상인 구조물
③ 단면구조에 현저한 차이가 있는 구조물
④ 연면적당 철골량이 50[kg/m²] 이하인 구조물
⑤ 기둥이 타이플레이트형인 구조물
⑥ 이음부가 현장용접인 구조물

관련법령 「철골공사표준안전작업지침」 제3조(설계도 및 공작도 확인)

04

다음 (　　) 안에 알맞은 내용을 쓰시오. (3점)

가. 추락방지용 방망의 테두리로우프 및 달기로우프는 방망에 사용되는 로우프와 동일한 시험편의 양단을 인장 시험기로 체크하거나 또는 이와 유사한 방법으로 인장속도가 매분 20[cm] 이상 30[cm] 이하의 등속인장시험을 행한 경우 인장강도가 (①)[kg] 이상이어야 한다.

나. 방망사는 시험용사로부터 채취한 시험편의 양단을 인장시험기로 시험하거나 또는 이와 유사한 방법으로서 등속인장시험을 한 경우 그 강도는 다음 표에서 정한 값 이상이어야 한다.

〈방망사의 신품에 대한 인장강도〉

그물코의 크기[cm]	매듭방망[kg]
10	(②)
5	(③)

정답

① 1,500　　② 200　　③ 110

관련법령 「추락재해방지표준안전작업지침」 제4조(테두리로우프 및 달기로우프의 강도), 제5조(방망사의 강도)

05

파이핑 현상과 보일링 현상을 간략히 설명하시오. (4점)

정답

① 파이핑 현상: 보일링 현상으로 인해 지반 내에 물의 통로가 생기면서 파이프 모양으로 구멍이 뚫려 흙이 세굴되어 지반이 파괴되는 현상

② 보일링 현상: 사질토 지반을 굴착할 때 굴착 저면과 흙막이 배면의 지하수 수위차로 인해 굴착 저면의 흙과 물이 함께 솟구쳐 오르는 현상

06

건설현장에서 사용하는 지게차가 갖추어야 하는 방호장치 3가지를 쓰시오. (3점)

정답

① 헤드가드 ② 백레스트 ③ 전조등
④ 후미등 ⑤ 안전벨트

관련법령 「산업안전보건법 시행규칙」 제98조(방호조치)

07

차량계 건설기계를 사용하는 작업을 할 때에 그 기계가 넘어지거나 굴러떨어짐으로써 근로자가 위험해질 우려가 있는 경우 사업주의 조치사항 3가지를 쓰시오. (6점)

정답

① 유도자 배치
② 지반의 부동침하 방지 조치
③ 갓길의 붕괴 방지 조치
④ 도로 폭의 유지

관련법령 「산업안전보건기준에 관한 규칙」 제199조(전도 등의 방지)

08

수급인인 사업주가 안전관리자를 선임하지 아니할 수 있는 요건 2가지를 쓰시오. (4점)

정답

① 도급인인 사업주 자신이 선임해야 할 안전관리자를 둔 경우

② 안전관리자를 두어야 할 수급인인 사업주의 사업의 종류별로 상시근로자 수를 합계하여 그 상시근로자 수에 해당하는 안전관리자를 추가로 선임한 경우

관련법령 「산업안전보건법 시행규칙」 제10조(도급사업의 안전관리자 등의 선임)

09

빈출

근로자 500명이 근무하던 중 산업재해가 12건 발생하였고, 재해자 수가 15명 발생하여 600일의 근로손실이 발생하였다. 이 사업장의 ① 도수율, ② 강도율, ③ 연천인율을 각각 구하시오. (단, 근로시간은 1일 9시간, 270일이다.) (6점)

정답

① 도수율 $= \dfrac{\text{재해건수}}{\text{연근로시간 수}} \times 1,000,000$

$= \dfrac{12}{500 \times (9 \times 270)} \times 1,000,000 ≒ 9.88$

② 강도율 $= \dfrac{\text{총 요양근로손실일수}}{\text{연근로시간 수}} \times 1,000$

$= \dfrac{600}{500 \times (9 \times 270)} \times 1,000 ≒ 0.49$

③ 연천인율 $= \dfrac{\text{재해자 수}}{\text{연평균근로자 수}} \times 1,000 = \dfrac{15}{500} \times 1,000 = 30$

10

1톤 이상의 크레인을 사용하는 작업 또는 1톤 미만의 크레인 또는 호이스트를 5대 이상 보유한 사업장에서 해당 기계로 하는 작업 시 특별안전보건교육의 교육내용 3가지를 쓰시오. (3점)

정답

① 방호장치의 종류, 기능 및 취급에 관한 사항
② 걸고리·와이어로프 및 비상정지장치 등의 기계·기구 점검에 관한 사항
③ 화물의 취급 및 안전작업방법에 관한 사항
④ 신호방법 및 공동작업에 관한 사항
⑤ 인양 물건의 위험성 및 낙하·비래·충돌재해 예방에 관한 사항
⑥ 인양물이 적재될 지반의 조건, 인양하중, 풍압 등이 인양물과 타워크레인에 미치는 영향
⑦ 그 밖에 안전·보건관리에 필요한 사항

관련법령 「산업안전보건법 시행규칙」 [별표 5] 안전보건교육 교육대상별 교육내용

11

사고예방대책의 기본원리 5단계 중 ‘시정책의 시행’ 단계에서 적용할 3E를 쓰시오. (3점)

정답

① Engineering(기술)
② Education(교육)
③ Enforcement(규제)

12

TBM에 관한 내용으로 (   ) 안에 알맞은 내용을 쓰시오. (4점)

가. 소요시간은 (①)분 정도가 바람직하다.
나. 인원은 (②)명 이하로 구성한다.
다. 과정(단, | 보기 |에서 고르시오.)

1단계	도입
2단계	(③)
3단계	작업 지시
4단계	(④)
5단계	확인

| 보기 |

작업점검 위험예측 행동개시 점검정비

정답

① 10 ② 10 ③ 점검정비 ④ 위험예측

13

균열이 있는 암석의 경사면 붕괴방지를 위해 설치하거나 조치를 하여야 할 사항 2가지를 쓰시오. (4점)

정답

① 적절한 경사면의 기울기를 계획할 것
② 경사면의 기울기가 당초 계획과 차이가 발생되면 즉시 재검토하여 계획을 변경시킬 것
③ 활동할 가능성이 있는 토석은 제거할 것
④ 경사면의 하단부에 압성토 등 보강공법으로 활동에 대한 저항대책을 강구할 것
⑤ 말뚝(강관, H형강, 철근 콘크리트)을 타입하여 지반을 강화시킬 것

관련법령 「굴착공사 표준안전 작업지침」 제31조(예방)

14

인화성 가스가 발생할 우려가 있는 지하작업장에서 작업하는 경우 폭발이나 화재를 방지하기 위해 가스농도를 측정하는 자를 지정해야 한다. 이때 가스농도를 측정하는 시점 3가지를 쓰시오. (6점)

정답

① 매일 작업을 시작하기 전
② 가스의 누출이 의심되는 경우
③ 가스가 발생하거나 정체할 위험이 있는 장소가 있는 경우
④ 장시간 작업을 계속하는 경우(이 경우 4시간마다 측정)

관련법령 「산업안전보건기준에 관한 규칙」 제296조(지하작업장 등)

2017년 기출문제

1회

01

빈출

① 히빙 방지대책과 ② 보일링 방지대책을 각각 2가지씩 쓰시오. (8점)

정답

① 히빙 방지대책
- ㉠ 흙막이벽의 근입 깊이 연장
- ㉡ 흙막이 배면의 표토를 제거하여 하중 감소
- ㉢ 지반 개량
- ㉣ 굴착면의 하중 증가
- ㉤ 지하수위 저하

② 보일링 방지대책
- ㉠ 지하수위 저하를 위한 배수조치
- ㉡ 지하수의 흐름 변경
- ㉢ 흙막이벽의 근입 깊이 연장
- ㉣ 차수성이 높은 흙막이 설치
- ㉤ 지반을 복구하기 위한 압성토공법 시행

02

승강기를 제외한 양중기에 운전자와 작업자가 보기 쉬운 곳에 부착해야 하는 내용 2가지를 쓰시오. (4점)

정답

① 정격하중　　② 운전속도　　③ 경고표시

관련법령 「산업안전보건기준에 관한 규칙」 제133조(정격하중 등의 표시)

03

빈출

400명의 근로자가 1일 8시간씩 연간 300일 근무, 과거 빈도율 120, 현재 빈도율 100일 때 ① Safe-T-Score를 구하고, ② 안전관리의 수행도를 평가하시오. (5점)

정답

① Safe-T-Score 계산

Safe-T-Score

$$= \frac{\text{현재 빈도율} - \text{과거 빈도율}}{\sqrt{\frac{\text{과거 빈도율}}{\text{현재 총근로시간 수}} \times 1{,}000{,}000}}$$

$$= \frac{100-120}{\sqrt{\frac{120}{400 \times (8 \times 300)} \times 1{,}000{,}000}} \fallingdotseq -1.79$$

② 안전관리의 수행도 평가

Safe-T-Score는 다음 표에 따라 판정한다.

+2 이상	안전도가 과거보다 나빠짐
+2 ~ −2	과거의 안전도와 심각한 차이 없음
−2 이하	안전도가 과거보다 좋아짐

Safe-T-Score가 −1.79이므로 과거의 안전도와 심각한 차이가 없다.

04

1톤 이상의 크레인을 사용하는 작업 또는 1톤 미만의 크레인 또는 호이스트를 5대 이상 보유한 사업장에서 해당 기계로 하는 작업 시 특별안전보건교육의 교육내용 3가지를 쓰시오. (3점)

정답

① 방호장치의 종류, 기능 및 취급에 관한 사항
② 걸고리·와이어로프 및 비상정지장치 등의 기계·기구 점검에 관한 사항
③ 화물의 취급 및 안전작업방법에 관한 사항
④ 신호방법 및 공동작업에 관한 사항
⑤ 인양 물건의 위험성 및 낙하·비래·충돌재해 예방에 관한 사항
⑥ 인양물이 적재될 지반의 조건, 인양하중, 풍압 등이 인양물과 타워크레인에 미치는 영향
⑦ 그 밖에 안전·보건관리에 필요한 사항

관련법령 「산업안전보건법 시행규칙」 [별표 5] 안전보건교육 교육대상별 교육내용

05
최빈출

다음 안전보건표지의 명칭을 쓰시오. (4점)

①	②	③	④

정답

① 사용금지 ② 인화성물질 경고

③ 폭발성물질 경고 ④ 낙하물 경고

관련법령 「산업안전보건법 시행규칙」 [별표 6] 안전보건표지의 종류와 형태

06

안전보건진단을 받아 안전보건개선계획을 수립·시행하도록 명할 수 있는 사업장 2곳을 쓰시오. (4점)

정답

① 산업재해율이 같은 업종 평균 산업재해율의 2배 이상인 사업장
② 사업주가 필요한 안전조치 또는 보건조치를 이행하지 아니하여 중대재해가 발생한 사업장
③ 직업성 질병자가 연간 2명 이상(상시근로자 1천 명 이상 사업장의 경우 3명 이상) 발생한 사업장
④ 그 밖에 작업환경 불량, 화재·폭발 또는 누출 사고 등으로 사업장 주변까지 피해가 확산된 사업장으로서 고용노동부령으로 정하는 사업장

관련법령 「산업안전보건법 시행령」 제49조(안전보건진단을 받아 안전보건개선계획을 수립할 대상)

07

지반 굴착 시 굴착면의 기울기 기준에 대해 (　　) 안에 알맞은 내용을 쓰시오. (4점)

지반의 종류	기울기
모래	(①)
연암 및 풍화암	(②)
(③)	1 : 0.5
그 밖의 흙	(④)

정답

① 1 : 1.8 ② 1 : 1.0

③ 경암 ④ 1 : 1.2

관련법령 「산업안전보건기준에 관한 규칙」 [별표 11] 굴착면의 기울기 기준

08
빈출

와이어로프 등 달기구의 안전계수를 쓰시오. (4점)

> 가. 근로자가 탑승하는 운반구를 지지하는 달기와이어로프 또는 달기체인의 경우: (①) 이상
> 나. 화물의 하중을 직접 지지하는 달기와이어로프 또는 달기체인의 경우: (②) 이상
> 다. 훅, 샤클, 클램프, 리프팅 빔의 경우: (③) 이상
> 라. 그 밖의 경우: (④) 이상

정답

① 10 ② 5 ③ 3 ④ 4

관련법령 「산업안전보건기준에 관한 규칙」 제163조(와이어로프 등 달기구의 안전계수)

09

OJT 교육에 대해 설명하시오. (3점)

정답

현장이나 직장에서 직속상사가 업무와 관련된 지식, 기능, 태도 등에 관하여 교육시키는 실무훈련과정

10

이동식 크레인의 종류 3가지를 쓰시오. (3점)

정답

① 트럭 크레인　② 크롤러 크레인　③ 트럭 탑재형
④ 험지형 크레인　⑤ 전지형 크레인

관련법령 「이동식 크레인 안전보건작업 지침」 4. 이동식 크레인의 종류

11

산업재해 발생위험이 있는 장소 4가지를 쓰시오. (4점)

※ 「산업안전보건법령」이 개정됨에 따라 '산업재해 발생위험이 있는 장소'는 삭제되었습니다. 이에 따라 이 문제는 성립될 수 없습니다.

12

(　　) 안에 알맞은 내용을 쓰시오. (2점)

> 가. (①): 블레이드가 수평이고, 또 불도저의 진행 방향에 직각으로 블레이드면을 부착한 것으로서 주로 전면으로 토사를 포설하는 데 적합
> 나. (②): 블레이드면의 방향이 진행방향의 중심선에 대하여 20°~30°의 경사가 진 것으로서 사면굴착, 정지, 흙메우기 등으로 차체의 진행에 따라 흙을 측면으로 보내는 작업에 적합

정답

① 스트레이트도저　② 앵글도저

13

인력 운반작업 시 준수사항 3가지를 쓰시오. (6점)

정답

① 하물의 운반은 수평거리 운반을 원칙으로 하며, 여러 번 들어 움직이거나 중계 운반, 반복운반을 하지 아니할 것
② 운반 시의 시선은 진행방향을 향하고 뒷걸음 운반을 하지 아니할 것
③ 어깨높이보다 높은 위치에서 하물을 들고 운반하지 아니할 것
④ 쌓여 있는 하물을 운반할 때에는 중간 또는 하부에서 뽑아내지 아니할 것

관련법령 「운반하역 표준안전 작업지침」 제8조(운반)

14

크레인 등을 사용하여 인양 등의 작업 시 준수사항 3가지를 쓰시오. (6점)

정답

① 인양할 하물을 바닥에서 끌어당기거나 밀어내는 작업을 하지 아니할 것
② 유류드럼이나 가스통 등 운반 도중에 떨어져 폭발하거나 누출될 가능성이 있는 위험물 용기는 보관함에 담아 안전하게 매달아 운반할 것
③ 고정된 물체를 직접 분리·제거하는 작업을 하지 아니할 것
④ 미리 근로자의 출입을 통제하여 인양 중인 하물이 작업자의 머리 위로 통과하지 않도록 할 것
⑤ 인양할 하물이 보이지 아니하는 경우에는 어떠한 동작도 하지 아니할 것

관련법령 「산업안전보건기준에 관한 규칙」 제146조(크레인 작업 시의 조치)

2회

01

빈출

차량계 건설기계의 작업계획서에 포함되어야 할 사항 3가지를 쓰시오. (6점)

정답

① 사용하는 차량계 건설기계의 종류 및 성능
② 차량계 건설기계의 운행경로
③ 차량계 건설기계에 의한 작업방법

관련법령 「산업안전보건기준에 관한 규칙」[별표 4] 사전조사 및 작업계획서 내용

02

최빈출

다음 안전보건표지의 명칭을 쓰시오. (2점)

①	②

정답

① 인화성물질 경고　　② 폭발성물질 경고

관련법령 「산업안전보건법 시행규칙」[별표 6] 안전보건표지의 종류와 형태

03

지반 굴착 시 굴착면의 기울기를 (　　) 안에 쓰시오. (3점)

지반의 종류	기울기
모래	(①)
연암 및 풍화암	(②)
경암	(③)
그 밖의 흙	1 : 1.2

정답

① 1 : 1.8　　② 1 : 1.0　　③ 1 : 0.5

관련법령 「산업안전보건기준에 관한 규칙」[별표 11] 굴착면의 기울기 기준

04

빈출

와이어로프 등 달기구의 안전계수를 쓰시오. (4점)

> 가. 근로자가 탑승하는 운반구를 지지하는 달기와이어로프 또는 달기체인의 경우: (①) 이상
> 나. 화물의 하중을 직접 지지하는 달기와이어로프 또는 달기체인의 경우: (②) 이상
> 다. 훅, 샤클, 클램프, 리프팅 빔의 경우: (③) 이상
> 라. 그 밖의 경우: (④) 이상

정답

① 10　　② 5　　③ 3　　④ 4

관련법령 「산업안전보건기준에 관한 규칙」 제163조(와이어로프 등 달기구의 안전계수)

05

빈출

연평균 200명이 근무하는 A사업장에서 사망재해가 1건 발생하여 1명이 사망하고 휴업일수가 50일인 사람 2명, 휴업일수가 20일인 사람 1명이 발생하였다. 이때 A사업장의 강도율을 구하시오. (단, 종업원의 근무시간은 1일 8시간, 연간 305일이다.) (4점)

정답

$$강도율 = \frac{총\ 요양근로손실일수}{연근로시간\ 수} \times 1{,}000$$

$$= \frac{7{,}500 + (50 \times 2 + 20) \times \frac{305}{365}}{200 \times (8 \times 305)} \times 1{,}000 ≒ 15.57$$

관련법령 「산업재해통계업무처리규정」[별표 1] 요양근로손실일수 산정요령

06

차량계 건설기계 작업 시 기계가 넘어지거나 굴러떨어짐에 의해 근로자가 위험해질 우려가 있을 때 사업주의 조치사항 3가지를 쓰시오. (6점)

정답

① 유도자 배치
② 지반의 부동침하 방지 조치
③ 갓길의 붕괴 방지 조치
④ 도로 폭의 유지

관련법령 「산업안전보건기준에 관한 규칙」 제199조(전도 등의 방지)

07

빈출

크레인(이동식 크레인 제외)을 사용하여 작업을 하는 때에 작업시작 전 점검사항 3가지를 쓰시오. (6점)

정답

① 권과방지장치·브레이크·클러치 및 운전장치의 기능
② 주행로의 상측 및 트롤리가 횡행하는 레일의 상태
③ 와이어로프가 통하고 있는 곳의 상태

관련법령 「산업안전보건기준에 관한 규칙」 [별표 3] 작업시작 전 점검사항

08

빈출

근로자가 작업발판 위에서 전기용접 작업을 하다가 지면으로 떨어져 부상을 당했다. 재해분석을 하시오. (3점)

가. 발생형태: (①)
나. 기인물: (②)
다. 가해물: (③)

정답

① 떨어짐(추락) ② 작업발판 ③ 지면

09

터널건설작업 시 배기가스나 분진 등으로 시계가 제한되는 경우 시계 유지에 필요한 조치사항 2가지를 쓰시오. (4점)

정답

① 환기 ② 살수

관련법령 「산업안전보건기준에 관한 규칙」 제353조(시계의 유지)

10

「산업안전보건법령」상 승강기에 설치해야 하는 방호장치의 종류 5가지를 쓰시오. (단, 과부하방지장치는 제외한다.) (5점)

정답

① 권과방지장치 ② 비상정지장치
③ 제동장치 ④ 파이널 리미트 스위치
⑤ 속도조절기 ⑥ 출입문 인터 록

관련법령 「산업안전보건기준에 관한 규칙」 제134조(방호장치의 조정)

11

빈출

지반의 동결방지대책(조치사항) 4가지를 쓰시오. (8점)

정답

① 단열재료 삽입
② 지하수위 저하
③ 동결심도 아래 배수층 설치
④ 모관수 상승을 방지하는 차단층 설치
⑤ 지표의 흙을 화학처리하여 동결온도 저하

12

NATM공법의 터널공사에서 지질 및 지층에 관한 조사를 통해 확인해야 하는 사항 3가지를 쓰시오. (6점)

정답

① 시추(보링) 위치
② 토층분포상태
③ 투수계수
④ 지하수위
⑤ 지반의 지지력

관련법령 「터널공사 표준안전 작업지침－NATM공법」 제3조(지반조사의 확인)

13

다음은 「가설공사 표준안전 작업지침」 중 이동식 사다리 설치 시 준수사항이다. (　　) 안에 알맞은 내용을 쓰시오. (3점)

> 가. 길이가 (①)[m]를 초과해서는 안된다.
> 나. 다리의 벌림은 벽 높이의 (②) 정도가 적당하다.
> 다. 벽면 상부로부터 최소한 (③)[cm] 이상의 연장길이가 있어야 한다.

정답

① 6　② $\frac{1}{4}$　③ 60

관련법령 「가설공사 표준안전 작업지침」 제20조(이동식 사다리)

4회

01

안전관리자를 정수 이상으로 증원·교체임명할 수 있는 사유 3가지를 쓰시오. (6점)

정답

① 해당 사업장의 연간재해율이 같은 업종의 평균재해율의 2배 이상인 경우
② 중대재해가 연간 2건 이상 발생한 경우
③ 관리자가 질병이나 그 밖의 사유로 3개월 이상 직무를 수행할 수 없게 된 경우
④ 화학적 인자로 인한 직업성 질병자가 연간 3명 이상 발생한 경우

관련법령 「산업안전보건법 시행규칙」 제12조(안전관리자 등의 증원·교체임명 명령)

02

빈출

「산업안전보건법령」상 특별안전보건교육 중 거푸집 및 동바리의 조립 또는 해체작업에 대한 교육내용 3가지를 쓰시오. (단, 그 밖에 안전·보건관리에 필요한 사항은 제외한다.) (3점)

정답

① 동바리의 조립방법 및 작업 절차에 관한 사항
② 조립재료의 취급방법 및 설치기준에 관한 사항
③ 조립·해체 시의 사고 예방에 관한 사항
④ 보호구 착용 및 점검에 관한 사항

관련법령 「산업안전보건법 시행규칙」 [별표 5] 안전보건교육 교육대상별 교육내용

03

빈출

지게차를 사용하여 작업을 하는 때 작업시작 전 점검사항 4가지를 쓰시오. (4점)

정답

① 제동장치 및 조종장치 기능의 이상 유무
② 하역장치 및 유압장치 기능의 이상 유무
③ 바퀴의 이상 유무
④ 전조등·후미등·방향지시기 및 경보장치 기능의 이상 유무

관련법령 「산업안전보건기준에 관한 규칙」 [별표 3] 작업시작 전 점검사항

04

산업안전보건위원회의 ① 위원장 선출방법과 ② 의결되지 아니한 사항 등의 처리방법을 쓰시오. (4점)

정답

① 위원장 선출방법: 위원 중에서 호선한다.

② 의결되지 아니한 사항 등의 처리방법: 근로자위원과 사용자위원의 합의에 따라 산업안전보건위원회에 중재기구를 두어 해결하거나 제3자에 의한 중재를 받아야 한다.

관련법령 「산업안전보건법 시행령」 제36조(산업안전보건위원회의 위원장), 제38조(의결되지 않은 사항 등의 처리)

05

안전난간의 구조 및 설치요건 중 다음 ( ) 안에 알맞은 내용을 쓰시오. (3점)

> 가. 상부 난간대는 바닥면·발판 또는 경사로의 표면으로부터 (①)[cm] 이상 지점에 설치하고, 상부 난간대를 120[cm] 이하에 설치하는 경우에는 중간 난간대는 상부 난간대와 바닥면 등의 중간에 설치하여야 하며, 120[cm] 이상 지점에 설치하는 경우에는 중간 난간대를 2단 이상으로 균등하게 설치하고 난간의 상하 간격은 (②)[cm] 이하가 되도록 할 것
>
> 나. 발끝막이판은 바닥면 등으로부터 (③)[cm] 이상의 높이를 유지할 것

정답

① 90 ② 60 ③ 10

관련법령 「산업안전보건기준에 관한 규칙」 제13조(안전난간의 구조 및 설치요건)

06

암질변화구간 및 이상암질의 출현 시 암질판별법(암질분류법) 4가지를 쓰시오. (4점)

정답

① R.Q.D ② 탄성파 속도

③ R.M.R ④ 일축압축강도

⑤ 진동치 속도

※「굴착공사 표준안전 작업지침」이 개정됨에 따라 '암질판별 구간 및 이상암질의 출현 시 암질판별 기준'이 해당 고시에서는 삭제되었습니다.

07

안전관리자가 수행해야 할 업무사항 4가지를 쓰시오. (8점)

정답

① 산업안전보건위원회 또는 노사협의체에서 심의·의결한 업무와 해당 사업장의 안전보건관리규정 및 취업규칙에서 정한 업무

② 위험성평가에 관한 보좌 및 지도·조언

③ 안전인증대상기계 등과 자율안전확인대상기계 등 구입 시 적격품의 선정에 관한 보좌 및 지도·조언

④ 해당 사업장 안전교육계획의 수립 및 안전교육 실시에 관한 보좌 및 지도·조언

⑤ 사업장 순회점검, 지도 및 조치 건의

⑥ 산업재해 발생의 원인 조사·분석 및 재발 방지를 위한 기술적 보좌 및 지도·조언

⑦ 산업재해에 관한 통계의 유지·관리·분석을 위한 보좌 및 지도·조언

⑧ 법 또는 법에 따른 명령으로 정한 안전에 관한 사항의 이행에 관한 보좌 및 지도·조언

⑨ 업무 수행 내용의 기록·유지

⑩ 그 밖에 안전에 관한 사항으로서 고용노동부장관이 정하는 사항

관련법령 「산업안전보건법 시행령」 제18조(안전관리자의 업무 등)

08

빈출

공사용 가설도로를 설치하는 경우 사업주의 준수사항 3가지를 쓰시오. (6점)

정답

① 도로는 장비와 차량이 안전하게 운행할 수 있도록 견고하게 설치할 것

② 도로와 작업장이 접하여 있을 경우에는 울타리 등을 설치할 것

③ 도로는 배수를 위하여 경사지게 설치하거나 배수시설을 설치할 것

④ 차량의 속도제한 표지를 부착할 것

관련법령 「산업안전보건기준에 관한 규칙」 제379조(가설도로)

09

최빈출

다음 공사는 건축공사에 해당하며, 계상비율은 2.37[%]이다. 이 공사의 산업안전보건관리비를 구하시오. (4점)

> 가. 노무비: 40억 원(직접노무비 30억 원, 간접노무비 10억 원)
> 나. 재료비: 40억 원
> 다. 기계경비: 30억 원

정답

대상액이 5억 원 미만 또는 50억 원 이상인 경우에는 대상액에 계상비율을 곱한 금액을 산업안전보건관리비로 계상한다.

산업안전보건관리비 = 대상액(재료비 + 직접노무비) × 계상비율

= (40억 + 30억) × 0.0237 = 165,900,000원

관련법령 「건설업 산업안전보건관리비 계상 및 사용기준」 제2조(정의), 제4조(계상의무 및 기준)

10

고소작업대 이동 시 준수사항 3가지를 쓰시오. (6점)

정답

① 작업대를 가장 낮게 내릴 것
② 작업자를 태우고 이동하지 말 것
③ 이동통로의 요철상태 또는 장애물의 유무 등을 확인할 것

관련법령 「산업안전보건기준에 관한 규칙」 제186조(고소작업대 설치 등의 조치)

11

건설공사의 콘크리트 구조물 시공에 사용되는 비계의 종류 5가지를 쓰시오. (5점)

정답

① 강관비계 ② 강관틀비계 ③ 달비계
④ 달대비계 ⑤ 말비계 ⑥ 이동식비계
⑦ 시스템비계

12

다음의 특징을 갖는 안전조직의 형태를 쓰시오. (2점)

> 가. 안전지식과 기술축적이 용이하다.
> 나. 권한다툼이나 조정때문에 통제 수속이 복잡해지며, 시간과 노력이 소모된다.
> 다. 생산부분은 안전에 대한 책임과 권한이 없다.

정답

참모형(Staff) 조직

13

다음 (　　) 안에 알맞은 내용을 쓰시오. (3점)

> 가. 안전보건개선계획의 수립·시행 명령을 받은 사업주는 고용노동부령으로 정하는 바에 따라 안전보건개선계획서를 작성하여 그 명령을 받은 날부터 (①)일 이내에 관할 지방고용노동관서의 장에게 제출하여야 한다.
> 나. 안전보건개선계획서에는 시설, (②), (③), 산업재해 예방 및 작업환경의 개선을 위하여 필요한 사항이 포함되어야 한다.

정답

① 60 ② 안전보건관리체제
③ 안전보건교육

관련법령 「산업안전보건법 시행규칙」 제61조(안전보건개선계획의 제출 등)

14

연약 지반 상에 구조물을 만드는 경우 미리 그 지반에 흙쌓기 등에 의해 재하를 함으로써 압밀침하를 촉진시켜 안정시키고 난 다음 흙쌓기를 다시 제거하고 구조물을 축조하는 방법은 어떤 공법인지 쓰시오. (2점)

정답

프리로딩 공법

2016년 | 기출문제

1회

01

안전보건관리규정의 작성 및 변경 절차에 관한 사항이다. 다음 ( ) 안에 알맞은 내용을 쓰시오. (4점)

> 가. 안전보건관리규정을 작성하여야 할 사업은 상시 근로자 (①)명 이상을 사용하는 사업으로 한다. (금융업에 한함)
> 나. 안전보건관리규정을 작성하여야 할 사유가 발생한 날부터 (②)일 이내에 안전보건관리규정을 작성하여야 한다.
> 다. 안전보건관리규정을 작성하거나 변경할 때에는 (③)의 심의·의결을 거쳐야 한다.
> 라. (③)가 설치되어 있지 아니한 사업장의 경우에는 (④)의 동의를 받아야 한다.

정답

① 300 ② 30
③ 산업안전보건위원회 ④ 근로자대표

관련법령 「산업안전보건법 시행규칙」 제25조(안전보건관리규정의 작성), 「산업안전보건법」 제26조(안전보건관리규정의 작성·변경 절차)

02

토공사의 비탈면 보호방법(공법)의 종류 4가지를 쓰시오. (4점)

정답

① 뿜어붙이기공 ② 블록공
③ 돌쌓기공 ④ 식생공
⑤ 현장타설 콘크리트격자공

03

양중기의 종류 중 동력을 사용하여 사람이나 화물을 운반하는 것을 목적으로 하는 기계설비를 리프트라 한다. 「산업안전보건기준에 관한 규칙」에서 규정하고 있는 리프트의 종류 3가지를 쓰시오. (3점)

정답

① 건설용 리프트 ② 산업용 리프트
③ 자동차정비용 리프트 ④ 이삿짐운반용 리프트

관련법령 「산업안전보건기준에 관한 규칙」 제132조(양중기)

04

절연손상으로 인한 위험 전압의 발생으로 야기되는 간접접촉에 대한 방지대책 2가지를 쓰시오. (4점)

정답

① 동시에 접촉가능한 2개의 도전성부분을 2[m] 이상 격리시킬 것
② 동시에 접촉가능한 2개의 도전성부분을 절연체로 된 방호울로 격리시킬 것
③ 2,000[V]의 시험전압에 견디고 누설전류가 1[mA] 이하가 되도록 어느 한 부분을 절연시킬 것

관련법령 「감전재해 예방을 위한 기술상의 지침」 제9조(절연장소)

05

작업으로 인하여 물체가 떨어지거나 날아올 위험이 있는 경우 위험방지를 위하여 취해야 할 조치사항 3가지를 쓰시오. (6점)

정답

① 낙하물 방지망의 설치
② 수직보호망의 설치
③ 방호선반의 설치
④ 출입금지구역의 설정
⑤ 보호구의 착용

관련법령 「산업안전보건기준에 관한 규칙」 제14조(낙하물에 의한 위험의 방지)

06

콘크리트 타설작업을 위하여 콘크리트타설장비를 사용 시 준수사항 3가지를 쓰시오. (6점)

정답

① 작업을 시작하기 전에 콘크리트타설장비를 점검하고 이상을 발견하였으면 즉시 보수할 것
② 건축물의 난간 등에서 작업하는 근로자가 호스의 요동·선회로 인하여 추락하는 위험을 방지하기 위하여 안전난간 설치 등 필요한 조치를 할 것
③ 콘크리트타설장비의 붐을 조정하는 경우에는 주변의 전선 등에 의한 위험을 예방하기 위한 적절한 조치를 할 것
④ 작업 중에 지반의 침하나 아웃트리거 등 콘크리트타설장비 지지구조물의 손상 등에 의하여 콘크리트타설장비가 넘어질 우려가 있는 경우에는 이를 방지하기 위한 적절한 조치를 할 것

관련법령 「산업안전보건기준에 관한 규칙」 제335조(콘크리트 타설장비 사용 시의 준수사항)

07

빈출

보일링 방지대책 3가지를 쓰시오. (6점)

정답

① 지하수위 저하를 위한 배수조치
② 지하수의 흐름 변경
③ 흙막이벽의 근입 깊이 연장
④ 차수성이 높은 흙막이 설치
⑤ 지반을 복구하기 위한 압성토공법 시행

08

「산업안전보건법령」상 안전보건표지의 종류에 대한 색채기준 표에서 ( ) 안에 알맞은 내용을 쓰시오. (4점)

종류	바탕색	기본모형
금연	(①)	빨간색
폭발성물질 경고	(②)	빨간색
안전복 착용	(③)	–
비상용기구	(④)	–

정답

① 흰색 ② 무색 ③ 파란색 ④ 녹색

관련법령 「산업안전보건법 시행규칙」 [별표 7] 안전보건표지의 종류별 용도, 설치·부착 장소, 형태 및 색채

09

최빈출

다음 경우에 안전관리자의 최소 인원을 쓰시오. (단, 건설업의 경우 전체 공사기간을 100으로 할 때 공사 시작에서 15에 해당하는 기간과 공사 종료 전의 15에 해당하는 기간이 아니다.) (6점)

① 운수업 – 상시근로자 500명
② 총공사금액 1,000억 원인 건설업
③ 총공사금액 1,500억 원인 건설업

정답

① 2명 ② 2명 ③ 3명

관련법령 「산업안전보건법 시행령」 [별표 3] 안전관리자를 두어야 하는 사업의 종류, 사업장의 상시근로자 수, 안전관리자의 수 및 선임방법

10

「산업안전보건법령」상 고용노동부장관이 명예산업안전감독관을 해촉할 수 있는 경우 2가지를 쓰시오. (4점)

정답

① 근로자대표가 사업주의 의견을 들어 명예산업안전감독관의 해촉을 요청한 경우
② 명예산업안전감독관이 해당 단체 또는 그 산하조직으로부터 퇴직하거나 해임된 경우
③ 명예산업안전감독관의 업무와 관련하여 부정한 행위를 한 경우
④ 질병이나 부상 등의 사유로 명예산업안전감독관의 업무 수행이 곤란하게 된 경우

관련법령 「산업안전보건법 시행령」 제33조(명예산업안전감독관의 해촉)

11

「건설업 산업안전보건관리비 계상 및 사용기준」에 관한 설명 중 (   ) 안에 알맞은 내용을 쓰시오. (3점)

가. 안전만을 전담으로 하는 별도 조직을 갖춘 건설업체의 본사에서 사용하는 사용항목과 본사 안전전담부서의 안전전담직원 인건비 · 업무수행 출장비로 계상된 안전관리비의 (①)[%]를 초과할 수 없다.
나. 본사에서 안전관리비를 사용하는 경우 1년간 본사 안전관리비 실행예산과 사용금액은 전년도 미사용금액을 합하여 (②)원을 초과할 수 없다.
다. 건설재해예방 기술지도비가 계상된 안전관리비 총액의 (③)[%]를 초과하는 경우에는 그 이내에서 기술지도 횟수를 조정할 수 있다.

※ 「건설업 산업안전보건관리비 계상 및 사용기준」이 개정됨에 따라 이 문제는 성립될 수 없습니다.

12

연평균근로자 수가 600명인 A 회사의 안전전담부서에서 6개월간 아래와 같이 안전전담 활동 시 안전활동률을 구하시오. (단, 1일 9시간, 월 22일 근무, 6개월간 사고건수 2건이다.) (4점)

가. 불안전한 행동 20건 발견 조치
나. 불안전한 상태 34건 조치
다. 권고 12건
라. 안전홍보 3건
마. 안전회의 6회

정답

$$\text{안전활동률} = \frac{\text{안전활동건수}}{\text{평균근로자 수} \times \text{근로시간 수}} \times 1{,}000{,}000$$

$$= \frac{20+34+12+3+6}{600 \times (9 \times 22 \times 6)} \times 1{,}000{,}000 \fallingdotseq 105.22$$

13

빈출

「산업안전보건법령」상 특별안전보건교육 중 "거푸집 및 동바리의 조립 또는 해체작업" 대상 작업에 대한 교육내용에서 개별내용에 포함하여야 할 사항 3가지를 쓰시오. (단, 그 밖에 안전 · 보건관리에 필요한 사항은 제외한다.) (3점)

정답

① 동바리의 조립방법 및 작업 절차에 관한 사항
② 조립재료의 취급방법 및 설치기준에 관한 사항
③ 조립 · 해체 시의 사고 예방에 관한 사항
④ 보호구 착용 및 점검에 관한 사항

관련법령 「산업안전보건법 시행규칙」 [별표 5] 안전보건교육 교육대상별 교육내용

14

빈출

사고사망만인율에서 상시근로자 수 산출 식을 쓰시오. (3점)

정답

$$\text{상시근로자 수} = \frac{\text{연간 국내공사 실적액} \times \text{노무비율}}{\text{건설업 월평균임금} \times 12}$$

관련법령 「산업안전보건법 시행규칙」 [별표 1] 건설업체 산업재해발생률 및 산업재해 발생 보고의무 위반건수의 산정 기준과 방법

2회

01

최빈출

다음의 건설업 산업안전보건관리비를 구하시오. (4점)

> 가. 건축공사
> 나. 재료비: 2억 5천만 원
> 다. 관급재료비: 3억 5천만 원
> 라. 직접노무비: 2억 원

정답

대상액이 5억 원 미만 또는 50억 원 이상인 경우에는 대상액에 계상비율을 곱한 금액, 대상액이 5억 원 이상 50억 원 미만인 경우에는 대상액에 계상비율을 곱한 금액에 기초액을 합한 금액을 산업안전보건관리비로 계상한다. 다만, 발주자가 재료를 제공하거나 일부 물품이 완제품의 형태로 제작·납품되는 경우에는 해당 재료비 또는 완제품 가액을 대상액에 포함하여 산출한 산업안전보건관리비와 해당 재료비 또는 완제품 가액을 대상액에서 제외하고 산출한 산업안전보건관리비의 1.2배에 해당하는 값을 비교하여 그 중 작은 값 이상의 금액으로 계상한다.

구분 / 공사종류	5억 원 미만 [%]	5억 원 이상 50억 원 미만		50억 원 이상 [%]	보건관리자 선임대상 [%]
		적용비율 [%]	기초액[원]		
건축공사	3.11	2.28	4,325,000	2.37	2.64
토목공사	3.15	2.53	3,300,000	2.60	2.73
중건설공사	3.64	3.05	2,975,000	3.11	3.39
특수건설공사	2.07	1.59	2,450,000	1.64	1.78

(1) 산업안전보건관리비(관급재료비 포함)
=대상액(재료비+직접노무비+관급재료비)×계상비율+기초액
=(2.5억+2억+3.5억)×0.0228+4,325,000원=22,565,000원

(2) 산업안전보건관리비(관급재료비 미포함)
=대상액(재료비+직접노무비)×계상비율×1.2
=(2.5억+2억)×0.0311×1.2=16,794,000원

(3) 산업안전보건관리비: 16,794,000원(둘 중 더 작은 값 선택)

관련법령 「건설업 산업안전보건관리비 계상 및 사용기준」 제2조(정의), 제4조(계상의무 및 기준), [별표 1] 공사종류 및 규모별 산업안전보건관리비 계상기준표

02

산업재해 발생 보고에 관한 내용이다. (　　) 안에 알맞은 내용을 쓰시오. (2점)

> 사업주는 산업재해로 사망자가 발생하거나 3일 이상의 휴업이 필요한 부상을 입거나 질병에 걸린 사람이 발생한 경우에는 해당 산업재해가 발생한 날로부터 (①)개월 이내에 (②)를 작성하여 관할 지방고용노동관서의 장에게 제출해야 한다.

정답

① 1　　② 산업재해조사표

관련법령 「산업안전보건법 시행규칙」 제73조(산업재해 발생 보고 등)

03

빈출

구축물 등에 대하여 안전진단 등 안전성 평가를 실시하여 근로자에게 미칠 위험성을 미리 제거하여야 하는 경우 3가지를 쓰시오. (단, 그 밖의 잠재위험이 예상될 경우는 제외한다.) (6점)

정답

① 구축물 등의 인근에서 굴착·항타작업 등으로 침하·균열 등이 발생하여 붕괴의 위험이 예상될 경우
② 구축물 등에 지진, 동해, 부동침하 등으로 균열·비틀림 등이 발생하였을 경우
③ 구축물 등이 그 자체의 무게·적설·풍압 또는 그 밖에 부가되는 하중 등으로 붕괴 등의 위험이 있을 경우
④ 화재 등으로 구축물 등의 내력이 심하게 저하되었을 경우
⑤ 오랜 기간 사용하지 않던 구축물 등을 재사용하게 되어 안전성을 검토하여야 하는 경우
⑥ 구축물 등의 주요구조부에 대한 설계 및 시공 방법의 전부 또는 일부를 변경하는 경우

관련법령 「산업안전보건기준에 관한 규칙」 제52조(구축물등의 안전성 평가)

04

빈출

철골구조물 건립 중 강풍에 의한 풍압 등 외압에 대한 내력이 설계에 고려되었는지 확인해야 할 구조물 4가지를 쓰시오. (8점)

정답

① 높이 20[m] 이상의 구조물
② 구조물의 폭과 높이의 비가 1 : 4 이상인 구조물
③ 단면구조에 현저한 차이가 있는 구조물
④ 연면적당 철골량이 50[kg/m²] 이하인 구조물
⑤ 기둥이 타이플레이트형인 구조물
⑥ 이음부가 현장용접인 구조물

관련법령 「철골공사표준안전작업지침」 제3조(설계도 및 공작도 확인)

05

빈출

히빙 현상의 방지대책 3가지를 쓰시오. (6점)

정답

① 흙막이벽의 근입 깊이 연장
② 흙막이 배면의 표토를 제거하여 하중 감소
③ 지반 개량
④ 굴착면의 하중 증가
⑤ 지하수위 저하

06

구축물 등의 해체작업 시 작업계획서의 포함사항 3가지를 쓰시오. (3점)

정답

① 해체의 방법 및 해체 순서도면
② 가설설비 · 방호설비 · 환기설비 및 살수 · 방화설비 등의 방법
③ 사업장 내 연락방법
④ 해체물의 처분계획
⑤ 해체작업용 기계 · 기구 등의 작업계획서
⑥ 해체작업용 화약류 등의 사용계획서
⑦ 그 밖에 안전 · 보건에 관련된 사항

관련법령 「산업안전보건기준에 관한 규칙」 [별표 4] 사전조사 및 작업계획서 내용

07

다음은 사다리식 통로의 안전기준에 대한 사항이다. (　　) 안에 알맞은 내용을 쓰시오. (3점)

가. 사다리의 상단은 걸쳐놓은 지점으로부터 (①)[cm] 이상 올라가도록 할 것
나. 사다리식 통로의 길이가 10[m] 이상인 경우에는 (②)[m] 이내마다 계단참을 설치할 것
다. 사다리식 통로의 기울기는 (③)° 이하로 할 것

정답

① 60　　② 5　　③ 75

관련법령 「산업안전보건기준에 관한 규칙」 제24조(사다리식 통로 등의 구조)

08

철륜 표면에 다수의 돌기를 붙여 접지면적을 작게 하여 접지압을 증가시킨 롤러로서 고함수비 점성토 지반의 다짐작업에 적합한 롤러를 쓰시오. (2점)

정답

탬핑롤러

09

안면부 여과식, 분리식 방진마스크의 시험성능기준에 있는 각 등급별 여과재 분진 등 포집효율 기준을 나타낸 표에서 (　　) 안에 알맞은 내용을 쓰시오. (6점)

형태 및 등급		시험[%]	형태 및 등급		시험[%]
안면부 여과식	특급	(①)	분리식	특급	(④)
	1급	(②)		1급	(⑤)
	2급	(③)		2급	(⑥)

정답

① 99 이상　　② 94 이상　　③ 80 이상
④ 99.95 이상　　⑤ 94 이상　　⑥ 80 이상

관련법령 「보호구 안전인증 고시」 [별표 4] 방진마스크의 성능기준

10

리프트를 사용하여 작업하는 때의 안전작업수칙 3가지를 쓰시오. (6점)

정답

① 리프트는 가능한 한 전담운전자를 배치하여 운행할 것
② 리프트를 사용할 때에는 안전성 여부를 안전관계자에게 확인한 후 사용할 것
③ 리프트의 운전자는 조작방법을 충분히 숙지한 후 운행할 것
④ 운전자는 운행 중 이상음, 진동 등의 발생여부를 확인하면서 운행할 것
⑤ 출입문이 열려진 상태에서 리프트를 운행하지 아니할 것
⑥ 조작반의 임의 조작으로 인한 자동운전은 절대로 하지 아니할 것
⑦ 리프트의 탑승은 운반구가 정지된 상태에서만 할 것
⑧ 리프트는 과적 또는 탑승인원을 초과하여 운행하지 아니할 것
⑨ 리프트 하강운행 시 승강로 주변에 작업자가 접근하지 않도록 할 것
⑩ 고장수리는 반드시 전문가에게 의뢰하여 실시할 것
⑪ 리프트 운전자 및 탑승자는 안전모, 안전화 등 개인보호구를 착용할 것

관련법령 「건설기계 안전보건작업지침」 6.3 건설용 리프트

11

다음은 낙하물 방지망 또는 방호선반의 설치 시 준수사항이다. (　　) 안에 알맞은 내용을 쓰시오. (4점)

> 가. 높이 (①)[m] 이내마다 설치하고, 내민 길이는 벽면으로부터 (②)[m] 이상으로 할 것
> 나. 수평면과의 각도는 (③)° 이상 (④)° 이하를 유지할 것

정답

① 10　② 2　③ 20　④ 30

관련법령 「산업안전보건기준에 관한 규칙」 제14조(낙하물에 의한 위험의 방지)

12

빈출

다음은 와이어로프의 사용금지 기준이다. (　　) 안에 알맞은 내용을 쓰시오. (2점)

> 가. 와이어로프의 한 꼬임에서 끊어진 소선의 수가 (①)[%] 이상인 것
> 나. 지름의 감소가 (②)의 7[%]를 초과하는 것

정답

① 10　② 공칭지름

관련법령 「산업안전보건기준에 관한 규칙」 제63조(달비계의 구조)

13

차량계 하역운반기계(지게차 등)의 운전자가 운전위치를 이탈하고자 할 때 운전자가 준수하여야 할 사항 2가지를 쓰시오. (4점)

정답

① 포크, 버킷, 디퍼 등의 장치를 가장 낮은 위치 또는 지면에 내려 둘 것
② 원동기를 정지시키고 브레이크를 확실히 거는 등 차량계 하역운반기계 등의 갑작스러운 이동을 방지하기 위한 조치를 할 것
③ 운전석을 이탈하는 경우에는 시동키를 운전대에서 분리시킬 것

관련법령 「산업안전보건기준에 관한 규칙」 제99조(운전위치 이탈 시의 조치)

14

굴착면의 높이가 2[m] 이상이 되는 암석의 굴착작업 시 특별안전보건교육 내용 4가지를 쓰시오. (4점)

정답

① 폭발물 취급 요령과 대피 요령에 관한 사항
② 안전거리 및 안전기준에 관한 사항
③ 방호물의 설치 및 기준에 관한 사항
④ 보호구 및 신호방법 등에 관한 사항
⑤ 그 밖에 안전·보건관리에 필요한 사항

관련법령 「산업안전보건법 시행규칙」 [별표 5] 안전보건교육 교육대상별 교육내용

4회

01

추락방지용 방망 그물코(매듭있음)의 크기는 몇 [mm]인지 쓰시오. (2점)

정답

100[mm] 이하

관련법령 「추락재해방지표준안전작업지침」 제3조(구조 및 치수)

02

기계가 서있는 지반보다 높은 곳을 굴착할 때 쓰는 기계는 무엇인지 쓰시오. (2점)

정답

파워셔블

03

잠함, 우물통, 수직갱 또는 이와 비슷한 건설물이나 설비의 내부에서 굴착작업을 할 때 사업주가 준수하여야 할 사항 3가지를 쓰시오. (6점)

정답

① 산소 결핍 우려가 있는 경우에는 산소의 농도를 측정하는 사람을 지명하여 측정하도록 할 것
② 근로자가 안전하게 오르내리기 위한 설비를 설치할 것
③ 굴착 깊이가 20[m]를 초과하는 경우에는 해당 작업장소와 외부와의 연락을 위한 통신설비 등을 설치할 것

관련법령 「산업안전보건기준에 관한 규칙」 제377조(잠함 등 내부에서의 작업)

04

근로감독관이 사업장에 출입하여 관계인에게 질문을 하고 장부, 서류, 그 밖의 물건의 검사 및 안전보건 점검을 하며, 관계 서류 제출을 요구할 수 있는 경우 3가지를 쓰시오. (6점)

정답

① 산업재해가 발생하거나 산업재해 발생의 급박한 위험이 있는 경우
② 근로자의 신고 또는 고소·고발 등에 대한 조사가 필요한 경우
③ 법 또는 법에 따른 명령을 위반한 범죄의 수사 등 사법경찰관리의 직무를 수행하기 위하여 필요한 경우
④ 그 밖에 고용노동부장관 또는 지방고용노동관서의 장이 법 또는 법에 따른 명령의 위반 여부를 조사하기 위하여 필요하다고 인정하는 경우

관련법령 「산업안전보건법 시행규칙」 제235조(감독기준)

05

빈출

「산업안전보건법령」상 특별안전보건교육 중 "거푸집 및 동바리의 조립 또는 해체작업" 대상 작업에 대한 교육내용에서 개별내용에 포함하여야 할 사항 4가지를 쓰시오. (단, 그 밖에 안전·보건관리에 필요한 사항은 제외한다.) (4점)

정답

① 동바리의 조립방법 및 작업 절차에 관한 사항
② 조립재료의 취급방법 및 설치기준에 관한 사항
③ 조립·해체 시의 사고 예방에 관한 사항
④ 보호구 착용 및 점검에 관한 사항

관련법령 「산업안전보건법 시행규칙」 [별표 5] 안전보건교육 교육대상별 교육내용

06

추락방호망의 설치기준 3가지를 쓰시오. (6점)

정답

① 추락방호망의 설치위치는 가능하면 작업면으로부터 가까운 지점에 설치하여야 하며, 작업면으로부터 망의 설치지점까지의 수직거리는 10[m]를 초과하지 아니할 것
② 추락방호망은 수평으로 설치하고, 망의 처짐은 짧은 변 길이의 12[%] 이상이 되도록 할 것
③ 건축물 등의 바깥쪽으로 설치하는 경우 추락방호망의 내민 길이는 벽면으로부터 3[m] 이상 되도록 할 것

관련법령 「산업안전보건기준에 관한 규칙」 제42조(추락의 방지)

07

자동차정비용 리프트의 운반구에 근로자를 탑승시켜서는 아니 되지만 탑승이 가능한 경우를 쓰시오. (3점)

정답

자동차정비용 리프트의 수리·조정 및 점검 등의 작업을 할 때에 그 작업에 종사하는 근로자가 위험해질 우려가 없도록 조치한 경우

관련법령 「산업안전보건기준에 관한 규칙」 제86조(탑승의 제한)

08

최빈출

댐 신설공사에서 재료비와 직접노무비의 합이 4,500,000,000원일 때 산업안전보건관리비를 계산하시오. (4점)

정답

(1) 산업안전보건관리비 계상기준

대상액이 5억 원 이상 50억 원 미만인 경우에는 대상액에 계상비율을 곱한 금액에 기초액을 합한 금액을 산업안전보건관리비로 계상한다.

구분 / 공사종류	5억 원 미만 [%]	5억 원 이상 50억 원 미만		50억 원 이상 [%]	보건관리자 선임대상 [%]
		적용비율 [%]	기초액[원]		
건축공사	3.11	2.28	4,325,000	2.37	2.64
토목공사	3.15	2.53	3,300,000	2.60	2.73
중건설공사	3.64	3.05	2,975,000	3.11	3.39
특수건설공사	2.07	1.59	2,450,000	1.64	1.78

(2) 산업안전보건관리비 계상

댐 신설공사는 중건설공사이다.

산업안전보건관리비 = 대상액(재료비 + 직접노무비) × 계상비율 + 기초액

= 4,500,000,000 × 0.0305 + 2,975,000

= 140,225,000원

관련법령 「건설업 산업안전보건관리비 계상 및 사용기준」 제2조(정의), 제4조(계상의무 및 기준), [별표 1] 공사종류 및 규모별 산업안전보건관리비 계상기준표, [별표 5] 건설공사의 종류 예시표

09

공정진행에 따른 산업안전보건관리비의 사용기준을 표의 ( ) 안에 쓰시오. (3점)

공정률	50[%] 이상 70[%] 미만	70[%] 이상 90[%] 미만	90[%] 이상
사용기준	(①)[%] 이상	(②)[%] 이상	(③)[%] 이상

정답

① 50 ② 70 ③ 90

관련법령 「건설업 산업안전보건관리비 계상 및 사용기준」 [별표 3] 공사진척에 따른 산업안전보건관리비 사용기준

10

회전날 끝에 다이아몬드 입자를 혼합 경화하여 제조된 절단톱으로 기둥, 보, 바닥, 벽체를 적당한 크기로 절단하여 해체하는 공법의 준수사항 3가지를 쓰시오. (6점)

정답

① 작업현장은 정리정돈이 잘 되어야 할 것
② 절단기에 사용되는 전기시설과 급수, 배수설비를 수시로 정비 점검할 것
③ 회전날에는 접촉방지 커버를 부착하도록 할 것
④ 회전날의 조임상태는 안전한지 작업 전에 점검할 것
⑤ 절단 중 회전날을 냉각시키는 냉각수는 충분한지 점검하고 불꽃이 많이 비산되거나 수증기 등이 발생되면 과열된 것이므로 일시중단 한 후 작업을 실시할 것
⑥ 절단방향을 직선을 기준하여 절단하고 부재 중에 철근 등이 있어 절단이 안 될 경우에는 최소단면으로 절단할 것
⑦ 절단기는 매일 점검하고 정비해 두어야 하며 회전 구조부에는 윤활유를 주유해 둘 것

관련법령 「해체공사표준안전작업지침」 제9조(절단톱)

11

건설업 기초안전·보건교육 시 ① 교육시간과 ② 교육내용 2가지를 쓰시오. (4점)

정답

① 교육시간: 4시간 이상

② 교육내용

㉠ 건설공사의 종류(건축·토목 등) 및 시공 절차

㉡ 산업재해 유형별 위험요인 및 안전보건조치

㉢ 안전보건관리체제 현황 및 산업안전보건 관련 근로자 권리·의무

관련법령 「산업안전보건법 시행규칙」 [별표 4] 안전보건교육 교육과정별 교육시간, [별표 5] 안전보건교육 교육대상별 교육내용

12

차량계 건설기계의 작업계획에 포함되어야 할 사항 3가지를 쓰시오. (3점)

정답

① 사용하는 차량계 건설기계의 종류 및 성능

② 차량계 건설기계의 운행경로

③ 차량계 건설기계에 의한 작업방법

관련법령 「산업안전보건기준에 관한 규칙」 [별표 4] 사전조사 및 작업계획서 내용

13

와이어로프의 안전계수에 대해 설명하시오. (3점)

정답

와이어로프 절단하중의 값을 그 와이어로프에 걸리는 하중의 최대값으로 나눈 값

관련법령 「산업안전보건기준에 관한 규칙」 제163조(와이어로프 등 달기구의 안전계수)

14

차량계 하역운반기계에 화물 적재 시 사업주의 준수사항 4가지를 쓰시오. (8점)

정답

① 하중이 한쪽으로 치우치지 않도록 적재할 것

② 구내운반차 또는 화물자동차의 경우 화물의 붕괴 또는 낙하에 의한 위험을 방지하기 위하여 화물에 로프를 거는 등 필요한 조치를 할 것

③ 운전자의 시야를 가리지 않도록 화물을 적재할 것

④ 최대적재량을 초과하지 않도록 할 것

관련법령 「산업안전보건기준에 관한 규칙」 제173조(화물적재 시의 조치)

2015년 | 기출문제

1회

01

달비계 또는 높이 5[m] 이상의 비계를 조립, 해체하거나 변경작업을 할 때에 사업주로서 준수하여야 할 사항 2가지를 쓰시오. (4점)

빈출

정답

① 근로자가 관리감독자의 지휘에 따라 작업하도록 할 것
② 조립·해체 또는 변경의 시기·범위 및 절차를 그 작업에 종사하는 근로자에게 주지시킬 것
③ 조립·해체 또는 변경 작업구역에는 해당 작업에 종사하는 근로자가 아닌 사람의 출입을 금지하고 그 내용을 보기 쉬운 장소에 게시할 것
④ 비, 눈, 그 밖의 기상상태의 불안정으로 날씨가 몹시 나쁜 경우에는 그 작업을 중지시킬 것
⑤ 비계재료의 연결·해체작업을 하는 경우에는 폭 20[cm] 이상의 발판을 설치하고 근로자로 하여금 안전대를 사용하도록 하는 등 추락을 방지하기 위한 조치를 할 것
⑥ 재료·기구 또는 공구 등을 올리거나 내리는 경우에는 근로자가 달줄 또는 달포대 등을 사용하게 할 것

관련법령 「산업안전보건기준에 관한 규칙」 제57조(비계 등의 조립·해체 및 변경)

02

작업장에서 크레인을 사용하여 운반작업을 하려고 한다. 작업시작 전에 점검하여야 할 사항 3가지를 쓰시오. (3점)

빈출

정답

① 권과방지장치·브레이크·클러치 및 운전장치의 기능
② 주행로의 상측 및 트롤리가 횡행하는 레일의 상태
③ 와이어로프가 통하고 있는 곳의 상태

관련법령 「산업안전보건기준에 관한 규칙」 [별표 3] 작업시작 전 점검사항

03

「산업안전보건법령」상 다음 경우의 양중기의 와이어로프 등 달기구의 안전계수를 ( ) 안에 쓰시오. (4점)

빈출

가. 근로자가 탑승하는 운반구를 지지하는 경우: (①) 이상
나. 화물의 하중을 직접 지지하는 경우: (②) 이상
다. 훅, 샤클, 클램프, 리프팅 빔의 경우: (③) 이상
라. 그 밖의 경우: (④) 이상

정답

① 10 ② 5 ③ 3 ④ 4

관련법령 「산업안전보건기준에 관한 규칙」 제163조(와이어로프 등 달기구의 안전계수)

04

「산업안전보건법령」에 따라 항타기 또는 항발기 조립·해체 시 점검하여야 할 사항 3가지를 쓰시오. (6점)

정답

① 본체 연결부의 풀림 또는 손상의 유무
② 권상용 와이어로프·드럼 및 도르래의 부착상태의 이상 유무
③ 권상장치의 브레이크 및 쐐기장치 기능의 이상 유무
④ 권상기의 설치상태의 이상 유무
⑤ 리더(Leader)의 버팀 방법 및 고정상태의 이상 유무
⑥ 본체·부속장치 및 부속품의 강도가 적합한지 여부
⑦ 본체·부속장치 및 부속품에 심한 손상·마모·변형 또는 부식이 있는지 여부

관련법령 「산업안전보건기준에 관한 규칙」 제207조(조립·해체 시 점검사항)

05

빈출

근로자가 작업발판 위에서 전기용접 작업을 하다가 지면으로 떨어져 부상을 당했다. 재해분석을 하시오. (3점)

가. 발생형태: (①) 나. 기인물: (②) 다. 가해물: (③)

정답

① 떨어짐(추락)　② 작업발판　③ 지면

06

잠함, 우물통, 수직갱, 기타 이와 유사한 건설물 또는 설비의 내부에서 굴착작업을 할 때 사업주가 준수하여야 할 사항 2가지를 쓰시오. (4점)

정답

① 산소 결핍 우려가 있는 경우에는 산소의 농도를 측정하는 사람을 지명하여 측정하도록 할 것
② 근로자가 안전하게 오르내리기 위한 설비를 설치할 것
③ 굴착 깊이가 20[m]를 초과하는 경우에는 해당 작업장소와 외부와의 연락을 위한 통신설비 등을 설치할 것

관련법령 「산업안전보건기준에 관한 규칙」 제377조(잠함 등 내부에서의 작업)

07

다음 ( ) 안에 알맞은 내용을 쓰시오. (2점)

터널건설작업을 할 때에 터널 내부의 시계가 배기가스나 (①) 등에 의하여 현저하게 제한되는 경우에는 (②)를 하거나 물을 뿌리는 등 시계를 유지하기 위하여 필요한 조치를 하여야 한다.

정답

① 분진　② 환기

관련법령 「산업안전보건기준에 관한 규칙」 제353조(시계의 유지)

08

해중공사 또는 한중 콘크리트 공사에 적당한 시멘트 1가지를 쓰시오. (2점)

정답

조강 포틀랜드 시멘트

09

빈출

하인리히의 재해예방대책 5단계를 순서대로 쓰시오. (5점)

정답

① 1단계: 안전관리조직
② 2단계: 사실의 발견
③ 3단계: 평가·분석
④ 4단계: 시정책의 선정
⑤ 5단계: 시정책의 시행

10

굴착작업 시 토석이 붕괴되는 원인을 외적 원인과 내적 원인으로 구분할 때 외적 원인에 해당하는 사항 3가지를 쓰시오. (6점)

정답

① 사면, 법면의 경사 및 기울기의 증가
② 절토 및 성토 높이의 증가
③ 공사에 의한 진동 및 반복 하중의 증가
④ 지표수 및 지하수의 침투에 의한 토사 중량의 증가
⑤ 지진, 차량, 구조물의 하중작용
⑥ 토사 및 암석의 혼합층두께

관련법령 「굴착공사 표준안전 작업지침」 제28조(토석붕괴의 원인)

11

거푸집 해체 시 안전상 유의사항을 설명한 것이다. (   ) 안에 알맞은 내용을 쓰시오. (6점)

> 가. 거푸집의 해체는 순서에 의하여 실시하며 (①)를 배치한다.
> 나. 콘크리트 자중 및 시공 중에 가해지는 기타하중에 충분히 견딜만한 (②)를 가질 때까지는 해체하지 아니 한다.
> 다. 해체작업 시에는 안전모 등 (③)를 착용한다.
> 라. 해체작업장 주위에는 관계자를 제외하고는 (④)을 금지시켜야 한다.
> 마. (⑤) 동시 작업은 원칙적으로 금지한다. 불가피한 경우 긴밀한 연락을 유지한다.
> 바. 보 또는 슬래브 거푸집을 제거할 때에는 거푸집의 (⑥)으로 인한 작업원의 돌발적 재해를 방지한다.

정답

① 안전담당자	② 강도	③ 안전 보호장구
④ 출입	⑤ 상하	⑥ 낙하 충격

관련법령 「콘크리트공사표준안전작업지침」 제9조(해체)

12

「산업안전보겁법령」상 다음의 안전보건표지별 종류를 각각 2가지씩 쓰시오. (8점)

① 금지표지	② 경고표지
③ 지시표지	④ 안내표지

정답

① 금지표지: 출입금지, 보행금지, 차량통행금지, 사용금지, 탑승금지 등
② 경고표지: 인화성물질 경고, 산화성물질 경고, 폭발성물질 경고, 급성독성물질 경고, 부식성물질 경고 등
③ 지시표지: 보안경 착용, 방독마스크 착용, 방진마스크 착용, 보안면 착용, 안전모 착용 등
④ 안내표지: 녹십자표지, 응급구호표지, 들것, 세안장치, 비상용기구 등

관련법령 「산업안전보건법 시행규칙」 [별표 6] 안전보건표지의 종류와 형태

13

빈출

연평균 100명의 근로자를 가진 사업장에서 연간 5건의 재해가 발생하였는데, 그 중 사망 1명, 14급 2명, 1명은 30일 치료, 다른 1명은 7일 치료하였다. ① 강도율을 구하고, 산출한 ② 강도율의 의미를 쓰시오. (단, 종업원의 근무시간은 1일 8시간, 연간 300일이다.) (4점)

정답

① 강도율 $= \dfrac{\text{총 요양근로손실일수}}{\text{연근로시간 수}} \times 1,000$

$$= \frac{7,500 + 50 \times 2 + (30+7) \times \frac{300}{365}}{100 \times (8 \times 300)} \times 1,000 \fallingdotseq 31.79$$

② 의미: 근로시간 합계 1,000시간당 요양재해로 인한 근로손실일수

관련법령 「산업재해통계업무처리규정」 [별표 1] 요양근로손실일수 산정요령

14

사다리의 다리부분에는 미끄럼방지장치를 하여야 한다. 다음 용도에 적절한 미끄럼방지장치를 쓰시오. (3점)

> ① 지반이 평탄한 맨땅
> ② 인조고무 등으로 마감한 실내
> ③ 돌마무릴 또는 인조석 깔기로 마감한 바닥

정답

① 쐐기형 강스파이크
② 미끄럼방지 발판
③ 미끄럼방지 판자 및 미끄럼방지 고정쇠

관련법령 「가설공사 표준안전 작업지침」 제21조(미끄럼방지 장치)

2회

01

빈출

다음은 철골공사 작업을 중지해야 하는 조건이다. (   ) 안에 알맞은 내용을 쓰시오. (3점)

> 가. 풍속: 초당 (①)[m] 이상인 경우
> 나. 강우량: 시간당 (②)[mm] 이상인 경우
> 다. 강설량: 시간당 (③)[cm] 이상인 경우

정답

① 10 ② 1 ③ 1

관련법령 「산업안전보건기준에 관한 규칙」 제383조(작업의 제한)

02

빈출

채석작업을 하는 경우 작업계획서에 포함해야 하는 사항 3가지를 쓰시오. (3점)

정답

① 노천굴착과 갱내굴착의 구별 및 채석방법
② 굴착면의 높이와 기울기
③ 굴착면 소단의 위치와 넓이
④ 갱내에서의 낙반 및 붕괴방지 방법
⑤ 발파방법
⑥ 암석의 분할방법
⑦ 암석의 가공장소
⑧ 사용하는 굴착기계 등의 종류 및 성능
⑨ 토석 또는 암석의 적재 및 운반방법과 운반경로
⑩ 표토 또는 용수의 처리방법

관련법령 「산업안전보건기준에 관한 규칙」 [별표 4] 사전조사 및 작업계획서 내용

03

건설공사 중 발생되는 파이핑 현상과 보일링 현상을 간략히 설명하시오. (4점)

정답

① 파이핑 현상: 보일링 현상으로 인해 지반 내에 물의 통로가 생기면서 파이프 모양으로 구멍이 뚫려 흙이 세굴되어 지반이 파괴되는 현상
② 보일링 현상: 사질토 지반을 굴착할 때 굴착 저면과 흙막이 배면의 지하수 수위차로 인해 굴착 저면의 흙과 물이 함께 솟구쳐 오르는 현상

04

터널 굴착공사 시 터널 내 공기오염의 원인 2가지를 쓰시오. (4점)

정답

① 작업원 호흡에 의한 배출가스
② 화약의 발파에 의해 발생되는 연기와 가스
③ 공사용 디젤차량, 페이로더, 덤프트럭 등의 배기가스
④ 점보드릴, 굴착기계, 적재기계의 사용에 의하여 비산되는 분진

05

수급인인 사업주가 안전관리자를 선임하지 아니할 수 있는 요건 2가지를 쓰시오. (4점)

정답

① 도급인인 사업주 자신이 선임해야 할 안전관리자를 둔 경우
② 안전관리자를 두어야 할 수급인인 사업주의 사업의 종류별로 상시근로자 수를 합계하여 그 상시근로자 수에 해당하는 안전관리자를 추가로 선임한 경우

관련법령 「산업안전보건법 시행규칙」 제10조(도급사업의 안전관리자 등의 선임)

06

적응기제 중 방어기제 및 도피기제를 각각 2가지씩 쓰시오. (4점)

정답

① 방어기제: 승화, 보상, 합리화, 투사
② 도피기제: 백일몽, 퇴행, 억압, 고립

07

굴착면의 높이가 2[m] 이상이 되는 암석의 굴착작업 시 특별교육 내용 3가지를 쓰시오. (단, 그 밖에 안전·보건관리에 필요한 사항은 제외한다.) (3점)

정답

① 폭발물 취급 요령과 대피 요령에 관한 사항
② 안전거리 및 안전기준에 관한 사항
③ 방호물의 설치 및 기준에 관한 사항
④ 보호구 및 신호방법 등에 관한 사항

관련법령 「산업안전보건법 시행규칙」 [별표 5] 안전보건교육 교육대상별 교육내용

08

PS 콘크리트에서 프리스트레스 도입 즉시 일어나는 응력 손실 2가지를 쓰시오. (4점)

정답

① 콘크리트의 탄성변형(탄성수축)
② PC 강재와 쉬스관 마찰
③ 정착장치의 활동

09

도급인이 관계수급인 근로자가 도급인의 사업장에서 작업을 하는 경우 이행하여야 하는 사항 3가지를 쓰시오. (6점)

정답

① 도급인과 수급인을 구성원으로 하는 안전 및 보건에 관한 협의체의 구성 및 운영
② 작업장 순회점검
③ 관계수급인이 근로자에게 하는 안전보건교육을 위한 장소 및 자료의 제공 등 지원
④ 관계수급인이 근로자에게 하는 안전보건교육의 실시 확인
⑤ 작업 장소에서 발파작업 또는 화재·폭발, 토사·구축물 등의 붕괴 또는 지진 등이 발생한 경우에 대비한 경보체계 운영과 대피방법 등 훈련
⑥ 위생시설 등 고용노동부령으로 정하는 시설의 설치 등을 위하여 필요한 장소의 제공 또는 도급인이 설치한 위생시설 이용의 협조
⑦ 같은 장소에서 이루어지는 도급인과 관계수급인 등의 작업에 있어서 관계수급인 등의 작업시기·내용, 안전조치 및 보건조치 등의 확인
⑧ 관계수급인 등의 작업 혼재로 인하여 화재·폭발 등 대통령령으로 정하는 위험이 발생할 우려가 있는 경우 관계수급인 등의 작업시기·내용 등의 조정

관련법령 「산업안전보건법」 제64조(도급에 따른 산업재해 예방조치)

10

빈출

가설통로 설치 시 준수사항 3가지를 쓰시오. (6점)

정답

① 견고한 구조로 할 것
② 경사는 30° 이하로 할 것
③ 경사가 15°를 초과하는 경우에는 미끄러지지 아니하는 구조로 할 것
④ 추락할 위험이 있는 장소에는 안전난간을 설치할 것
⑤ 수직갱에 가설된 통로의 길이가 15[m] 이상인 경우에는 10[m] 이내마다 계단참을 설치할 것
⑥ 건설공사에 사용하는 높이 8[m] 이상인 비계다리에는 7[m] 이내마다 계단참을 설치할 것

관련법령 「산업안전보건기준에 관한 규칙」 제23조(가설통로의 구조)

11

빈출

달비계에 설치하는 와이어로프의 사용금지 사항 3가지를 쓰시오. (6점)

정답

① 이음매가 있는 것
② 와이어로프의 한 꼬임에서 끊어진 소선의 수가 10[%] 이상인 것
③ 지름의 감소가 공칭지름의 7[%]를 초과하는 것
④ 꼬인 것
⑤ 심하게 변형되거나 부식된 것
⑥ 열과 전기충격에 의해 손상된 것

관련법령 「산업안전보건기준에 관한 규칙」 제63조(달비계의 구조)

12

다음 공법의 이름을 쓰시오. (4점)

> ① 흙막이벽의 배면을 원통형으로 굴착하고, 여기에 고강도 PC강재 등의 인장재와 그라우트를 주입시켜 형성한 앵커체(deadman)에 긴장력을 주어 흙막이벽을 지지하는 공법
> ② 지하의 굴착과 병행하여 지상의 기둥, 보 등의 구조를 축조하면서 지하연속벽을 흙막이벽으로 하여 굴착하면서 구조체를 형성하는 공법

정답

① 어스앵커공법 ② 탑다운공법

13

지난해 총산업재해보상보험 보상액이 214,730,693,000원일 때, 하인리히 방식으로 각 손실비용을 구하시오. (단, 계상 과정을 명시하시오.) (6점)

① 직접손실비용 ② 간접손실비용 ③ 총 손실비용

정답

① 직접손실비용 = 총산업재해보상보험 보상액 = 214,730,693,000원

② 하인리히 방식에 따르면 직접손실비용과 간접손실비용의 비는 1 : 4이다.

간접손실비용 = 직접손실비용 × 4

= 214,730,693,000 × 4 = 858,922,772,000원

③ 총 손실비용 = 직접손실비용 + 간접손실비용

= 214,730,693,000 + 858,922,772,000

= 1,073,653,465,000원

14

사질토 지반 개량공법의 종류 3가지를 쓰시오. (3점)

정답

① 바이브로 플로테이션공법

② 다짐말뚝공법

③ 전기충격공법

④ 다짐모래말뚝공법

4회

01

빈출

철골공사 작업을 중지해야 하는 조건이다. ( ) 안에 알맞은 내용을 쓰시오. (3점)

가. 풍속: 초당 (①)[m] 이상인 경우 나. 강우량: 시간당 (②)[mm] 이상인 경우 다. 강설량: 시간당 (③)[cm] 이상인 경우

정답

① 10　　② 1　　③ 1

관련법령 「산업안전보건기준에 관한 규칙」 제383조(작업의 제한)

02

빈출

보일링 현상 방지대책 3가지를 쓰시오. (단, 작업중지, 굴착토 원상 매립은 제외한다.) (6점)

정답

① 지하수위 저하를 위한 배수조치

② 지하수의 흐름 변경

③ 흙막이벽의 근입 깊이 연장

④ 차수성이 높은 흙막이 설치

⑤ 지반을 복구하기 위한 압성토공법 시행

03

최빈출

건설공사의 총 공사원가가 100억 원이고, 이 중 재료비와 직접노무비의 합이 60억 원인 터널신설공사의 산업안전보건관리비를 다음 기준표를 참고하여 계산하시오. (4점)

구분 / 공사종류	5억 원 미만 [%]	5억 원 이상 50억 원 미만		50억 원 이상 [%]
		적용비율 [%]	기초액 [원]	
중건설공사	3.64	3.05	2,975,000	3.11
건축공사	3.11	2.28	4,325,000	2.37

정답

터널신설공사는 중건설공사이다.

대상액이 5억 원 미만 또는 50억 원 이상인 경우에는 대상액에 계상비율을 곱한 금액을 산업안전보건관리비로 계상한다.

산업안전보건관리비＝대상액(재료비＋직접노무비)×계상비율

＝60억×0.0311＝186,600,000원

관련법령 「건설업 산업안전보건관리비 계상 및 사용기준」 제2조(정의), 제4조(계상의무 및 기준), [별표 5] 건설공사의 종류 예시표

04

높이 5[m] 이상의 비계를 조립·해체하거나 변경하는 작업에서 관리감독자의 직무수행 내용 4가지를 쓰시오. (4점)

정답

① 재료의 결함 유무를 점검하고 불량품을 제거하는 일

② 기구·공구·안전대 및 안전모 등의 기능을 점검하고 불량품을 제거하는 일

③ 작업방법 및 근로자 배치를 결정하고 작업 진행 상태를 감시하는 일

④ 안전대와 안전모 등의 착용 상황을 감시하는 일

관련법령 「산업안전보건기준에 관한 규칙」 [별표 2] 관리감독자의 유해·위험 방지

05

빈출

철골구조물 건립 중 강풍에 의한 풍압 등 외압에 대한 내력이 설계에 고려되었는지 확인해야 할 구조물 3가지를 쓰시오. (6점)

정답

① 높이 20[m] 이상의 구조물

② 구조물의 폭과 높이의 비가 1 : 4 이상인 구조물

③ 단면구조에 현저한 차이가 있는 구조물

④ 연면적당 철골량이 50[kg/m²] 이하인 구조물

⑤ 기둥이 타이플레이트형인 구조물

⑥ 이음부가 현장용접인 구조물

관련법령 「철골공사표준안전작업지침」 제3조(설계도 및 공작도 확인)

06

빈출

계단의 설치 기준이다. (   ) 안에 알맞은 내용을 쓰시오. (5점)

> 가. 사업주는 계단 및 계단참을 설치하는 경우 1[m²] 당 (①)[kg] 이상의 하중에 견딜 수 있는 강도를 가진 구조로 설치하여야 하며, 안전율은 (②) 이상으로 하여야 한다.
> 나. 사업주는 계단을 설치하는 경우 그 폭을 (③)[m] 이상으로 하여야 한다.
> 다. 사업주는 계단을 설치하는 경우 바닥면으로부터 높이 (④)[m] 이내의 공간에 장애물이 없도록 하여야 한다.
> 라. 사업주는 높이 (⑤)[m] 이상인 계단의 개방된 측면에 안전난간을 설치하여야 한다.

정답

① 500　② 4　③ 1

④ 2　⑤ 1

관련법령 「산업안전보건기준에 관한 규칙」 제26조(계단의 강도), 제27조(계단의 폭), 제29조(천장의 높이), 제30조(계단의 난간)

07

빈출

고용노동부장관이 산업재해 예방활동에 대한 참여와 지원을 촉진하기 위하여 명예산업안전감독관에 위촉할 수 있는 대상자 3가지를 쓰시오. (6점)

정답

① 산업안전보건위원회 구성 대상 사업의 근로자 또는 노사협의체 구성·운영 대상 건설공사의 근로자 중에서 근로자대표가 사업주의 의견을 들어 추천하는 사람
② 노동조합 또는 그 지역 대표기구에 소속된 임직원 중에서 해당 연합단체인 노동조합 또는 그 지역 대표기구가 추천하는 사람
③ 전국 규모의 사업주단체 또는 그 산하조직에 소속된 임직원 중에서 해당 단체 또는 그 산하조직이 추천하는 사람
④ 산업재해 예방 관련 업무를 하는 단체 또는 그 산하조직에 소속된 임직원 중에서 해당 단체 또는 그 산하조직이 추천하는 사람

관련법령 「산업안전보건법 시행령」 제32조(명예산업안전감독관 위촉 등)

08

전기기계·기구 중 이동형이나 휴대형의 것으로 감전방지용 누전차단기를 설치해야 하는 기계·기구 3가지를 쓰시오. (6점)

정답

① 대지전압이 150[V]를 초과하는 것
② 철판·철골 위 등 도전성이 높은 장소에서 사용하는 것
③ 임시배선의 전로가 설치되는 장소에서 사용하는 것

관련법령 「산업안전보건기준에 관한 규칙」 제304조(누전차단기에 의한 감전방지)

09

「산업안전보건법령」상 안전검사대상 유해·위험 기계의 종류 4가지를 쓰시오. (단, 조건이 있는 경우에는 조건을 함께 쓰시오.) (4점)

정답

① 프레스
② 전단기
③ 크레인(정격하중이 2톤 미만인 것 제외)
④ 리프트
⑤ 압력용기
⑥ 곤돌라
⑦ 국소 배기장치(이동식 제외)
⑧ 원심기(산업용만 해당)
⑨ 롤러기(밀폐형 구조 제외)
⑩ 사출성형기(형 체결력 294[kN] 미만 제외)
⑪ 고소작업대(화물자동차 또는 특수자동차에 탑재한 고소작업대로 한정)
⑫ 컨베이어
⑬ 산업용 로봇

관련법령 「산업안전보건법 시행령」 제78조(안전검사대상기계등)

10

「산업안전보건법령」상 자동차정비용 리프트를 사용하여 작업을 하는 때의 작업시작 전 점검사항 2가지를 쓰시오. (2점)

정답

① 방호장치·브레이크 및 클러치의 기능
② 와이어로프가 통하고 있는 곳의 상태

관련법령 「산업안전보건기준에 관한 규칙」 [별표 3] 작업시작 전 점검사항

11

토사 등 또는 구축물의 붕괴 또는 낙하 등에 의하여 근로자가 위험해질 우려가 있는 경우 그 위험을 방지하기 위한 조치사항이다. (　　) 안에 알맞은 내용을 쓰시오. (2점)

> 가. 지반은 안전한 경사로 하고 낙하의 위험이 있는 토석을 제거하거나 옹벽, (①) 등을 설치할 것
> 나. 토사 등의 붕괴 또는 낙하 원인이 되는 빗물이나 (②) 등을 배제할 것

정답

① 흙막이 지보공　　② 지하수

관련법령 「산업안전보건기준에 관한 규칙」 제50조(토사등에 의한 위험 방지)

12

안전모의 종류 AB, AE, ABE의 사용구분에 따른 용도를 쓰시오. (6점)

정답

① AB: 물체의 낙하 또는 비래 및 추락에 의한 위험을 방지 또는 경감시키기 위한 것
② AE: 물체의 낙하 또는 비래에 의한 위험을 방지 또는 경감하고, 머리부위 감전에 의한 위험을 방지하기 위한 것
③ ABE: 물체의 낙하 또는 비래 및 추락에 의한 위험을 방지 또는 경감하고, 머리부위 감전에 의한 위험을 방지하기 위한 것

관련법령 「보호구 안전인증 고시」 [별표 1] 추락 및 감전 위험방지용 안전모의 성능기준

13

관리감독자 안전보건업무 수행 시 산업안전보건관리비에서 업무수당을 지급할 수 있는 작업 3가지를 쓰시오. (6점)

정답

① 건설용 리프트·곤돌라를 이용한 작업
② 콘크리트 파쇄기를 사용하여 행하는 파쇄작업(2[m] 이상인 구축물 파쇄에 한정)
③ 굴착 깊이가 2[m] 이상인 지반의 굴착작업
④ 흙막이 지보공의 보강, 동바리 설치 또는 해체작업
⑤ 터널 안에서의 굴착작업, 터널거푸집의 조립 또는 콘크리트 작업
⑥ 굴착면의 깊이가 2[m] 이상인 암석 굴착작업
⑦ 거푸집 지보공의 조립 또는 해체작업
⑧ 비계의 조립, 해체 또는 변경작업
⑨ 건축물의 골조, 교량의 상부구조 또는 탑의 금속제의 부재에 의하여 구성되는 것(5[m] 이상에 한정)의 조립, 해체 또는 변경작업
⑩ 콘크리트 공작물(높이 2[m] 이상에 한정)의 해체 또는 파괴 작업
⑪ 전압이 75[V] 이상인 정전 및 활선작업
⑫ 맨홀작업, 산소결핍장소에서의 작업
⑬ 도로에 인접하여 관로, 케이블 등을 매설하거나 철거하는 작업
⑭ 전주 또는 통신주에서의 케이블 공중가설작업

관련법령 「건설업 산업안전보건관리비 계상 및 사용기준」 [별표 1의2] 관리감독자 안전보건업무 수행 시 수당지급 작업

2014년 | 기출문제

1회

01

최빈출

다음 안전보건표지의 명칭을 쓰시오. (4점)

①	②	③	④

정답

① 사용금지　② 인화성물질 경고

③ 폭발성물질 경고　④ 낙하물 경고

관련법령 「산업안전보건법 시행규칙」 [별표 6] 안전보건표지의 종류와 형태

02

중량물 취급 작업 시 작업계획서의 내용 2가지를 쓰시오. (2점)

정답

① 추락위험을 예방할 수 있는 안전대책
② 낙하위험을 예방할 수 있는 안전대책
③ 전도위험을 예방할 수 있는 안전대책
④ 협착위험을 예방할 수 있는 안전대책
⑤ 붕괴위험을 예방할 수 있는 안전대책

관련법령 「산업안전보건기준에 관한 규칙」 [별표 4] 사전조사 및 작업계획서 내용

03

곤돌라 작업 시 운반구에 근로자가 탑승 가능한 경우 2가지를 쓰시오. (4점)

정답

① 운반구가 뒤집히거나 떨어지지 않도록 필요한 조치를 한 경우
② 안전대나 구명줄을 설치하고, 안전난간을 설치할 수 있는 구조인 경우이면 안전난간을 설치한 경우

관련법령 「산업안전보건기준에 관한 규칙」 제86조(탑승의 제한)

04

「건설업 산업안전보건관리비 계상 및 사용기준」상 안전관리비로 사용할 수 없는 항목을 모두 고르시오. (4점)

① 공사장 경계표시를 위한 가설울타리
② 안전보조원의 인건비
③ 경사법면의 보호망
④ 개인보호구, 개인장구의 보관시설
⑤ 현장사무소의 휴게시설
⑥ 근로자에게 일률적으로 지급하는 보냉 · 보온장구
⑦ 안전교육장의 설치비
⑧ 작업장 방역 및 소독비, 방충비
⑨ 실내 작업장의 냉 · 난방 시설 설치비 및 유지비

※ 「건설업 산업안전보건관리비 계상 및 사용기준」이 개정됨에 따라 '안전관리비 항목별 사용 불가내역'은 삭제되었습니다. 이에 따라 이 문제는 성립될 수 없습니다.

05

빈출

「산업안전보건법령」상 특별안전보건교육 중 거푸집 및 동바리의 조립 또는 해체작업에 대한 교육내용에서 개별내용에 해당되는 사항 3가지를 쓰시오. (단, 그 밖에 안전·보건관리에 필요한 사항은 제외한다.) (3점)

정답

① 동바리의 조립방법 및 작업 절차에 관한 사항
② 조립재료의 취급방법 및 설치기준에 관한 사항
③ 조립·해체 시의 사고 예방에 관한 사항
④ 보호구 착용 및 점검에 관한 사항

관련법령 「산업안전보건법 시행규칙」 [별표 5] 안전보건교육 교육대상별 교육내용

06

사업주가 시스템비계를 사용하여 비계를 구성하는 경우 준수사항 4가지를 쓰시오. (8점)

정답

① 수직재·수평재·가새재를 견고하게 연결하는 구조가 되도록 할 것
② 비계 밑단의 수직재와 받침철물은 밀착되도록 설치하고, 수직재와 받침철물의 연결부의 겹침길이는 받침철물 전체길이의 $\frac{1}{3}$ 이상이 되도록 할 것
③ 수평재는 수직재와 직각으로 설치하여야 하며, 체결 후 흔들림이 없도록 견고하게 설치할 것
④ 수직재와 수직재의 연결철물은 이탈되지 않도록 견고한 구조로 할 것
⑤ 벽 연결재의 설치간격은 제조사가 정한 기준에 따라 설치할 것

관련법령 「산업안전보건기준에 관한 규칙」 제69조(시스템 비계의 구조)

07

파일(Pile) 타입 시 부마찰력이 잘 생기는 지반을 모두 고르시오. (4점)

① 지반이 압밀 진행 중인 연약 점토 지반일 때
② 지표면 침하에 따른 지하수가 저하되는 지반일 때
③ 사질토가 점성토 위에 놓일 때
④ 점착력 있는 압축성 지반일 때

정답

①, ②, ③

오답해설

④ 점착력이 있는 점성토 지반은 압축성이 있으나 말뚝보다도 지반의 침하량이 크게 발생된다고 볼 수 없다.

08

빈출

지반의 동결방지대책(조치사항) 3가지를 쓰시오. (6점)

정답

① 단열재료 삽입
② 지하수위 저하
③ 동결심도 아래 배수층 설치
④ 모관수 상승을 방지하는 차단층 설치
⑤ 지표의 흙을 화학처리하여 동결온도 저하

09

최빈출

공사금액이 1,800억 원인 건설업에서 선임해야 할 안전관리자의 수를 쓰시오. (단, 전체 공사기간을 100으로 할 때 공사 시작에서 15에 해당하는 기간과 공사 종료 전의 15에 해당하는 기간이 아니다.) (2점)

정답

3명 이상

관련법령 「산업안전보건법 시행령」 [별표 3] 안전관리자를 두어야 하는 사업의 종류, 사업장의 상시근로자 수, 안전관리자의 수 및 선임방법

10

작업발판에 대한 설명 중 (　　) 안에 알맞은 내용을 쓰시오. (5점)

가. 비계의 높이가 2[m] 이상인 작업장소에 설치하는 작업발판의 폭은 (①)[cm] 이상으로 하고, 발판재료 간의 틈은 (②)[cm] 이하로 할 것
나. 선박 및 보트 건조작업의 경우 선박블록 또는 엔진실 등의 좁은 작업공간에 작업발판을 설치하기 위하여 필요하면 작업발판의 폭을 (③)[cm] 이상으로 할 수 있고, 걸침비계의 경우 강관기둥 때문에 발판재료 간의 틈을 3[cm] 이하로 유지하기 곤란하면 (④)[cm] 이하로 할 수 있다. 이 경우 그 틈 사이로 물체 등이 떨어질 우려가 있는 곳에는 출입금지 등의 조치를 하여야 한다.
다. 작업발판재료는 뒤집히거나 떨어지지 않도록 (⑤) 이상의 지지물에 연결하거나 고정시킬 것

정답

① 40　② 3　③ 30
④ 5　⑤ 둘(=2)

관련법령 「산업안전보건기준에 관한 규칙」 제56조(작업발판의 구조)

11

점착성이 있는 흙은 액체상태로부터 점차 함수량을 감소시키면 고체상태로 된다. 이와 같이 얻어진 고체상태의 흙을 침수시키면 다시 액체로 되지 아니하고 흙 입자간의 결합력이 감소되어 붕괴한다. 이 현상은 무엇인지 쓰시오. (2점)

정답

비화작용(Slaking)

12

흙막이 공법을 흙막이 지지방식에 의한 분류와 구조방식에 의한 분류로 나눌 때, 지지방식에 의한 공법 3가지를 쓰시오. (3점)

정답

① 자립공법　② 버팀대공법
③ 어스앵커공법　④ 타이로드공법

13

빈출

건설현장의 지난 한 해 동안 근무상황이 다음과 같을 때, ① 도수율, ② 강도율, ③ 종합재해지수를 각각 구하시오. (9점)

가. 연평균 근로자수: 200명
나. 1일 작업시간: 8시간
다. 연근로일수: 300일
라. 출근율: 90[%]
마. 연간 재해건수: 9건
바. 휴업일수: 125일
사. 시간 외 작업시간 합계: 20,000시간
아. 지각 및 조퇴시간 합계: 2,000시간

정답

① 도수율 $= \frac{\text{재해건수}}{\text{연근로시간 수}} \times 1{,}000{,}000$

$= \frac{9}{200 \times (8 \times 300 \times 0.9) + (20{,}000 - 2{,}000)} \times 1{,}000{,}000 = 20$

② 강도율 $= \frac{\text{총 요양근로손실일수}}{\text{연근로시간 수}} \times 1{,}000$

$= \frac{125 \times \frac{300}{365}}{200 \times (8 \times 300 \times 0.9) + (20{,}000 - 2{,}000)} \times 1{,}000 \fallingdotseq 0.23$

③ 종합재해지수(FSI) $= \sqrt{\text{도수율} \times \text{강도율}} = \sqrt{20 \times 0.23} \fallingdotseq 2.14$

14

산업안전보건위원회의 ① 위원장 선출방법과 ② 의결되지 아니한 사항 등의 처리방법을 쓰시오. (4점)

정답

① 위원장 선출방법: 위원 중에서 호선한다.
② 의결되지 아니한 사항 등의 처리방법: 근로자위원과 사용자위원의 합의에 따라 산업안전보건위원회에 중재기구를 두어 해결하거나 제3자에 의한 중재를 받아야 한다.

관련법령 「산업안전보건법 시행령」 제36조(산업안전보건위원회의 위원장), 제38조(의결되지 않은 사항 등의 처리)

2회

01

빈출

연평균 200명이 근무하는 H사업장에서 사망재해가 1건 발생하며 1명 사망, 50일의 휴업일수가 2명 발생되고, 20일의 휴업일수가 1명 발생되었다. H사업장의 강도율을 구하시오. (단, 종업원의 근무시간은 1일 8시간, 연간 305일이다.) (4점)

정답

$$강도율=\frac{총\ 요양근로손실일수}{연근로시간\ 수}\times 1{,}000$$

$$=\frac{7{,}500+(50\times 2+20)\times \frac{305}{365}}{200\times(8\times 305)}\times 1{,}000 ≒ 15.57$$

관련법령 「산업재해통계업무처리규정」 [별표 1] 요양근로손실일수 산정요령

02

빈출

채석작업을 하는 경우 작업계획서에 포함하여야 하는 사항 3가지를 쓰시오. (3점)

정답

① 노천굴착과 갱내굴착의 구별 및 채석방법
② 굴착면의 높이와 기울기
③ 굴착면 소단의 위치와 넓이
④ 갱내에서의 낙반 및 붕괴방지 방법
⑤ 발파방법
⑥ 암석의 분할방법
⑦ 암석의 가공장소
⑧ 사용하는 굴착기계 등의 종류 및 성능
⑨ 토석 또는 암석의 적재 및 운반방법과 운반경로
⑩ 표토 또는 용수의 처리방법

관련법령 「산업안전보건기준에 관한 규칙」 [별표 4] 사전조사 및 작업계획서 내용

03

거푸집 조립순서를 번호로 쓰시오. (4점)

① 보	② 기둥	③ 슬래브	④ 벽

정답

② → ④ → ① → ③

04

(　　) 안에 알맞은 내용을 쓰시오. (2점)

> 사업주는 순간풍속이 (　　)[m/s]를 초과하는 바람이 불어올 우려가 있는 경우 옥외에 설치되어 있는 주행 크레인에 대하여 이탈방지장치를 작동시키는 등 이탈 방지를 위한 조치를 하여야 한다.

정답

30

관련법령 「산업안전보건기준에 관한 규칙」 제140조(폭풍에 의한 이탈 방지)

05

빈출

흙의 동상 방지대책 3가지를 쓰시오. (6점)

정답

① 단열재료 삽입
② 지하수위 저하
③ 동결심도 아래 배수층 설치
④ 모관수 상승을 방지하는 차단층 설치
⑤ 지표의 흙을 화학처리하여 동결온도 저하

06

안전관리자를 정수 이상으로 증원·교체임명할 수 있는 사유 3가지를 쓰시오. (6점)

정답

① 해당 사업장의 연간재해율이 같은 업종의 평균재해율의 2배 이상인 경우
② 중대재해가 연간 2건 이상 발생한 경우
③ 관리자가 질병이나 그 밖의 사유로 3개월 이상 직무를 수행할 수 없게 된 경우
④ 화학적 인자로 인한 직업성 질병자가 연간 3명 이상 발생한 경우

관련법령 「산업안전보건법 시행규칙」 제12조(안전관리자 등의 증원·교체임명 명령)

07

사업주가 시스템비계를 사용하여 비계를 구성하는 경우 준수사항 3가지를 쓰시오. (6점)

정답

① 수직재·수평재·가새재를 견고하게 연결하는 구조가 되도록 할 것
② 비계 밑단의 수직재와 받침철물은 밀착되도록 설치하고, 수직재와 받침철물의 연결부의 겹침길이는 받침철물 전체길이의 $\frac{1}{3}$ 이상이 되도록 할 것
③ 수평재는 수직재와 직각으로 설치하여야 하며, 체결 후 흔들림이 없도록 견고하게 설치할 것
④ 수직재와 수직재의 연결철물은 이탈되지 않도록 견고한 구조로 할 것
⑤ 벽 연결재의 설치간격은 제조사가 정한 기준에 따라 설치할 것

관련법령 「산업안전보건기준에 관한 규칙」 제69조(시스템 비계의 구조)

08

빈출

지게차를 사용하여 작업을 하는 때 작업시작 전 점검사항 4가지를 쓰시오. (4점)

정답

① 제동장치 및 조종장치 기능의 이상 유무
② 하역장치 및 유압장치 기능의 이상 유무
③ 바퀴의 이상 유무
④ 전조등·후미등·방향지시기 및 경보장치 기능의 이상 유무

관련법령 「산업안전보건기준에 관한 규칙」 [별표 3] 작업시작 전 점검사항

09

「산업안전보건법령」상 안전보건총괄책임자의 직무 3가지를 쓰시오. (6점)

정답

① 위험성평가의 실시에 관한 사항
② 산업재해가 발생할 급박한 위험이 있는 경우 및 중대재해가 발생한 경우 작업의 중지
③ 도급 시 산업재해 예방조치
④ 산업안전보건관리비의 관계수급인 간의 사용에 관한 협의·조정 및 그 집행의 감독
⑤ 안전인증대상기계 등과 자율안전확인대상기계 등의 사용 여부 확인

관련법령 「산업안전보건법 시행령」 제53조(안전보건총괄책임자의 직무 등)

10

발파작업 시 관리감독자의 유해·위험 방지업무 4가지를 쓰시오. (4점)

정답

① 점화 전에 점화작업에 종사하는 근로자가 아닌 사람에게 대피를 지시하는 일
② 점화작업에 종사하는 근로자에게 대피장소 및 경로를 지시하는 일
③ 점화 전에 위험구역 내에서 근로자가 대피한 것을 확인하는 일
④ 점화순서 및 방법에 대하여 지시하는 일
⑤ 점화신호를 하는 일
⑥ 점화작업에 종사하는 근로자에게 대피신호를 하는 일
⑦ 발파 후 터지지 않은 장약이나 남은 장약의 유무, 용수의 유무 및 토사 등의 낙하 여부 등을 점검하는 일
⑧ 점화하는 사람을 정하는 일
⑨ 공기압축기의 안전밸브 작동 유무를 점검하는 일
⑩ 안전모 등 보호구 착용 상황을 감시하는 일

관련법령 「산업안전보건기준에 관한 규칙」 [별표 2] 관리감독자의 유해·위험 방지

11

안전보건표지의 종류에 대한 색채기준을 표의 ( ) 안에 쓰시오. (5점)

표지의 종류		바탕색	기본모형
금지		흰색	(①)
지시		(②)	–
안내	녹십자표지	흰색	(③)
	녹십자표지를 제외한 것	(④)	–
출입금지		(⑤)	–

정답

① 빨간색　② 파란색　③ 녹색
④ 녹색　⑤ 흰색

관련법령 「산업안전보건법 시행규칙」[별표 7] 안전보건표지의 종류별 용도, 설치·부착 장소, 형태 및 색채

12

빈출

기상상태의 악화로 작업을 중지시킨 후 또는 비계를 조립·해체하거나 변경한 후 그 비계에서 작업하는 경우 해당 작업시작 전 점검사항 3가지를 쓰시오. (6점)

정답

① 발판 재료의 손상 여부 및 부착 또는 걸림 상태
② 해당 비계의 연결부 또는 접속부의 풀림 상태
③ 연결 재료 및 연결 철물의 손상 또는 부식 상태
④ 손잡이의 탈락 여부
⑤ 기둥의 침하, 변형, 변위 또는 흔들림 상태
⑥ 로프의 부착 상태 및 매단 장치의 흔들림 상태

관련법령 「산업안전보건기준에 관한 규칙」 제58조(비계의 점검 및 보수)

13

철근콘크리트 단위체적당 중량이 2.4[ton/m³]일 때 두께 12[cm]인 철근콘크리트 슬래브의 바닥면적 1[m²]에 대한 자중[kg/m²]을 구하시오. (4점)

정답

자중 $= r \cdot t = 2{,}400[\text{kg/m}^3] \times 0.12[\text{m}] = 288[\text{kg/m}^2]$
(r: 철근콘크리트 단위중량[kg/m³], t: 슬래브 두께[m])

4회

01

다음에 해당하는 사업장 2곳을 각각 쓰시오. (8점)

> ① 안전보건개선계획 수립대상 사업장
> ② 안전보건진단을 받아 안전보건개선계획을 수립·제출하도록 명할 수 있는 사업장

정답

① 안전보건개선계획 수립대상 사업장
  ㉠ 산업재해율이 같은 업종의 규모별 평균 산업재해율보다 높은 사업장
  ㉡ 사업주가 필요한 안전조치 또는 보건조치를 이행하지 아니하여 중대재해가 발생한 사업장
  ㉢ 직업성 질병자가 연간 2명 이상 발생한 사업장
  ㉣ 유해인자의 노출기준을 초과한 사업장
② 안전보건진단을 받아 안전보건개선계획을 수립·제출하도록 명할 수 있는 사업장
  ㉠ 산업재해율이 같은 업종 평균 산업재해율의 2배 이상인 사업장
  ㉡ 사업주가 필요한 안전조치 또는 보건조치를 이행하지 아니하여 중대재해가 발생한 사업장
  ㉢ 직업성 질병자가 연간 2명 이상(상시근로자 1천 명 이상 사업장의 경우 3명 이상) 발생한 사업장
  ㉣ 그 밖에 작업환경 불량, 화재·폭발 또는 누출 사고 등으로 사업장 주변까지 피해가 확산된 사업장으로서 고용노동부령으로 정하는 사업장

관련법령 「산업안전보건법」 제49조(안전보건개선계획의 수립·시행 명령), 「산업안전보건법 시행령」 제49조(안전보건진단을 받아 안전보건개선계획을 수립할 대상)

02

빈출

비계작업 시 비, 눈 그 밖의 기상상태의 악화로 작업을 중지시킨 후 그 비계에서 작업을 할 때 작업시작 전 점검사항 2가지를 쓰시오. (4점)

정답

① 발판 재료의 손상 여부 및 부착 또는 걸림 상태
② 해당 비계의 연결부 또는 접속부의 풀림 상태
③ 연결 재료 및 연결 철물의 손상 또는 부식 상태
④ 손잡이의 탈락 여부
⑤ 기둥의 침하, 변형, 변위 또는 흔들림 상태
⑥ 로프의 부착 상태 및 매단 장치의 흔들림 상태

관련법령 「산업안전보건기준에 관한 규칙」 제58조(비계의 점검 및 보수)

03

재료·기구 또는 공구 등을 올리거나 내리는 경우에 근로자로 하여금 사용하도록 하는 것 2가지를 쓰시오. (2점)

정답

① 달줄 ② 달포대

관련법령 「산업안전보건기준에 관한 규칙」 제57조(비계 등의 조립·해체 및 변경)

04

「산업안전보건법령」에 따라 항타기 또는 항발기 조립·해체 시 점검하여야 할 사항 3가지를 쓰시오. (6점)

정답

① 본체 연결부의 풀림 또는 손상의 유무
② 권상용 와이어로프·드럼 및 도르래의 부착상태의 이상 유무
③ 권상장치의 브레이크 및 쐐기장치 기능의 이상 유무
④ 권상기의 설치상태의 이상 유무
⑤ 리더(Leader)의 버팀 방법 및 고정상태의 이상 유무
⑥ 본체·부속장치 및 부속품의 강도가 적합한지 여부
⑦ 본체·부속장치 및 부속품에 심한 손상·마모·변형 또는 부식이 있는지 여부

관련법령 「산업안전보건기준에 관한 규칙」 제207조(조립·해체 시 점검사항)

05

빈출

근로자가 작업발판 위에서 전기용접 작업을 하다가 지면으로 떨어져 부상을 당했다. 재해분석을 하시오. (3점)

가. 발생형태: (①)
나. 기인물: (②)
다. 가해물: (③)

정답

① 떨어짐(추락) ② 작업발판 ③ 지면

06

거푸집 및 지보공 설계 시 고려하여야 하는 하중의 종류 3가지를 쓰시오. (3점)

정답

① 연직방향 하중 ② 횡방향 하중
③ 콘크리트의 측압 ④ 특수하중
⑤ ①~④의 하중에 안전율을 고려한 하중

관련법령 「콘크리트공사표준안전작업지침」 제4조(하중)

07

빈출

히빙 현상에 대해 설명하고, 방지대책 2가지를 쓰시오. (6점)

정답

① 정의: 연약한 점토 지반에서 굴착에 의한 흙막이 내외부 흙의 중량 차이로 인해 굴착저면이 부풀어 오르는 현상
② 방지대책
㉠ 흙막이벽의 근입 깊이 연장
㉡ 흙막이 배면의 표토를 제거하여 하중 감소
㉢ 지반 개량
㉣ 굴착면의 하중 증가
㉤ 지하수위 저하

08

콘크리트 비빔시험의 종류 4가지를 쓰시오. (4점)

정답

① 단위용적 질량시험 ② 블리딩시험
③ 슬럼프시험 ④ 공기량시험
⑤ 염화물량시험

09

컨베이어 작업시작 전에 점검해야 할 사항 2가지를 쓰시오. (2점)

정답

① 원동기 및 풀리 기능의 이상 유무
② 이탈 등의 방지장치 기능의 이상 유무
③ 비상정지장치 기능의 이상 유무
④ 원동기·회전축·기어 및 풀리 등의 덮개 또는 울 등의 이상 유무

관련법령 「산업안전보건기준에 관한 규칙」 [별표 3] 작업시작 전 점검사항

10

「산업안전보건법령」상 승강기에 설치할 방호장치의 종류 5가지를 쓰시오. (단, 과부하방지장치는 제외한다.) (5점)

정답

① 권과방지장치　② 비상정지장치
③ 제동장치　④ 파이널 리미트 스위치
⑤ 속도조절기　⑥ 출입문 인터 록

관련법령 「산업안전보건기준에 관한 규칙」 제134조(방호장치의 조정)

11

무재해운동의 추진 기둥 3가지를 쓰시오. (3점)

정답

① 최고경영자의 경영자세
② 관리감독자에 의한 안전·보건의 추진(안전조직의 라인화)
③ 직장 내 자주안전활동의 활성화

12

빈출

다음은 가설통로의 설치기준이다. (　　) 안에 알맞은 내용을 쓰시오. (4점)

가. 경사가 (①)°를 초과하는 경우에는 미끄러지지 아니하는 구조로 할 것
나. 수직갱에 가설된 통로의 길이가 15[m] 이상인 경우에는 (②)[m] 이내마다 (③)을 설치할 것
다. 건설공사에 사용하는 높이 8[m] 이상인 비계다리에는 (④)[m] 이내마다 계단참을 설치할 것

정답

① 15　② 10　③ 계단참　④ 7

관련법령 「산업안전보건기준에 관한 규칙」 제23조(가설통로의 구조)

13

근로자가 충전전로를 취급하거나 그 인근에서 작업 시 사업주의 조치사항 3가지를 쓰시오. (6점)

정답

① 충전전로를 방호, 차폐하거나 절연 등의 조치를 하는 경우에는 근로자의 신체가 전로와 직접 접촉하거나 도전재료, 공구 또는 기기를 통하여 간접 접촉되지 않도록 할 것
② 충전전로를 취급하는 근로자에게 그 작업에 적합한 절연용 보호구를 착용시킬 것
③ 충전전로에 근접한 장소에서 전기작업을 하는 경우에는 해당 전압에 적합한 절연용 방호구를 설치할 것
④ 고압 및 특별고압의 전로에서 전기작업을 하는 근로자에게 활선작업용 기구 및 장치를 사용하도록 할 것
⑤ 근로자가 절연용 방호구의 설치·해체작업을 하는 경우에는 절연용 보호구를 착용하거나 활선작업용 기구 및 장치를 사용하도록 할 것
⑥ 유자격자가 아닌 근로자가 충전전로 인근의 높은 곳에서 작업할 때에 근로자의 몸 또는 긴 도전성 물체가 방호되지 않은 충전전로에서 대지전압이 50[kV] 이하인 경우에는 300[cm] 이내로, 대지전압이 50[kV]를 넘는 경우에는 10[kV]당 10[cm]씩 더한 거리 이내로 각각 접근할 수 없도록 할 것

관련법령 「산업안전보건기준에 관한 규칙」 제321조(충전전로에서의 전기작업)

14

TBM에 관한 내용으로 (　　) 안에 알맞은 내용을 쓰시오. (4점)

가. 소요시간은 (①)분 정도가 바람직하다.
나. 인원은 (②)명 이하로 구성한다.
다. 과정(단, | 보기 |에서 고르시오.)

1단계	도입
2단계	(③)
3단계	작업 지시
4단계	(④)
5단계	확인

| 보기 |

작업점검　위험예측　행동개시　점검정비

정답

① 10　② 10　③ 점검정비　④ 위험예측

2013년 기출문제

1회

01

안전보건교육에 있어 건설업 기초안전·보건교육에 대한 다음 물음에 답하시오. (4점)

> ① 교육대상의 교육시간을 쓰시오.
> ② 교육내용 2가지를 쓰시오.
> ③ 교육대상별 교육시간 중 시청각 또는 체험, 가상실습을 실시하여야 하는 시간을 쓰시오.

정답

① 교육시간: 4시간 이상
② 교육내용
　㉠ 건설공사의 종류(건축·토목 등) 및 시공 절차
　㉡ 산업재해 유형별 위험요인 및 안전보건조치
　㉢ 안전보건관리체제 현황 및 산업안전보건 관련 근로자 권리·의무
③ 시청각 또는 체험, 가상실습 시간: 1시간 이상

관련법령 「산업안전보건법 시행규칙」 [별표 4] 안전보건교육 교육과정별 교육시간, [별표 5] 안전보건교육 교육대상별 교육내용, 「안전보건교육규정」 제13조의2(교육방법 및 교육생의 관리 등)

02

도급사업의 합동 안전·보건점검을 할 때 점검반으로 구성하여야 하는 사람 3가지를 쓰시오. (3점)

정답

① 도급인
② 관계수급인
③ 도급인 및 관계수급인의 근로자 각 1명

관련법령 「산업안전보건법 시행규칙」 제82조(도급사업의 합동 안전·보건점검)

03

안전보건표지의 종류에 대한 색채기준을 표의 ( ) 안에 쓰시오. (3점)

종류	바탕색	기본모형
금연	흰색	(①)
폭발성물질 경고	무색	(②)
안전복 착용	(③)	–
비상용기구	녹색	–

정답

① 빨간색　② 빨간색(검은색)　③ 파란색

관련법령 「산업안전보건법 시행규칙」 [별표 7] 안전보건표지의 종류별 용도, 설치·부착 장소, 형태 및 색채

04

다음 ( ) 안에 알맞은 내용을 쓰시오. (3점)

> 가. (①): 크레인, 이동식 크레인 또는 데릭의 재료에 따라 부하시킬 수 있는 하중
> 나. (②): 지브 혹은 붐의 경사각 및 길이 또는 지브의 위에 놓이는 도르래의 위치에 따라 부하시킬 수 있는 최대하중으로부터 훅, 버킷 등 달아올리기 기구의 중량에 상당하는 하중을 공제한 하중
> 다. (③): 엘리베이터, 간이리프트 또는 건설용 리프트의 구조 및 재료에 따라서 운반기에 사람 또는 짐을 올려놓고 승강시킬 수 있는 최대하중

정답

① 달아올리기하중　② 정격하중　③ 적재하중

05

빈출

기상상태의 악화로 작업을 중지시킨 후 또는 비계를 조립·해체하거나 변경한 후 그 비계에서 작업하는 경우 해당 작업 시작 전 점검사항 4가지를 쓰시오. (8점)

정답

① 발판 재료의 손상 여부 및 부착 또는 걸림 상태
② 해당 비계의 연결부 또는 접속부의 풀림 상태
③ 연결 재료 및 연결 철물의 손상 또는 부식 상태
④ 손잡이의 탈락 여부
⑤ 기둥의 침하, 변형, 변위 또는 흔들림 상태
⑥ 로프의 부착 상태 및 매단 장치의 흔들림 상태

관련법령 「산업안전보건기준에 관한 규칙」 제58조(비계의 점검 및 보수)

06

터널굴착작업에 있어 근로자 위험방지를 위한 ① 사전조사 내용과 ② 작업계획서에 포함하여야 하는 사항 2가지를 쓰시오. (3점)

정답

① 사전조사 내용: 보링 등 적절한 방법으로 낙반·출수 및 가스폭발 등으로 인한 근로자의 위험을 방지하기 위하여 미리 지형·지질 및 지층상태를 조사
② 작업계획서 포함사항
  ㉠ 굴착의 방법
  ㉡ 터널 지보공 및 복공의 시공방법과 용수의 처리방법
  ㉢ 환기 또는 조명시설을 설치할 때에는 그 방법

관련법령 「산업안전보건기준에 관한 규칙」 [별표 4] 사전조사 및 작업계획서 내용

07

교량건설공법 중 PGM(Precast Girder Method) 공법과 PSM(Precast Segment Mehtod) 공법에 대해 설명하시오. (4점)

정답

① PGM 공법: 교량상부구조의 교각과 교각의 한 구간을 제작장에서 지간길이로 제작하여 현장에 운반 후 설치하는 방법
② PSM 공법: 교량상부구조의 교각과 교각의 한 구간을 제작장에서 여러 개의 조각으로 제작하여 현장에 운반 후 조립 가설하는 방법

08

흙막이 공법의 종류를 다음과 같이 구분하여 각각 3가지씩 쓰시오. (6점)

> ① 지지방식에 의한 분류
> ② 구조방식에 의한 분류

정답

① 지지방식에 의한 분류
  ㉠ 자립공법 ㉡ 버팀대공법
  ㉢ 어스앵커공법 ㉣ 타이로드공법
② 구조방식에 의한 분류
  ㉠ H-Pile공법 ㉡ 널말뚝공법
  ㉢ 지하연속벽공법 ㉣ 탑다운공법

09

건설현장에서 사용하는 지게차가 갖추어야 하는 방호장치 3가지를 쓰시오. (3점)

정답

① 헤드가드 ③ 백레스트 ③ 전조등
④ 후미등 ⑤ 안전벨트

관련법령 「산업안전보건법 시행규칙」 제98조(방호조치)

10

높이 5[m] 이상의 비계를 조립·해체하거나 변경하는 작업에서 관리감독자의 직무수행 내용 3가지를 쓰시오. (3점)

정답

① 재료의 결함 유무를 점검하고 불량품을 제거하는 일
② 기구·공구·안전대 및 안전모 등의 기능을 점검하고 불량품을 제거하는 일
③ 작업방법 및 근로자 배치를 결정하고 작업 진행 상태를 감시하는 일
④ 안전대와 안전모 등의 착용 상황을 감시하는 일

관련법령 「산업안전보건기준에 관한 규칙」 [별표 2] 관리감독자의 유해·위험 방지

11

빈출

강풍에 의한 풍압 등 외압에 대한 내력이 설계에 고려되었는지 확인하여야 하는 철골구조물 3가지를 쓰시오. (6점)

정답

① 높이 20[m] 이상의 구조물
② 구조물의 폭과 높이의 비가 1 : 4 이상인 구조물
③ 단면구조에 현저한 차이가 있는 구조물
④ 연면적당 철골량이 50[kg/m²] 이하인 구조물
⑤ 기둥이 타이플레이트형인 구조물
⑥ 이음부가 현장용접인 구조물

관련법령 「철골공사표준안전작업지침」 제3조(설계도 및 공작도 확인)

12

빈출

종합재해지수(FSI)를 구하시오. (4점)

가. 근로자수: 500명
나. 1일 8시간, 연간 280일 근무
다. 연간 재해건수: 10건
라. 휴업일수: 159일

정답

(1) 도수율 계산

$$\text{도수율} = \frac{\text{재해건수}}{\text{연근로시간 수}} \times 1{,}000{,}000$$

$$= \frac{10}{500 \times (8 \times 280)} \times 1{,}000{,}000 \fallingdotseq 8.93$$

(2) 강도율 계산

$$\text{강도율} = \frac{\text{총 요양근로손실일수}}{\text{연근로시간 수}} \times 1{,}000$$

$$= \frac{159 \times \frac{280}{365}}{500 \times (8 \times 280)} \times 1{,}000 \fallingdotseq 0.11$$

(3) 종합재해지수(FSI) 계산

$$\text{종합재해지수(FSI)} = \sqrt{\text{도수율} \times \text{강도율}} = \sqrt{8.93 \times 0.11} \fallingdotseq 0.99$$

13

통나무비계를 조립하는 경우 준수사항이다. (　　) 안에 알맞은 내용을 쓰시오. (4점)

가. 비계기둥의 간격은 (①)[m] 이하로 하고 지상으로부터 첫 번째 띠장은 (②)[m] 이하의 위치에 설치할 것
나. 비계기둥의 이음이 겹침 이음인 경우에는 이음 부분에서 (③)[m] 이상을 서로 겹쳐서 두 군데 이상을 묶을 것
다. 통나무비계는 지상높이 4층 이하 또는 (④)[m] 이하인 건축물·공작물 등의 건조·해체 및 조립 등의 작업에만 사용할 것

※ 「산업안전보건법령」이 개정됨에 따라 '통나무비계의 구조'는 삭제되었습니다. 이에 따라 이 문제는 성립될 수 없습니다.

14

노사협의체의 설치, 구성 및 운영에 관한 내용이다. 다음 물음에 답하시오. (6점)

① 노사협의체 설치대상으로서 건설업의 경우 공사금액이 얼마인지 쓰시오.
② 근로자위원, 사용자위원은 합의를 통해 노사협의체에 공사금액이 얼마 미만인 공사의 관계수급인 및 관계수급인 근로자대표를 위원으로 위촉할 수 있는지 쓰시오.
③ 노사협의체 정기회의의 개최주기를 쓰시오.

정답

① 120억 원 이상　　② 20억 원 미만　　③ 2개월마다

관련법령 「산업안전보건법 시행령」 제63조(노사협의체의 설치 대상), 제64조(노사협의체의 구성), 제65조(노사협의체의 운영 등)

2회

01

지반의 연화현상(Frost Boil) 방지대책 2가지를 쓰시오. (4점)

정답

① 동결심도 아래 배수층 설치
② 동결심도 상부의 흙을 비동결성 재료로 치환
③ 모관수 상승을 방지하는 차단층 설치

02

강말뚝의 부식방지 대책 3가지를 쓰시오. (6점)

정답

① 콘크리트 피복
② 방식도장
③ 두께가 두꺼운 말뚝 사용
④ 전기방식법 이용

03

빈출

구축물 등에 대하여 안전진단 등 안전성 평가를 실시하여 근로자에게 미칠 위험성을 미리 제거하여야 하는 경우 2가지를 쓰시오. (단, 그 밖의 잠재위험이 예상될 경우는 제외한다.) (4점)

정답

① 구축물 등의 인근에서 굴착·항타작업 등으로 침하·균열 등이 발생하여 붕괴의 위험이 예상될 경우
② 구축물 등에 지진, 동해, 부동침하 등으로 균열·비틀림 등이 발생하였을 경우
③ 구축물 등이 그 자체의 무게·적설·풍압 또는 그 밖에 부가되는 하중 등으로 붕괴 등의 위험이 있을 경우
④ 화재 등으로 구축물 등의 내력이 심하게 저하되었을 경우
⑤ 오랜 기간 사용하지 않던 구축물 등을 재사용하게 되어 안전성을 검토하여야 하는 경우
⑥ 구축물 등의 주요구조부에 대한 설계 및 시공 방법의 전부 또는 일부를 변경하는 경우

관련법령 「산업안전보건기준에 관한 규칙」 제52조(구축물등의 안전성 평가)

04

빈출

철골공사 작업을 중지해야 하는 조건을 쓰시오. (단, 단위를 명확히 쓰시오.) (6점)

정답

① 풍속: 초당 10[m] 이상인 경우
② 강우량: 시간당 1[mm] 이상인 경우
③ 강설량: 시간당 1[cm] 이상인 경우

관련법령 「산업안전보건기준에 관한 규칙」 제383조(작업의 제한)

05

거푸집 및 동바리의 고정·조립 또는 해체 작업/노천굴착작업 시 관리감독자의 유해·위험 방지 업무 2가지를 쓰시오. (2점)

정답

① 안전한 작업방법을 결정하고 작업을 지휘하는 일
② 재료·기구의 결함 유무를 점검하고 불량품을 제거하는 일
③ 작업 중 안전대 및 안전모 등 보호구 착용 상황을 감시하는 일

관련법령 「산업안전보건기준에 관한 규칙」 [별표 2] 관리감독자의 유해·위험 방지

06

빈출

「산업안전보건법령」상 안전보건표지 중 "위험장소 경고"를 그리시오. (단, 색상표시는 글자로 나타내도록 하고, 크기에 대한 기준은 표시하지 않아도 된다.) (4점)

정답

① 형태

② 색상
㉠ 바탕: 노란색
㉡ 기본모형, 관련 부호 및 그림: 검은색

관련법령 「산업안전보건법 시행규칙」 [별표 6] 안전보건표지의 종류와 형태, [별표 7] 안전보건표지의 종류별 용도, 설치·부착 장소, 형태 및 색채

07

무재해 1배수 목표시간의 계산식 2가지를 쓰시오. (단, 재해율 기준이다.) (6점)

※ 「사업장 무재해운동 추진 및 운영에 관한 규칙」이 개정됨에 따라 '무재해 1배수 목표 산정절차'는 삭제되었습니다. 이에 따라 성립될 수 없는 문제입니다.

08

하역작업을 할 때 화물운반용 또는 고정용으로 사용할 수 없는 섬유로프의 사용제한 조건 2가지를 쓰시오. (4점)

정답

① 꼬임이 끊어진 것
② 심하게 손상되거나 부식된 것

관련법령 「산업안전보건기준에 관한 규칙」 제387조(꼬임이 끊어진 섬유로프 등의 사용 금지)

09

위험조정기술 4가지를 쓰시오. (4점)

정답

① 회피 ② 감소 및 제거
③ 분담 ④ 보유

10

인간오류 분류 중 원인에 의한 분류 3가지를 쓰시오. (3점)

정답

① 1차 에러 ② 2차 에러 ③ 지시 에러

11

최빈출

각 경우의 안전관리자의 최소 인원을 쓰시오. (단, 전체 공사기간을 100으로 할 때 공사 시작에서 15에 해당하는 기간과 공사 종료 전의 15에 해당하는 기간이 아니다.) (6점)

① 총 공사금액 1,000억 원인 건설업
② 총 공사금액 1,500억 원인 건설업
③ 선임하여야 할 안전관리자의 수가 3명 이상인 건설업의 경우에 3명 중 1명은 필수로 선임해야 하는 자격을 쓰시오.

정답

① 2명 ② 3명 ③ 산업안전지도사 등

관련법령 「산업안전보건법 시행령」 [별표 3] 안전관리자를 두어야 하는 사업의 종류, 사업장의 상시근로자 수, 안전관리자의 수 및 선임방법

12

다음은 추락방호망의 설치기준이다. (   ) 안에 알맞은 내용을 쓰시오. (3점)

가. 추락방호망의 설치위치는 가능하면 작업면으로부터 가까운 지점에 설치하여야 하며, 작업면으로부터 망의 설치지점까지의 수직거리는 (①)[m]를 초과하지 아니할 것
나. 추락방호망은 수평으로 설치하고, 망의 처짐은 짧은 변 길이의 (②)[%] 이상이 되도록 할 것
다. 건축물 등의 바깥쪽으로 설치하는 경우 추락방호망의 내민 길이는 벽면으로부터 (③)[m] 이상 되도록 할 것

정답

① 10 ② 12 ③ 3

관련법령 「산업안전보건기준에 관한 규칙」 제42조(추락의 방지)

13

다음은 강관비계에 관한 설명이다. (   ) 안에 알맞은 내용을 쓰시오. (4점)

가. 띠장 간격은 (①)[m] 이하로 할 것
나. 비계기둥의 간격은 띠장 방향에서는 1.85[m] 이하, 장선 방향에서는 (②)[m] 이하로 할 것
다. 비계기둥의 제일 윗부분으로부터 31[m] 되는 지점 밑부분의 비계기둥은 (③)개의 강관으로 묶어 세울 것
라. 비계기둥 간의 적재하중은 (④)[kg]을 초과하지 않도록 할 것

정답

① 2　② 1.5　③ 2　④ 400

관련법령 「산업안전보건기준에 관한 규칙」 제60조(강관비계의 구조)

14

최빈출

다음의 건설업 산업안전보건관리비를 구하시오. (4점)

가. 토목공사
나. 낙찰률: 75[%]
다. 예정가격 내역서 상의 재료비: 180억 원(사업주의 재료비 제외 금액)
라. 예정가격 내역서 상의 직접노무비: 80억 원
마. 사업주가 제공한 재료비: 45억 원
바. 계상비율: 2.60[%]

정답

대상액이 5억 원 미만 또는 50억 원 이상인 경우에는 대상액에 계상비율을 곱한 금액을 산업안전보건관리비로 계상한다. 다만, 발주자가 재료를 제공하거나 일부 물품이 완제품의 형태로 제작·납품되는 경우에는 해당 재료비 또는 완제품 가액을 대상액에 포함하여 산출한 산업안전보건관리비와 해당 재료비 또는 완제품 가액을 대상액에서 제외하고 산출한 산업안전보건관리비의 1.2배에 해당하는 값을 비교하여 그 중 작은 값 이상의 금액으로 계상한다.

(1) 산업안전보건관리비(관급재료비 포함)
=대상액(재료비+직접노무비+관급재료비)×계상비율
=(180억+80억+45억)×0.026=793,000,000원

(2) 산업안전보건관리비(관급재료비 미포함)
=대상액(재료비+직접노무비)×계상비율×1.2
=(180억+80억)×0.026×1.2=811,200,000원

(3) 산업안전보건관리비: 793,000,000원(둘 중 더 작은 값 선택)

※「건설업 산업안전보건관리비 계상 및 사용기준」이 개정됨에 따라 산업안전보건관리비 계상 시 낙찰률은 적용하지 않습니다.

관련법령 「건설업 산업안전보건관리비 계상 및 사용기준」 제2조(정의), 제4조(계상의무 및 기준)

4회

01

잠함 등의 내부에서 굴착작업을 중지해야 하는 경우 2가지를 쓰시오. (4점)

정답

① 근로자가 안전하게 오르내리기 위한 설비에 고장이 있는 경우
② 외부와의 연락을 위한 통신설비 등에 고장이 있는 경우
③ 송기를 위한 설비에 고장이 있는 경우
④ 잠함 등의 내부에 많은 양의 물 등이 스며들 우려가 있는 경우

관련법령 「산업안전보건기준에 관한 규칙」 제378조(작업의 금지)

02

명예산업안전감독관의 업무 3가지를 쓰시오. (단, 그 밖에 산업재해 예방에 대한 홍보 등 산업재해 예방업무와 관련하여 고용노동부장관이 정하는 업무는 제외한다.) (6점)

정답

① 사업장에서 하는 자체점검 참여 및 근로감독관이 하는 사업장 감독 참여
② 사업장 산업재해 예방계획 수립 참여 및 사업장에서 하는 기계·기구 자체검사 참석
③ 법령을 위반한 사실이 있는 경우 사업주에 대한 개선 요청 및 감독기관에의 신고
④ 산업재해 발생의 급박한 위험이 있는 경우 사업주에 대한 작업중지 요청
⑤ 작업환경측정, 근로자 건강진단 시의 참석 및 그 결과에 대한 설명회 참여
⑥ 직업성 질환의 증상이 있거나 질병에 걸린 근로자가 여러 명 발생한 경우 사업주에 대한 임시건강진단 실시 요청
⑦ 근로자에 대한 안전수칙 준수 지도
⑧ 법령 및 산업재해 예방정책 개선 건의
⑨ 안전·보건 의식을 북돋우기 위한 활동 등에 대한 참여와 지원

관련법령 「산업안전보건법 시행령」 제32조(명예산업안전감독관 위촉 등)

03

빈출

「산업안전보건법령」상 안전보건표지 중 "출입금지"표지를 그리시오. (단, 색상표시는 글자로 나타내도록 하고, 크기에 대한 기준은 표시하지 않아도 된다.) (4점)

정답

① 형태

② 색상
㉠ 바탕: 흰색
㉡ 기본모형: 빨간색
㉢ 관련 부호 및 그림: 검은색

관련법령 「산업안전보건법 시행규칙」 [별표 6] 안전보건표지의 종류와 형태, [별표 7] 안전보건표지의 종류별 용도, 설치·부착 장소, 형태 및 색채

04

시트파일 흙막이 공사의 재해예방대책을 위한 유의사항 3가지를 쓰시오. (3점)

정답

① 지하수위의 변화를 수시로 측정하여 지하수위 변동에 대처
② 히빙 현상에 대처
③ 보일링 현상에 대처

05

빈출

흙의 동상 방지대책 2가지를 쓰시오. (4점)

정답

① 단열재료 삽입
② 지하수위 저하
③ 동결심도 아래 배수층 설치
④ 모관수 상승을 방지하는 차단층 설치
⑤ 지표의 흙을 화학처리하여 동결온도 저하

06

갱 폼의 조립·이동·양중·해체 작업을 하는 경우 준수사항 3가지를 쓰시오. (6점)

정답

① 조립 등의 범위 및 작업절차를 미리 그 작업에 종사하는 근로자에게 주지시킬 것
② 근로자가 안전하게 구조물 내부에서 갱 폼의 작업발판으로 출입할 수 있는 이동통로를 설치할 것
③ 갱 폼의 지지 또는 고정철물의 이상 유무를 수시점검하고 이상이 발견된 경우에는 교체하도록 할 것
④ 갱 폼을 조립하거나 해체하는 경우에는 갱 폼을 인양장비에 매단 후에 작업을 실시하도록 하고, 인양장비에 매달기 전에 지지 또는 고정철물을 미리 해체하지 않도록 할 것
⑤ 갱 폼 인양 시 작업발판용 케이지에 근로자가 탑승한 상태에서 갱 폼의 인양작업을 하지 않을 것

관련법령 「산업안전보건기준에 관한 규칙」 제331조의3(작업발판 일체형 거푸집의 안전조치)

07

빈출

근로자 500명이 근무하던 중 산업재해가 12건 발생하였고, 재해자 수가 15명 발생하여 600일의 근로손실이 발생하였다. 이 사업장의 ① 도수율, ② 강도율, ③ 연천인율을 각각 구하시오. (단, 근로시간은 1일 9시간, 270일이다.) (6점)

정답

① 도수율 $= \dfrac{\text{재해건수}}{\text{연근로시간 수}} \times 1{,}000{,}000$

$= \dfrac{12}{500 \times (9 \times 270)} \times 1{,}000{,}000 \fallingdotseq 9.88$

② 강도율 $= \dfrac{\text{총 요양근로손실일수}}{\text{연근로시간 수}} \times 1{,}000$

$= \dfrac{600}{500 \times (9 \times 270)} \times 1{,}000 \fallingdotseq 0.49$

③ 연천인율 $= \dfrac{\text{재해자 수}}{\text{연평균근로자 수}} \times 1{,}000 = \dfrac{15}{500} \times 1{,}000 = 30$

08

발파작업 시 관리감독자의 유해·위험 방지업무 3가지를 쓰시오. (3점)

정답

① 점화 전에 점화작업에 종사하는 근로자가 아닌 사람에게 대피를 지시하는 일
② 점화작업에 종사하는 근로자에게 대피장소 및 경로를 지시하는 일
③ 점화 전에 위험구역 내에서 근로자가 대피한 것을 확인하는 일
④ 점화순서 및 방법에 대하여 지시하는 일
⑤ 점화신호를 하는 일
⑥ 점화작업에 종사하는 근로자에게 대피신호를 하는 일
⑦ 발파 후 터지지 않은 장약이나 남은 장약의 유무, 용수의 유무 및 토사 등의 낙하 여부 등을 점검하는 일
⑧ 점화하는 사람을 정하는 일
⑨ 공기압축기의 안전밸브 작동 유무를 점검하는 일
⑩ 안전모 등 보호구 착용 상황을 감시하는 일

관련법령 「산업안전보건기준에 관한 규칙」 [별표 2] 관리감독자의 유해·위험 방지

09

공기압축기의 작업시작 전 점검사항 3가지를 쓰시오. (3점)

정답

① 공기저장 압력용기의 외관 상태
② 드레인밸브의 조작 및 배수
③ 압력방출장치의 기능
④ 언로드밸브의 기능
⑤ 윤활유의 상태
⑥ 회전부의 덮개 또는 울
⑦ 그 밖의 연결 부위의 이상 유무

관련법령 「산업안전보건기준에 관한 규칙」 [별표 3] 작업시작 전 점검사항

10

공정진행에 따른 산업안전보건관리비의 사용기준을 나타낸 표에서 (　　) 안에 알맞은 내용을 쓰시오. (3점)

공정률	50[%] 이상 70[%] 미만	70[%] 이상 90[%] 미만	90[%] 이상
사용기준	(①)[%] 이상	(②)[%] 이상	(③)[%] 이상

정답

① 50　　② 70　　③ 90

관련법령 「건설업 산업안전보건관리비 계상 및 사용기준」 [별표 3] 공사진척에 따른 산업안전보건관리비 사용기준

11

꽂음접속기를 설치하거나 사용하는 경우 준수사항 3가지를 쓰시오. (6점)

정답

① 서로 다른 전압의 꽂음접속기는 서로 접속되지 아니한 구조의 것을 사용할 것
② 습윤한 장소에 사용되는 꽂음접속기는 방수형 등 그 장소에 적합한 것을 사용할 것
③ 근로자가 해당 꽂음접속기를 접속시킬 경우에는 땀 등으로 젖은 손으로 취급하지 않도록 할 것
④ 해당 꽂음접속기에 잠금장치가 있는 경우에는 접속 후 잠그고 사용할 것

관련법령 「산업안전보건기준에 관한 규칙」 제316조(꽂음접속기의 설치·사용 시 준수사항)

12

다음은 동바리를 조립하는 경우 준수사항으로 (　　) 안에 알맞은 내용을 쓰시오. (4점)

가. 동바리로 사용하는 파이프 서포트에 대해서는 높이가 (①)[m]를 초과하는 경우에는 높이 2[m] 이내마다 수평연결재를 (②)개 방향으로 만들고 수평연결재의 변위를 방지할 것
나. 동바리로 사용하는 조립강주에 대해서는 높이가 (③)[m]를 초과하는 경우에는 높이 4[m] 이내마다 수평연결재를 (④)개 방향으로 설치하고 수평연결재의 변위를 방지할 것

정답

① 3.5　　② 2　　③ 4　　④ 2

관련법령 「산업안전보건기준에 관한 규칙」 제332조의2(동바리 유형에 따른 동바리 조립 시의 안전조치)

2013년

13

섬유로프 등을 화물자동차의 짐걸이에 사용하는 경우 해당 작업을 시작하기 전 조치사항 2가지를 쓰시오. (4점)

정답

① 작업순서와 순서별 작업방법을 결정하고 작업을 직접 지휘하는 일
② 기구와 공구를 점검하고 불량품을 제거하는 일
③ 해당 작업을 하는 장소에 관계 근로자가 아닌 사람의 출입을 금지하는 일
④ 로프 풀기 작업 및 덮개 벗기기 작업을 하는 경우에는 적재함의 화물에 낙하 위험이 없음을 확인한 후에 해당 작업의 착수를 지시하는 일

관련법령 「산업안전보건기준에 관한 규칙」 제189조(섬유로프 등의 점검 등)

14

근로감독관이 사업장에 출입하여 관계인에게 질문을 하고 장부, 서류, 그 밖의 물건의 검사 및 안전보건 점검을 하며, 관계 서류 제출을 요구할 수 있는 경우 2가지를 쓰시오. (4점)

정답

① 산업재해가 발생하거나 산업재해 발생의 급박한 위험이 있는 경우
② 근로자의 신고 또는 고소·고발 등에 대한 조사가 필요한 경우
③ 법 또는 법에 따른 명령을 위반한 범죄의 수사 등 사법경찰관리의 직무를 수행하기 위하여 필요한 경우
④ 그 밖에 고용노동부장관 또는 지방고용노동관서의 장이 법 또는 법에 따른 명령의 위반 여부를 조사하기 위하여 필요하다고 인정하는 경우

관련법령 「산업안전보건법 시행규칙」 제235조(감독기준)

2012년 기출문제

1회

01

"금지표지"의 종류 4가지를 쓰시오. (4점)

정답

① 출입금지 ② 보행금지 ③ 차량통행금지
④ 사용금지 ⑤ 탑승금지 ⑥ 금연
⑦ 화기금지 ⑧ 물체이동금지

관련법령 「산업안전보건법 시행규칙」 [별표 6] 안전보건표지의 종류와 형태

02

빈출

「산업안전보건법령」상 사업 내 근로자 안전보건교육에 대한 교육시간을 ( ) 안에 쓰시오. (8점)

교육과정	교육대상	교육시간
정기교육	사무직 종사 근로자	매반기 (①)시간 이상
	판매업무에 직접 종사하는 근로자	매반기 (②)시간 이상
	판매업무 외에 종사하는 근로자	매반기 (③)시간 이상
채용 시 교육	일용근로자 및 근로계약기간이 1주일 이하인 기간제근로자	(④)시간 이상
	근로계약기간이 1주일 초과 1개월 이하인 기간제근로자	(⑤)시간 이상
	그 밖의 근로자	(⑥)시간 이상
작업내용 변경 시 교육	일용근로자 및 근로계약기간이 1주일 이하인 기간제근로자	(⑦)시간 이상
	그 밖의 근로자	(⑧)시간 이상
건설업 기초 안전·보건교육	건설 일용근로자	(⑨)시간 이상

정답

① 6 ② 6 ③ 12
④ 1 ⑤ 4 ⑥ 8
⑦ 1 ⑧ 2 ⑨ 4

관련법령 「산업안전보건법 시행규칙」 [별표 4] 안전보건교육 교육과정별 교육시간

03

빈출

지게차를 사용하여 작업을 하는 때 작업시작 전 점검사항 3가지를 쓰시오. (3점)

정답

① 제동장치 및 조종장치 기능의 이상 유무
② 하역장치 및 유압장치 기능의 이상 유무
③ 바퀴의 이상 유무
④ 전조등·후미등·방향지시기 및 경보장치 기능의 이상 유무

관련법령 「산업안전보건기준에 관한 규칙」 [별표 3] 작업시작 전 점검사항

04

빈출

다음에 해당하는 ① 도수율, ② 강도율, ③ 종합재해지수를 구하시오. (6점)

가. 연근로시간 수: 257,600시간
나. 연간 재해건수: 17건
다. 근로손실일수: 420일
라. 휴업일수: 34일
마. 연근로일수: 300일

정답

① 도수율$=\dfrac{\text{재해건수}}{\text{연근로시간 수}}\times 1,000,000$

$=\dfrac{17}{257,600}\times 1,000,000 \fallingdotseq 65.99$

② 강도율$=\dfrac{\text{총 요양근로손실일수}}{\text{연근로시간 수}}\times 1,000$

$=\dfrac{420+34\times\dfrac{300}{365}}{257,600}\times 1,000 \fallingdotseq 1.74$

③ 종합재해지수(FSI)$=\sqrt{\text{도수율}\times\text{강도율}}=\sqrt{65.99\times 1.74}\fallingdotseq 10.72$

05

안전보건진단을 받아 안전보건개선계획을 수립·제출하도록 명할 수 있는 사업장 2곳을 쓰시오. (4점)

정답

① 산업재해율이 같은 업종 평균 산업재해율의 2배 이상인 사업장
② 사업주가 필요한 안전조치 또는 보건조치를 이행하지 아니하여 중대재해가 발생한 사업장
③ 직업성 질병자가 연간 2명 이상(상시근로자 1천 명 이상 사업장의 경우 3명 이상) 발생한 사업장
④ 그 밖에 작업환경 불량, 화재·폭발 또는 누출 사고 등으로 사업장 주변까지 피해가 확산된 사업장으로서 고용노동부령으로 정하는 사업장

관련법령 「산업안전보건법 시행령」 제49조(안전보건진단을 받아 안전보건개선계획을 수립할 대상)

06

최빈출

다음 공사는 건축공사에 해당하며, 계상비율은 2.37[%]이다. 이 공사의 건설업 산업안전보건관리비를 구하시오. (4점)

가. 노무비: 40억 원(직접노무비 30억 원, 간접노무비 10억 원)
나. 재료비: 40억 원
다. 기계경비: 30억 원

정답

대상액이 5억 원 미만 또는 50억 원 이상인 경우에는 대상액에 계상비율을 곱한 금액을 산업안전보건관리비로 계상한다.

산업안전보건관리비＝대상액(재료비＋직접노무비)×계상비율

＝(40억＋30억)×0.0237＝165,900,000원

관련법령 「건설업 산업안전보건관리비 계상 및 사용기준」 제2조(정의), 제4조(계상의무 및 기준)

07

빈출

가설통로 설치 시 사업주의 준수사항 2가지를 쓰시오. (4점)

정답

① 견고한 구조로 할 것
② 경사는 30° 이하로 할 것
③ 경사가 15°를 초과하는 경우에는 미끄러지지 아니하는 구조로 할 것
④ 추락할 위험이 있는 장소에는 안전난간을 설치할 것
⑤ 수직갱에 가설된 통로의 길이가 15[m] 이상인 경우에는 10[m] 이내마다 계단참을 설치할 것
⑥ 건설공사에 사용하는 높이 8[m] 이상인 비계다리에는 7[m] 이내마다 계단참을 설치할 것

관련법령 「산업안전보건기준에 관한 규칙」 제23조(가설통로의 구조)

08

빈출

고용노동부장관이 산업재해 예방활동에 대한 참여와 지원을 촉진하기 위하여 명예산업안전감독관에 위촉할 수 있는 대상자 2가지를 쓰시오. (4점)

정답

① 산업안전보건위원회 구성 대상 사업의 근로자 또는 노사협의체 구성·운영 대상 건설공사의 근로자 중에서 근로자대표가 사업주의 의견을 들어 추천하는 사람
② 노동조합 또는 그 지역 대표기구에 소속된 임직원 중에서 해당 연합단체인 노동조합 또는 그 지역 대표기구가 추천하는 사람
③ 전국 규모의 사업주단체 또는 그 산하조직에 소속된 임직원 중에서 해당 단체 또는 그 산하조직이 추천하는 사람
④ 산업재해 예방 관련 업무를 하는 단체 또는 그 산하조직에 소속된 임직원 중에서 해당 단체 또는 그 산하조직이 추천하는 사람

관련법령 「산업안전보건법 시행령」 제32조(명예산업안전감독관 위촉 등)

09

빈출

양중기의 와이어로프 안전계수를 (   ) 안에 쓰시오. (2점)

가. 근로자가 탑승하는 운반구를 지지하는 달기와이어로프 또는 달기체인의 경우: (①) 이상
나. 화물의 하중을 직접 지지하는 달기와이어로프 또는 달기체인의 경우: (②) 이상
다. 훅, 샤클, 클램프, 리프팅 빔의 경우: 3 이상
라. 그 밖의 경우: 4 이상

정답

① 10　　② 5

관련법령 「산업안전보건기준에 관한 규칙」 제163조(와이어로프 등 달기구의 안전계수)

10

「산업안전보건법령」상 양중기의 종류 4가지를 쓰시오. (4점)

정답

① 크레인(호이스트 포함)
② 이동식 크레인
③ 리프트(이삿짐운반용 리프트의 경우에는 적재하중이 0.1톤 이상인 것으로 한정)
④ 곤돌라
⑤ 승강기

관련법령 「산업안전보건기준에 관한 규칙」 제132조(양중기)

11

작업발판의 끝이나 개구부로서 근로자가 추락할 위험이 있는 장소에서 작업 시 추락방지대책 3가지를 쓰시오. (6점)

정답

① 안전난간 설치　　② 울타리 설치
③ 수직형 추락방망 설치　　④ 덮개 설치
⑤ 추락방호망 설치　　⑥ 근로자의 안전대 착용

관련법령 「산업안전보건기준에 관한 규칙」 제43조(개구부 등의 방호조치)

12

터널 굴착공사 중에 생기는 것으로 근로자에게 유해·위험한 물질 3가지를 쓰시오. (3점)

정답

① 낙반 ② 건설장비 매연 ③ 발파분진

13

해체공사의 공법에 따라 발생하는 소음과 진동의 예방대책 2가지를 쓰시오. (4점)

정답

① 공기압축기 등은 적당한 장소에 설치하여야 하며 장비의 소음 진동기준은 관계법에서 정하는 바에 따라 처리할 것
② 전도공법의 경우 전도물 규모를 작게 하여 중량을 최소화하며 전도대상물의 높이도 되도록 작게 할 것
③ 철해머 공법의 경우 해머의 중량과 낙하높이를 가능한 한 낮게 할 것
④ 현장 내에서는 대형 부재로 해체하며 장외에서 잘게 파쇄할 것
⑤ 인접건물의 피해를 줄이기 위해 방음, 방진 목적의 가시설을 설치할 것

관련법령 「해체공사표준안전작업지침」 제22조(소음 및 진동)

14

굴착작업에 있어서 토사 등의 붕괴 또는 낙하에 의한 위험방지 조치사항 2가지를 쓰시오. (4점)

정답

① 흙막이 지보공의 설치
② 방호망의 설치
③ 근로자의 출입 금지

관련법령 「산업안전보건기준에 관한 규칙」 제340조(굴착작업 시 위험방지)

2회

01

타워크레인을 자립고 이상의 높이로 설치하는 경우에 와이어로프로 지지하는 경우 준수사항 3가지를 쓰시오. (6점)

정답

① 서면심사에 관한 서류 또는 제조사의 설치작업설명서 등에 따라 설치할 것
② 서면심사 서류 등이 없거나 명확하지 아니한 경우에는 건축구조·건설기계·기계안전·건설안전기술사 또는 건설안전분야 산업안전지도사의 확인을 받아 설치하거나 기종별·모델별 공인된 표준방법으로 설치할 것
③ 와이어로프를 고정하기 위한 전용 지지프레임을 사용할 것
④ 와이어로프 설치각도는 수평면에서 60° 이내로 하되, 지지점은 4개소 이상으로 하고, 같은 각도로 설치할 것
⑤ 와이어로프와 그 고정부위는 충분한 강도와 장력을 갖도록 설치하고, 와이어로프를 클립·샤클 등의 고정기구를 사용하여 견고하게 고정시켜 풀리지 않도록 하며, 사용 중에는 충분한 강도와 장력을 유지하도록 할 것
⑥ 와이어로프가 가공전선에 근접하지 않도록 할 것

관련법령 「산업안전보건기준에 관한 규칙」 제142조(타워크레인의 지지)

02

빈출

양중기의 와이어로프 안전계수를 (   ) 안에 쓰시오. (2점)

> 가. 근로자가 탑승하는 운반구를 지지하는 달기와이어로프 또는 달기체인의 경우: (①) 이상
> 나. 화물의 하중을 직접 지지하는 달기와이어로프 또는 달기체인의 경우: (②) 이상

정답

① 10 ② 5

관련법령 「산업안전보건기준에 관한 규칙」 제163조(와이어로프 등 달기구의 안전계수)

03

각종 건설공사에 관련되는 공정관리를 위한 네트워크(Network) 공정표 2가지를 쓰시오. (4점)

정답

① 계획의 평가검토기법(PERT; Program Evaluation and Review Technique)
② 임계경로법(CPM; Critical Path Method)

04

NATM공법의 터널공사에서 지질 및 지층에 관한 조사를 통해 확인해야 하는 사항 3가지를 쓰시오. (3점)

정답

① 시추(보링) 위치
② 토층분포상태
③ 투수계수
④ 지하수위
⑤ 지반의 지지력

관련법령 「터널공사 표준안전 작업지침 – NATM공법」 제3조(지반조사의 확인)

05

빈출

공사용 가설도로를 설치하는 경우 준수하여야 할 사항 3가지를 쓰시오. (6점)

정답

① 도로는 장비와 차량이 안전하게 운행할 수 있도록 견고하게 설치할 것
② 도로와 작업장이 접하여 있을 경우에는 울타리 등을 설치할 것
③ 도로는 배수를 위하여 경사지게 설치하거나 배수시설을 설치할 것
④ 차량의 속도제한 표지를 부착할 것

관련법령 「산업안전보건기준에 관한 규칙」 제379조(가설도로)

06

빈출

채석작업을 하는 경우 작업계획서에 포함하여야 하는 사항 3가지를 쓰시오. (3점)

정답

① 노천굴착과 갱내굴착의 구별 및 채석방법
② 굴착면의 높이와 기울기
③ 굴착면 소단의 위치와 넓이
④ 갱내에서의 낙반 및 붕괴방지 방법
⑤ 발파방법
⑥ 암석의 분할방법
⑦ 암석의 가공장소
⑧ 사용하는 굴착기계 등의 종류 및 성능
⑨ 토석 또는 암석의 적재 및 운반방법과 운반경로
⑩ 표토 또는 용수의 처리방법

관련법령 「산업안전보건기준에 관한 규칙」 [별표 4] 사전조사 및 작업계획서 내용

07

「건설업 산업안전보건관리비 계상 및 사용기준」상 산업안전보건관리비 사용기준 항목에서 안전관리비에 관한 내용 중 ( ) 안에 알맞은 내용을 쓰시오. (3점)

가. 안전만을 전담으로 하는 별도 조직을 갖춘 건설업체의 본사에서 사용하는 사용항목과 본사 안전전담부서의 안전전담직원 인건비·업무수행 출장비로 계상된 안전관리비의 (①)[%]를 초과할 수 없다.
나. 본사에서 안전관리비를 사용하는 경우 1년간 본사 안전관리비 실행예산과 사용금액은 전년도 미사용금액을 합하여 (②)원을 초과할 수 없다.
다. 건설재해예방 기술지도비가 계상된 안전관리비 총액의 (③)[%]를 초과하는 경우에는 그 이내에서 기술지도 횟수를 조정할 수 있다.

※ 「건설업 산업안전보건관리비 계상 및 사용기준」이 개정됨에 따라 이 문제는 성립될 수 없습니다.

2012년

08

최빈출

다음 경우에 안전관리자의 최소 인원을 쓰시오. (단, 건설업의 경우 전체 공사기간을 100으로 할 때 공사 시작에서 15에 해당하는 기간과 공사 종료 전의 15에 해당하는 기간이 아니다.) (6점)

> ① 운수업 – 상시근로자 500명
> ② 총공사금액 1,000억 원인 건설업
> ③ 총공사금액 1,500억 원인 건설업

정답

① 2명　② 2명　③ 3명

관련법령 「산업안전보건법 시행령」 [별표 3] 안전관리자를 두어야 하는 사업의 종류, 사업장의 상시근로자 수, 안전관리자의 수 및 선임방법

09

빈출

「산업안전보건법령」상 안전보건표지 중 녹십자표지를 그리시오. (단, 색상표시는 글자로 나타내고 크기에 대한 기준은 표시하지 않는다.) (4점)

정답

① 형태

② 색상
　㉠ 바탕: 흰색
　㉡ 기본모형 및 관련 부호: 녹색

관련법령 「산업안전보건법 시행규칙」 [별표 6] 안전보건표지의 종류와 형태, [별표 7] 안전보건표지의 종류별 용도, 설치·부착 장소, 형태 및 색채

10

빈출

지게차를 사용하여 작업을 하는 때 작업시작 전 점검사항 3가지를 쓰시오. (3점)

정답

① 제동장치 및 조종장치 기능의 이상 유무
② 하역장치 및 유압장치 기능의 이상 유무
③ 바퀴의 이상 유무
④ 전조등·후미등·방향지시기 및 경보장치 기능의 이상 유무

관련법령 「산업안전보건기준에 관한 규칙」 [별표 3] 작업시작 전 점검사항

11

빈출

다음 경우에 대한 ① Safe-T-Score를 구하고, 안전도의 ② 심각성 여부를 판정하시오. (6점)

> 가. 전년도 도수율: 120
> 나. 올해 도수율: 100
> 다. 근로자 수: 400명
> 라. 올해 근로시간 수: 1일 8시간, 300일 근무

정답

① Safe-T-Score 계산

Safe-T-Score

$$=\frac{\text{현재 도수율}-\text{과거 도수율}}{\sqrt{\frac{\text{과거 도수율}}{\text{현재 총근로시간 수}}\times 1{,}000{,}000}}$$

$$=\frac{100-120}{\sqrt{\frac{120}{400\times(8\times300)}\times 1{,}000{,}000}}\fallingdotseq -1.79$$

② 심각성 여부 판정

Safe-T-Score는 다음 표에 따라 판정한다.

+2 이상	안전도가 과거보다 나빠짐
+2 ~ −2	과거의 안전도와 심각한 차이 없음
−2 이하	안전도가 과거보다 좋아짐

Safe-T-Score가 −1.79이므로 과거의 안전도와 심각한 차이가 없다.

12

빈출

달비계 또는 높이 5[m] 이상의 비계를 조립, 해체하거나 변경작업을 할 때에 사업주로서 준수하여야 할 사항 3가지를 쓰시오. (6점)

정답

① 근로자가 관리감독자의 지휘에 따라 작업하도록 할 것
② 조립·해체 또는 변경의 시기·범위 및 절차를 그 작업에 종사하는 근로자에게 주지시킬 것
③ 조립·해체 또는 변경 작업구역에는 해당 작업에 종사하는 근로자가 아닌 사람의 출입을 금지하고 그 내용을 보기 쉬운 장소에 게시할 것
④ 비, 눈, 그 밖의 기상상태의 불안정으로 날씨가 몹시 나쁜 경우에는 그 작업을 중지시킬 것
⑤ 비계재료의 연결·해체작업을 하는 경우에는 폭 20[cm] 이상의 발판을 설치하고 근로자로 하여금 안전대를 사용하도록 하는 등 추락을 방지하기 위한 조치를 할 것
⑥ 재료·기구 또는 공구 등을 올리거나 내리는 경우에는 근로자가 달줄 또는 달포대 등을 사용하게 할 것

관련법령 「산업안전보건기준에 관한 규칙」 제57조(비계 등의 조립·해체 및 변경)

13

갱 폼의 조립·이동·양중·해체 작업 시 준수사항 4가지를 쓰시오. (8점)

정답

① 조립 등의 범위 및 작업절차를 미리 그 작업에 종사하는 근로자에게 주지시킬 것
② 근로자가 안전하게 구조물 내부에서 갱 폼의 작업발판으로 출입할 수 있는 이동통로를 설치할 것
③ 갱 폼의 지지 또는 고정철물의 이상 유무를 수시점검하고 이상이 발견된 경우에는 교체하도록 할 것
④ 갱 폼을 조립하거나 해체하는 경우에는 갱 폼을 인양장비에 매단 후에 작업을 실시하도록 하고, 인양장비에 매달기 전에 지지 또는 고정철물을 미리 해체하지 않도록 할 것
⑤ 갱 폼 인양 시 작업발판용 케이지에 근로자가 탑승한 상태에서 갱 폼의 인양작업을 하지 않을 것

관련법령 「산업안전보건기준에 관한 규칙」 제331조의3(작업발판 일체형 거푸집의 안전조치)

4회

01

최빈출

건축공사에서 직접재료비 250,000,000원이고, 관급재료비 350,000,000원, 직접노무비가 200,000,000원일 때 산업안전보건관리비를 구하시오. (4점)

정답

대상액이 5억 원 미만 또는 50억 원 이상인 경우에는 대상액에 계상비율을 곱한 금액, 대상액이 5억 원 이상 50억 원 미만인 경우에는 대상액에 계상비율을 곱한 금액에 기초액을 합한 금액을 산업안전보건관리비로 계상한다. 다만, 발주자가 재료를 제공하거나 일부 물품이 완제품의 형태로 제작·납품되는 경우에는 해당 재료비 또는 완제품 가액을 대상액에 포함하여 산출한 산업안전보건관리비와 해당 재료비 또는 완제품 가액을 대상액에서 제외하고 산출한 산업안전보건관리비의 1.2배에 해당하는 값을 비교하여 그 중 작은 값 이상의 금액으로 계상한다.

구분 / 공사종류	5억 원 미만 [%]	5억 원 이상 50억 원 미만		50억 원 이상 [%]	보건관리자 선임대상 [%]
		적용비율 [%]	기초액[원]		
건축공사	3.11	2.28	4,325,000	2.37	2.64
토목공사	3.15	2.53	3,300,000	2.60	2.73
중건설공사	3.64	3.05	2,975,000	3.11	3.39
특수건설공사	2.07	1.59	2,450,000	1.64	1.78

(1) 산업안전보건관리비(관급재료비 포함)
=대상액(재료비+직접노무비+관급재료비)×계상비율+기초액
=(2.5억+2억+3.5억)×0.0228+4,325,000원=22,565,000원

(2) 산업안전보건관리비(관급재료비 미포함)
=대상액(재료비+직접노무비)×계상비율×1.2
=(2.5억+2억)×0.0311×1.2=16,794,000원

(3) 산업안전보건관리비: 16,794,000원(둘 중 더 작은 값 선택)

관련법령 「건설업 산업안전보건관리비 계상 및 사용기준」 제2조(정의), 제4조(계상의무 및 기준), [별표 1] 공사종류 및 규모별 산업안전보건관리비 계상기준표

02

NATM 터널작업 시 사전 계측계획에 포함되어야 할 사항 2가지를 쓰시오. (4점)

정답

① 측정위치 개소 및 측정의 기능 분류
② 계측 시 소요장비
③ 계측빈도
④ 계측결과 분석방법
⑤ 변위 허용치 기준
⑥ 이상 변위 시 조치 및 보강대책
⑦ 계측 전담반 운영계획
⑧ 계측관리 기록분석 계통기준 수립

관련법령 「터널공사 표준안전 작업지침 – NATM공법」 제26조(계측관리)

03

빈출

공사용 가설도로를 설치하는 경우 준수하여야 할 사항 2가지를 쓰시오. (4점)

정답

① 도로는 장비와 차량이 안전하게 운행할 수 있도록 견고하게 설치할 것
② 도로와 작업장이 접하여 있을 경우에는 울타리 등을 설치할 것
③ 도로는 배수를 위하여 경사지게 설치하거나 배수시설을 설치할 것
④ 차량의 속도제한 표지를 부착할 것

관련법령 「산업안전보건기준에 관한 규칙」 제379조(가설도로)

04

빈출

계단의 설치 기준이다. (　　) 안에 알맞은 내용을 쓰시오. (5점)

가. 사업주는 계단 및 계단참을 설치하는 경우 매 $[m^2]$당 (①)[kg] 이상의 하중에 견딜 수 있는 강도를 가진 구조로 설치하여야 하며, 안전율은 (②) 이상으로 하여야 한다.
나. 사업주는 계단을 설치하는 경우 그 폭을 (③)[m] 이상으로 하여야 한다.
다. 사업주는 계단을 설치하는 경우 바닥면으로부터 높이 (④)[m] 이내의 공간에 장애물이 없도록 하여야 한다.
라. 사업주는 높이 (⑤)[m] 이상인 계단의 개방된 측면에 안전난간을 설치하여야 한다.

정답

① 500　② 4　③ 1
④ 2　⑤ 1

관련법령 「산업안전보건기준에 관한 규칙」 제26조(계단의 강도), 제27조(계단의 폭), 제29조(천장의 높이), 제30조(계단의 난간)

05

시멘트 및 비산재 등 근로자가 상시 분진작업에 관련된 업무를 하는 경우에 사업주가 근로자에게 알려야 하는 사항 2가지를 쓰시오. (4점)

정답

① 분진의 유해성과 노출경로
② 분진의 발산 방지와 작업장의 환기 방법
③ 작업장 및 개인위생 관리
④ 호흡용 보호구의 사용 방법
⑤ 분진에 관련된 질병 예방 방법

관련법령 「산업안전보건기준에 관한 규칙」 제614조(분진의 유해성 등의 주지)

06

1톤 이상의 크레인을 사용하는 작업 시의 특별안전보건교육 내용 3가지를 쓰시오. (단, 그 밖에 안전·보건관리에 필요한 사항은 제외한다.) (3점)

정답

① 방호장치의 종류, 기능 및 취급에 관한 사항
② 걸고리·와이어로프 및 비상정지장치 등의 기계·기구 점검에 관한 사항
③ 화물의 취급 및 안전작업방법에 관한 사항
④ 신호방법 및 공동작업에 관한 사항
⑤ 인양 물건의 위험성 및 낙하·비래·충돌재해 예방에 관한 사항
⑥ 인양물이 적재될 지반의 조건, 인양하중, 풍압 등이 인양물과 타워크레인에 미치는 영향

관련법령 「산업안전보건법 시행규칙」 [별표 5] 안전보건교육 교육대상별 교육내용

07

근로자가 도급인의 사업장에서 작업을 하는 경우 설치하여야 하는 위생시설 3가지를 쓰시오. (3점)

정답

① 휴게시설
② 세면·목욕시설
③ 세탁시설
④ 탈의시설
⑤ 수면시설

관련법령 「산업안전보건법 시행규칙」 제81조(위생시설의 설치 등 협조)

08

안전관리자를 두어야 할 수급인인 사업주는 도급인인 사업주가 어떤 요건을 갖추었을 때 안전관리자를 선임하지 아니할 수 있는지 쓰시오. (2점)

정답

① 도급인인 사업주 자신이 선임해야 할 안전관리자를 둔 경우
② 안전관리자를 두어야 할 수급인인 사업주의 사업의 종류별로 상시근로자 수를 합계하여 그 상시근로자 수에 해당하는 안전관리자를 추가로 선임한 경우

관련법령 「산업안전보건법 시행규칙」 제10조(도급사업의 안전관리자 등의 선임)

09

고용노동부장관이 명예산업안전감독관을 해촉할 수 있는 사유 2가지를 쓰시오. (4점)

정답

① 근로자대표가 사업주의 의견을 들어 명예산업안전감독관의 해촉을 요청한 경우
② 명예산업안전감독관이 해당 단체 또는 그 산하조직으로부터 퇴직하거나 해임된 경우
③ 명예산업안전감독관의 업무와 관련하여 부정한 행위를 한 경우
④ 질병이나 부상 등의 사유로 명예산업안전감독관의 업무 수행이 곤란하게 된 경우

관련법령 「산업안전보건법 시행령」 제33조(명예산업안전감독관의 해촉)

10

자율검사프로그램의 인정을 취소하거나 인정받은 자율검사프로그램의 내용에 따라 검사를 하도록 개선을 명할 수 있는 경우 2가지를 쓰시오. (4점)

정답

① 거짓이나 그 밖의 부정한 방법으로 자율검사프로그램을 인정받은 경우. 이 경우에는 인정을 취소하여야 한다.
② 자율검사프로그램을 인정받고도 검사를 하지 아니한 경우
③ 인정받은 자율검사프로그램의 내용에 따라 검사를 하지 아니한 경우
④ 유자격자 또는 자율안전검사기관이 검사를 하지 아니한 경우

관련법령 「산업안전보건법」 제99조(자율검사프로그램 인정의 취소 등)

11

다음 물음에 답하시오. (7점)

① 무재해 1배수 목표시간 산정 절차를 순서에 맞게 쓰시오. ㉠ 목표시간 산정 ㉡ 적용상의 조정 ㉢ 재해율기반 목표시간 계산 ㉣ 5년 평균 재해율 산출 ㉤ 통계적 오차보정 ㉥ 업종규모별 그룹화 ② 무재해 시간은 실근무자와 실근로시간을 곱하여 산정한다. 다만, 실근로시간의 관리가 어려운 경우에 건설업 이외의 업종은 1일 8시간, 건설업은 1일 ( )시간을 근로한 것으로 본다. ( ) 안에 알맞은 내용을 쓰시오.

※ 「사업장 무재해운동 추진 및 운영에 관한 규칙」이 개정됨에 따라 '무재해 1배수 목표 산정절차'는 삭제되었습니다. 이에 따라 성립될 수 없는 문제입니다.

12

빈출

구축물 등에 대하여 안전진단 등 안전성 평가를 실시하여 근로자에게 미칠 위험성을 미리 제거하여야 하는 경우 3가지를 쓰시오. (단, 그 밖의 잠재위험이 예상될 경우는 제외한다.) (6점)

정답

① 구축물 등의 인근에서 굴착·항타작업 등으로 침하·균열 등이 발생하여 붕괴의 위험이 예상될 경우
② 구축물 등에 지진, 동해, 부동침하 등으로 균열·비틀림 등이 발생하였을 경우
③ 구축물 등이 그 자체의 무게·적설·풍압 또는 그 밖에 부가되는 하중 등으로 붕괴 등의 위험이 있을 경우
④ 화재 등으로 구축물 등의 내력이 심하게 저하되었을 경우
⑤ 오랜 기간 사용하지 않던 구축물 등을 재사용하게 되어 안전성을 검토하여야 하는 경우
⑥ 구축물 등의 주요구조부에 대한 설계 및 시공 방법의 전부 또는 일부를 변경하는 경우

관련법령 「산업안전보건기준에 관한 규칙」 제52조(구축물등의 안전성 평가)

13

빈출

구조안전의 위험이 큰 철골구조물 건립 중 강풍에 의한 풍압 등 외압에 대한 내력이 설계에 고려되어 있는지 확인하여야 할 구조물 3가지를 쓰시오. (6점)

정답

① 높이 20[m] 이상의 구조물
② 구조물의 폭과 높이의 비가 1 : 4 이상인 구조물
③ 단면구조에 현저한 차이가 있는 구조물
④ 연면적당 철골량이 50[kg/m^2] 이하인 구조물
⑤ 기둥이 타이플레이트형인 구조물
⑥ 이음부가 현장용접인 구조물

관련법령 「철골공사표준안전작업지침」 제3조(설계도 및 공작도 확인)

14

적응기제 중 방어기제 및 도피기제를 각각 2가지씩 쓰시오. (4점)

정답

① 방어기제: 승화, 보상, 합리화, 투사
② 도피기제: 백일몽, 퇴행, 억압, 고립

2011년 기출문제

1회

01

빈출

크레인 탑승설비 작업 시 추락에 의한 근로자의 위험방지를 위한 조치사항 3가지를 쓰시오. (6점)

정답

① 탑승설비가 뒤집히거나 떨어지지 않도록 필요한 조치를 할 것
② 안전대나 구명줄을 설치하고, 안전난간을 설치할 수 있는 구조인 경우에는 안전난간을 설치할 것
③ 탑승설비를 하강시킬 때에는 동력하강방법으로 할 것

관련법령 「산업안전보건기준에 관한 규칙」 제86조(탑승의 제한)

02

다음 가스용기의 색채를 쓰시오. (단, 의료용이 아니다.) (4점)

① 수소	② 산소
③ 질소	④ 아세틸렌

정답

① 주황색　② 녹색　③ 회색　④ 황색

관련법령 「고압가스 안전관리법 시행규칙」 [별표 24] 용기등의 표시

03

빈출

와이어로프 등 달기구의 안전계수를 쓰시오. (2점)

> 가. 근로자가 탑승하는 운반구를 지지하는 달기와이어로프 또는 달기체인의 경우: (①) 이상
> 나. 화물의 하중을 직접 지지하는 달기와이어로프 또는 달기체인의 경우: (②) 이상

정답

① 10　② 5

관련법령 「산업안전보건기준에 관한 규칙」 제163조(와이어로프 등 달기구의 안전계수)

04

하인리히 및 버드의 재해구성비율에 대해 설명하시오. (6점)

정답

① 하인리히
1 : 29 : 300의 법칙은 330건의 사고 중
㉠ 중상 또는 사망 1건　㉡ 경상 29건
㉢ 무상해사고 300건

② 버드
1 : 10 : 30 : 600의 법칙은 641건의 사고 중
㉠ 중상 또는 사망 1건　㉡ 경상 10건
㉢ 물적손실사고 30건　㉣ 아차사고 600건

05

구축물 등의 해체작업 시 작업계획서에 포함될 사항 4가지를 쓰시오. (4점)

정답

① 해체의 방법 및 해체 순서도면
② 가설설비·방호설비·환기설비 및 살수·방화설비 등의 방법
③ 사업장 내 연락방법
④ 해체물의 처분계획
⑤ 해체작업용 기계·기구 등의 작업계획서
⑥ 해체작업용 화약류 등의 사용계획서
⑦ 그 밖에 안전·보건에 관련된 사항

관련법령 「산업안전보건기준에 관한 규칙」 [별표 4] 사전조사 및 작업계획서 내용

06

빈출

채석작업을 하는 경우 작업계획서에 포함하여야 하는 사항 4가지를 쓰시오. (4점)

정답

① 노천굴착과 갱내굴착의 구별 및 채석방법
② 굴착면의 높이와 기울기
③ 굴착면 소단의 위치와 넓이
④ 갱내에서의 낙반 및 붕괴방지 방법
⑤ 발파방법
⑥ 암석의 분할방법
⑦ 암석의 가공장소
⑧ 사용하는 굴착기계 등의 종류 및 성능
⑨ 토석 또는 암석의 적재 및 운반방법과 운반경로
⑩ 표토 또는 용수의 처리방법

관련법령 「산업안전보건기준에 관한 규칙」 [별표 4] 사전조사 및 작업계획서 내용

07

빈출

사고사망만인율에서 상시근로자 수와 산출 식을 각각 쓰시오. (6점)

정답

① 상시근로자 수 $= \dfrac{\text{연간 국내공사 실적액} \times \text{노무비율}}{\text{건설업 월평균임금} \times 12}$

② 사고사망만인율[‱] $= \dfrac{\text{사고사망자 수}}{\text{상시근로자 수}} \times 10{,}000$

관련법령 「산업안전보건법 시행규칙」 [별표 1] 건설업체 산업재해발생률 및 산업재해 발생 보고의무 위반건수의 산정 기준과 방법

08

연평균근로자 수가 600명인 A 회사의 안전전담부서에서 6개월간 아래와 같이 안전전담 활동 시 안전활동률을 구하시오. (단, 1일 9시간, 월 22일 근무, 6개월간 사고건수 2건이다.) (4점)

가. 불안전한 행동 20건 발견 조치
나. 불안전한 상태 34건 조치
다. 권고 12건
라. 안전홍보 3건
마. 안전회의 6회

정답

$$\text{안전활동률} = \frac{\text{안전활동건수}}{\text{평균근로자 수} \times \text{근로시간 수}} \times 1{,}000{,}000$$

$$= \frac{20+34+12+3+6}{600 \times (9 \times 22 \times 6)} \times 1{,}000{,}000 ≒ 105.22$$

09

승강기에 설치하여 유효하게 작동될 수 있도록 미리 조정하여 두어야 하는 방호장치 5가지를 쓰시오. (5점)

정답

① 과부하방지장치
② 권과방지장치
③ 비상정지장치
④ 제동장치
⑤ 파이널 리미트 스위치
⑥ 속도조절기
⑦ 출입문 인터 록

관련법령 「산업안전보건기준에 관한 규칙」 제134조(방호장치의 조정)

10

「건설업 산업안전보건관리비 계상 및 사용기준」에 관한 내용이다. (　　) 안에 알맞은 내용을 쓰시오. (2점)

> 가. 관련 규정에서 정하는 공사원가계산서 구성항목 중 직접재료비, 간접재료비와 직접노무비를 합한 금액을 (①)이라 한다.
> 나. 관련 법의 건설공사 중 총공사금액 (②) 원 이상인 공사에 적용한다.

정답

① 산업안전보건관리비 대상액(대상액)

② 2천만

관련법령 「건설업 산업안전보건관리비 계상 및 사용기준」 제2조(정의), 제3조(적용범위)

11

빈출

구축물 등에 대하여 안전진단 등 안전성 평가를 실시하여 근로자에게 미칠 위험성을 미리 제거하여야 하는 경우 3가지를 쓰시오. (단, 그 밖의 잠재위험이 예상될 경우는 제외한다.) (6점)

정답

① 구축물 등의 인근에서 굴착·항타작업 등으로 침하·균열 등이 발생하여 붕괴의 위험이 예상될 경우

② 구축물 등에 지진, 동해, 부동침하 등으로 균열·비틀림 등이 발생하였을 경우

③ 구축물 등이 그 자체의 무게·적설·풍압 또는 그 밖에 부가되는 하중 등으로 붕괴 등의 위험이 있을 경우

④ 화재 등으로 구축물 등의 내력이 심하게 저하되었을 경우

⑤ 오랜 기간 사용하지 않던 구축물 등을 재사용하게 되어 안전성을 검토하여야 하는 경우

⑥ 구축물 등의 주요구조부에 대한 설계 및 시공 방법의 전부 또는 일부를 변경하는 경우

관련법령 「산업안전보건기준에 관한 규칙」 제52조(구축물등의 안전성 평가)

12

안전보건관리규정의 작성 및 변경 절차에 관한 사항이다. (　　) 안에 알맞은 내용을 쓰시오. (4점)

> 가. 안전보건관리규정을 작성하여야 할 사업은 상시 근로자 (①)명 이상을 사용하는 사업으로 한다. (금융업에 한함)
> 나. 안전보건관리규정을 작성하여야 할 사유가 발생한 날부터 (②)일 이내에 안전보건관리규정을 작성하여야 한다.
> 다. 안전보건관리규정을 작성하거나 변경할 때에는 (③)의 심의·의결을 거쳐야 한다.
> 라. (③)가 설치되어 있지 아니한 사업장의 경우에는 (④)의 동의를 받아야 한다.

정답

① 300　　② 30

③ 산업안전보건위원회　　④ 근로자대표

관련법령 「산업안전보건법 시행규칙」 제25조(안전보건관리규정의 작성), 「산업안전보건법」 제26조(안전보건관리규정의 작성·변경 절차)

13

NATM 공법에 있어서 록볼트 설치 시 주요효과 4가지를 쓰시오. (4점)

정답

① 봉합효과　　② 내압작용효과

③ 보형성효과　　④ 아치형성효과

⑤ 지반보강효과

14

사고사망만인율 산출 시 사고사망자 수 산정에서 제외하는 경우 3가지를 쓰시오. (3점)

정답

① 방화, 근로자간 또는 타인간의 폭행에 의한 경우
② 도로에서 발생한 교통사고에 의한 경우
③ 태풍·홍수·지진·눈사태 등 천재지변에 의한 불가항력적인 재해의 경우
④ 작업과 관련이 없는 제3자의 과실에 의한 경우
⑤ 그 밖에 야유회, 체육행사, 취침·휴식 중의 사고 등 건설작업과 직접 관련이 없는 경우

관련법령 「산업안전보건법 시행규칙」 [별표 1] 건설업체 산업재해발생률 및 산업재해 발생 보고의무 위반건수의 산정 기준과 방법

2회

01

빈출

철골구조물 건립 중 강풍에 의한 풍압 등 외압에 대한 내력이 설계에 고려되었는지 확인하여야 할 구조물 2가지를 쓰시오. (4점)

정답

① 높이 20[m] 이상의 구조물
② 구조물의 폭과 높이의 비가 1 : 4 이상인 구조물
③ 단면구조에 현저한 차이가 있는 구조물
④ 연면적당 철골량이 50[kg/m²] 이하인 구조물
⑤ 기둥이 타이플레이트형인 구조물
⑥ 이음부가 현장용접인 구조물

관련법령 「철골공사표준안전작업지침」 제3조(설계도 및 공작도 확인)

02

근로자의 추락 등에 의한 위험방지를 위한 안전난간의 설치 기준이다. (　　) 안에 알맞은 내용을 쓰시오. (5점)

가. 상부 난간대는 바닥면·발판 또는 경사로의 표면으로부터 (①)[cm] 이상 지점에 설치하고, 상부 난간대를 (②)[cm] 이하에 설치하는 경우에는 중간 난간대는 상부 난간대와 바닥면 등의 중간에 설치할 것
나. 발끝막이판은 바닥면 등으로부터 (③)[cm] 이상의 높이를 유지할 것
다. 난간대는 지름 (④)[cm] 이상의 금속제 파이프나 그 이상의 강도가 있는 재료일 것
라. 안전난간은 구조적으로 가장 취약한 지점에서 가장 취약한 방향으로 작용하는 (⑤)[kg] 이상의 하중에 견딜 수 있는 튼튼한 구조일 것

정답

① 90	② 120	③ 10
④ 2.7	⑤ 100	

관련법령 「산업안전보건기준에 관한 규칙」 제13조(안전난간의 구조 및 설치요건)

03

빈출

달비계 또는 높이 5[m] 이상의 비계를 조립·해체하거나 변경하는 작업을 하는 경우 사업주의 준수사항 3가지를 쓰시오. (6점)

정답

① 근로자가 관리감독자의 지휘에 따라 작업하도록 할 것
② 조립·해체 또는 변경의 시기·범위 및 절차를 그 작업에 종사하는 근로자에게 주지시킬 것
③ 조립·해체 또는 변경 작업구역에는 해당 작업에 종사하는 근로자가 아닌 사람의 출입을 금지하고 그 내용을 보기 쉬운 장소에 게시할 것
④ 비, 눈, 그 밖의 기상상태의 불안정으로 날씨가 몹시 나쁜 경우에는 그 작업을 중지시킬 것
⑤ 비계재료의 연결·해체작업을 하는 경우에는 폭 20[cm] 이상의 발판을 설치하고 근로자로 하여금 안전대를 사용하도록 하는 등 추락을 방지하기 위한 조치를 할 것
⑥ 재료·기구 또는 공구 등을 올리거나 내리는 경우에는 근로자가 달줄 또는 달포대 등을 사용하게 할 것

관련법령 「산업안전보건기준에 관한 규칙」 제57조(비계 등의 조립·해체 및 변경)

04

고소작업대를 사용하는 경우 사업주의 준수사항 3가지를 쓰시오. (6점)

정답

① 작업자가 안전모·안전대 등의 보호구를 착용하도록 할 것
② 관계자가 아닌 사람이 작업구역에 들어오는 것을 방지하기 위하여 필요한 조치를 할 것
③ 안전한 작업을 위하여 적정수준의 조도를 유지할 것
④ 전로에 근접하여 작업을 하는 경우에는 작업감시자를 배치하는 등 감전사고를 방지하기 위하여 필요한 조치를 할 것
⑤ 작업대를 정기적으로 점검하고 붐·작업대 등 각 부위의 이상 유무를 확인할 것
⑥ 전환스위치는 다른 물체를 이용하여 고정하지 말 것
⑦ 작업대는 정격하중을 초과하여 물건을 싣거나 탑승하지 말 것
⑧ 작업대의 붐대를 상승시킨 상태에서 탑승자는 작업대를 벗어나지 말 것

관련법령 「산업안전보건기준에 관한 규칙」 제186조(고소작업대 설치 등의 조치)

05

작업발판 일체형 거푸집의 종류 2가지를 쓰시오. (2점)

정답

① 갱 폼(Gang Form)
② 슬립 폼(Slip Form)
③ 클라이밍 폼(Climbing Form)
④ 터널 라이닝 폼(Tunnel Lining Form)

관련법령 「산업안전보건기준에 관한 규칙」 제331조의3(작업발판 일체형 거푸집의 안전조치)

06

최빈출

건설공사의 총 원가가 100억 원이고, 이 중 재료비와 직접 노무비의 합이 60억 원인 터널신설공사의 산업안전보건관리비를 다음 표를 참고하여 구하시오. (4점)

구분 / 공사종류	5억 원 미만 [%]	5억 원 이상 50억 원 미만		50억 원 이상 [%]
		적용비율 [%]	기초액[원]	
건축공사	3.11	2.28	4,325,000	2.37
토목공사	3.15	2.53	3,300,000	2.60
중건설공사	3.64	3.05	2,975,000	3.11
특수건설공사	2.07	1.59	2,450,000	1.64

정답

터널신설공사는 중건설공사이다.
대상액이 5억 원 미만 또는 50억 원 이상인 경우에는 대상액에 계상비율을 곱한 금액을 산업안전보건관리비로 계상한다.
산업안전보건관리비 = 대상액(재료비 + 직접노무비) × 계상비율
= 60억 × 0.0311 = 186,600,000원

관련법령 「건설업 산업안전보건관리비 계상 및 사용기준」 제2조(정의), 제4조(계상의무 및 기준), [별표 5] 건설공사의 종류 예시표

07

근로자의 위험을 방지하기 위하여 사전조사를 하고, 작업계획서를 작성하고 그 계획에 따라 실시하는 작업의 종류 3가지를 쓰시오. (6점)

정답

① 타워크레인을 설치·조립·해체하는 작업
② 차량계 하역운반기계 등을 사용하는 작업(화물자동차를 사용하는 도로상의 주행작업 제외)
③ 차량계 건설기계를 사용하는 작업
④ 화학설비와 그 부속설비를 사용하는 작업
⑤ 전기작업(해당 전압이 50[V]를 넘거나 전기에너지가 250[VA]를 넘는 경우로 한정)
⑥ 굴착면의 높이가 2[m] 이상이 되는 지반의 굴착작업
⑦ 터널굴착작업
⑧ 교량(상부구조가 금속 또는 콘크리트로 구성되는 교량으로서 그 높이가 5[m] 이상이거나 교량의 최대 지간길이가 30[m] 이상인 교량으로 한정)의 설치·해체 또는 변경 작업
⑨ 채석작업
⑩ 구축물 등의 해체작업
⑪ 중량물의 취급작업
⑫ 궤도나 그 밖의 관련 설비의 보수·점검작업
⑬ 열차의 입환작업

관련법령 「산업안전보건기준에 관한 규칙」 제38조(사전조사 및 작업계획서의 작성 등)

08

양중기(승강기 제외)를 사용하여 작업하는 운전자 또는 작업자가 보기 쉬운 곳에 부착하여야 하는 사항 3가지를 쓰시오. (3점)

정답

① 정격하중 ② 운전속도 ③ 경고표시

관련법령 「산업안전보건기준에 관한 규칙」 제133조(정격하중 등의 표시)

09

「산업안전보건법령」상 안전보건총괄책임자의 직무 3가지를 쓰시오. (6점)

정답

① 위험성평가의 실시에 관한 사항
② 산업재해가 발생할 급박한 위험이 있는 경우 및 중대재해가 발생한 경우 작업의 중지
③ 도급 시 산업재해 예방조치
④ 산업안전보건관리비의 관계수급인 간의 사용에 관한 협의·조정 및 그 집행의 감독
⑤ 안전인증대상기계 등과 자율안전확인대상기계 등의 사용 여부 확인

관련법령 「산업안전보건법 시행령」 제53조(안전보건총괄책임자의 직무 등)

10

빈출

"출입금지"표지를 그리고, 표지판의 색과 문자의 색을 쓰시오. (4점)

정답

① 형태

② 색상
㉠ 바탕: 흰색
㉡ 기본모형: 빨간색
㉢ 관련 부호 및 그림: 검은색

관련법령 「산업안전보건법 시행규칙」 [별표 6] 안전보건표지의 종류와 형태, [별표 7] 안전보건표지의 종류별 용도, 설치·부착 장소, 형태 및 색채

11

「산업안전보건법령」상 건설업 유해위험방지계획서의 제출 서류 2가지를 쓰시오. (2점)

정답

① 공사 개요
② 안전보건관리계획
③ 작업 공사 종류별 유해위험방지계획

관련법령 「산업안전보건법 시행규칙」 [별표 10] 유해위험방지계획서 첨부서류

12

빈출

명예산업안전감독관에 위촉할 수 있는 대상자 2가지를 쓰시오. (4점)

정답

① 산업안전보건위원회 구성 대상 사업의 근로자 또는 노사협의체 구성·운영 대상 건설공사의 근로자 중에서 근로자대표가 사업주의 의견을 들어 추천하는 사람
② 노동조합 또는 그 지역 대표기구에 소속된 임직원 중에서 해당 연합단체인 노동조합 또는 그 지역 대표기구가 추천하는 사람
③ 전국 규모의 사업주단체 또는 그 산하조직에 소속된 임직원 중에서 해당 단체 또는 그 산하조직이 추천하는 사람
④ 산업재해 예방 관련 업무를 하는 단체 또는 그 산하조직에 소속된 임직원 중에서 해당 단체 또는 그 산하조직이 추천하는 사람

관련법령 「산업안전보건법 시행령」 제32조(명예산업안전감독관 위촉 등)

13

달비계의 적재하중을 정하고자 한다. (　　) 안에 안전계수를 쓰시오. (4점)

> 가. 달기 와이어로프 및 달기 강선의 안전계수: (①) 이상
> 나. 달기 체인 및 달기 훅의 안전계수: (②) 이상
> 다. 달기 강대와 달비계의 하부 및 상부 지점의 안전계수: 강재의 경우 (③) 이상, 목재의 경우 (④) 이상

※ 「산업안전보건법령」이 개정됨에 따라 '달비계의 최대적재하중을 정하는 경우 안전계수 기준'은 삭제되었습니다. 이에 따라 이 문제는 성립될 수 없습니다.

14

건설업 중 유해위험방지계획서 제출 대상사업에 대하여 (　　) 안에 알맞은 내용을 쓰시오. (4점)

> 가. 지상높이가 (①)[m] 이상인 건축물 또는 인공구조물, 연면적 3만[m^2] 이상인 건축물 또는 연면적 5천[m^2] 이상의 문화 및 집회시설(전시장 및 동물원·식물원 제외), 판매시설, 운수시설(고속철도의 역사 및 집배송시설 제외), 종교시설, 의료시설 중 종합병원, 숙박시설 중 관광숙박시설, 지하도상가 또는 냉동·냉장 창고시설의 건설·개조 또는 해체 공사
> 나. 최대 지간길이가 (②)[m] 이상인 다리의 건설 등 공사
> 다. (③)의 건설 등 공사
> 라. 다목적댐, 발전용댐, 저수용량 2천만 톤 이상의 용수 전용 댐 및 지방상수도 전용 댐의 건설 등 공사
> 마. 깊이 (④)[m] 이상인 굴착공사

정답

① 31　　② 50　　③ 터널　　④ 10

관련법령 「산업안전보건법 시행령」 제42조(유해위험방지계획서 제출 대상)

4회

01

콘크리트 타설 시 측압에 영향을 주는 것에 관한 내용이다. 틀린 것의 번호를 모두 쓰시오. (4점)

① 외기의 온·습도가 낮을수록 측압이 작다.
② 진동기를 사용해 다지면 측압이 증가한다.
③ 슬럼프 값이 낮으면 측압이 작다.
④ 철근, 배근이 많으면 측압이 크다.

정답

①, ④

오답해설

① 온도가 낮을수록, 습도가 높을수록 측압이 크다.
④ 철근량이 적을수록 측압이 크다.

02

달기 체인을 달비계에 사용해서는 안 되는 기준 2가지를 쓰시오. (4점)

정답

① 달기 체인의 길이가 달기 체인이 제조된 때의 길이의 5[%]를 초과한 것
② 링의 단면지름이 달기 체인이 제조된 때의 해당 링의 지름의 10[%]를 초과하여 감소한 것
③ 균열이 있거나 심하게 변형된 것

관련법령 「산업안전보건기준에 관한 규칙」 제63조(달비계의 구조)

03

사업주가 시스템비계를 사용하여 비계를 구성하는 경우 준수사항 3가지를 쓰시오. (6점)

정답

① 수직재·수평재·가새재를 견고하게 연결하는 구조가 되도록 할 것
② 비계 밑단의 수직재와 받침철물은 밀착되도록 설치하고, 수직재와 받침철물의 연결부의 겹침길이는 받침철물 전체길이의 $\frac{1}{3}$ 이상이 되도록 할 것
③ 수평재는 수직재와 직각으로 설치하여야 하며, 체결 후 흔들림이 없도록 견고하게 설치할 것
④ 수직재와 수직재의 연결철물은 이탈되지 않도록 견고한 구조로 할 것
⑤ 벽 연결재의 설치간격은 제조사가 정한 기준에 따라 설치할 것

관련법령 「산업안전보건기준에 관한 규칙」 제69조(시스템 비계의 구조)

04

히빙 현상의 발생 원인 2가지를 쓰시오. (4점)

정답

① 흙막이 내외부 흙의 중량차가 있을 때
② 연약한 점토 지반일 때
③ 흙막이벽의 근입 깊이가 부족할 때

05

사고사망만인율 산출 시 사고사망자 수 산정에서 제외하는 경우 3가지를 쓰시오. (3점)

정답

① 방화, 근로자간 또는 타인간의 폭행에 의한 경우
② 도로에서 발생한 교통사고에 의한 경우
③ 태풍·홍수·지진·눈사태 등 천재지변에 의한 불가항력적인 재해의 경우
④ 작업과 관련이 없는 제3자의 과실에 의한 경우
⑤ 그 밖에 야유회, 체육행사, 취침·휴식 중의 사고 등 건설작업과 직접 관련이 없는 경우

관련법령 「산업안전보건법 시행규칙」 [별표 1] 건설업체 산업재해발생률 및 산업재해 발생 보고의무 위반건수의 산정 기준과 방법

06

다음은 무재해 목표 설정기준에 관한 내용이다. (　　) 안에 알맞은 내용을 쓰시오. (5점)

가. "무재해 1배수 목표"란 업종·규모별로 사업장을 그룹화하고 그룹 내 사업장들이 평균적으로 재해자 (①)명이 발생하는 기간 동안 해당 사업장에서 재해가 발생하지 않는 것을 말한다.
나. 무재해운동을 개시한 날로부터 (②)일 이내에 무재해운동 개시 신청서와 상시근로자 수 산정표를 지도원장 등에게 제출하여야 한다.
다. 무재해 시간은 실근무자와 실근로시간을 곱하여 산정한다.(다만, 실근로시간의 관리가 어려운 경우에 건설업 이외의 업종은 1일 (③)시간, 건설업은 1일 (④)시간을 근로한 것으로 본다.)
라. "무재해 1배수 목표시간"의 변경으로 인하여 무재해 목표가 변동된다 하더라도 그 목표배수를 달성할 때까지는 당초 (⑤)에 적용한 무재해 목표시간에 따른다.

정답

① 1

※ 「사업장 무재해운동 추진 및 운영에 관한 규칙」이 개정됨에 따라 ②~⑤의 답은 찾을 수 없습니다.

07

직무에 관련한 안전 및 보건교육을 받아야 하는 대상자 3가지를 쓰시오. (3점)

정답

① 안전보건관리책임자
② 안전관리자
③ 보건관리자
④ 안전보건관리담당자
⑤ 해당 기관에서 안전과 보건에 관련된 업무에 종사하는 사람

관련법령 「산업안전보건법」 제32조(안전보건관리책임자 등에 대한 직무교육)

08

고소작업대 이동 시 준수사항 2가지를 쓰시오. (4점)

정답

① 작업대를 가장 낮게 내릴 것
② 작업자를 태우고 이동하지 말 것
③ 이동통로의 요철상태 또는 장애물의 유무 등을 확인할 것

관련법령 「산업안전보건기준에 관한 규칙」 제186조(고소작업대 설치 등의 조치)

09

공정안전보고서 이행 상태의 평가에 관한 내용이다. (　　) 안에 알맞은 내용을 쓰시오. (3점)

가. 고용노동부장관은 공정안전보고서의 확인 후 1년이 지난 날부터 (①)년 이내에 공정안전보고서 이행 상태의 평가를 하여야 한다.
나. 고용노동부장관은 이행상태평가 후 (②)년마다 이행상태평가를 하여야 한다.
다. 이행상태평가 후 사업주가 이행상태평가를 요청하는 경우 (③)마다 이행상태평가를 할 수 있다.

정답

① 2　　② 4　　③ 1년 또는 2년

관련법령 「산업안전보건법 시행규칙」 제54조(공정안전보고서 이행 상태의 평가)

10

콘크리트 타설작업을 위하여 콘크리트타설장비 사용 시 준수사항 3가지를 쓰시오. (6점)

정답

① 작업을 시작하기 전에 콘크리트타설장비를 점검하고 이상을 발견하였으면 즉시 보수할 것
② 건축물의 난간 등에서 작업하는 근로자가 호스의 요동·선회로 인하여 추락하는 위험을 방지하기 위하여 안전난간 설치 등 필요한 조치를 할 것
③ 콘크리트타설장비의 붐을 조정하는 경우에는 주변의 전선 등에 의한 위험을 예방하기 위한 적절한 조치를 할 것
④ 작업 중에 지반의 침하나 아웃트리거 등 콘크리트타설장비 지지구조물의 손상 등에 의하여 콘크리트타설장비가 넘어질 우려가 있는 경우에는 이를 방지하기 위한 적절한 조치를 할 것

관련법령 「산업안전보건기준에 관한 규칙」 제335조(콘크리트 타설장비 사용 시의 준수사항)

11

사업장에 승강기의 설치·조립·수리·점검 또는 해체 작업을 하는 경우 사업주가 작업을 지휘하는 사람에게 이행하도록 하여야 하는 사항 3가지를 쓰시오. (6점)

정답

① 작업방법과 근로자의 배치를 결정하고 해당 작업을 지휘하는 일
② 재료의 결함 유무 또는 기구 및 공구의 기능을 점검하고 불량품을 제거하는 일
③ 작업 중 안전대 등 보호구의 착용 상황을 감시하는 일

관련법령 「산업안전보건기준에 관한 규칙」 제162조(조립 등의 작업)

12

타워크레인의 설치·조립·해체 시 작업계획서에 포함될 내용 4가지를 쓰시오. (4점)

정답

① 타워크레인의 종류 및 형식
② 설치·조립 및 해체순서
③ 작업도구·장비·가설설비 및 방호설비
④ 작업인원의 구성 및 작업근로자의 역할 범위
⑤ 타워크레인의 지지 방법

관련법령 「산업안전보건기준에 관한 규칙」 [별표 4] 사전조사 및 작업계획서 내용

13

최빈출

댐 신설공사에서 재료비와 직접노무비의 합이 4,500,000,000원일 때 산업안전보건관리비를 구하시오. (4점)

정답

(1) 산업안전보건관리비 계상기준

대상액이 5억 원 이상 50억 원 미만인 경우에는 대상액에 계상비율을 곱한 금액에 기초액을 합한 금액을 산업안전보건관리비로 계상한다.

구분 / 공사종류	5억 원 미만 [%]	5억 원 이상 50억 원 미만		50억 원 이상 [%]	보건관리자 선임대상 [%]
		적용비율 [%]	기초액[원]		
건축공사	3.11	2.28	4,325,000	2.37	2.64
토목공사	3.15	2.53	3,300,000	2.60	2.73
중건설공사	3.64	3.05	2,975,000	3.11	3.39
특수건설공사	2.07	1.59	2,450,000	1.64	1.78

(2) 산업안전보건관리비 계상

댐 신설공사는 중건설공사이다.

산업안전보건관리비 = 대상액(재료비 + 직접노무비) × 계상비율 + 기초액
= 4,500,000,000 × 0.0305 + 2,975,000
= 140,225,000원

관련법령 「건설업 산업안전보건관리비 계상 및 사용기준」 제2조(정의), 제4조(계상의무 및 기준), [별표 1] 공사종류 및 규모별 산업안전보건관리비 계상기준표, [별표 5] 건설공사의 종류 예시표

14

안전보건표지 중에서 노란색 바탕에 검정색 표시를 한 표지의 종류 4가지를 쓰시오. (4점)

정답

① 방사성물질 경고
② 고압전기 경고
③ 매달린물체 경고
④ 낙하물 경고
⑤ 고온 경고
⑥ 저온 경고
⑦ 몸균형 상실 경고
⑧ 레이저광선 경고
⑨ 위험장소 경고

관련법령 「산업안전보건법 시행규칙」 [별표 7] 안전보건표지의 종류별 용도, 설치·부착 장소, 형태 및 색채

2010년 | 기출문제

1회

01

빈출

크레인 탑승설비 작업 시 추락에 의한 근로자 위험방지를 위한 조치사항 2가지를 쓰시오. (4점)

정답

① 탑승설비가 뒤집히거나 떨어지지 않도록 필요한 조치를 할 것
② 안전대나 구명줄을 설치하고, 안전난간을 설치할 수 있는 구조인 경우에는 안전난간을 설치할 것
③ 탑승설비를 하강시킬 때에는 동력하강방법으로 할 것

관련법령 「산업안전보건기준에 관한 규칙」 제86조(탑승의 제한)

02

빈출

비계작업 시 비, 눈, 그 밖의 기상상태의 악화로 작업을 중지시킨 후 그 비계에서 작업을 할 때 작업시작 전 점검사항 3가지를 쓰시오. (6점)

정답

① 발판 재료의 손상 여부 및 부착 또는 걸림 상태
② 해당 비계의 연결부 또는 접속부의 풀림 상태
③ 연결 재료 및 연결 철물의 손상 또는 부식 상태
④ 손잡이의 탈락 여부
⑤ 기둥의 침하, 변형, 변위 또는 흔들림 상태
⑥ 로프의 부착 상태 및 매단 장치의 흔들림 상태

관련법령 「산업안전보건기준에 관한 규칙」 제58조(비계의 점검 및 보수)

03

토공사 작업 전(굴착작업 전) 사전 지반조사사항 3가지를 쓰시오. (3점)

정답

① 형상·지질 및 지층의 상태
② 균열·함수·용수 및 동결의 유무 또는 상태
③ 매설물 등의 유무 또는 상태
④ 지반의 지하수위 상태

관련법령 「산업안전보건기준에 관한 규칙」 [별표 4] 사전조사 및 작업계획서 내용

04

굴착면의 높이가 2[m] 이상이 되는 암석의 굴착작업 시 특별교육내용 3가지를 쓰시오. (단, 그 밖에 안전·보건관리에 필요한 사항은 제외한다.) (3점)

정답

① 폭발물 취급 요령과 대피 요령에 관한 사항
② 안전거리 및 안전기준에 관한 사항
③ 방호물의 설치 및 기준에 관한 사항
④ 보호구 및 신호방법 등에 관한 사항

관련법령 「산업안전보건법 시행규칙」 [별표 5] 안전보건교육 교육대상별 교육내용

05

빈출

구조안전의 위험이 큰 철골구조물 건립 중 강풍에 의한 풍압 등 외압에 대한 내력이 설계에 고려되어 있는지 확인하여야 할 구조물 3가지를 쓰시오. (6점)

정답

① 높이 20[m] 이상의 구조물
② 구조물의 폭과 높이의 비가 1 : 4 이상인 구조물
③ 단면구조에 현저한 차이가 있는 구조물
④ 연면적당 철골량이 50[kg/m²] 이하인 구조물
⑤ 기둥이 타이플레이트형인 구조물
⑥ 이음부가 현장용접인 구조물

관련법령 「철골공사표준안전작업지침」 제3조(설계도 및 공작도 확인)

06

최빈출

다음 안전보건표지의 명칭을 쓰시오. (4점)

①	②	③	④

정답

① 보행금지 ② 인화성물질 경고
③ 낙하물 경고 ④ 녹십자표지

관련법령 「산업안전보건법 시행규칙」 [별표 6] 안전보건표지의 종류와 형태

07

빈출

크레인(이동식 크레인 제외)의 작업시작 전 점검사항 3가지를 쓰시오. (3점)

정답

① 권과방지장치·브레이크·클러치 및 운전장치의 기능
② 주행로의 상측 및 트롤리가 횡행하는 레일의 상태
③ 와이어로프가 통하고 있는 곳의 상태

관련법령 「산업안전보건기준에 관한 규칙」 [별표 3] 작업시작 전 점검사항

08

안전관리자가 수행해야 할 업무사항 3가지를 쓰시오. (6점)

정답

① 산업안전보건위원회 또는 노사협의체에서 심의·의결한 업무와 해당 사업장의 안전보건관리규정 및 취업규칙에서 정한 업무
② 위험성평가에 관한 보좌 및 지도·조언
③ 안전인증대상기계 등과 자율안전확인대상기계 등 구입 시 적격품의 선정에 관한 보좌 및 지도·조언
④ 해당 사업장 안전교육계획의 수립 및 안전교육 실시에 관한 보좌 및 지도·조언
⑤ 사업장 순회점검, 지도 및 조치 건의
⑥ 산업재해 발생의 원인 조사·분석 및 재발 방지를 위한 기술적 보좌 및 지도·조언
⑦ 산업재해에 관한 통계의 유지·관리·분석을 위한 보좌 및 지도·조언
⑧ 법 또는 법에 따른 명령으로 정한 안전에 관한 사항의 이행에 관한 보좌 및 지도·조언
⑨ 업무 수행 내용의 기록·유지
⑩ 그 밖에 안전에 관한 사항으로서 고용노동부장관이 정하는 사항

관련법령 「산업안전보건법 시행령」 제18조(안전관리자의 업무 등)

09

(　　) 안에 알맞은 내용을 쓰시오. (3점)

> 가. (①): 크레인, 이동식 크레인 또는 데릭의 재료에 따라 부하시킬 수 있는 하중
> 나. (②): 지브 혹은 붐의 경사각 및 길이 또는 지브의 위에 놓이는 도르래의 위치에 따라 부하시킬 수 있는 최대하중으로부터 훅, 버킷 등 달아올리기 기구의 중량에 상당하는 하중을 공제한 하중
> 다. (③): 엘리베이터, 간이리프트 또는 건설용 리프트의 구조 및 재료에 따라서 운반기에 사람 또는 짐을 올려놓고 승강시킬 수 있는 최대하중

정답

① 달아올리기하중 ② 정격하중 ③ 적재하중

10

건설재해예방전문지도기관의 지도계약을 체결하지 않아도 되는 공사의 종류 3가지를 쓰시오. (6점)

정답

① 공사기간이 1개월 미만인 공사
② 육지와 연결되지 않은 섬 지역(제주특별자치도 제외)에서 이루어지는 공사
③ 사업주가 안전관리자의 자격을 가진 사람을 선임하여 안전관리자의 업무만을 전담하도록 하는 공사
④ 유해위험방지계획서를 제출해야 하는 공사

관련법령 「산업안전보건법 시행령」 제59조(기술지도계약 체결 대상 건설공사 및 체결 시기)

11

빈출

다음 경우에 대한 ① Safe-T-Score를 구하고, 안전도의 ② 심각성 여부를 판정하시오. (4점)

가. 전년도 도수율: 120
나. 올해 도수율: 100
다. 근로자 수: 400명
라. 올해 근로시간 수: 1일 8시간, 300일 근무

정답

① Safe-T-Score 계산

Safe-T-Score

$$= \frac{\text{현재 도수율} - \text{과거 도수율}}{\sqrt{\frac{\text{과거 도수율}}{\text{현재 총근로시간 수}} \times 1,000,000}}$$

$$= \frac{100-120}{\sqrt{\frac{120}{400 \times (8 \times 300)} \times 1,000,000}} \fallingdotseq -1.79$$

② 심각성 여부 판정

Safe-T-Score는 다음 표에 따라 판정한다.

+2 이상	안전도가 과거보다 나빠짐
+2 ~ −2	과거의 안전도와 심각한 차이 없음
−2 이하	안전도가 과거보다 좋아짐

Safe-T-Score가 −1.79이므로 과거의 안전도와 심각한 차이가 없다.

12

안면부 여과식, 분리식 방진마스크의 시험성능기준에 있는 각 등급별 여과재 분진 등 포집효율 기준을 나타낸 표에서 ( ) 안에 알맞은 내용을 쓰시오. (6점)

종류	등급	시험[%]	종류	등급	시험[%]
안면부 여과식	특급	(①)	분리식	특급	(④)
	1급	(②)		1급	(⑤)
	2급	(③)		2급	(⑥)

정답

① 99 이상 ② 94 이상 ③ 80 이상
④ 99.95 이상 ⑤ 94 이상 ⑥ 80 이상

관련법령 「보호구 안전인증 고시」 [별표 4] 방진마스크의 성능기준

13

안전관리자를 정수 이상으로 증원·교체임명할 수 있는 사유 2가지를 쓰시오. (4점)

정답

① 해당 사업장의 연간재해율이 같은 업종의 평균재해율의 2배 이상인 경우
② 중대재해가 연간 2건 이상 발생한 경우
③ 관리자가 질병이나 그 밖의 사유로 3개월 이상 직무를 수행할 수 없게 된 경우
④ 화학적 인자로 인한 직업성 질병자가 연간 3명 이상 발생한 경우

관련법령 「산업안전보건법 시행규칙」 제12조(안전관리자 등의 증원·교체임명 명령)

14

흙막이벽 오픈 컷 굴착부 주위에 흙막이벽을 타입하고 와이어로프나 강봉을 적용하는 버팀목 대신 굴착부 밖에 묻어 볼트 등으로 체결하는 공법을 쓰시오. (2점)

정답

타이로드공법

2회

01

건설업 산업안전보건관리비의 종류 4가지를 쓰시오. (4점)

정답

① 안전관리자·보건관리자의 임금 등
② 안전시설비 등
③ 보호구 등
④ 안전보건진단비 등
⑤ 안전보건교육비 등
⑥ 근로자 건강장해예방비 등
⑦ 건설재해예방전문지도기관의 지도에 대한 대가로 자기공사자가 지급하는 비용
⑧ 건설사업자가 아닌 자가 운영하는 사업에서 안전보건 업무를 총괄·관리하는 3명 이상으로 구성된 본사 전담조직에 소속된 근로자의 임금 및 업무수행 출장비 전액(계상된 산업안전보건관리비 총액의 5[%] 이내)
⑨ 위험성평가 또는 유해·위험요인 개선을 위해 필요하다고 판단하여 산업안전보건위원회 또는 노사협의체에서 사용하기로 결정한 사항을 이행하기 위한 비용(계상된 산업안전보건관리비 총액의 10[%] 이내)

관련법령 「건설업 산업안전보건관리비 계상 및 사용기준」 제7조(사용기준)

02

「산업안전보건법령」상 안전보건표지의 종류에 대한 색채기준을 (　　) 안에 쓰시오. (4점)

표지의 종류	바탕색	기본모형
출입금지	(①)	빨간색
인화성물질 경고	무색	(②)
안전모 착용	(③)	–
세안장치	(④)	–

정답

① 흰색　② 빨간색(검은색)
③ 파란색　④ 녹색

관련법령 「산업안전보건법 시행규칙」 [별표 7] 안전보건표지의 종류별 용도, 설치·부착 장소, 형태 및 색채

03

「산업안전보건법령」에 따라 사업주는 근로자가 상시 작업에 종사하는 장소에 대하여 조도가 일정 이상이 되도록 하여야 한다. 작업면의 조도기준을 쓰시오. (4점)

정답

① 초정밀작업: 750[lux] 이상
② 정밀작업: 300[lux] 이상
③ 보통작업: 150[lux] 이상
④ 그 밖의 작업: 75[lux] 이상

관련법령 「산업안전보건기준에 관한 규칙」 제8조(조도)

04

「산업안전보건법령」상 다음 기계 또는 설비에 설치하는 방호장치를 각각 쓰시오. (4점)

① 아세틸렌 용접장치	② 교류아크용접기
③ 압력용기	④ 동력식 수동대패

정답

① 안전기　② 자동전격방지기
③ 안전밸브, 파열판　④ 칼날접촉방지장치

관련법령 「산업안전보건법 시행령」 제74조(안전인증대상기계등), 제77조(자율안전확인대상기계등)

05

빈출

채석작업 시 작업계획서에 포함해야 하는 사항 3가지를 쓰시오. (3점)

정답

① 노천굴착과 갱내굴착의 구별 및 채석방법
② 굴착면의 높이와 기울기
③ 굴착면 소단의 위치와 넓이
④ 갱내에서의 낙반 및 붕괴방지 방법
⑤ 발파방법
⑥ 암석의 분할방법
⑦ 암석의 가공장소
⑧ 사용하는 굴착기계 등의 종류 및 성능
⑨ 토석 또는 암석의 적재 및 운반방법과 운반경로
⑩ 표토 또는 용수의 처리방법

관련법령 「산업안전보건기준에 관한 규칙」 [별표 4] 사전조사 및 작업계획서 내용

06

빈출

보일링 방지대책 2가지를 쓰시오. (4점)

정답

① 지하수위 저하를 위한 배수조치
② 지하수의 흐름 변경
③ 흙막이벽의 근입 깊이 연장
④ 차수성이 높은 흙막이 설치
⑤ 지반을 복구하기 위한 압성토공법 시행

07

PS 콘크리트 사용 시 시간이 경화한 후 발생되는 응력 손실요인 2가지를 쓰시오. (4점)

정답

① 콘크리트 크리프에 의한 손실
② 건조수축에 의한 손실
③ PC 강재의 릴랙세이션에 의한 손실

08

빈출

달비계 또는 높이 5[m] 이상의 비계를 조립, 해체하거나 변경작업을 할 때에 사업주가 준수하여야 할 사항 3가지를 쓰시오. (6점)

정답

① 근로자가 관리감독자의 지휘에 따라 작업하도록 할 것
② 조립·해체 또는 변경의 시기·범위 및 절차를 그 작업에 종사하는 근로자에게 주지시킬 것
③ 조립·해체 또는 변경 작업구역에는 해당 작업에 종사하는 근로자가 아닌 사람의 출입을 금지하고 그 내용을 보기 쉬운 장소에 게시할 것
④ 비, 눈, 그 밖의 기상상태의 불안정으로 날씨가 몹시 나쁜 경우에는 그 작업을 중지시킬 것
⑤ 비계재료의 연결·해체작업을 하는 경우에는 폭 20[cm] 이상의 발판을 설치하고 근로자로 하여금 안전대를 사용하도록 하는 등 추락을 방지하기 위한 조치를 할 것
⑥ 재료·기구 또는 공구 등을 올리거나 내리는 경우에는 근로자가 달줄 또는 달포대 등을 사용하게 할 것

관련법령 「산업안전보건기준에 관한 규칙」 제57조(비계 등의 조립·해체 및 변경)

09

빈출

「산업안전보건법령」상 특별안전보건교육 중 "거푸집 및 동바리의 조립 또는 해체작업" 대상 작업에 대한 교육내용에서 개별내용에 포함하여야 할 사항 3가지를 쓰시오. (단, 그 밖에 안전·보건관리에 필요한 사항은 제외한다.) (3점)

정답

① 동바리의 조립방법 및 작업 절차에 관한 사항
② 조립재료의 취급방법 및 설치기준에 관한 사항
③ 조립·해체 시의 사고 예방에 관한 사항
④ 보호구 착용 및 점검에 관한 사항

관련법령 「산업안전보건법 시행규칙」 [별표 5] 안전보건교육 교육대상별 교육내용

10

충전전로 점검수리 등 취급작업 시 사업주의 조치사항(휴전이 곤란한 경우) 3가지를 쓰시오. (6점)

정답

① 충전전로를 방호, 차폐하거나 절연 등의 조치를 하는 경우에는 근로자의 신체가 전로와 직접 접촉하거나 도전재료, 공구 또는 기기를 통하여 간접 접촉되지 않도록 할 것
② 충전전로를 취급하는 근로자에게 그 작업에 적합한 절연용 보호구를 착용시킬 것
③ 충전전로에 근접한 장소에서 전기작업을 하는 경우에는 해당 전압에 적합한 절연용 방호구를 설치할 것
④ 고압 및 특별고압의 전로에서 전기작업을 하는 근로자에게 활선작업용 기구 및 장치를 사용하도록 할 것
⑤ 근로자가 절연용 방호구의 설치·해체작업을 하는 경우에는 절연용 보호구를 착용하거나 활선작업용 기구 및 장치를 사용하도록 할 것
⑥ 유자격자가 아닌 근로자가 충전전로 인근의 높은 곳에서 작업할 때에 근로자의 몸 또는 긴 도전성 물체가 방호되지 않은 충전전로에서 대지전압이 50[kV] 이하인 경우에는 300[cm] 이내로, 대지전압이 50[kV]를 넘는 경우에는 10[kV]당 10[cm]씩 더한 거리 이내로 각각 접근할 수 없도록 할 것

관련법령 「산업안전보건기준에 관한 규칙」 제321조(충전전로에서의 전기작업)

11

항타기 및 항발기의 조립·해체 시 점검사항 3가지를 쓰시오. (6점)

정답

① 본체 연결부의 풀림 또는 손상의 유무
② 권상용 와이어로프·드럼 및 도르래의 부착상태의 이상 유무
③ 권상장치의 브레이크 및 쐐기장치 기능의 이상 유무
④ 권상기의 설치상태의 이상 유무
⑤ 리더(Leader)의 버팀 방법 및 고정상태의 이상 유무
⑥ 본체·부속장치 및 부속품의 강도가 적합한지 여부
⑦ 본체·부속장치 및 부속품에 심한 손상·마모·변형 또는 부식이 있는지 여부

관련법령 「산업안전보건기준에 관한 규칙」 제207조(조립·해체 시 점검사항)

12

「산업안전보건법령」상 안전검사대상 유해·위험 기계의 종류 5가지를 쓰시오. (단, 대상의 조건이 있는 경우에는 반드시 그 조건을 포함하여 쓰시오.) (5점)

정답

① 프레스
② 전단기
③ 크레인(정격하중이 2톤 미만인 것 제외)
④ 리프트
⑤ 압력용기
⑥ 곤돌라
⑦ 국소 배기장치(이동식 제외)
⑧ 원심기(산업용만 해당)
⑨ 롤러기(밀폐형 구조 제외)
⑩ 사출성형기(형 체결력 294[kN] 미만 제외)
⑪ 고소작업대(화물자동차 또는 특수자동차에 탑재한 고소작업대로 한정)
⑫ 컨베이어
⑬ 산업용 로봇

관련법령 「산업안전보건법 시행령」 제78조(안전검사대상기계등)

13

빈출

400명의 근로자가 1일 8시간씩 연간 300일 근무하는 A 사업장의 전년도 도수율은 125이었다. 현재의 도수율이 100일 경우 ① Safe-T-score를 구하고, ② 안전관리의 수행도를 평가하시오. (단, 안전관리의 수행도를 평가할 때에는 그 평가 기준도 반드시 포함하여 쓰시오.) (4점)

정답

① Safe-T-Score 계산

Safe-T-Score

$$=\frac{\text{현재 도수율}-\text{과거 도수율}}{\sqrt{\frac{\text{과거 도수율}}{\text{현재 총근로시간 수}}\times 1{,}000{,}000}}$$

$$=\frac{100-125}{\sqrt{\frac{125}{400\times(8\times 300)}\times 1{,}000{,}000}}\fallingdotseq -2.19$$

② 안전관리의 수행도 평가

Safe-T-Score는 다음 표에 따라 판정한다.

+2 이상	안전도가 과거보다 나빠짐
+2 ~ −2	과거의 안전도와 심각한 차이 없음
−2 이하	안전도가 과거보다 좋아짐

Safe-T-Score가 −2.19이므로 안전도가 과거보다 좋아졌다.

14

와이어로프의 안전계수에 대해서 설명하시오. (3점)

정답

와이어로프 절단하중의 값을 그 와이어로프에 걸리는 하중의 최대값으로 나눈 값

관련법령 「산업안전보건기준에 관한 규칙」 제163조(와이어로프 등 달기구의 안전계수)

4회

01

차량계 하역운반기계에 화물 적재 시 사업주의 준수사항 4가지를 쓰시오. (8점)

정답

① 하중이 한쪽으로 치우치지 않도록 적재할 것
② 구내운반차 또는 화물자동차의 경우 화물의 붕괴 또는 낙하에 의한 위험을 방지하기 위하여 화물에 로프를 거는 등 필요한 조치를 할 것
③ 운전자의 시야를 가리지 않도록 화물을 적재할 것
④ 최대적재량을 초과하지 않도록 할 것

관련법령 「산업안전보건기준에 관한 규칙」 제173조(화물적재 시의 조치)

02

「산업안전보건법령」에 따라 명예산업안전감독관의 해촉 사유 4가지를 쓰시오. (8점)

정답

① 근로자대표가 사업주의 의견을 들어 명예산업안전감독관의 해촉을 요청한 경우
② 명예산업안전감독관이 해당 단체 또는 그 산하조직으로부터 퇴직하거나 해임된 경우
③ 명예산업안전감독관의 업무와 관련하여 부정한 행위를 한 경우
④ 질병이나 부상 등의 사유로 명예산업안전감독관의 업무 수행이 곤란하게 된 경우

관련법령 「산업안전보건법 시행령」 제33조(명예산업안전감독관의 해촉)

03

PS 콘크리트 응력 도입 즉시 응력 저하(손실) 원인 2가지를 쓰시오. (4점)

정답

① 콘크리트의 탄성변형(탄성수축)
② PC 강재와 쉬스관 마찰
③ 정착장치의 활동

04

빈출

종합재해지수(FSI)를 구하시오. (4점)

가. 상시근로자수: 500명
나. 근무시간: 1일 8시간, 280일 근무
다. 연간 재해건수: 10건
라. 휴업일수: 159일

정답

(1) 도수율 계산

$$\text{도수율} = \frac{\text{재해건수}}{\text{연근로시간 수}} \times 1{,}000{,}000$$

$$= \frac{10}{500 \times (8 \times 280)} \times 1{,}000{,}000 \fallingdotseq 8.93$$

(2) 강도율 계산

$$\text{강도율} = \frac{\text{총 요양근로손실일수}}{\text{연근로시간 수}} \times 1{,}000$$

$$= \frac{159 \times \frac{280}{365}}{500 \times (8 \times 280)} \times 1{,}000 \fallingdotseq 0.11$$

(3) 종합재해지수(FSI) 계산

$$\text{종합재해지수(FSI)} = \sqrt{\text{도수율} \times \text{강도율}} = \sqrt{8.93 \times 0.11} \fallingdotseq 0.99$$

05

「산업안전보건법령」상 안전검사합격증명서의 표시사항 4가지를 쓰시오. (4점)

정답

① 안전검사대상기계명　② 신청인
③ 형식번호(설치장소)　④ 합격번호
⑤ 검사유효기간　⑥ 검사기관(실시기관)

관련법령 「산업안전보건법 시행규칙」 [별표 16] 안전검사 합격표시 및 표시방법

06

「산업안전보건법령」상 안전검사대상 기계·기구 및 설비 5가지를 쓰시오. (5점)

정답

① 프레스
② 전단기
③ 크레인(정격하중이 2톤 미만인 것 제외)
④ 리프트
⑤ 압력용기
⑥ 곤돌라
⑦ 국소 배기장치(이동식 제외)
⑧ 원심기(산업용만 해당)
⑨ 롤러기(밀폐형 구조 제외)
⑩ 사출성형기(형 체결력 294[kN] 미만 제외)
⑪ 고소작업대(화물자동차 또는 특수자동차에 탑재한 고소작업대로 한정)
⑫ 컨베이어
⑬ 산업용 로봇

관련법령 「산업안전보건법 시행령」 제78조(안전검사대상기계등)

07

승강기의 설치, 조립, 수리, 점검 또는 해체 시 작업지휘자가 이행해야 할 사항 3가지를 쓰시오. (6점)

정답

① 작업방법과 근로자의 배치를 결정하고 해당 작업을 지휘하는 일
② 재료의 결함 유무 또는 기구 및 공구의 기능을 점검하고 불량품을 제거하는 일
③ 작업 중 안전대 등 보호구의 착용 상황을 감시하는 일

관련법령 「산업안전보건기준에 관한 규칙」 제162조(조립 등의 작업)

08

「산업안전보건법령」상 승강기의 종류 4가지를 쓰시오. (4점)

정답

① 승객용 엘리베이터
② 승객화물용 엘리베이터
③ 화물용 엘리베이터
④ 소형화물용 엘리베이터
⑤ 에스컬레이터

관련법령 「산업안전보건기준에 관한 규칙」 제132조(양중기)

09

최빈출

「산업안전보건법령」상 공사금액이 1,800억 원인 건설업에서 선임해야 할 안전관리자의 수를 쓰시오. (단, 전체 공사기간을 100으로 할 때 공사 시작에서 15에 해당하는 기간과 공사 종료 전의 15에 해당하는 기간이 아니다.) (2점)

정답

3명 이상

관련법령 「산업안전보건법 시행령」 [별표 3] 안전관리자를 두어야 하는 사업의 종류, 사업장의 상시근로자 수, 안전관리자의 수 및 선임방법

10

굴착작업 시 사전조사 후 굴착시기와 작업순서를 정하여야 한다. 작업장소 등의 조사사항 4가지를 쓰시오. (4점)

정답

① 형상·지질 및 지층의 상태
② 균열·함수·용수 및 동결의 유무 또는 상태
③ 매설물 등의 유무 또는 상태
④ 지반의 지하수위 상태

관련법령 「산업안전보건기준에 관한 규칙」 [별표 4] 사전조사 및 작업계획서 내용

11

다음 중 「건설업 산업안전보건관리비 계상 및 사용기준」상 산업안전보건관리비로 사용할 수 있는 항목을 모두 고르시오. (4점)

> ① 맨홀에 설치된 안전펜스
> ② 야간작업 시 전자신호봉
> ③ 작업발판 및 가설계단
> ④ 매설물 탐지, 구조안전 검토비용
> ⑤ 전선로 활선 확인 경보기
> ⑥ 방화사 등 화재예방 시설
> ⑦ 리프트 무선 호출기
> ⑧ 공사장 경계표시를 위한 가설 울타리
> ⑨ 전신주 이설비
> ⑩ 면장갑, 코팅장갑

※ 「건설업 산업안전보건관리비 계상 및 사용기준」이 개정됨에 따라 '안전관리비 항목별 사용 불가내역'은 삭제되었습니다. 이에 따라 이 문제는 성립될 수 없습니다.

12

다음 와이어로프의 클립크기는 직경 12[mm], 클립 수 4개이다. 클립의 위치(간격)를 그림으로 나타내시오. (2점)

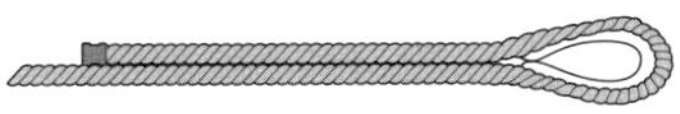

정답

① 와이어 클립 설치 그림

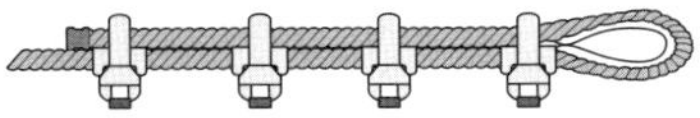

② 설치 간격: 80[mm]

관련법령 「건설기계 안전보건작업지침」 6.2 크레인

13

「산업안전보건법 시행규칙」에 따라 건설업 유해위험방지계획서의 첨부서류 3가지를 쓰시오. (3점)

정답

① 공사 개요서
② 안전보건관리계획
③ 작업 공사 종류별 유해위험 방지계획

관련법령 「산업안전보건법 시행규칙」 [별표 10] 유해위험방지계획서 첨부서류

14

지중에 삭공을 사용하여 인장재를 삽입하고 그라우팅 등에 대한 저항부를 조성한 후 긴장 정착하여 구조물에 발생하는 토압, 수압 등의 외력에 저항하도록 하는 공법은 무엇인지 쓰시오. (2점)

정답

어스앵커공법

내가 꿈을 이루면
나는 누군가의 꿈이 된다.

– 이도준

베스트셀러 1위

3년 연속 1위

YES24 수험서 자격증 한국산업인력공단 안전관리분야 건설안전 건설안전 기사/산업기사 베스트셀러 1위
(2022년 5월~6월, 10월, 2023년 6월~7월, 10월~11월, 2024년 8월 월별 베스트)
2023, 2022, 2021 대한민국 브랜드만족도 건설안전기사 교육 1위 (한경비즈니스)

에듀윌 건설안전기사 실기 기출문제집

작업형 실사 영상 제대로 활용하기!

- STEP 1 QR코드를 찍어 작업형 실사 영상 확인
- STEP 2 문제를 풀고, 모범답안 확인
- STEP 3 무료특강을 듣고, '학습 NOTE'에 나만의 암기법 정리
- BONUS 시험 직전 '작업형 실전 대비 FINAL NOTE'로 최종 복습

고객의 꿈, 직원의 꿈, 지역사회의 꿈을 실현한다

에듀윌 도서몰
book.eduwill.net

- 부가학습자료 및 정오표: 에듀윌 도서몰 > 도서자료실
- 교재 문의: 에듀윌 도서몰 > 문의하기 > 교재(내용, 출간) / 주문 및 배송

합격자 수가 선택의 기준!

2025

에듀윌 건설안전기사

실기 기출문제집

YES24 24년 8월 월별 베스트 기준 베스트셀러 1위

YES24 수험서 자격증
한국산업인력공단 안전관리분야
건설안전 건설안전 기사/산업기사
베스트셀러 1위

필답형+작업형

최신 개정법령 완벽반영

작업형 실사 영상 50개 제공

단기합격 다 DREAM

1. 알짜이론 + 알짜기출 + 작업형 무료특강
2. 필답형 15개년 + 작업형 10개년 기출문제
3. 작업형 실전 대비 FINAL NOTE(PDF)

eduwill

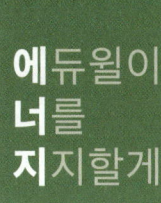

에듀윌이
너를
지지할게
ENERGY

시작하라.

그 자체가 천재성이고,
힘이며, 마력이다.

– 요한 볼프강 폰 괴테(Johann Wolfgang von Goethe)

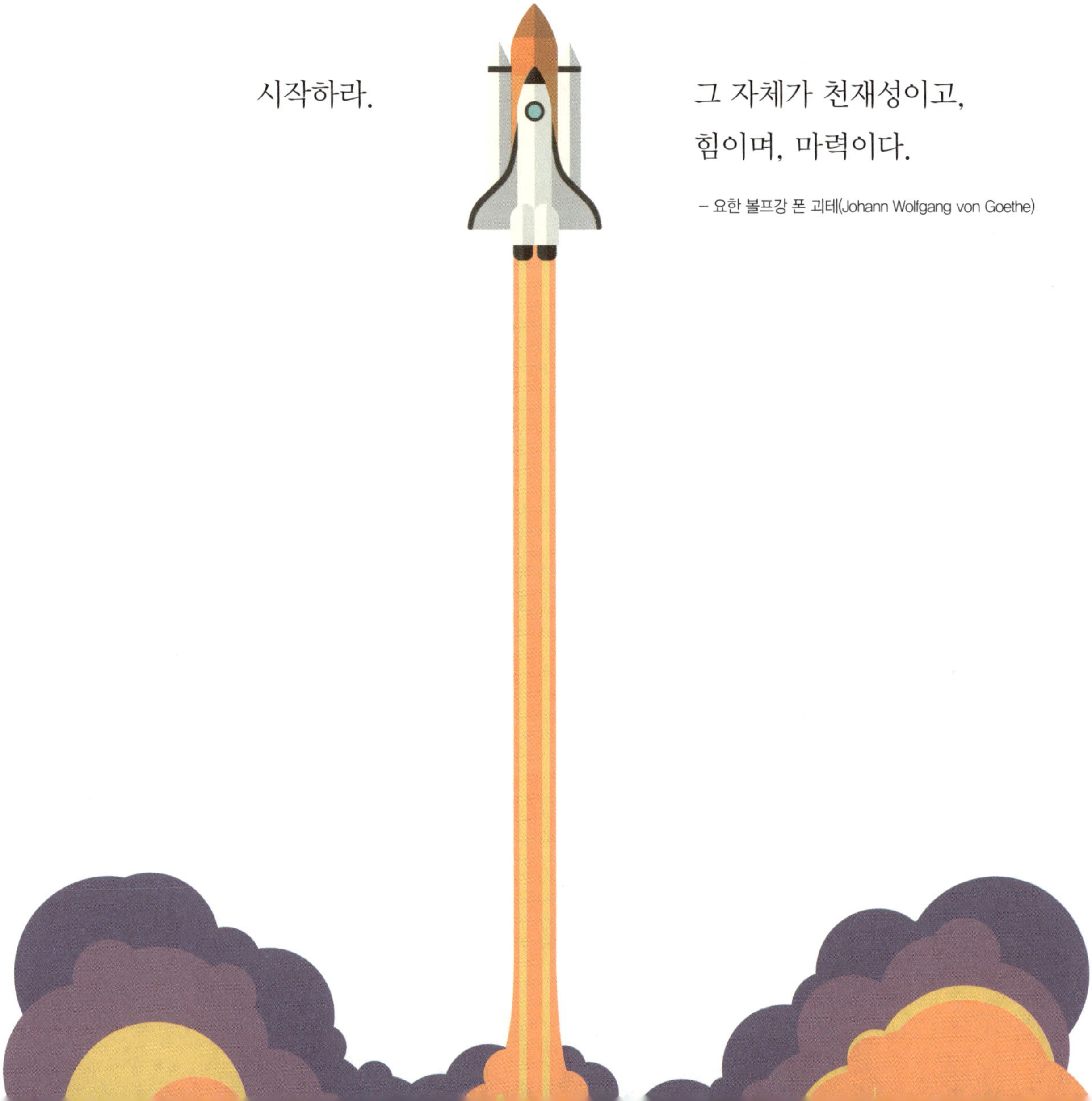

에듀윌
건설안전기사

실기 작업형

eduwill

CONTENTS

차례

알짜기출

작업형 10개년 기출문제

알짜기출 제대로 활용하기!

STEP 01 QR코드를 찍어 제공된 작업형 실사 영상을 확인한다.

STEP 02 문제를 풀고 모범답안을 확인한다.

STEP 03 무료특강을 듣고, 나만의 암기법을 '학습 NOTE'에 정리한다.

작업형 실사 영상은 링크를 통해 PC에서도 확인하실 수 있습니다.

▶ https://eduwill.kr/kQve

※ 제공된 사진과 동영상은 실제 시험 형식을 기반으로 제작 · 제공하였습니다.

01 타워크레인의 설치 · 조립 · 해체 시 작업계획서에 포함하여야 하는 내용 4가지를 쓰시오.

관련 영상

정답

① 타워크레인의 종류 및 형식
② 설치 · 조립 및 해체순서
③ 작업도구 · 장비 · 가설설비 및 방호설비
④ 작업인원의 구성 및 작업근로자의 역할 범위
⑤ 타워크레인의 지지 방법

관련법령 「산업안전보건기준에 관한 규칙」 [별표 4] 사전조사 및 작업계획서 내용

학습 NOTE

02 화면은 작업장에 설치된 계단을 보여준다. 작업장에 계단 및 계단참을 설치할 경우 준수해야 할 사항에 대하여 (　　) 안에 알맞은 내용을 쓰시오.

관련 영상

가. 계단 및 계단참을 설치할 때에는 1[m^2]당 (　①　)[kg] 이상의 하중에 견딜 수 있는 강도를 가진 구조로 설치해야 하며, 안전율은 (　②　) 이상으로 해야 한다.

나. 계단을 설치할 때에는 그 폭을 (　③　)[m] 이상으로 해야 한다.

다. 높이가 3[m]를 초과하는 계단에는 높이 (　④　)[m] 이내마다 진행방향으로 길이 (　⑤　)[m] 이상의 계단참을 설치해야 한다.

라. 계단을 설치할 때는 그 바닥면으로부터 높이 (　⑥　)[m] 이내에 장애물이 없는 공간에 설치해야 한다.

정답

① 500	② 4	③ 1
④ 3	⑤ 1.2	⑥ 2

관련법령 「산업안전보건기준에 관한 규칙」 제26조(계단의 강도), 제27조(계단의 폭), 제28조(계단참의 설치), 제29조(천장의 높이)

학습 NOTE

03 화면은 유해위험방지계획서 제출대상 공사가 진행 중이다. 「산업안전보건법령」상 유해위험방지계획서 제출대상 건설공사 4가지를 쓰시오. (단, 최대 지간길이가 50[m] 이상인 다리의 건설공사는 제외한다.)

관련 영상

정답

① 지상높이가 31[m] 이상인 건축물 또는 인공구조물의 건설 등 공사
② 연면적 30,000[m^2] 이상인 건축물의 건설 등 공사
③ 연면적 5,000[m^2] 이상인 문화 및 집회시설(전시장 및 동물원·식물원 제외), 판매시설·운수시설(고속철도의 역사 및 집배송시설 제외), 종교시설, 의료시설 중 종합병원, 숙박시설 중 관광숙박시설, 지하도상가, 냉동·냉장 창고시설의 건설 등 공사
④ 연면적 5,000[m^2] 이상인 냉동·냉장 창고시설의 설비공사 및 단열공사
⑤ 터널의 건설 등 공사
⑥ 다목적댐, 발전용댐, 저수용량 2천만 톤 이상의 용수 전용 댐 및 지방상수도 전용 댐의 건설 등 공사
⑦ 깊이 10[m] 이상인 굴착공사

관련법령 「산업안전보건법 시행령」 제42조(유해위험방지계획서 제출 대상)

학습 NOTE

04 화면은 아파트 건설현장에서 외부벽체 거푸집 조립작업 중인 모습이다. 이 거푸집의 ① 명칭과 ② 콘크리트 측압에 영향을 주는 요인 2가지 및 ③ 장점 3가지를 쓰시오.

관련 영상

정답

① 명칭: 갱 폼(Gang Form)

② 측압에 영향을 주는 요인

㉠ 온도　㉡ 습도　㉢ 슬럼프 값　㉣ 물시멘트비

㉤ 타설속도　㉥ 철근량　㉦ 다짐 정도　㉧ 시공연도

③ 장점

㉠ 공사기간 단축

㉡ 벽체 거푸집과 작업발판의 일체형으로 비계 불필요

㉢ 설치, 해체가 용이

㉣ 반복사용 가능

학습 NOTE

05 화면과 같이 근로자가 손수레를 사용하여 건설용 리프트에 블록 및 자재를 싣고 작업하던 중 사고가 발생했다. 다음 물음에 답하시오.

관련 영상

① 건설용 리프트의 안전장치 2가지를 쓰시오.
② 사고의 종류를 쓰시오.
③ 재해발생원인 2가지를 쓰시오.

정답

① 안전장치
㉠ 과부하방지장치 ㉡ 권과방지장치 ㉢ 비상정지장치 ㉣ 제동장치
② 사고의 종류: 떨어짐(추락)
③ 재해발생원인
㉠ 건설용 리프트의 적재하중 초과
㉡ 근로자 단독작업 실시

관련법령 「산업안전보건기준에 관한 규칙」 제134조(방호장치의 조정)

학습 NOTE

06 항타기 및 항발기 권상용 와이어로프의 사용제한 기준 3가지를 쓰시오.

관련 영상

정답

① 이음매가 있는 것

② 와이어로프의 한 꼬임에서 끊어진 소선의 수가 10[%] 이상인 것

③ 지름의 감소가 공칭지름의 7[%]를 초과하는 것

④ 꼬인 것

⑤ 심하게 변형되거나 부식된 것

⑥ 열과 전기충격에 의해 손상된 것

관련법령 「산업안전보건기준에 관한 규칙」 제210조(이음매가 있는 권상용 와이어로프의 사용 금지)

학습 NOTE

07 화면은 산소용접기로 용단작업 중인 장면을 보여주고 있다. 화면에 보이는 가스용기 취급 시 주의해야 할 사항 3가지를 쓰시오.

관련 영상

정답

① 용기의 온도를 40[℃] 이하로 유지할 것
② 전도의 위험이 없도록 할 것
③ 충격을 가하지 않도록 할 것
④ 운반하는 경우에는 캡을 씌울 것
⑤ 사용하는 경우에는 용기의 마개에 부착되어 있는 유류 및 먼지를 제거할 것
⑥ 밸브의 개폐는 서서히 할 것
⑦ 사용 전 또는 사용 중인 용기와 그 밖의 용기를 명확히 구별하여 보관할 것
⑧ 용해아세틸렌의 용기는 세워 둘 것
⑨ 용기의 부식·마모 또는 변형상태를 점검한 후 사용할 것

관련법령 「산업안전보건기준에 관한 규칙」 제234조(가스등의 용기)

학습 NOTE

08 화면은 아파트 단지 내에서 하수관로 매설작업을 수행하고 있는 장면을 보여주고 있다. 화면을 참고하여 다음 물음에 답하시오.

관련 영상

① 재해발생 형태를 쓰시오.
② 재해발생 기인물을 쓰시오.
③ 재해발생원인을 쓰시오.

정답

① 형태: 끼임(협착)
② 기인물: 백호우
③ 재해발생원인
  ㉠ 유도자 미배치
  ㉡ 작업반경 내 근로자 출입금지 조치 미실시

학습 NOTE

09 화면은 굴착작업 중인 현장을 보여준다. 다음 물음에 답하시오.

관련 영상

① 굴착작업 시 사전조사 내용 3가지를 쓰시오.
② 작업시작 전 점검사항 2가지를 쓰시오.

정답

① 사전조사 내용
  ㉠ 형상·지질 및 지층의 상태
  ㉡ 균열·함수·용수 및 동결의 유무 또는 상태
  ㉢ 매설물 등의 유무 또는 상태
  ㉣ 지반의 지하수위 상태
② 작업시작 전 점검사항
  ㉠ 작업장소 및 그 주변의 부석·균열의 유무
  ㉡ 함수·용수 및 동결의 유무 또는 상태의 변화

관련법령 「산업안전보건기준에 관한 규칙」 제338조(굴착작업 사전조사 등), [별표 4] 사전조사 및 작업계획서 내용

학습 NOTE

10 화면은 둥근톱을 사용하여 작업 중인 모습이다. 다음 물음에 답하시오.

관련 영상

① 둥근톱 사용 중 재해발생원인 2가지를 쓰시오.
② 화면에서와 같은 작업현장에서 둥근톱과 같은 전동기계·기구를 사용하여 작업을 할 때 감전방지용 누전차단기를 반드시 설치해야 하는 기계·기구 1가지를 쓰시오.

정답

① 재해발생원인
- ㉠ 분할날 등 반발예방장치 미설치
- ㉡ 말려들기 쉬운 장갑 착용
- ㉢ 보안경 및 방진마스크 미착용

② 누전차단기 설치 장소
- ㉠ 대지전압이 150[V]를 초과하는 이동형 또는 휴대형 전기기계·기구
- ㉡ 물 등 도전성이 높은 액체가 있는 습윤장소에서 사용하는 저압용 전기기계·기구
- ㉢ 철판·철골 위 등 도전성이 높은 장소에서 사용하는 이동형 또는 휴대형 전기기계·기구
- ㉣ 임시배선의 전로가 설치되는 장소에서 사용하는 이동형 또는 휴대형 전기기계·기구

관련법령 「산업안전보건기준에 관한 규칙」 제304조(누전차단기에 의한 감전방지)

학습 NOTE

11 달비계 또는 높이 $5[m]$ 이상의 비계를 조립, 해체하거나 변경 작업 시 준수사항 3가지를 쓰시오.

관련 영상

정답

① 근로자가 관리감독자의 지휘에 따라 작업하도록 할 것

② 조립·해체 또는 변경의 시기·범위 및 절차를 그 작업에 종사하는 근로자에게 주지시킬 것

③ 조립·해체 또는 변경 작업구역에는 해당 작업에 종사하는 근로자가 아닌 사람의 출입을 금지하고 그 내용을 보기 쉬운 장소에 게시할 것

④ 비, 눈, 그 밖의 기상상태의 불안정으로 날씨가 몹시 나쁜 경우에는 그 작업을 중지시킬 것

⑤ 비계재료의 연결·해체작업을 하는 경우에는 폭 $20[cm]$ 이상의 발판을 설치하고 근로자로 하여금 안전대를 사용하도록 하는 등 추락을 방지하기 위한 조치를 할 것

⑥ 재료·기구 또는 공구 등을 올리거나 내리는 경우에는 근로자가 달줄 또는 달포대 등을 사용하게 할 것

관련법령 「산업안전보건기준에 관한 규칙」 제57조(비계 등의 조립·해체 및 변경)

학습 NOTE

12 화면에 나타난 건설기계의 ① 명칭과 ② 사용 용도를 쓰시오.

관련 영상

정답

① 명칭: 불도저

② 용도

㉠ 운반작업 ㉡ 지면 고르기작업 ㉢ 굴착작업

학습 NOTE

13 화면은 록볼트 설치 작업을 하고 있는 터널 공사현장이다. 이러한 록볼트의 역할 3가지를 쓰시오.

관련 영상

정답

① 봉합효과 ② 내압작용효과 ③ 보형성효과 ④ 아치형성효과 ⑤ 지반보강효과

학습 NOTE

14 화면에서 보여주고 있는 ① 비계의 종류, ② 작업발판의 폭, ③ 지주부재와 수평면 사이의 기울기를 쓰시오. (단, 비계의 높이는 2[m] 초과이다.)

관련 영상

정답

① 비계의 종류: 말비계

② 작업발판의 폭: 40[cm] 이상

③ 기울기: 75° 이하

관련법령 「산업안전보건기준에 관한 규칙」 제67조(말비계)

학습 NOTE

15 화면은 실내 에폭시작업을 보여주고 있다. 이와 같은 작업에서 ① 적정공기 기준 및 ② 작업 시 조치사항을 쓰시오.

관련 영상

정답

① 적정공기 기준
- ㉠ 산소농도 18[%] 이상 23.5[%] 미만
- ㉡ 이산화탄소농도 1.5[%] 미만
- ㉢ 일산화탄소농도 30[ppm] 미만
- ㉣ 황화수소농도 10[ppm] 미만

② 작업 시 조치사항
- ㉠ 작업을 시작하기 전 해당 밀폐공간의 산소 및 유해가스의 농도를 측정할 것
- ㉡ 작업장을 적정공기 상태가 유지되도록 환기할 것
- ㉢ 근로자에게 공기호흡기 또는 송기마스크를 지급하여 착용하도록 할 것

관련법령 「산업안전보건기준에 관한 규칙」 제618조(정의), 제619조의2(산소 및 유해가스 농도의 측정), 제620조(환기 등)

학습 NOTE

16 화면은 터널 굴착 공사현장의 공정을 보여주고 있다. 화면을 참고하여 다음 물음에 답하시오.

관련 영상

① 화면에서 작업 중인 공정의 명칭을 쓰시오.
② 터널 굴착작업 시 작업계획서에 포함하여야 할 내용 2가지를 쓰시오.

정답

① 명칭: 숏크리트 타설
② 작업계획서 포함사항
  ㉠ 굴착의 방법
  ㉡ 터널 지보공 및 복공의 시공방법과 용수의 처리방법
  ㉢ 환기 또는 조명시설을 설치할 때에는 그 방법

관련법령 「산업안전보건기준에 관한 규칙」 [별표 4] 사전조사 및 작업계획서 내용

학습 NOTE

알짜기출

17 화면과 같은 철조망 안쪽 변압기(수전설비) 설치장소 충전부에 접촉하여 감전 사고가 발생할 수 있다. 충전부에 대한 감전재해 예방대책 3가지를 쓰시오.

관련 영상

정답

① 충전부가 노출되지 않도록 폐쇄형 외함이 있는 구조로 할 것
② 충전부에 충분한 절연효과가 있는 방호망이나 절연덮개를 설치할 것
③ 충전부는 내구성이 있는 절연물로 완전히 덮어 감쌀 것
④ 발전소·변전소 및 개폐소 등 구획되어 있는 장소로서 관계 근로자가 아닌 사람의 출입이 금지되는 장소에 충전부를 설치하고, 위험표시 등의 방법으로 방호를 강화할 것
⑤ 전주 위 및 철탑 위 등 격리되어 있는 장소로서 관계 근로자가 아닌 사람이 접근할 우려가 없는 장소에 충전부를 설치할 것

관련법령 「산업안전보건기준에 관한 규칙」 제301조(전기 기계·기구 등의 충전부 방호)

학습 NOTE

18 화면에서 보이는 ① 롤러의 종류와 ② 용도를 쓰시오.

관련 영상

정답

① 종류: 탠덤 롤러

② 용도

㉠ 점성토나 자갈, 쇄석의 다짐

㉡ 아스팔트 포장의 마무리 전압작업

학습 NOTE

19

화면에서 보여주는 것과 같이 가설구조물이나 개구부 등에서 추락 위험을 방지하기 위해 설치하여야 하는 안전난간의 구조 및 설치요건에 대해 (   ) 안에 알맞은 내용을 쓰시오.

관련 영상

가. 안전난간은 (①), (②), (③) 및 (④)으로 구성할 것

나. (④)은 바닥면·발판 또는 경사로의 표면으로부터 (⑤)[cm] 이상의 높이를 유지할 것

다. (①)는 바닥면 등으로부터 (⑥)[cm] 이상 지점에 설치하고, (①)를 (⑦)[cm] 이하에 설치하는 경우에는 중간 난간대는 상부 난간대와 바닥면 등의 중간에 설치할 것

정답

① 상부 난간대　② 중간 난간대　③ 난간기둥　④ 발끝막이판

⑤ 10　⑥ 90　⑦ 120

관련법령 「산업안전보건기준에 관한 규칙」 제13조(안전난간의 구조 및 설치요건)

학습 NOTE

20 화면은 아파트 해체작업을 보여주고 있다. 화면에서와 같은 ① 해체공법과 ② 해체작업 시 작업계획서에 포함되어야 할 사항 2가지를 쓰시오. (단, 그 밖에 안전·보건에 관련된 사항은 제외한다.)

관련 영상

정답

① 해체공법: 압쇄공법

② 작업계획서 포함사항

㉠ 해체의 방법 및 해체 순서도면

㉡ 가설설비·방호설비·환기설비 및 살수·방화설비 등의 방법

㉢ 사업장 내 연락방법

㉣ 해체물의 처분계획

㉤ 해체작업용 기계·기구 등의 작업계획서

㉥ 해체작업용 화약류 등의 사용계획서

관련법령 「산업안전보건기준에 관한 규칙」 [별표 4] 사전조사 및 작업계획서 내용

학습 NOTE

21 화면은 비계 해체 작업을 보여준다. 달비계 또는 높이 5[m] 이상의 비계를 조립·해체·변경하는 작업을 하는 경우 준수하여야 할 사항 3가지를 쓰시오.

관련 영상

정답

① 근로자가 관리감독자의 지휘에 따라 작업하도록 할 것
② 조립·해체 또는 변경의 시기·범위 및 절차를 그 작업에 종사하는 근로자에게 주지시킬 것
③ 조립·해체 또는 변경 작업구역에는 해당 작업에 종사하는 근로자가 아닌 사람의 출입을 금지하고 그 내용을 보기 쉬운 장소에 게시할 것
④ 비, 눈, 그 밖의 기상상태의 불안정으로 날씨가 몹시 나쁜 경우에는 그 작업을 중지시킬 것
⑤ 비계재료의 연결·해체작업을 하는 경우에는 폭 20[cm] 이상의 발판을 설치하고 근로자로 하여금 안전대를 사용하도록 하는 등 추락을 방지하기 위한 조치를 할 것
⑥ 재료·기구 또는 공구 등을 올리거나 내리는 경우에는 근로자가 달줄 또는 달포대 등을 사용하게 할 것

관련법령 「산업안전보건기준에 관한 규칙」 제57조(비계 등의 조립·해체 및 변경)

학습 NOTE

22 용접작업 시에 작업자가 갖추어야 할 ① 개인보호구 3가지와 ② 교류아크용접작업 시 사용하여야 하는 방호장치를 쓰시오.

관련 영상

정답

① 개인보호구
  ㉠ 용접용 보안면
  ㉡ 용접용 가죽제 안전장갑
  ㉢ 용접용 앞치마
  ㉣ 용접용 안전화
② 방호장치: 자동전격방지기

관련법령 「산업안전보건기준에 관한 규칙」 제306조(교류아크용접기 등)

학습 NOTE

23 화면은 이동식비계 작업현장을 보여준다. 이동식비계를 조립하여 작업 시 준수사항 3가지를 쓰시오.

관련 영상

정답

① 이동식비계의 바퀴에는 뜻밖의 갑작스러운 이동 또는 전도를 방지하기 위하여 브레이크·쐐기 등으로 바퀴를 고정시킨 다음 비계의 일부를 견고한 시설물에 고정하거나 아웃트리거를 설치하는 등 필요한 조치를 할 것

② 승강용사다리는 견고하게 설치할 것

③ 비계의 최상부에서 작업을 하는 경우에는 안전난간을 설치할 것

④ 작업발판은 항상 수평을 유지하고 작업발판 위에서 안전난간을 딛고 작업을 하거나 받침대 또는 사다리를 사용하여 작업하지 않도록 할 것

⑤ 작업발판의 최대적재하중은 250[kg]을 초과하지 않도록 할 것

관련법령 「산업안전보건기준에 관한 규칙」 제68조(이동식비계)

학습 NOTE

24 굴착기를 사용하여 인양작업을 하는 경우, 사업주의 준수사항 3가지를 쓰시오.

관련 영상

정답

① 굴착기 제조사에서 정한 작업설명서에 따라 인양할 것
② 사람을 지정하여 인양작업을 신호하게 할 것
③ 인양물과 근로자가 접촉할 우려가 있는 장소에 근로자의 출입을 금지시킬 것
④ 지반의 침하 우려가 없고 평평한 장소에서 작업할 것
⑤ 인양 대상 화물의 무게는 정격하중을 넘지 않을 것

관련법령 「산업안전보건기준에 관한 규칙」 제221조의5(인양작업 시 조치)

학습 NOTE

25

화면은 지게차를 이용한 화물운반 작업을 보여준다. 지게차 등 차량계 하역운반기계에 화물을 적재할 때 준수하여야 하는 사항 3가지를 쓰시오.

관련 영상

정답

① 하중이 한쪽으로 치우치지 않도록 적재할 것
② 구내운반차 또는 화물자동차의 경우 화물의 붕괴 또는 낙하에 의한 위험을 방지하기 위하여 화물에 로프를 거는 등 필요한 조치를 할 것
③ 운전자의 시야를 가리지 않도록 화물을 적재할 것
④ 최대적재량을 초과하지 않도록 할 것

관련법령 「산업안전보건기준에 관한 규칙」 제173조(화물적재 시의 조치)

학습 NOTE

26 화면은 터널작업 강아치 지보공을 보여준다. 터널굴착작업 시 작업계획서에 포함되어야 할 사항 3가지를 쓰시오.

관련 영상

정답

① 굴착의 방법

② 터널 지보공 및 복공의 시공방법과 용수의 처리방법

③ 환기 또는 조명시설을 설치할 때에는 그 방법

관련법령 「산업안전보건기준에 관한 규칙」[별표 4] 사전조사 및 작업계획서 내용

학습 NOTE

27 화면과 같은 건설현장에서 철골작업 시 작업을 중지하여야 하는 기후조건 3가지를 쓰시오.

관련 영상

정답

① 풍속: 초당 10[m] 이상

② 강우량: 시간당 1[mm] 이상

③ 강설량: 시간당 1[cm] 이상

관련법령 「산업안전보건기준에 관한 규칙」 제383조(작업의 제한)

학습 NOTE

28 화면은 추락방호망이 설치된 작업장을 보여준다. 추락방호망의 설치기준 3가지를 쓰시오.

관련 영상

정답

① 추락방호망의 설치위치는 가능하면 작업면으로부터 가까운 지점에 설치하여야 하며, 작업면으로부터 망의 설치지점까지의 수직거리는 10[m]를 초과하지 아니할 것

② 추락방호망은 수평으로 설치하고, 망의 처짐은 짧은 변 길이의 12[%] 이상이 되도록 할 것

③ 건축물 등의 바깥쪽으로 설치하는 경우 추락방호망의 내민 길이는 벽면으로부터 3[m] 이상 되도록 할 것

관련법령 「산업안전보건기준에 관한 규칙」 제42조(추락의 방지)

학습 NOTE

29 화면은 콘크리트 타설 중인 장면을 보여준다. 콘크리트 타설작업을 하는 경우 준수하여야 할 사항 3가지를 쓰시오.

관련 영상

정답

① 당일의 작업을 시작하기 전에 해당 작업에 관한 거푸집 및 동바리의 변형·변위 및 지반의 침하 유무 등을 점검하고 이상이 있으면 보수할 것
② 작업 중에는 감시자를 배치하는 등의 방법으로 거푸집 및 동바리의 변형·변위 및 침하 유무 등을 확인하여야 하며, 이상이 있으면 작업을 중지하고 근로자를 대피시킬 것
③ 콘크리트 타설작업 시 거푸집 붕괴의 위험이 발생할 우려가 있으면 충분한 보강조치를 할 것
④ 설계도서 상의 콘크리트 양생기간을 준수하여 거푸집 및 동바리를 해체할 것
⑤ 콘크리트를 타설하는 경우에는 편심이 발생하지 않도록 골고루 분산하여 타설할 것

관련법령 「산업안전보건기준에 관한 규칙」 제334조(콘크리트의 타설작업)

학습 NOTE

30 상부구조가 금속 또는 콘크리트로 구성되는 교량으로서 그 높이가 5[m] 이상이거나 교량의 최대 지간길이가 30[m] 이상인 교량의 설치, 해체 또는 변경작업 시 준수사항 3가지를 쓰시오.

관련 영상

정답

① 작업을 하는 구역에는 관계 근로자가 아닌 사람의 출입을 금지할 것

② 재료, 기구 또는 공구 등을 올리거나 내릴 경우에는 근로자로 하여금 달줄, 달포대 등을 사용하도록 할 것

③ 중량물 부재를 크레인 등으로 인양하는 경우에는 부재에 인양용 고리를 견고하게 설치하고, 인양용 로프는 부재에 두 군데 이상 결속하여 인양하여야 하며, 중량물이 안전하게 거치되기 전까지는 걸이로프를 해제시키지 아니할 것

④ 자재나 부재의 낙하·전도 또는 붕괴 등에 의하여 근로자에게 위험을 미칠 우려가 있을 경우에는 출입금지구역의 설정, 자재 또는 가설시설의 좌굴 또는 변형 방지를 위한 보강재 부착 등의 조치를 할 것

관련법령 「산업안전보건기준에 관한 규칙」 제369조(작업 시 준수사항)

학습 NOTE

31 터널 굴착작업 시 자동경보장치에 대해 당일 작업시작 전에 점검하고 이상 발견 시 즉시 보수하여야 할 사항 3가지를 쓰시오.

관련 영상

정답

① 계기의 이상 유무

② 검지부의 이상 유무

③ 경보장치의 작동상태

관련법령 「산업안전보건기준에 관한 규칙」 제350조(인화성 가스의 농도측정 등)

학습 NOTE

32 화면은 건설기계를 이용하여 굴착한 흙을 덤프트럭으로 운반하는 작업을 보여준다. 다음 물음에 답하시오.

관련 영상

① 화면에서 보이는 건설기계의 명칭을 쓰시오.
② 굴착작업 시 주의하여야 할 사항 2가지를 쓰시오.

정답

① 명칭: 백호우
② 작업 시 주의사항
  ㉠ 유도자 배치
  ㉡ 작업반경 내 근로자 출입금지 조치 실시
  ㉢ 작업장 내 운행속도 제한조치 실시
  ㉣ 장비 간 이격거리 확보를 위한 고임목 설치
  ㉤ 덤프트럭 후진 작업 시 충분한 시야 확보

학습 NOTE

33

잠함, 우물통, 수직갱 또는 이와 비슷한 건설물이나 설비의 내부에서 굴착작업을 할 때 사업주가 준수하여야 하는 사항 3가지를 쓰시오.

관련 영상

정답

① 산소 결핍 우려가 있는 경우에는 산소의 농도를 측정하는 사람을 지명하여 측정하도록 할 것
② 근로자가 안전하게 오르내리기 위한 설비를 설치할 것
③ 굴착 깊이가 20[m]를 초과하는 경우에는 해당 작업장소와 외부와의 연락을 위한 통신설비 등을 설치할 것

관련법령 「산업안전보건기준에 관한 규칙」 제377조(잠함 등 내부에서의 작업)

학습 NOTE

34 화면은 콘크리트 말뚝의 모습을 보여주고 있다. 이와 같은 말뚝의 항타공법 종류 3가지를 쓰시오.

관련 영상

정답

① 타격공법 ② 진동공법 ③ 압입공법 ④ 프리보링공법

학습 NOTE

35 화면을 보고 왼쪽 차량 ① 기계의 명칭과 ② 회전이유 2가지를 쓰시오.

관련 영상

정답

① 명칭: 콘크리트 믹서 트럭

② 회전이유

㉠ 골재, 시멘트 및 물을 완전히 혼합하여 균질한 혼합물 생성

㉡ 재료 분리의 발생 및 양생 방지

학습 NOTE

36 화면은 항타작업 현장을 보여준다. 이러한 동력을 사용하는 항타기에 대해 무너짐을 방지하기 위하여 준수하여야 하는 사항 3가지를 쓰시오.

관련 영상

정답

① 연약한 지반에 설치하는 경우에는 아웃트리거·받침 등 지지구조물의 침하를 방지하기 위하여 깔판·받침목 등을 사용할 것
② 시설 또는 가설물 등에 설치하는 경우에는 그 내력을 확인하고 내력이 부족하면 그 내력을 보강할 것
③ 아웃트리거·받침 등 지지구조물이 미끄러질 우려가 있는 경우에는 말뚝 또는 쐐기 등을 사용하여 해당 지지구조물을 고정시킬 것
④ 궤도 또는 차로 이동하는 항타기 또는 항발기에 대해서는 불시에 이동하는 것을 방지하기 위하여 레일 클램프 및 쐐기 등으로 고정시킬 것
⑤ 상단 부분은 버팀대·버팀줄로 고정하여 안정시키고, 그 하단 부분은 견고한 버팀·말뚝 또는 철골 등으로 고정시킬 것

관련법령 「산업안전보건기준에 관한 규칙」 제209조(무너짐의 방지)

학습 NOTE

37 화면은 덤프트럭이 운행 중인 것을 보여주고 있다. 화면에서와 같은 도로에서 건설기계가 넘어지거나 굴러떨어지는 것을 방지하기 위해 필요한 조치사항 2가지를 쓰시오.

관련 영상

정답

① 유도자 배치

② 지반의 부동침하 방지 조치

③ 갓길의 붕괴 방지 조치

④ 도로 폭의 유지

관련법령 「산업안전보건기준에 관한 규칙」 제199조(전도 등의 방지)

학습 NOTE

38 화면은 굴착기를 이용하여 경암 굴착작업 중인 현장을 보여주고 있다. 해당 굴착면의 기울기 기준을 쓰시오.

관련 영상

정답

1 : 0.5

관련법령 「산업안전보건기준에 관한 규칙」 [별표 11] 굴착면의 기울기 기준

학습 NOTE

39 낙하물 방지망의 설치기준이다. (   ) 안에 알맞은 내용을 쓰시오.

관련 영상

가. 수평면과의 각도는 (①)° 이상 (②)° 이하를 유지할 것
나. 높이 (③)[m] 이내마다 설치할 것
다. 내민 길이는 벽면으로부터 (④)[m] 이상일 것

정답

① 20   ② 30   ③ 10   ④ 2

관련법령 「산업안전보건기준에 관한 규칙」 제14조(낙하물에 의한 위험의 방지)

학습 NOTE

40 화면의 ① 흙막이 굴착공법의 명칭, ② 계측기의 종류 3가지 및 ③ 시공 중 안전대책 2가지를 쓰시오.

관련 영상

정답

① 명칭: 어스앵커공법

② 계측기 종류

㉠ 지표침하계 ㉡ 수위계 ㉢ 지중경사계

③ 안전대책

㉠ 흙막이 지보공의 재료로 변형·부식되거나 심하게 손상된 것을 사용하지 아니할 것

㉡ 흙막이 지보공을 조립하는 경우 미리 그 구조를 검토한 후 조립도를 작성하여 그 조립도에 따라 조립하도록 할 것

㉢ 흙막이 지보공을 설치하였을 때에는 정기적으로 점검하고 이상을 발견하면 즉시 보수할 것

관련법령 「산업안전보건기준에 관한 규칙」 제345조(흙막이지보공의 재료), 제346조(조립도), 제347조(붕괴 등의 위험 방지)

학습 NOTE

41 화면은 흙막이 시설이 설치되어 있는 현장을 보여주고 있다. 이와 같은 ① 흙막이 공법의 명칭 및 ② 구성요소(재료)의 명칭 2가지를 쓰시오.

관련 영상

정답

① 명칭: 버팀대공법

② 구성요소

㉠ H빔 ㉡ 토류판 ㉢ 복공판 ㉣ 스티프너

학습 NOTE

42 화면은 차량계 건설기계를 보여주고 있다. 왼쪽에 보이는 ① 장비의 명칭과 이와 같은 차량계 건설기계를 이용할 때 ② 작업계획서에 포함되어야 할 사항 3가지를 쓰시오.

관련 영상

정답

① 명칭: 로우더(Loader)

② 작업계획서 포함사항

㉠ 사용하는 차량계 건설기계의 종류 및 성능

㉡ 차량계 건설기계의 운행경로

㉢ 차량계 건설기계에 의한 작업방법

관련법령 「산업안전보건기준에 관한 규칙」 [별표 4] 사전조사 및 작업계획서 내용

학습 NOTE

43 화면과 같은 사다리식 통로를 설치할 때 준수하여야 할 사항 중 (   ) 안에 알맞은 내용을 쓰시오.

관련 영상

> 가. 고정식 사다리식 통로의 기울기는 (①)° 이하로 하고, 높이가 (②)[m] 이상인 경우에는 등받이울이 있어도 근로자 이동에 지장이 없는 경우 바닥으로부터 높이가 (③)[m] 되는 지점부터 등받이울을 설치하여야 한다.
> 나. 사다리식 통로의 길이가 (④)[m] 이상인 때에는 (⑤)[m] 이내마다 계단참을 설치하여야 한다.
> 다. 사다리의 상단은 걸쳐놓은 지점으로부터 (⑥)[cm] 이상 올라가도록 하여야 한다.

정답

① 90	② 7	③ 2.5
④ 10	⑤ 5	⑥ 60

관련법령 「산업안전보건기준에 관한 규칙」 제24조(사다리식 통로 등의 구조)

학습 NOTE

44 화면과 같이 가설통로 설치 시 준수사항 3가지를 쓰시오. (단, 견고한 구조로 할 것은 제외한다.)

관련 영상

정답

① 경사는 30° 이하로 할 것
② 경사가 15°를 초과하는 경우에는 미끄러지지 아니하는 구조로 할 것
③ 추락할 위험이 있는 장소에는 안전난간을 설치할 것
④ 수직갱에 가설된 통로의 길이가 15[m] 이상인 경우에는 10[m] 이내마다 계단참을 설치할 것
⑤ 건설공사에 사용하는 높이 8[m] 이상인 비계다리에는 7[m] 이내마다 계단참을 설치할 것

관련법령 「산업안전보건기준에 관한 규칙」 제23조(가설통로의 구조)

학습 NOTE

45 터널 공사에서 콘크리트 라이닝 작업을 하고 있다. 콘크리트 라이닝의 목적 3가지를 쓰시오.

관련 영상

정답

① 터널 단면의 변형 방지
② 터널 단면의 강도 확보
③ 터널 내부 시설물의 설치 용이

학습 NOTE

46 화면은 공사현장의 개구부를 보여주고 있다. 이와 같은 개구부 등 추락 위험 장소에서 안전조치사항 2가지를 쓰시오.

관련 영상

정답

① 안전난간 설치
② 울타리 설치
③ 수직형 추락방망 설치
④ 덮개 설치
⑤ 추락방호망 설치
⑥ 근로자의 안전대 착용

관련법령 「산업안전보건기준에 관한 규칙」 제43조(개구부 등의 방호 조치)

학습 NOTE

47 사업주가 추락할 위험이 있는 높이 2[m] 이상의 장소에서 근로자에게 착용시켜야 하는 보호구를 쓰시오.

관련 영상

정답

① 안전대　　　　　　② 안전모

관련법령 「산업안전보건기준에 관한 규칙」 제32조(보호구의 지급 등)

학습 NOTE

48 화면에서와 같은 강관비계의 설치기준에 대하여 ( ) 안에 알맞은 내용을 쓰시오.

관련 영상

① 비계기둥의 간격: 띠장 방향에서는 ( )[m] 이하
② 비계기둥의 간격: 장선 방향에서는 ( )[m] 이하
③ 띠장의 간격: ( )[m] 이하
④ 비계기둥 간의 적재하중: ( )[kg] 이하

정답

① 1.85 ② 1.5 ③ 2 ④ 400

관련법령 「산업안전보건기준에 관한 규칙」 제60조(강관비계의 구조)

학습 NOTE

49 화면은 교량 상부를 설치 중인 장면을 보여준다. 「산업안전보건법령」상 상부구조가 금속 또는 콘크리트로 구성되는 교량으로서 그 높이가 5[m] 이상이거나 교량의 최대 지간길이가 30[m] 이상인 교량의 설치작업 시 작업계획서의 내용 3가지를 쓰시오. (단, 그 밖에 안전·보건에 관련된 사항은 제외한다.)

관련 영상

정답

① 작업방법 및 순서
② 부재의 낙하·전도 또는 붕괴를 방지하기 위한 방법
③ 작업에 종사하는 근로자의 추락 위험을 방지하기 위한 안전조치 방법
④ 공사에 사용되는 가설 철구조물 등의 설치·사용·해체 시 안전성 검토 방법
⑤ 사용하는 기계 등의 종류 및 성능, 작업방법
⑥ 작업지휘자 배치계획

관련법령 「산업안전보건기준에 관한 규칙」 [별표 4] 사전조사 및 작업계획서 내용

학습 NOTE

50 화면은 철근을 인력으로 운반하는 모습이다. 이러한 운반작업 시 준수하여야 할 사항 2가지를 쓰시오.

관련 영상

정답

① 1인당 무게는 25[kg] 정도가 적절하며, 무리한 운반을 삼가할 것
② 2인 이상이 한 조가 되어 어깨메기로 하여 운반하는 등 안전을 도모할 것
③ 긴 철근을 부득이 한 사람이 운반할 때에는 한쪽을 어깨에 메고 한쪽 끝을 끌면서 운반할 것
④ 운반할 때에는 양끝을 묶어 운반할 것
⑤ 내려 놓을 때는 천천히 내려 놓고 던지지 않을 것
⑥ 공동 작업을 할 때에는 신호에 따라 작업을 할 것

관련법령 「콘크리트공사표준안전작업지침」 제12조(운반)

학습 NOTE

작업형
10개년 기출문제

최신기출 위주로
실속있게 공부하자

2024년 | 기출문제

※ 제공된 사진은 실제 시험영상의 형식을 기반으로 제공하였습니다.

1회 1부

01 **화면은 와이어로프의 체결모습을 보여주고 있다. 다음 물음에 답하시오. (4점)**

① 그림 ㉠, ㉡, ㉢ 중에서 와이어로프의 체결 방법으로 올바른 것을 쓰시오.

㉠ ㉡ ㉢

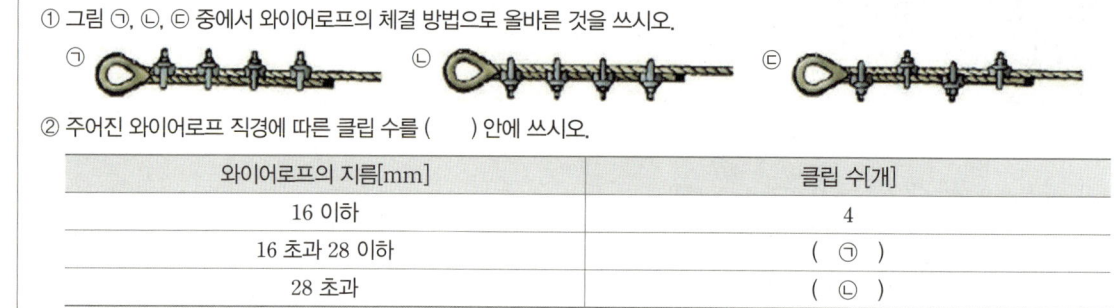

② 주어진 와이어로프 직경에 따른 클립 수를 (　　) 안에 쓰시오.

와이어로프의 지름[mm]	클립 수[개]
16 이하	4
16 초과 28 이하	(㉠)
28 초과	(㉡)

정답

① 올바른 체결: ㉠

② 클립 수

㉠ 5　　㉡ 6

02 **잠함, 우물통, 수직갱 또는 이와 비슷한 건설물이나 설비의 내부에서 굴착작업을 할 때 사업주가 준수하여야 할 사항 3가지를 쓰시오. (6점)**

정답

① 산소 결핍 우려가 있는 경우에는 산소의 농도를 측정하는 사람을 지명하여 측정하도록 할 것

② 근로자가 안전하게 오르내리기 위한 설비를 설치할 것

③ 굴착 깊이가 20[m]를 초과하는 경우에는 해당 작업장소와 외부와의 연락을 위한 통신설비 등을 설치할 것

03 화면은 파이프 서포트를 사용한 동바리이다. 다음 물음에 답하시오. (6점)

① 「산업안전보건법령」상 동바리를 조립하는 경우 하중의 지지상태를 유지할 수 있도록 사업주의 준수사항 3가지를 쓰시오.
② 동바리로 사용하는 파이프 서포트의 조립 시 준수사항이다. (　　) 안에 알맞은 내용을 쓰시오.
　㉠ 파이프 서포트를 (　　)개 이상 이어서 사용하지 않도록 할 것
　㉡ 파이프 서포트를 이어서 사용하는 경우에는 (　　)개 이상의 볼트 또는 전용철물을 사용하여 이을 것
　㉢ 높이가 (　　)[m]를 초과하는 경우에는 높이 2[m] 이내마다 수평연결재를 2개 방향으로 만들고 수평연결재의 변위를 방지할 것

정답

① 동바리 조립 시 준수사항
　㉠ 받침목이나 깔판의 사용, 콘크리트 타설, 말뚝박기 등 동바리의 침하를 방지하기 위한 조치를 할 것
　㉡ 동바리의 상하 고정 및 미끄러짐 방지 조치를 할 것
　㉢ 상부·하부의 동바리가 동일 수직선 상에 위치하도록 하여 깔판·받침목에 고정시킬 것
　㉣ 개구부 상부에 동바리를 설치하는 경우에는 상부하중을 견딜 수 있는 견고한 받침대를 설치할 것
　㉤ U헤드 등의 단판이 없는 동바리 상단에 멍에 등을 올릴 경우에는 해당 상단에 U헤드 등의 단판을 설치하고, 멍에 등이 전도되거나 이탈되지 않도록 고정시킬 것
　㉥ 동바리의 이음은 같은 품질의 재료를 사용할 것
　㉦ 강재의 접속부 및 교차부는 볼트·클램프 등 전용철물을 사용하여 단단히 연결할 것
　㉧ 거푸집의 형상에 따른 부득이한 경우를 제외하고는 깔판이나 받침목은 2단 이상 끼우지 않도록 할 것
　㉨ 깔판이나 받침목을 이어서 사용하는 경우에는 그 깔판·받침목을 단단히 연결할 것
② 파이프 서포트 조립 시 준수사항
　㉠ 3　　㉡ 4　　㉢ 3.5

04 화면을 보고, 다음 물음에 답하시오. (6점)

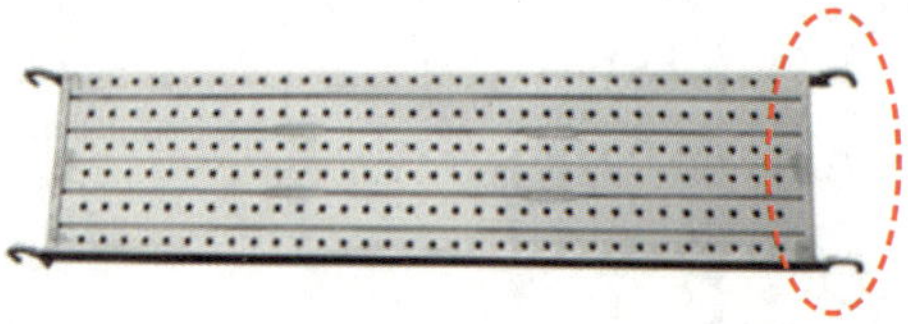

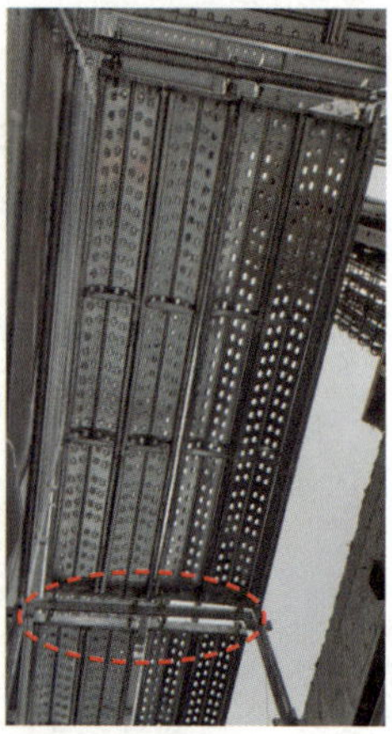

① 화면에서 가리키는 것의 ㉠ 명칭과 그 ㉡ 용도를 쓰시오.
② 작업발판의 설치기준에 대하여 (　　　) 안에 알맞은 내용을 쓰시오.
"작업발판의 폭은 (㉠)[cm] 이상으로 하고, 발판재료 간의 틈은 (㉡)[cm] 이하로 할 것"

정답

① 명칭과 용도
- ㉠ 명칭: 걸침고리
- ㉡ 용도: 강관비계 장선재에 연결하여 작업발판이 움직이지 않도록 고정한다.

② 설치기준
- ㉠ 40　　㉡ 3

05 화면은 가설도로 위 덤프트럭이 운행 중인 것을 보여주고 있다. 화면과 같은 건설기계가 넘어지거나 굴러떨어지는 것을 방지하기 위해 필요한 조치사항 3가지를 쓰시오. (5점)

정답

① 유도자 배치
② 지반의 부동침하 방지 조치
③ 갓길의 붕괴 방지 조치
④ 도로 폭의 유지

06 차량계 하역운반기계 등을 사용하여 작업을 하는 경우에 하역 또는 운반 중인 화물이나 그 차량계 하역운반기계 등에 접촉되어 위험해질 우려가 있는 경우에 준수사항 3가지를 쓰시오. (3점)

정답

① 근로자를 출입시켜서는 아니 될 것
② 작업지휘자 또는 유도자 배치를 배치하고 차량계 하역운반기계 등을 유도할 것
③ 운전자는 작업지휘자 또는 유도자의 유도의 따를 것

07 화면에 보이는 비계에 대하여 다음 물음에 답하시오. (4점)

① 화면의 비계의 명칭을 쓰시오.
② 화면의 비계를 조립하여 사용하는 경우 준수사항이다. ( ) 안에 알맞은 내용을 쓰시오.
㉠ 지주부재와 수평면의 기울기를 ( )° 이하로 하고, 지주부재와 지주부재 사이를 고정시키는 보조부재를 설치할 것
㉡ 말비계의 높이가 ( )[m]를 초과하는 경우에는 작업발판의 폭을 40[cm] 이상으로 할 것

정답

① 명칭: 말비계
② 준수사항
㉠ 75 ㉡ 2

08 「산업안전보건법령」상 강관비계의 설치기준에 대하여 (　　) 안에 알맞은 내용을 쓰시오. (6점)

① 비계기둥의 간격: 띠장 방향에서는 (　　　)[m] 이하, 장선 방향에서는 1.5[m] 이하
② 띠장의 간격: (　　　)[m] 이하
③ 비계기둥 간의 적재하중: (　　　)[kg] 이하

정답

① 1.85　　② 2　　③ 400

1회 2부

01 「산업안전보건법령」상 근로자가 상시 작업에 종사하는 장소에 대하여 (　　) 안에 조도 기준을 알맞게 쓰시오. (4점)

① 초정밀작업: (　　　)[lux] 이상
② 정밀작업: (　　　)[lux] 이상
③ 보통작업: (　　　)[lux] 이상
④ 그 밖의 작업: (　　　)[lux] 이상

정답

① 750　② 300　③ 150　④ 75

02 화면은 터널 굴착을 위한 TBM(Tunnel Boring Machines)의 조립 전경이다. 다음 물음에 답하시오. (6점)

① 터널공사 중 버력처리 장비 선정 시 고려해야 할 사항 3가지를 쓰시오.
② 버력처리 시 차량계 운반장비의 작업시작 전 점검하고 이상이 발견된 때에는 즉시 보수해야 하는 사항 3가지를 쓰시오.

정답

① 장비 선정 시 고려사항
㉠ 굴착단면의 크기 및 단위발파 버력의 물량
㉡ 터널의 경사도
㉢ 굴착방식
㉣ 버력의 상상 및 함수비
㉤ 운반 통로의 노면상태

② 작업시작 전 점검·보수사항
㉠ 제동장치 및 조절장치 기능의 이상 유무
㉡ 하역장치 및 유압장치 기능의 이상 유무
㉢ 차륜의 이상 유무
㉣ 경광, 경음장치의 이상 유무

03 화면은 강관틀비계를 보여준다. 화면에서 제시하는 강관틀비계의 주요 부재 명칭을 쓰시오. (4점)

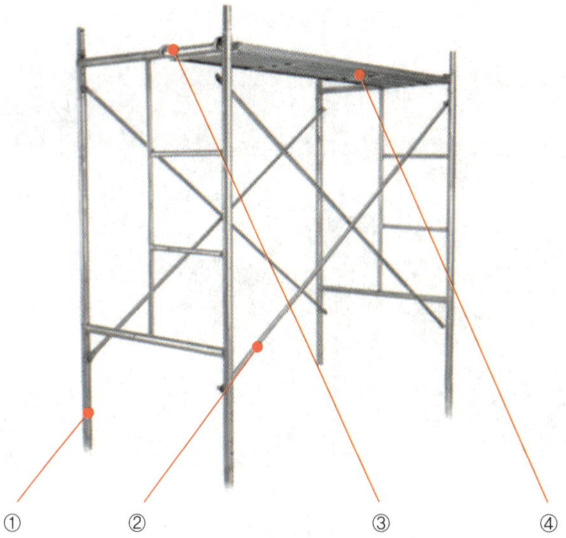

정답

① 주틀　② 교차 가새　③ 띠장 또는 띠장틀(수평틀)　④ 작업발판

04 지게차의 방호장치 5가지를 쓰시오. (5점)

정답

① 헤드가드　② 백레스트　③ 전조등　④ 후미등　⑤ 안전벨트

05 화면은 콘크리트 타설작업을 보여준다. 콘크리트 타설작업을 하기 위하여 콘크리트 플레이싱 붐, 콘크리트 분배기, 콘크리트 펌프카 등을 사용하는 경우 준수사항 3가지를 쓰시오. (6점)

정답

① 작업을 시작하기 전에 콘크리트타설장비를 점검하고 이상을 발견하였으면 즉시 보수할 것

② 건축물의 난간 등에서 작업하는 근로자가 호스의 요동·선회로 인하여 추락하는 위험을 방지하기 위하여 안전난간 설치 등 필요한 조치를 할 것

③ 콘크리트타설장비의 붐을 조정하는 경우에는 주변의 전선 등에 의한 위험을 예방하기 위한 적절한 조치를 할 것

④ 작업 중에 지반의 침하나 아웃트리거 등 콘크리트타설장비 지지구조물의 손상 등에 의하여 콘크리트타설장비가 넘어질 우려가 있는 경우에는 이를 방지하기 위한 적절한 조치를 할 것

06 화면은 깊이가 깊은 대규모 흙막이 가시설 현장을 보여준다. 흙막이 지보공을 설치하여 굴착 시 정기적으로 점검해야 하는 내용 3가지를 쓰시오. (6점)

정답

① 부재의 손상·변형·부식·변위 및 탈락의 유무와 상태

② 버팀대의 긴압의 정도

③ 부재의 접속부·부착부 및 교차부의 상태

④ 침하의 정도

07 화면은 건물 외벽의 돌마감 공사를 보여준다. 화면에서 나타난 불안전한 요소 3가지를 쓰시오. (3점)

▶ 동영상 설명

두 명의 작업자가 안전난간이 없는 건물 외벽의 돌마감 공사를 하고 있다. 한 명은 휴대용 둥근톱을 사용하고 있는데 마스크와 안전대를 미착용한 상태이다. 다른 한 명은 한쪽 외벽에서 작업하고 있는데, 안전모를 미착용한 상태이다.

정답

① 개인보호구 미착용
② 안전난간 미설치
③ 둥근톱 작업 중 자재 낙하 우려

08 굴착기를 사용하여 인양작업을 하는 경우, 사업주의 준수사항 3가지를 쓰시오. (6점)

정답

① 굴착기 제조사에서 정한 작업설명서에 따라 인양할 것
② 사람을 지정하여 인양작업을 신호하게 할 것
③ 인양물과 근로자가 접촉할 우려가 있는 장소에 근로자의 출입을 금지시킬 것
④ 지반의 침하 우려가 없고 평평한 장소에서 작업할 것
⑤ 인양 대상 화물의 무게는 정격하중을 넘지 않을 것

1회 3부

01 화면은 공사현장에 설치된 안전난간을 보여준다. 「산업안전보건기준에 관한 규칙」에 따라 근로자의 추락 등의 위험을 방지하기 위하여 안전난간을 설치하는 경우 (　　) 안에 알맞은 내용을 쓰시오. (6점)

가. 상부 난간대, 중간 난간대, (　①　) 및 난간기둥으로 구성할 것
나. 상부 난간대는 바닥면·발판 또는 경사로의 표면으로부터 (　②　)[cm] 이상 지점에 설치하고, 상부 난간대를 (　③　)[cm] 이하에 설치하는 경우에는 중간 난간대는 상부 난간대와 바닥면 등의 중간에 설치하여야 하며, (　④　)[cm] 이상 지점에 설치하는 경우에는 중간 난간대를 (　⑤　)단 이상으로 균등하게 설치하고 난간의 상하 간격은 (　⑥　)[cm] 이하가 되도록 할 것

정답

① 발끝막이판	② 90	③ 120
④ 120	⑤ 2	⑥ 60

02 동바리의 조립 시 동바리의 침하방지를 위한 조치사항 2가지를 쓰시오. (4점)

정답

① 받침목의 사용　② 깔판의 사용　③ 콘크리트 타설　④ 말뚝박기

03 화면은 인양 중인 화물의 와이어로프를 보여준다. 권상용 와이어로프의 사용 금지기준 3가지를 쓰시오. (단, 이음매가 있는 것, 꼬인 것은 제외한다.) (3점)

정답

① 와이어로프의 한 꼬임에서 끊어진 소선의 수가 10[%] 이상인 것
② 지름의 감소가 공칭지름의 7[%]를 초과하는 것
③ 심하게 변형되거나 부식된 것
④ 열과 전기충격에 의해 손상된 것

04 「산업안전보건법령」상 타워크레인의 작업을 중지해야 하는 풍속기준을 쓰시오. (4점)

정답

① 타워크레인의 설치·수리·점검 또는 해체 작업의 중지: 순간풍속 10[m/s] 초과

② 타워크레인의 운전작업 중지: 순간풍속 15[m/s] 초과

05 「산업안전보건법령」상 인화성 가스가 발생할 우려가 있는 지하작업장에서 작업하는 경우 가스의 농도를 측정하는 사람을 지명하고 해당 가스의 농도를 측정하도록 하여야 한다. 가스의 농도를 측정해야 하는 경우 3가지를 쓰시오. (6점)

정답

① 매일 작업을 시작하기 전

② 가스의 누출이 의심되는 경우

③ 가스가 발생하거나 정체할 위험이 있는 장소가 있는 경우

④ 장시간 작업을 계속하는 경우(이 경우 4시간마다 가스 농도를 측정할 것)

06 화면과 같은 동력을 사용하는 건설기계(항타기)의 작업에서 무너짐 방지 조치사항 3가지를 쓰시오. (6점)

정답

① 연약한 지반에 설치하는 경우에는 아웃트리거·받침 등 지지구조물의 침하를 방지하기 위하여 깔판·받침목 등을 사용할 것
② 시설 또는 가설물 등에 설치하는 경우에는 그 내력을 확인하고 내력이 부족하면 그 내력을 보강할 것
③ 아웃트리거·받침 등 지지구조물이 미끄러질 우려가 있는 경우에는 말뚝 또는 쐐기 등을 사용하여 해당 지지구조물을 고정시킬 것
④ 궤도 또는 차로 이동하는 항타기 또는 항발기에 대해서는 불시에 이동하는 것을 방지하기 위하여 레일 클램프 및 쐐기 등으로 고정시킬 것
⑤ 상단 부분은 버팀대·버팀줄로 고정하여 안정시키고, 그 하단 부분은 견고한 버팀·말뚝 또는 철골 등으로 고정시킬 것

07 「산업안전보건법령」상 화면과 같은 작업에 종사하는 근로자의 준수사항 3가지를 쓰시오. (단, 보호구와 관련된 내용은 제외한다.) (6점)

▶ 동영상 설명

발파작업 준비 중인 터널을 보여준다. 작업자가 터널 내에서 흡연을 하기 위해 불을 붙인 순간 폭발이 발생했다.

정답

① 얼어붙은 다이나마이트는 화기에 접근시키거나 그 밖의 고열물에 직접 접촉시키는 등 위험한 방법으로 융해되지 않도록 할 것
② 화약이나 폭약을 장전하는 경우에는 그 부근에서 화기를 사용하거나 흡연을 하지 않도록 할 것
③ 장전구는 마찰·충격·정전기 등에 의한 폭발의 위험이 없는 안전한 것을 사용할 것
④ 발파공의 충진재료는 점토·모래 등 발화성 또는 인화성의 위험이 없는 재료를 사용할 것
⑤ 전기뇌관에 의한 발파의 경우 점화하기 전에 화약류를 장전한 장소로부터 30[m] 이상 떨어진 안전한 장소에서 전선에 대하여 저항측정 및 도통시험을 할 것

08 화면과 같이 강관비계와 건물을 연결한 ① 철물의 명칭을 쓰고, ② 해당 철물의 설치기준 2가지를 쓰시오. (5점)

정답

① 철물의 명칭: 벽이음

② 설치기준

㉠ 단관비계의 경우 수직 및 수평방향으로 각 5[m] 이내마다 설치할 것

㉡ 강관틀비계(높이 5[m] 이상)의 경우 수직방향으로 6[m], 수평방향으로 8[m] 이내마다 설치할 것

2회 1부

01 화면은 수직갱에 설치된 가설통로이다. 가설통로 설치 시 준수사항에 대하여 (　　) 안에 알맞은 내용을 쓰시오. (4점)

가. 견고한 구조로 할 것
나. 경사는 (　①　)° 이하로 할 것. 다만, 계단을 설치하거나 높이 2[m] 미만의 가설통로로서 튼튼한 손잡이를 설치한 경우에는 그러하지 아니하다.
다. 경사가 (　②　)°를 초과하는 경우에는 미끄러지지 아니하는 구조로 할 것
라. 추락할 위험이 있는 장소에는 안전난간을 설치할 것. 다만, 작업상 부득이한 경우에는 필요한 부분만 임시로 해체할 수 있다.
마. 수직갱에 가설된 통로의 길이가 15[m] 이상인 경우에는 (　③　)[m] 이내마다 계단참을 설치할 것
바. 건설공사에 사용하는 높이 8[m] 이상인 비계다리에는 (　④　)[m] 이내마다 계단참을 설치할 것

정답

① 30　② 15　③ 10　④ 7

02 화면은 공사 중인 엘리베이터 피트홀을 보여준다. 화면과 같이 추락할 위험이 있는 장소에 설치해야 하는 방호조치를 3가지 쓰시오. (6점)

정답

① 안전난간 ② 울타리 ③ 수직형 추락방망 ④ 덮개

03 화면은 석축 쌓기 중인 모습을 보여준다. 석축 쌓기를 완료한 후에 붕괴될 수 있는 원인 3가지를 쓰시오. (6점)

정답

① 배수공 설치 불량 ② 석축 쌓기 불량 ③ 석재 불량 ④ 기초지반 침하 ⑤ 배수 불량
⑥ 석축배면 지장물 파열 ⑦ 뒷채움 불량 ⑧ 동결융해 ⑨ 줄눈시공 불량

04 화면은 굴착기에 의해 굴착작업이 진행 중인 장면을 보여준다. 지반 등을 굴착하는 경우 준수해야 하는 ① 연암의 굴착면의 기울기 기준을 쓰고, ② 굴착작업 시 점검사항 2가지를 쓰시오. (5점)

정답

① 기울기 기준: 1 : 1.0

② 굴착작업 시 점검사항

㉠ 작업장소 및 그 주변의 부석·균열의 유무

㉡ 함수·용수 및 동결의 유무 또는 상태의 변화

05 화면은 건설용 리프트를 보여주고 있다. 건설용 리프트의 방호장치 3가지를 쓰시오. (3점)

정답

① 과부하방지장치 ② 권과방지장치 ③ 비상정지장치 ④ 제동장치

06 화면과 같은 이동식비계에서 작업 중 추락하는 사고가 발생했다. 이동식비계를 조립하여 작업 시 준수사항 3가지를 쓰시오. (6점)

정답

① 이동식비계의 바퀴에는 뜻밖의 갑작스러운 이동 또는 전도를 방지하기 위하여 브레이크·쐐기 등으로 바퀴를 고정시킨 다음 비계의 일부를 견고한 시설물에 고정하거나 아웃트리거를 설치하는 등 필요한 조치를 할 것
② 승강용사다리는 견고하게 설치할 것
③ 비계의 최상부에서 작업을 하는 경우에는 안전난간을 설치할 것
④ 작업발판은 항상 수평을 유지하고 작업발판 위에서 안전난간을 딛고 작업을 하거나 받침대 또는 사다리를 사용하여 작업하지 않도록 할 것
⑤ 작업발판의 최대적재하중은 250[kg]을 초과하지 않도록 할 것

07 낙하물 방지망의 설치기준이다. (　　) 안에 알맞은 내용을 쓰시오. (4점)

가. 수평면과의 각도는 (①)° 이상 (②)° 이하를 유지할 것
나. 높이 (③)[m] 이내마다 설치할 것
다. 내민 길이는 벽면으로부터 (④)[m] 이상으로 할 것

정답

① 20　　② 30　　③ 10　　④ 2

08 「산업안전보건법령」상 고소작업대를 설치하는 경우 준수사항 3가지를 쓰시오. (6점)

정답

① 작업대를 와이어로프 또는 체인으로 올리거나 내릴 경우에는 와이어로프 또는 체인이 끊어져 작업대가 떨어지지 아니하는 구조여야 하며, 와이어로프 또는 체인의 안전율은 5 이상일 것
② 작업대를 유압에 의해 올리거나 내릴 경우에는 작업대를 일정한 위치에 유지할 수 있는 장치를 갖추고 압력의 이상저하를 방지할 수 있는 구조일 것
③ 권과방지장치를 갖추거나 압력의 이상상승을 방지할 수 있는 구조일 것
④ 붐의 최대 지면경사각을 초과 운전하여 전도되지 않도록 할 것
⑤ 작업대에 정격하중을 표시할 것
⑥ 작업대에 끼임·충돌 등 재해를 예방하기 위한 가드 또는 과상승방지장치를 설치할 것
⑦ 조작반의 스위치는 눈으로 확인할 수 있도록 명칭 및 방향표시를 유지할 것
⑧ 바닥과 고소작업대는 가능하면 수평을 유지하도록 할 것
⑨ 갑작스러운 이동을 방지하기 위하여 아웃트리거 또는 브레이크 등을 확실히 사용할 것

2회 2부

01 화면은 크레인으로 하물을 인양 중인 모습을 보여준다. 인양 중인 하물 아래로 작업자들이 지나다니고, 인양 중인 긴 하물이 좌우로 흔들리고 있다. 다음 물음에 답하시오. (6점)

① 권상용 와이어로프의 폐기기준 4가지를 쓰시오.
② 화면에서 발생할 수 있는 재해형태를 쓰시오.

정답

① 와이어로프 폐기기준
㉠ 이음매가 있는 것
㉡ 와이어로프의 한 꼬임에서 끊어진 소선의 수가 10[%] 이상인 것
㉢ 지름의 감소가 공칭지름의 7[%]를 초과하는 것
㉣ 꼬인 것
㉤ 심하게 변형되거나 부식된 것
㉥ 열과 전기충격에 의해 손상된 것
② 재해형태: 맞음(낙하)

02 화면은 추락방호망이 설치된 작업장을 보여준다. 추락방호망의 설치기준 3가지를 쓰시오. (6점)

정답

① 추락방호망의 설치위치는 가능하면 작업면으로부터 가까운 지점에 설치하여야 하며, 작업면으로부터 망의 설치지점까지의 수직거리는 10[m]를 초과하지 아니할 것

② 추락방호망은 수평으로 설치하고, 망의 처짐은 짧은 변 길이의 12[%] 이상이 되도록 할 것

③ 건축물 등의 바깥쪽으로 설치하는 경우 추락방호망의 내민 길이는 벽면으로부터 3[m] 이상 되도록 할 것

03 화면을 보고 다음 물음에 답하시오. (6점)

① 화면에서 ○ 표시된 장치의 이름을 쓰시오.

② 이동식비계의 작업발판의 최대적재하중을 쓰시오.

정답

① 아웃트리거 ② 250[kg]

04 화면은 안전난간을 보여준다. 다음 물음에 답하시오. (4점)

① 안전난간의 구성요소 중 표시된 부분의 명칭을 쓰시오.
② ①의 구성요소는 바닥면 등으로부터 (　　　)[cm] 이상의 높이를 유지하여야 한다. (　　　) 안에 알맞은 내용을 쓰시오.

정답

① 발끝막이판　　② 10

05 타워크레인 사용 시 설치하여야 하는 방호장치 3가지를 쓰시오. (3점)

정답

① 과부하방지장치　　② 권과방지장치　　③ 비상정지장치　　④ 제동장치

06 화면과 같은 밀폐공간에서 작업을 시작하기 전에 근로자가 안전한 상태에서 작업할 수 있도록 사업주가 확인하여야 하는 사항 4가지를 쓰시오. (8점)

정답

① 작업 일시, 기간, 장소 및 내용 등 작업 정보
② 관리감독자, 근로자, 감시인 등 작업자 정보
③ 산소 및 유해가스 농도의 측정결과 및 후속조치 사항
④ 작업 중 불활성가스 또는 유해가스의 누출·유입·발생 가능성 검토 및 후속조치 사항
⑤ 작업 시 착용하여야 할 보호구의 종류
⑥ 비상연락체계

07 다음은 안전난간의 설치기준이다. (   ) 안에 알맞은 내용을 쓰시오. (4점)

가. 상부 난간대는 바닥면·발판 또는 경사로의 표면으로부터 (①)[cm] 이상 지점에 설치하고, 상부 난간대를 (②)[cm] 이하에 설치하는 경우에는 중간 난간대는 상부 난간대와 바닥면 등의 중간에 설치할 것
나. 발끝막이판은 바닥면 등으로부터 (③)[cm] 이상의 높이를 유지할 것
다. 난간대는 지름 (④)[cm] 이상의 금속제 파이프나 그 이상의 강도가 있는 재료일 것
라. 안전난간은 구조적으로 가장 취약한 지점에서 가장 취약한 방향으로 작용하는 100[kg] 이상의 하중에 견딜 수 있는 튼튼한 구조일 것

정답

① 90　② 120　③ 10　④ 2.7

08 화면과 같은 가설통로 설치 시 준수사항이다. (　　) 안에 알맞은 내용을 쓰시오. (3점)

가. 견고한 구조로 할 것
나. 경사는 (①)° 이하로 할 것. 다만, 계단을 설치하거나 높이 (②)[m] 미만의 가설통로로서 튼튼한 손잡이를 설치한 경우에는 그러하지 아니하다.
다. 경사가 (③)°를 초과하는 경우에는 미끄러지지 아니하는 구조로 할 것
라. 추락할 위험이 있는 장소에는 안전난간을 설치할 것. 다만, 작업상 부득이한 경우에는 필요한 부분만 임시로 해체할 수 있다.
마. 수직갱에 가설된 통로의 길이가 15[m] 이상인 경우에는 10[m] 이내마다 계단참을 설치할 것
바. 건설공사에 사용하는 높이 8[m] 이상인 비계다리에는 7[m] 이내마다 계단참을 설치할 것

정답

① 30　　② 2　　③ 15

3회 1부

01 화면은 낙하물 방지망을 보수하는 장면을 보여준다. 다음 물음에 답하시오. (5점)

① 화면에서 추락방지를 위한 조치사항 2가지를 쓰시오.
② 낙하물 방지망의 설치기준에 대하여 (　　) 안에 알맞은 내용을 쓰시오.
"낙하물 방지망은 높이 (㉠)[m] 이내마다 설치하고, 내민 길이는 벽면으로부터 (㉡)[m] 이상으로 하고, 수평면과 의 각도는 (㉢)를 유지할 것"

정답

① 조치사항

㉠ 작업발판 설치　㉡ 추락방호망 설치　㉢ 근로자의 안전대 착용　㉣ 이동식 사다리를 사용하여 작업

② 설치기준

㉠ 10　㉡ 2　㉢ 20° 이상 30° 이하

02 화면은 와이어로프의 체결모습을 보여주고 있다. 다음 물음에 답하시오. (6점)

① 그림 ㉠, ㉡ 중에서 와이어로프의 체결 방법으로 올바른 것을 쓰시오.

㉠ 

㉡ 

② 주어진 와이어로프의 직경에 따른 클립 수를 쓰시오.

와이어로프의 지름[mm]	클립 수[개]
9~16	(㉠)
33	(㉡)

정답

① 올바른 체결: ㉠

② 클립 수

㉠ 4 ㉡ 6

03 화면은 와이어로프로 지지하여 타워크레인 작업 중 타워크레인이 붕괴되는 사고를 보여준다. 타워크레인을 와이어로프로 지지하는 경우 준수사항에 대하여 ( ) 안에 알맞은 내용을 쓰시오. (4점)

와이어로프 설치각도는 수평면에서 (①)° 이내로 하되, 지지점은 (②)개소 이상으로 하고, 같은 각도로 설치할 것

정답

① 60 ② 4

04 화면과 같은 가설통로 설치 시 준수사항이다. (   ) 안에 알맞은 내용을 쓰시오. (4점)

가. 견고한 구조로 할 것
나. 경사는 (①)° 이하로 할 것. 다만, 계단을 설치하거나 높이 2[m] 미만의 가설통로로서 튼튼한 손잡이를 설치한 경우에는 그러하지 아니하다.
다. 경사가 (②)°를 초과하는 경우에는 미끄러지지 아니하는 구조로 할 것
라. 추락할 위험이 있는 장소에는 안전난간을 설치할 것. 다만, 작업상 부득이한 경우에는 필요한 부분만 임시로 해체할 수 있다.
마. 수직갱에 가설된 통로의 길이가 15[m] 이상인 경우에는 10[m] 이내마다 계단참을 설치할 것
바. 건설공사에 사용하는 높이 8[m] 이상인 비계다리에는 7[m] 이내마다 계단참을 설치할 것

정답

① 30 ② 15

05 화면은 터널 내부에서 장약을 넣고 있는 작업자들과 전체 작업장을 보여준 후 터널 외부를 보여주고 폭파하는 듯 주변에 떨림이 발생하는 장면을 보여준다. 장약작업 시 사업주가 준수해야 할 사항 3가지를 쓰시오. (6점)

정답

① 장약작업 장소 인근에서는 화기사용 및 흡연을 하지 않도록 할 것
② 장약작업 장소 인근에서는 전기용접 작업이나 동력을 사용하는 기계를 사용하지 않을 것
③ 장약작업을 하는 근로자가 안전모 등 적절한 보호구를 착용하도록 할 것
④ 기존의 발파에 사용된 발파공에는 장약하지 않도록 할 것
⑤ 약포는 1개씩 손을 사용하여 신중하게 장약봉으로 넣고, 약포 간에 간격이 없도록 그때마다 구멍길이의 차를 측정하면서 장약을 수행하도록 할 것
⑥ 장약봉은 곧바르고 견고하며, 마찰 · 충격 · 정전기 등에 대하여 안전한 부도체(플라스틱, 나무 등)를 사용하여 약포 지름보다 약간 굵고, 적당한 길이로 하고, 개수는 충분히 준비하게 할 것
⑦ 장약은 뇌관의 관체, 각선, 연결장치 등이 충격 또는 손상되지 않도록 주의하며, 각선의 길이는 결선작업을 고려하여 충분한 길이의 것을 사용하게 할 것
⑧ 낙석 또는 붕락의 위험이 있는 뜬돌(부석) 등의 유무를 확인하고, 이를 제거하는 등 안전조치 후 작업하도록 할 것
⑨ 장약작업 중에는 관계 근로자가 아닌 사람의 출입을 금지할 것

06 화면은 교량 기둥을 설치 중인 장면을 보여준다. 「산업안전보건법령」상 상부구조가 금속 또는 콘크리트로 구성되는 교량으로서 그 높이가 5[m] 이상이거나 교량의 최대 지간길이가 30[m] 이상인 교량의 설치작업 시 작업계획서의 내용 3가지를 쓰시오. (단, 그 밖에 안전·보건에 관련된 사항은 제외한다.) (6점)

정답

① 작업방법 및 순서
② 부재의 낙하·전도 또는 붕괴를 방지하기 위한 방법
③ 작업에 종사하는 근로자의 추락 위험을 방지하기 위한 안전조치 방법
④ 공사에 사용되는 가설 철구조물 등의 설치·사용·해체 시 안전성 검토 방법
⑤ 사용하는 기계 등의 종류 및 성능, 작업방법
⑥ 작업지휘자 배치계획

07 화면은 히빙 현상을 보여준다. 히빙 방지대책 2가지를 쓰시오. (4점)

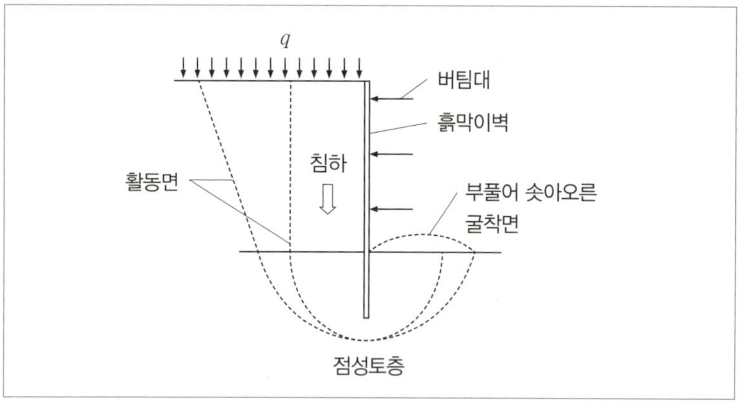

정답

① 흙막이벽의 근입 깊이 연장
② 흙막이 배면의 표토를 제거하여 하중 감소
③ 지반 개량
④ 굴착면의 하중 증가
⑤ 지하수위 저하

08 다음은 안전난간의 설치기준이다. (   ) 안에 알맞은 내용을 쓰시오. (5점)

가. 상부 난간대는 바닥면·발판 또는 경사로의 표면으로부터 (①)[cm] 이상 지점에 설치하고, 상부 난간대를 (②)[cm] 이하에 설치하는 경우에는 중간 난간대는 상부 난간대와 바닥면 등의 중간에 설치하여야 하며, (③)[cm] 이상 지점에 설치하는 경우에는 중간 난간대를 2단 이상으로 균등하게 설치하고 난간의 상하 간격은 (④)[cm] 이하가 되도록 할 것. 다만, 난간기둥 간의 간격이 25[cm] 이하인 경우에는 중간 난간대를 설치하지 않을 수 있다.

나. (⑤)은 바닥면 등으로부터 10[cm] 이상의 높이를 유지할 것

정답

① 90　② 120　③ 120　④ 60　⑤ 발끝막이판

3회 2부

01 화면과 같은 사다리식 통로를 설치할 때 준수하여야 할 사항 중 (   ) 안에 알맞은 내용을 쓰시오. (3점)

가. 사다리의 상단은 걸쳐놓은 지점으로부터 (①)[cm] 이상 올라가도록 할 것
나. 사다리식 통로의 기울기는 75° 이하로 할 것. 다만, 고정식 사다리식 통로의 기울기는 90° 이하로 하고, 그 높이가 (②)[m] 이상인 경우에는 등받이울이 있어도 근로자 이동에 지장이 없는 경우 바닥으로부터 높이가 (③)[m] 되는 지점부터 등받이울을 설치할 것

정답

① 60   ② 7   ③ 2.5

02 터널공사 중 버력처리 장비는 여러 사항을 고려하여 선정하고 사토장거리, 운행속도 등의 작업계획을 수립한 후 작업하여야 한다. 버력처리 장비 선정 시 고려사항 2가지를 쓰시오. (4점)

정답

① 굴착단면의 크기 및 단위발파 버력의 물량
② 터널의 경사도
③ 굴착방식
④ 버력의 상상 및 함수비
⑤ 운반 통로의 노면상태

03 화면과 같이 꽂음접속기를 설치하거나 사용하는 경우, 사업주가 준수하여야 할 사항 3가지를 쓰시오. (6점)

정답

① 서로 다른 전압의 꽂음접속기는 서로 접속되지 아니한 구조의 것을 사용할 것
② 습윤한 장소에 사용되는 꽂음접속기는 방수형 등 그 장소에 적합한 것을 사용할 것
③ 근로자가 해당 꽂음접속기를 접속시킬 경우에는 땀 등으로 젖은 손으로 취급하지 않도록 할 것
④ 해당 꽂음접속기에 잠금장치가 있는 경우에는 접속 후 잠그고 사용할 것

04 화면은 공사현장의 개구부이다. 이와 같이 추락의 위험이 존재하는 장소에서의 안전조치 방법 3가지를 쓰시오. (6점)

정답

① 안전난간 설치
② 울타리 설치
③ 수직형 추락방망 설치
④ 덮개 설치
⑤ 추락방호망 설치
⑥ 근로자의 안전대 착용

05 「산업안전보건법령」상 동바리 조립 시 하중의 지지상태를 유지할 수 있도록 준수하여야 하는 사항 3가지를 쓰시오. (6점)

정답

① 받침목이나 깔판의 사용, 콘크리트 타설, 말뚝박기 등 동바리의 침하를 방지하기 위한 조치를 할 것
② 동바리의 상하 고정 및 미끄러짐 방지 조치를 할 것
③ 상부·하부의 동바리가 동일 수직선 상에 위치하도록 하여 깔판·받침목에 고정시킬 것
④ 개구부 상부에 동바리를 설치하는 경우에는 상부하중을 견딜 수 있는 견고한 받침대를 설치할 것
⑤ U헤드 등의 단판이 없는 동바리의 상단에 멍에 등을 올릴 경우에는 해당 상단에 U헤드 등의 단판을 설치하고, 멍에 등이 전도되거나 이탈되지 않도록 고정시킬 것
⑥ 동바리의 이음은 같은 품질의 재료를 사용할 것
⑦ 강재의 접속부 및 교차부는 볼트·클램프 등 전용철물을 사용하여 단단히 연결할 것
⑧ 거푸집의 형상에 따른 부득이한 경우를 제외하고는 깔판이나 받침목은 2단 이상 끼우지 않도록 할 것
⑨ 깔판이나 받침목을 이어서 사용하는 경우에는 그 깔판·받침목을 단단히 연결할 것

06 근로자가 상시 분진작업에 관련된 업무를 하는 경우에 사업주가 근로자에게 알려야 하는 사항 3가지를 쓰시오. (6점)

정답

① 분진의 유해성과 노출경로

② 분진의 발산 방지와 작업장의 환기 방법

③ 작업장 및 개인위생 관리

④ 호흡용 보호구의 사용 방법

⑤ 분진에 관련된 질병 예방 방법

07 「산업안전보건법령」상 물질안전보건자료대상물질을 취급하는 작업공정별로 관리 요령을 게시하여야 한다. 관리 요령에 포함되어야 할 사항 4가지를 쓰시오. (4점)

정답

① 제품명
② 건강 및 환경에 대한 유해성, 물리적 위험성
③ 안전 및 보건상의 취급주의 사항
④ 적절한 보호구
⑤ 응급조치 요령 및 사고 시 대처방법

08 화면은 근로자가 37[m] 깊이의 수직갱에서 계단을 따라 올라오고 있는 장면을 보여준다. 다음 물음에 답하시오. (5점)

① 가설통로 설치 시 (   ) 안에 알맞은 내용을 쓰시오.
'수직갱에 가설된 통로의 길이가 15[m] 이상인 경우에는 (   )[m] 이내마다 계단참을 설치할 것'
② 수직갱에 필요한 계단참의 개수를 구하시오. (단, 사진은 수직갱에 대한 예시일 뿐 수직갱의 깊이는 문제와 같이 37[m]라 가정한다.)

정답

① 10
② 4개

3회 3부

01 사다리식 통로를 설치하는 경우의 준수사항이다. (   ) 안에 알맞은 내용을 쓰시오. (3점)

가. 발판과 벽과의 사이는 (①)[cm] 이상의 간격을 유지할 것
나. 폭은 (②)[cm] 이상으로 할 것
다. 사다리식 통로의 길이가 10[m] 이상인 경우에는 (③)[m] 이내마다 계단참을 설치할 것

정답

① 15 ② 30 ③ 5

02 타워크레인 작업 시 풍속에 따른 타워크레인 작업제한 기준을 쓰시오. (4점)

가. 타워크레인의 설치·수리·점검 또는 해체 작업: 순간풍속이 (①) 초과
나. 타워크레인의 운전작업: 순간풍속이 (②) 초과

정답

① 10[m/s](초당 10[m])
③ 15[m/s](초당 15[m])

03 화면에 나타난 건설기계의 ① 명칭과 ② 사용 용도를 쓰시오. (5점)

정답

① 명칭: 불도저
② 용도
㉠ 운반작업 ㉡ 지면 고르기작업 ㉢ 굴착작업

04 크레인을 사용하여 근로자를 운반하거나 근로자를 달아 올린 상태에서 작업을 하여서는 아니 된다. 단, 전용 탑승설비를 설치하고 추락 위험을 방지하기 위하여 조치를 한 경우에는 근로자를 운반하거나 달아 올린 상태에서 작업을 할 수 있는데 이때의 적절한 조치사항을 3가지 쓰시오. (6점)

▶ 동영상 설명

작업자가 크레인에 탑승하려다 추락한다.

정답

① 탑승설비가 뒤집히거나 떨어지지 않도록 필요한 조치를 할 것
② 안전대나 구명줄을 설치하고, 안전난간을 설치할 수 있는 구조인 경우에는 안전난간을 설치할 것
③ 탑승설비를 하강시킬 때에는 동력하강방법으로 할 것

05 유자격자가 아닌 근로자가 충전전로 인근의 높은 곳에서 작업할 때에 근로자의 몸 또는 긴 도전성 물체가 방호되지 않은 충전전로에서의 준수사항이다. (　　) 안에 알맞은 내용을 쓰시오. (6점)

충전전로에서 대지전압이 50[kV] 이하인 경우에는 (　①　)[cm] 이내로, 대지전압이 50[kV]를 넘는 경우에는 (　②　)[kV]당 (　③　)[cm]씩 더한 거리 이내로 각각 접근할 수 없도록 할 것

정답

① 300　　② 10　　③ 10

06 화면과 같은 추락방호망을 보수할 때 준수사항 중 (　　) 안에 알맞은 내용을 쓰시오. (4점)

가. 추락방호망의 설치위치는 가능하면 작업면으로부터 가까운 지점에 설치하여야 하며, 작업면으로부터 망의 설치지점까지의 수직거리는 (①)[m]를 초과하지 아니할 것
나. 추락방호망은 수평으로 설치하고, 망의 처짐은 짧은 변 길이의 (②)[%] 이상이 되도록 할 것

정답

① 10　　② 12

07 화면은 건설기계를 이용한 사면 굴착공사 모습을 보여준다. 차량계 건설기계 작업 시 기계가 넘어질 우려가 있을 때 사업주의 조치사항 3가지를 쓰시오. (6점)

정답

① 유도자 배치

② 지반의 부동침하 방지 조치

③ 갓길의 붕괴 방지 조치

④ 도로 폭의 유지

08 화면은 펌프카를 이용한 콘크리트 타설 과정 중 시멘트가 흐트러진 모습을 보여준다. 콘크리트타설장비를 사용하여 콘크리트 타설작업 시 준수사항 3가지를 쓰시오. (6점)

정답

① 작업을 시작하기 전에 콘크리트타설장비를 점검하고 이상을 발견하였으면 즉시 보수할 것

② 건축물의 난간 등에서 작업하는 근로자가 호스의 요동·선회로 인하여 추락하는 위험을 방지하기 위하여 안전난간 설치 등 필요한 조치를 할 것

③ 콘크리트타설장비의 붐을 조정하는 경우에는 주변의 전선 등에 의한 위험을 예방하기 위한 적절한 조치를 할 것

④ 작업 중에 지반의 침하나 아웃트리거 등 콘크리트타설장비 지지구조물의 손상 등에 의하여 콘크리트타설장비가 넘어질 우려가 있는 경우에는 이를 방지하기 위한 적절한 조치를 할 것

2023년 | 기출문제

1회 1부

01 화면은 프리캐스트 콘크리트(Precast Concrete) 작업과정을 보여준다. 프리캐스트 콘크리트 공법의 장점 3가지를 쓰시오. (6점)

정답

① 공장 내 표준화 작업으로 시공기간 단축
② 제품의 품질 확보
③ 현장 시공 최소화로 안전사고 감소
④ 날씨와 관계없이 작업 가능

02 화면은 철골기둥을 다른 철골기둥에 접속시키는 모습을 보여준다. 이때 사업주의 준수사항 2가지를 쓰시오. (4점)

정답

① 작업자는 2인 일조로 하여 기둥에 올라간 다음 안전대를 기둥의 윗쪽부분에 설치한 후 인양되는 기둥을 기다릴 것
② 기둥이 아래층 기둥의 윗부분까지 인양되면 일단 동작을 정지시킬 것
③ 인양된 기둥이 흔들리거나 기둥의 접속방향이 맞지 않을 때는 신호를 명확히 하여 유도할 것
④ 기둥의 접속에 앞서 이음철판(Splice Plate)에 설치된 볼트를 느슨하게 풀어둘 것
⑤ 아래층 기둥 윗부분 가까이 이동되면 작업자는 수공구 등을 이용하여 정확한 접속위치로 유도할 것
⑥ 볼트를 필요한 수만큼 신속히 체결할 것
⑦ 작업자가 기둥을 오르내릴 때에는 기둥의 트랩을 이용하고 인양 와이어로프를 제거할 때는 안전대를 사용할 것

03 화면에서와 같은 강관비계의 설치기준에 대한 설명이다. (　　) 안에 알맞은 내용을 쓰시오. (2점)

가. 비계기둥 간의 적재하중은 (①)[kg]을 초과하지 않도록 할 것
나. 높이가 2[m] 이상일 때 작업발판의 폭은 40[cm] 이상으로 하고, 발판재료 간의 틈은 (②)[cm] 이하로 할 것

정답

① 400　　② 3

04 화면은 낙하물 방지망을 보여준다. 낙하물 방지망 또는 방호선반을 설치하는 경우 준수사항에 대하여 ( ) 안에 알맞은 내용을 쓰시오. (4점)

가. 높이 (①)[m] 이내마다 설치하고, 내민 길이는 벽면으로부터 (②)[m] 이상으로 할 것
나. 수평면과의 각도는 (③)° 이상 (④)° 이하를 유지할 것

정답

① 10　② 2　③ 20　④ 30

05 화면은 가스용기 운반작업과 용단작업을 보여준다. 화면과 같은 가스용기 작업 시 위험방지대책 3가지를 쓰시오. (6점)

▶ 동영상 설명

① 가스용기 운반작업: 캡을 씌우지 않은 가스용기를 강하게 내린다. 전도방지 조치가 되어 있지 않아 충격으로 폭발한다.
② 용단작업: 일반가스용기를 운반하는 차량주변 바닥에서 용단작업을 하고 있다. 작업자가 용접용 보안면은 착용하고 있는데, 용접장갑과 용접용 앞치마는 미착용 상태이다.

정답

① 고압가스용기 충격 금지
② 전도방지장치를 이용하여 가스용기 전도방지 조치 실시
③ 가스용기 작업장 주변 화기작업 금지
④ 용단 작업 시 개인보호구 착용

06 화면은 공사현장의 개구부이다. 이와 같이 추락의 위험이 존재하는 장소에서 안전조치사항 3가지를 쓰시오. (6점)

정답

① 안전난간 설치

② 울타리 설치

③ 수직형 추락방망 설치

④ 덮개 설치

⑤ 추락방호망 설치

⑥ 근로자의 안전대 착용

07 화면에서 보이는 장면은 터널 굴착현장에서의 공정이다. 화면을 참고하여 다음 물음에 답하시오. (6점)

① 화면에서 작업하고 있는 공정의 명칭을 쓰시오.
② 공법의 종류 2가지를 쓰시오.

정답

① 명칭: 숏크리트 타설
② 종류
㉠ 습식공법　　㉡ 건식공법

08 타워크레인 사용 시 설치하여야 하는 방호장치 3가지를 쓰시오. (6점)

정답

① 과부하방지장치　② 권과방지장치　③ 비상정지장치　④ 제동장치

1회 2부

01 화면에 보이는 ① 옹벽의 명칭과 ② 옹벽 시공 작업 시 근로자의 추락 방지를 위한 안전시설물 1가지를 쓰시오. (4점)

정답

① 명칭: 보강토 옹벽

② 안전시설물

㉠ 안전난간 ㉡ 추락방호망

02 화면은 콘크리트 타설 중인 장면을 보여준다. 콘크리트 타설작업을 시작하기 전 점검사항 3가지를 쓰시오. (6점)

정답

① 거푸집 및 동바리의 변형

② 거푸집 및 동바리의 변위

③ 지반의 침하 유무

03 화면과 같은 추락방호망 설치 시 준수사항 3가지를 쓰시오. (6점)

정답

① 추락방호망의 설치위치는 가능하면 작업면으로부터 가까운 지점에 설치하여야 하며, 작업면으로부터 망의 설치지점까지의 수직거리는 10[m]를 초과하지 아니할 것

② 추락방호망은 수평으로 설치하고, 망의 처짐은 짧은 변 길이의 12[%] 이상이 되도록 할 것

③ 건축물 등의 바깥쪽으로 설치하는 경우 추락방호망의 내민 길이는 벽면으로부터 3[m] 이상 되도록 할 것

04 화면과 같이 경사면에서 파일 등의 중량물을 취급하는 경우 재해방지를 위한 준수사항 2가지를 쓰시오. (4점)

▶ 동영상 설명

경사면에 파일이 야적되어 있다. 파일 1개가 경사면 아래로 굴러 떨어지면서 경사면 아래에 있는 근로자를 덮친다.

정답

① 구름멈춤대, 쐐기 등을 이용하여 중량물의 동요나 이동을 조절할 것

② 중량물을 보관하거나 작업 중인 장소가 경사면인 경우에는 경사면 아래로는 근로자의 출입을 제한할 것

05 화면에서 보이는 ① 장비의 명칭과 ② 기능 1가지를 쓰시오. (4점)

정답

① 명칭: 탠덤 롤러

② 기능

㉠ 점성토나 자갈, 쇄석의 다짐

㉡ 아스팔트 포장의 마무리 전압작업

06 화면은 터널 내 숏크리트 타설 장면을 보여주고 있다. 뿜어붙이기 콘크리트의 최소 두께를 (　　) 안에 알맞게 쓰시오. (4점)

가. 약간 취약한 암반: 2[cm]
나. 약간 파괴되기 쉬운 암반: 3[cm]
다. 파괴되기 쉬운 암반: (①)[cm]
라. 매우 파괴되기 쉬운 암반: 7[cm](철망병용)
마. 팽창성의 암반: (②)[cm](강재 지보공과 철망병용)

정답

① 5　　② 15

07 지게차가 하물을 들어 올리는 작업을 할 때 준수사항이다. (　　) 안에 알맞은 내용을 쓰시오. (6점)

▶ 동영상 설명

포크를 단 지게차가 신호수의 지시에 따라 자재를 포크에 싣는다. 포크를 1[m] 높이로 든 채로 지게차를 운행하던 운전자가 지게차를 멈추고 운전석을 벗어난다.

가. 지상에서 5[cm] 이상 (　①　)[cm] 이하의 지점까지 들어올린 후 일단 정지하여야 한다.
나. 지상에서 (　②　)[cm] 이상 (　③　)[cm] 이하의 높이까지 들어 올려야 한다.

정답

① 10　　② 10　　③ 30

08 화면과 같은 굴착기계를 사용하여 작업 시 작업 전 기계의 정비상태를 정비기록표 등에 의해 확인하고 점검하여야 하는 사항 3가지를 쓰시오. (6점)

정답

① 낙석, 낙하물 등의 위험이 예상되는 작업 시 견고한 헤드가드 설치상태
② 브레이크 및 클러치의 작동상태
③ 타이어 및 궤도차륜 상태
④ 경보장치 작동상태
⑤ 부속장치의 상태

1회 3부

01 「산업안전보건법령」상 강관틀비계의 설치기준이다. (　　) 안에 알맞은 내용을 쓰시오. (3점)

가. 비계기둥의 밑둥에는 밑받침철물을 사용하여야 하며 밑받침에 고저차가 있는 경우에는 조절형 밑받침철물을 사용하여 각각의 강관틀비계가 항상 수평 및 수직을 유지하도록 할 것
나. 높이가 20[m]를 초과하거나 중량물의 적재를 수반하는 작업을 할 경우에는 주틀 간의 간격을 (①)[m] 이하로 할 것
다. 주틀 간에 교차 가새를 설치하고 최상층 및 (②)층 이내마다 수평재를 설치할 것
라. 수직방향으로 6[m], 수평방향으로 (③)[m] 이내마다 벽이음을 할 것
마. 길이가 띠장 방향으로 4[m] 이하이고 높이가 10[m]를 초과하는 경우에는 10[m] 이내마다 띠장 방향으로 버팀기둥을 설치할 것

정답

① 1.8　　② 5　　③ 8

02 화면은 공사현장의 시스템비계를 보여준다. 「산업안전보건기준에 관한 규칙」에 따라 사업주가 시스템비계를 사용하여 비계를 구성하는 경우 (　　) 안에 알맞은 내용을 쓰시오. (3점)

가. 수직재·수평재·(①)를 견고하게 연결하는 구조가 되도록 할 것
나. 비계 밑단의 수직재와 (②)은 밀착되도록 설치하고, 수직재와 받침철물의 연결부의 겹침길이는 받침철물 전체길이의 (③) 이상이 되도록 할 것

정답

① 가새재　② 받침철물　③ $\frac{1}{3}$

03 화면은 둥근톱을 사용하여 작업 중인 장면을 보여준다. ① 재해발생원인 2가지와 ② 감전방지용 누전차단기를 반드시 설치해야 하는 기계·기구 2개를 쓰시오. (8점)

정답

① 재해발생원인
   ㉠ 분할날 등 반발예방장치 미설치
   ㉡ 말려들기 쉬운 장갑 착용
   ㉢ 보안경 및 방진마스크 미착용

② 누전차단기 설치 기계·기구
   ㉠ 대지전압이 150[V]를 초과하는 이동형 또는 휴대형 전기기계·기구
   ㉡ 물 등 도전성이 높은 액체가 있는 습윤장소에서 사용하는 저압용 전기기계·기구
   ㉢ 철판·철골 위 등 도전성이 높은 장소에서 사용하는 이동형 또는 휴대형 전기기계·기구
   ㉣ 임시배선의 전로가 설치되는 장소에서 사용하는 이동형 또는 휴대형 전기기계·기구

04 화면과 같이 와이어로프를 이용하여 자재를 1줄로 인양하던 중 자재가 떨어지는 사고가 발생했다. 다음 물음에 답하시오. (5점)

① 화면의 ㉠ 재해명칭과 ㉡ 원인, ㉢ 예방대책을 쓰시오.
② 직경이 20[mm]인 와이어로프를 폐기하지 않는 최소 지름 사용기준을 쓰시오.
③ 와이어로프의 직경이 18[mm]일 때 사용이 가능한지 판정하시오.

정답

① 명칭, 원인, 예방대책
㉠ 명칭: 맞음(낙하)
㉡ 원인: 인양 중인 화물 줄걸이 상태 불량
㉢ 예방대책: 인양화물 2줄걸이 실시
② 최소 지름 사용기준
지름의 감소가 공칭지름의 7[%] 초과 시 사용을 금지하여야 하므로 지름은 $20 \times (1-0.07)=18.6$[mm] 이상이어야 한다.
③ 사용 가능 판정
지름의 감소가 공칭지름의 7[%]를 초과하므로 폐기하여야 한다.

05 크레인 작업 시 준수사항 3가지를 쓰시오. (6점)

정답

① 인양할 하물을 바닥에서 끌어당기거나 밀어내는 작업을 하지 아니할 것
② 유류드럼이나 가스통 등 운반 도중에 떨어져 폭발하거나 누출될 가능성이 있는 위험물 용기는 보관함에 담아 안전하게 매달아 운반할 것
③ 고정된 물체를 직접 분리·제거하는 작업을 하지 아니할 것
④ 미리 근로자의 출입을 통제하여 인양 중인 하물이 작업자의 머리 위로 통과하지 않도록 할 것
⑤ 인양할 하물이 보이지 아니하는 경우에는 어떠한 동작도 하지 아니할 것

06 화면과 같은 이동식 금속재 사다리 제작 시 준수사항이다. (　　) 안에 알맞은 내용을 쓰시오. (3점)

가. 디딤대 수직간격: (①)[cm] ~ (②)[cm]
나. 사다리의 전체 길이: (③)[m] 이하

정답

① 25　　② 35　　③ 6

07 화면과 같은 건설용 리프트 작업 중 ① 감전사고를 예방하기 위해 착용해야 하는 보호구 1가지와 ② 건설용 리프트의 안전장치 2가지를 쓰시오. (6점)

정답

① 보호구
　㉠ 절연장갑　㉡ ABE형 안전모　㉢ 절연화

② 안전장치
　㉠ 과부하방지장치　㉡ 권과방지장치　㉢ 비상정지장치　㉣ 제동장치

08 화면에 보이는 토공기계의 무너짐방지 방법 3가지를 쓰시오. (6점)

정답

① 연약한 지반에 설치하는 경우에는 아웃트리거 · 받침 등 지지구조물의 침하를 방지하기 위하여 깔판 · 받침목 등을 사용할 것
② 시설 또는 가설물 등에 설치하는 경우에는 그 내력을 확인하고 내력이 부족하면 그 내력을 보강할 것
③ 아웃트리거 · 받침 등 지지구조물이 미끄러질 우려가 있는 경우에는 말뚝 또는 쐐기 등을 사용하여 해당 지지구조물을 고정시킬 것
④ 궤도 또는 차로 이동하는 항타기 또는 항발기에 대해서는 불시에 이동하는 것을 방지하기 위하여 레일 클램프 및 쐐기 등으로 고정시킬 것
⑤ 상단 부분은 버팀대 · 버팀줄로 고정하여 안정시키고, 그 하단 부분은 견고한 버팀 · 말뚝 또는 철골 등으로 고정시킬 것

2회 1부

01 콘크리트 라이닝을 시공함에 있어서 시공방식 선정 시 검토하여야 할 사항 2가지를 쓰시오. (4점)

정답

① 지질, 암질상태
② 단면형상
③ 라이닝의 작업능률
④ 굴착공법

02 화면에서 보이는 ① 아스팔트 포장에 사용되는 건설기계 2가지와 ② 작업 중인 건설기계의 경사면 주정차 시 필요한 안전시설의 명칭을 쓰시오. (5점)

정답

① 건설기계 명칭: 타이어롤러(좌측), 아스팔트 피니셔(우)

② 안전시설 명칭: 쐐기

03 「산업안전보건법령」상 물체를 투하하는 경우 적당한 투하설비를 설치하거나 감시인을 배치하는 등 위험을 방지하기 위하여 필요한 조치를 하여야 하는 ① 장소의 높이 기준과 ② 낙하물로 인한 재해를 방지하기 위한 안전설비 1가지를 쓰시오. (4점)

정답

① 높이 기준: 3[m] 이상

② 낙하재해방지

㉠ 낙하물 방지망　㉡ 수직보호망　㉢ 방호선반

04 지반굴착작업에 있어서 굴착시기와 작업순서를 정하기 위한 사전조사 내용 3가지를 쓰시오. (6점)

정답

① 형상·지질 및 지층의 상태
② 균열·함수·용수 및 동결의 유무 또는 상태
③ 매설물 등의 유무 또는 상태
④ 지반의 지하수위 상태

05 「산업안전보건기준에 관한 규칙」에 의해 기둥 · 보 · 벽체 · 슬래브 등의 거푸집 및 동바리를 조립하거나 해체하는 작업을 하는 경우 준수하여야 하는 사항 3가지를 쓰시오. (6점)

정답

① 해당 작업을 하는 구역에는 관계 근로자가 아닌 사람의 출입을 금지할 것
② 비, 눈, 그 밖의 기상상태의 불안정으로 날씨가 몹시 나쁜 경우에는 그 작업을 중지할 것
③ 재료, 기구 또는 공구 등을 올리거나 내리는 경우에는 근로자로 하여금 달줄 · 달포대 등을 사용하도록 할 것
④ 낙하 · 충격에 의한 돌발적 재해를 방지하기 위하여 버팀목을 설치하고 거푸집 및 동바리를 인양장비에 매단 후에 작업을 하도록 하는 등 필요한 조치를 할 것

06 **화면은 아파트 단지 내에서 하수관로 매설작업을 수행하고 있는 장면을 보여주고 있다. 화면에서의 재해발생 형태와 기인물, 가해물을 각각 쓰시오. (6점)**

▶ 동영상 설명

현장 주변은 흙이 여기저기 쌓여있는 등 정돈되어 있지 않고, 건설기계 유도원은 배치되어 있지 않지만 신호수는 배치되어 있다. 백호우 운전자는 좁은 시야로 흄관을 1줄걸이로 인양하여 매설하고 있으며, 인양된 흄관 바로 밑에 근로자 2명이 있다. 신호수가 맨손으로 흄관을 당기다 흄관이 작업자에게 떨어져 작업자의 다리가 흄관과 흄관 사이에 끼인다.

정답

① 재해발생 형태: 끼임(협착)

② 기인물: 백호우

③ 가해물: 흄관

07 화면은 공사현장의 시스템비계를 보여준다. 「산업안전보건기준에 관한 규칙」에 따라 사업주가 시스템비계를 사용하여 비계를 구성하는 경우 (   ) 안에 알맞은 내용을 쓰시오. (3점)

가. 수직재·수평재·(①)를 견고하게 연결하는 구조가 되도록 할 것
나. 비계 밑단의 수직재와 (②)은 밀착되도록 설치하고, 수직재와 받침철물의 연결부의 겹침길이는 받침철물 전체길이의 (③) 이상이 되도록 할 것

정답

① 가새재 ② 받침철물 ③ $\frac{1}{3}$

08 화면은 철골기둥을 다른 철골기둥에 접속시키는 모습을 보여준다. 이때 사업주의 준수사항 3가지를 쓰시오. (6점)

정답

① 작업자는 2인 일조로 하여 기둥에 올라간 다음 안전대를 기둥의 윗쪽부분에 설치한 후 인양되는 기둥을 기다릴 것
② 기둥이 아래층 기둥의 윗부분까지 인양되면 일단 동작을 정지시킬 것
③ 인양된 기둥이 흔들리거나 기둥의 접속방향이 맞지 않을 때는 신호를 명확히 하여 유도할 것
④ 기둥의 접속에 앞서 이음철판(Splice Plate)에 설치된 볼트를 느슨하게 풀어둘 것
⑤ 아래층 기둥 윗부분 가까이 이동되면 작업자는 수공구 등을 이용하여 정확한 접속위치로 유도할 것
⑥ 볼트를 필요한 수만큼 신속히 체결할 것
⑦ 작업자가 기둥을 오르내릴 때에는 기둥의 트랩을 이용하고 인양 와이어로프를 제거할 때는 안전대를 사용할 것

01 **타워크레인을 설치하거나 해체를 하려는 자가 갖추어야 할 ① 등록인원 수와 ② 그 인력기준 2가지를 쓰시오. (5점)**

정답

① 등록인원 수: 4명 이상

② 인력기준

㉠ 판금제관기능사 또는 비계기능사의 자격을 가진 사람

㉡ 타워크레인 설치·해체작업 교육기관에서 지정된 교육을 이수하고 수료시험에 합격한 사람으로서 합격 후 5년이 지나지 않은 사람

㉢ 타워크레인 설치·해체작업 교육기관에서 보수교육을 이수한 후 5년이 지나지 않은 사람

02 **화면에 나타난 터널 굴착공법의 명칭을 쓰시오. (3점)**

정답

T.B.M(Tunnel Boring Machine)공법

03 화면은 철근을 인력으로 운반하는 모습을 보여준다. 이와 같이 인력으로 철근운반 시 준수하여야 할 사항 3가지를 쓰시오. (6점)

정답

① 1인당 무게는 25[kg] 정도가 적절하며, 무리한 운반을 삼가할 것
② 2인 이상이 한 조가 되어 어깨메기로 하여 운반하는 등 안전을 도모할 것
③ 긴 철근을 부득이 한 사람이 운반할 때에는 한쪽을 어깨에 메고 한쪽 끝을 끌면서 운반할 것
④ 운반할 때에는 양끝을 묶어 운반할 것
⑤ 내려 놓을 때는 천천히 내려 놓고 던지지 않을 것
⑥ 공동 작업을 할 때에는 신호에 따라 작업을 할 것

04 동바리의 조립 시 동바리의 침하를 방지하기 위한 조치 3가지를 쓰시오. (6점)

정답

① 받침목의 사용 ② 깔판의 사용 ③ 콘크리트 타설 ④ 말뚝박기

05 화면은 추락방호망이 설치된 작업장을 보여준다. 추락방호망의 설치기준 3가지를 쓰시오. (6점)

정답

① 추락방호망의 설치위치는 가능하면 작업면으로부터 가까운 지점에 설치하여야 하며, 작업면으로부터 망의 설치지점까지의 수직거리는 10[m]를 초과하지 아니할 것

② 추락방호망은 수평으로 설치하고, 망의 처짐은 짧은 변 길이의 12[%] 이상이 되도록 할 것

③ 건축물 등의 바깥쪽으로 설치하는 경우 추락방호망의 내민 길이는 벽면으로부터 3[m] 이상 되도록 할 것

06 다음은 말비계 조립·사용 시 준수해야 하는 사항이다. (   ) 안에 알맞은 내용을 쓰시오. (2점)

가. 지주부재의 하단에는 미끄럼 방지장치를 하고, 근로자가 양측 끝부분에 올라서서 작업하지 않도록 할 것
나. 지주부재와 수평면의 기울기를 75° 이하로 하고, 지주부재와 지주부재 사이를 고정시키는 보조부재를 설치할 것
다. 말비계의 높이가 2[m]를 초과하는 경우에는 작업발판의 폭을 (   )[cm] 이상으로 할 것

정답

40

07 「가설공사 표준안전 작업지침」상 가설통로에 통로발판을 설치하여 사용하기 위한 준수사항 3가지를 쓰시오. (6점)

정답

① 근로자가 작업 및 이동하기에 충분한 넓이가 확보될 것
② 추락의 위험이 있는 곳에는 안전난간이나 철책을 설치할 것
③ 발판을 겹쳐 이음하는 경우 장선 위에서 이음을 하고 겹침길이는 20[cm] 이상으로 할 것
④ 발판 1개에 대한 지지물은 2개 이상일 것
⑤ 작업발판의 최대 폭은 1.6[m] 이내일 것
⑥ 작업발판 위에는 돌출된 못, 옹이, 철선 등이 없어야 할 것
⑦ 비계발판의 구조에 따라 최대적재하중을 정하고 이를 초과하지 않도록 할 것

08 화면은 강관틀비계를 보여준다. 조립 시 준수해야 할 사항 3가지를 쓰시오. (6점)

정답

① 비계기둥의 밑둥에는 밑받침철물을 사용하여야 하며 밑받침에 고저차가 있는 경우에는 조절형 밑받침철물을 사용하여 각각의 강관틀비계가 항상 수평 및 수직을 유지하도록 할 것

② 높이가 20[m]를 초과하거나 중량물의 적재를 수반하는 작업을 할 경우에는 주틀 간의 간격을 1.8[m] 이하로 할 것

③ 주틀 간에 교차 가새를 설치하고 최상층 및 5층 이내마다 수평재를 설치할 것

④ 수직방향으로 6[m], 수평방향으로 8[m] 이내마다 벽이음을 할 것

⑤ 길이가 띠장 방향으로 4[m] 이하이고 높이가 10[m]를 초과하는 경우에는 10[m] 이내마다 띠장 방향으로 버팀기둥을 설치할 것

2회 3부

01 화면에서 나타나는 위험요인 3가지를 쓰시오. (6점)

▶ 동영상 설명

안전모를 착용한 작업자가 이동식비계의 승강용 사다리가 아닌 부분을 밟으며 올라가서 작업 중이다. 이동식비계의 바퀴는 고정되어 있지 않아 흔들리고, 이동식비계의 가장 위에 올라서서 작업을 시작하려 하자 이동식비계가 흔들리면서 작업자가 추락한다. 안전난간은 없으며 근로자는 안전대를 착용하지 않았다.

정답

① 안전난간 미설치
② 작업자의 안전대 미착용
③ 바퀴 고정장치 미설치

02 화면은 콘크리트 벽면을 핸드그라인더로 정리하는 작업을 보여준다. 해당 작업 시 ① 감전위험 방지를 위한 보호구와 ② 분진작업 시 착용하여야 할 보호구를 각각 1가지씩 쓰시오. (4점)

정답

① 감전위험 방지 보호구

㉠ 절연장갑 ㉡ ABE형 안전모 ㉢ 절연화

② 분진작업 시 보호구

㉠ 보안경 ㉡ 방진마스크

03 화면은 시스템비계를 보여준다. 조립 시 준수해야 하는 사항 3가지를 쓰시오. (6점)

정답

① 비계 기둥의 밑둥에는 밑받침철물을 사용하여야 하며, 밑받침에 고저차가 있는 경우에는 조절형 밑받침철물을 사용하여 시스템비계가 항상 수평 및 수직을 유지하도록 할 것
② 경사진 바닥에 설치하는 경우에는 피벗형 받침 철물 또는 쐐기 등을 사용하여 밑받침철물의 바닥면이 수평을 유지하도록 할 것
③ 가공전로에 근접하여 비계를 설치하는 경우에는 가공전로를 이설하거나 가공전로에 절연용 방호구를 설치하는 등 가공전로와의 접촉을 방지하기 위하여 필요한 조치를 할 것
④ 비계 내에서 근로자가 상하 또는 좌우로 이동하는 경우에는 반드시 지정된 통로를 이용하도록 주지시킬 것
⑤ 비계 작업 근로자는 같은 수직면 상의 위와 아래 동시 작업을 금지할 것
⑥ 작업발판에는 제조사가 정한 최대적재하중을 초과하여 적재해서는 아니 되며, 최대적재하중이 표기된 표지판을 부착하고 근로자에게 주지시키도록 할 것

04 「산업안전보건법령」상 다음의 경우에 달기 와이어로프의 안전계수는 얼마 이상으로 해야 하는지 쓰시오. (4점)

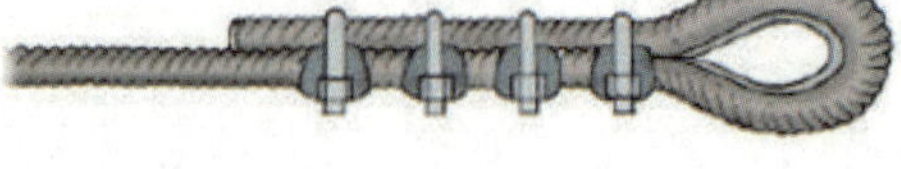

① 근로자가 탑승하는 운반구를 지지하는 경우 ② 화물의 하중을 직접 지지하는 경우

정답

① 10 이상　　② 5 이상

05 철골작업 시 작업자의 재해 방지를 위한 안전시설물에 대한 설명이다. (　　) 안에 알맞은 내용을 쓰시오. (6점)

가. 근로자가 추락하거나 넘어질 위험이 있는 장소에서 작업발판 또는 안전난간 등을 설치하는 것이 매우 곤란한 경우에 설치: (①)

나. 높이 또는 깊이 2[m] 이상의 추락할 위험이 있는 장소에서 하는 작업에서 착용: (②)

다. 가연성물질이 있는 장소에서 화재위험작업을 하는 경우 불꽃, 불티 등의 비산방지 조치 및 용접·용단작업 장소에서 사용: (③)

정답

① 추락방호망　　② 안전대　　③ 용접불티 비산방지덮개

06 화면은 현장에서 사용되는 가스용기를 보여주고 있다. 이러한 가스용기를 현장에서 취급할 때 주의해야 할 사항 2가지를 쓰시오. (4점)

정답

① 용기의 온도를 40[℃] 이하로 유지할 것
② 전도의 위험이 없도록 할 것
③ 충격을 가하지 않도록 할 것
④ 운반하는 경우에는 캡을 씌울 것
⑤ 사용하는 경우에는 용기의 마개에 부착되어 있는 유류 및 먼지를 제거할 것
⑥ 밸브의 개폐는 서서히 할 것
⑦ 사용 전 또는 사용 중인 용기와 그 밖의 용기를 명확히 구별하여 보관할 것
⑧ 용해아세틸렌의 용기는 세워 둘 것
⑨ 용기의 부식·마모 또는 변형상태를 점검한 후 사용할 것

07 화면은 굴착작업 중인 터널을 보여준다. 다음 물음에 답하시오. (6점)

① 화면의 터널 굴착공법의 명칭을 쓰시오.

② 터널굴착작업 시 작업계획서에 포함되어야 할 사항 2가지를 쓰시오.

정답

① 명칭: T.B.M.(Tunnel Boring Machine)공법

② 작업계획서 포함사항

㉠ 굴착의 방법

㉡ 터널 지보공 및 복공의 시공방법과 용수의 처리방법

㉢ 환기 또는 조명시설을 설치할 때에는 그 방법

08 낙하물 방지망의 설치기준이다. (   ) 안에 알맞은 내용을 쓰시오. (4점)

> 가. 수평면과의 각도는 (①)° 이상 (②)° 이하를 유지할 것
> 나. 높이 (③)[m] 이내마다 설치할 것
> 다. 내민 길이는 벽면으로부터 (④)[m] 이상일 것

정답

① 20　　② 30　　③ 10　　④ 2

01 화면에서와 같은 강관비계의 설치기준에 대하여 ( ) 안에 알맞은 내용을 쓰시오. (4점)

① 비계기둥의 간격: 띠장 방향에서는 ( )[m] 이하
② 비계기둥의 간격: 장선 방향에서는 ( )[m] 이하
③ 띠장의 간격: ( )[m] 이하
④ 비계기둥 간의 적재하중: ( )[kg] 이하

정답

① 1.85 ② 1.5 ③ 2 ④ 400

02 화면은 이동식비계를 이용하여 작업 중인 모습을 보여준다. 이동식비계를 조립하여 작업 시 준수사항 2가지를 쓰시오. (4점)

정답

① 이동식비계의 바퀴에는 뜻밖의 갑작스러운 이동 또는 전도를 방지하기 위하여 브레이크·쐐기 등으로 바퀴를 고정시킨 다음 비계의 일부를 견고한 시설물에 고정하거나 아웃트리거를 설치하는 등 필요한 조치를 할 것

② 승강용사다리는 견고하게 설치할 것

③ 비계의 최상부에서 작업을 하는 경우에는 안전난간을 설치할 것

④ 작업발판은 항상 수평을 유지하고 작업발판 위에서 안전난간을 딛고 작업을 하거나 받침대 또는 사다리를 사용하여 작업하지 않도록 할 것

⑤ 작업발판의 최대적재하중은 250[kg]을 초과하지 않도록 할 것

03 화면에서 보이는 안전난간의 명칭에 대하여 다음 (　　) 안에 알맞은 내용을 쓰시오. (4점)

안전난간은 (①), (②), (③) 및 (④)으로 구성할 것

정답

① 상부 난간대　② 중간 난간대　③ 발끝막이판　④ 난간기둥

04 「터널공사 표준안전 작업지침－NATM공법」상 터널 작업면에 대한 조도의 기준을 쓰시오. (6점)

① 막장구간: ( )[lux] 이상
② 터널중간구간: ( )[lux] 이상
③ 터널 입·출구, 수직구 구간: ( )[lux] 이상

정답

① 70 ② 50 ③ 30

05 화면은 추락방호망이 설치된 작업장을 보여준다. 추락방호망의 설치기준 2가지를 쓰시오. (4점)

정답

① 추락방호망의 설치위치는 가능하면 작업면으로부터 가까운 지점에 설치하여야 하며, 작업면으로부터 망의 설치지점까지의 수직거리는 10[m]를 초과하지 아니할 것

② 추락방호망은 수평으로 설치하고, 망의 처짐은 짧은 변 길이의 12[%] 이상이 되도록 할 것

③ 건축물 등의 바깥쪽으로 설치하는 경우 추락방호망의 내민 길이는 벽면으로부터 3[m] 이상 되도록 할 것

06 「산업안전보건법령」상 (　　) 안에 알맞은 내용을 쓰시오. (6점)

사업주는 높이가 (①)[m] 이상인 장소로부터 물체를 투하하는 경우 적당한 (②)를 설치하거나 (③)을 배치하는 등 위험을 방지하기 위하여 필요한 조치를 하여야 한다.

정답

① 3　　② 투하설비　　③ 감시인

07 화면과 같은 철골공사 시 다음 물음에 답하시오. (6점)

▶ 동영상 설명

눈, 비가 세게 내리치는 철골공사현장에서 H빔 위에 안전대 부착설비가 체결된 작업자 2명이 올라가 있다. 그 아래에는 추락방호망이 올바르게 설치되어 있고, 추락방호망 아래에는 작업자 1명이 있다. 그리고 작업현장 근처에 운전자가 탑승해 있는 지게차가 있고, 그 주변으로 다른 작업자들도 분주히 작업 중이다.

① 화면에서 보이는 작업자의 위험요인 1가지를 쓰시오.

② 철골작업을 중지하여야 하는 기후조건에 대하여 (　　　) 안에 알맞은 내용을 쓰시오.

㉠ 풍속이 초당 (　　　) 이상

㉡ 강우량이 시간당 (　　　) 이상

정답

① 위험요인: 작업반경 내 근로자 출입금지 조치 미실시

② 작업중지 기후조건

㉠ 10[m]　　　㉡ 1[mm]

08 화면은 상부구조가 콘크리트인 높이 5[m]의 교량 설치작업을 보여준다. 다음 상황에 따라 사업주의 준수사항을 각각 쓰시오. (6점)

① 재료, 기구 또는 공구 등을 상하로 운반할 때
② 중량물 부재를 크레인을 이용하여 인양할 때
③ 자재나 부재의 낙하·전도 또는 붕괴에 대한 위험이 있을 때

정답

① 준수사항: 근로자가 달줄, 달포대 등을 사용하도록 할 것
② 준수사항
㉠ 인양용 고리를 견고하게 설치할 것
㉡ 인양용 로프는 부재에 두 군데 이상 결속할 것
㉢ 중량물이 안전하게 거치되기 전까지는 걸이로프를 해제시키지 아니할 것
③ 준수사항
㉠ 출입금지구역을 설정할 것
㉡ 자재 또는 가설시설의 좌굴 또는 변형 방지를 위한 보강재 부착 등의 조치를 할 것

4회 2부

01 화면은 공사현장의 개구부이다. 이와 같이 추락의 위험이 존재하는 장소에서의 안전조치 방법 3가지를 쓰시오. (6점)

정답

① 안전난간 설치

② 울타리 설치

③ 수직형 추락방망 설치

④ 덮개 설치

⑤ 추락방호망 설치

⑥ 근로자의 안전대 착용

02 화면은 크레인을 이용한 화물의 양중작업을 보여준다. 크레인 양중작업 시 걸이 작업의 준수사항 3가지를 쓰시오. (6점)

정답

① 와이어로프 등은 크레인의 훅 중심에 걸 것
② 인양 물체의 안정을 위하여 2줄걸이 이상을 사용할 것
③ 밑에 있는 물체를 걸고자 할 때에는 위의 물체를 제거한 후에 행할 것
④ 매다는 각도는 60° 이내로 할 것
⑤ 근로자를 매달린 물체 위에 탑승시키지 아니할 것

03 다음은 콘크리트 양생기간을 유지하기 위한 거푸집 존치기간이다. (　　) 안에 알맞은 내용을 쓰시오. (4점)

기온[℃]	조강포틀랜드시멘트	보통포틀랜드시멘트
20 이상	(①)일	4일
10 이상 20 미만	3일	(②)일

정답

① 2　　② 6

04 「산업안전보건법령」상 강(鋼)아치 지보공의 조립 시 조치사항 3가지를 쓰시오. (6점)

정답

① 조립간격은 조립도에 따를 것
② 주재가 아치작용을 충분히 할 수 있도록 쐐기를 박는 등 필요한 조치를 할 것
③ 연결볼트 및 띠장 등을 사용하여 주재 상호 간을 튼튼하게 연결할 것
④ 터널 등의 출입구 부분에는 받침대를 설치할 것
⑤ 낙하물이 근로자에게 위험을 미칠 우려가 있는 경우에는 널판 등을 설치할 것

05 공칭지름이 20[mm]인 와이어로프의 지름이 18[mm]일 때, 이 와이어로프의 폐기여부를 판단하시오. (4점)

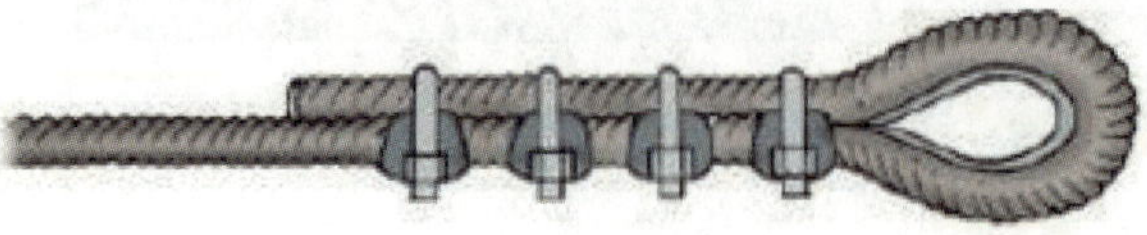

현재 와이어로프 상태
D=18[mm]

정답

지름의 감소가 공칭지름의 7[%] 초과 시 사용을 금지하여야 하므로 와이어로프의 지름은 20×(1−0.07)=18.6[mm] 이상이어야 한다. 그러나 현재 와이어로프의 지름이 18[mm]로 지름의 감소가 공칭지름의 7[%]를 초과하였으므로 폐기하여야 한다.

06 화면과 같은 이동식비계를 조립하여 작업을 할 때 다음 물음에 답하시오. (6점)

① 바퀴의 뜻밖의 갑작스러운 이동 또는 전도를 방지하기 위한 조치 2가지를 쓰시오.
② 작업발판의 최대적재하중을 쓰시오.

정답

① 이동 또는 전도 방지조치
  ㉠ 브레이크·쐐기 등으로 바퀴를 고정시킬 것
  ㉡ 비계의 일부를 견고한 시설물에 고정할 것
  ㉢ 아웃트리거를 설치할 것
② 최대적재하중: 250[kg]

07 화면과 같이 사다리식 통로를 설치할 때 준수사항 중 ( ) 안에 알맞은 내용을 쓰시오. (4점)

가. 사다리식 통로의 기울기는 75° 이하로 할 것. 다만, 고정식 사다리식 통로의 기울기는 90° 이하로 하고, 그 높이가 7[m] 이상인 경우에는 등받이울이 있어도 근로자 이동에 지장이 없는 경우 바닥으로부터 높이가 (①)[m] 되는 지점부터 등받이울을 설치할 것
나. 발판과 벽과의 사이는 (②)[cm] 이상의 간격을 유지할 것

정답

① 2.5　　② 15

08 「가설공사 표준안전 작업지침」상 가설공사 시 경사로를 설치, 사용함에 있어서 준수사항 4가지를 쓰시오. (4점)

정답

① 시공하중 또는 폭풍, 진동 등 외력에 대하여 안전하도록 설계할 것
② 경사로는 항상 정비하고 안전통로를 확보할 것
③ 비탈면의 경사각은 30° 이내로 할 것
④ 경사로의 폭은 최소 90[cm] 이상일 것
⑤ 높이 7[m] 이내마다 계단참을 설치할 것
⑥ 추락방지용 안전난간을 설치할 것
⑦ 목재는 미송, 육송 또는 그 이상의 재질을 가진 것일 것
⑧ 경사로 지지기둥은 3[m] 이내마다 설치할 것
⑨ 발판은 폭 40[cm] 이상으로 하고, 틈은 3[cm] 이내로 설치할 것
⑩ 발판이 이탈하거나 한쪽 끝을 밟으면 다른 쪽이 들리지 않게 장선에 결속할 것
⑪ 결속용 못이나 철선이 발에 걸리지 않아야 할 것

01 「산업안전보건법령」상 화면과 같은 가설통로 설치 시 준수사항 3가지를 쓰시오. (6점)

정답

① 견고한 구조로 할 것
② 경사는 30° 이하로 할 것
③ 경사가 15°를 초과하는 경우에는 미끄러지지 아니하는 구조로 할 것
④ 추락할 위험이 있는 장소에는 안전난간을 설치할 것
⑤ 수직갱에 가설된 통로의 길이가 15[m] 이상인 경우에는 10[m] 이내마다 계단참을 설치할 것
⑥ 건설공사에 사용하는 높이 8[m] 이상인 비계다리에는 7[m] 이내마다 계단참을 설치할 것

02 화면은 상수도 작업을 위해 전기 용접기로 용접작업하는 모습을 보여주고 있다. 이와 같은 작업 시 작업자가 착용하여야 하는 개인보호구 3가지를 쓰시오. (6점)

정답

① 용접용 보안면

② 용접용 가죽제 안전장갑

③ 용접용 앞치마

④ 용접용 안전화

03 화면은 와이어로프의 체결모습을 보여주고 있다. 다음 물음에 답하시오. (6점)

① 그림 ㉠, ㉡, ㉢ 중에서 와이어로프의 체결 방법으로 올바른 것을 쓰시오.

㉠  ㉡  ㉢ 

② 주어진 와이어로프 직경에 따른 클립 수를 (　　) 안에 쓰시오.

와이어로프의 지름[mm]	클립 수[개]
16 이하	4
16 초과 28 이하	(㉠)
28 초과	(㉡)

정답

① 올바른 체결: ㉠

② 클립 수

㉠ 5　　㉡ 6

04 화면은 깊은 곳을 굴착하는 데 사용하는 건설기계로 두 개의 버킷이 양쪽으로 달려 있다. 이 건설기계의 명칭을 쓰시오. (4점)

정답

클램쉘(Clamshell)

05 높이가 2[m] 초과인 말비계 조립·설치 시 ① 작업발판의 폭과 ② 지주부재와 수평면의 기울기 기준을 쓰시오. (4점)

정답

① 작업발판의 폭: 40[cm] 이상

② 기울기: 75° 이하

06 고소작업대 사용 시 사업주의 준수사항 3가지를 쓰시오. (단, 보호구 착용에 대한 내용은 제외한다.) (6점)

정답

① 관계자가 아닌 사람이 작업구역에 들어오는 것을 방지하기 위하여 필요한 조치를 할 것
② 안전한 작업을 위하여 적정수준의 조도를 유지할 것
③ 전로에 근접하여 작업을 하는 경우에는 작업감시자를 배치하는 등 감전사고를 방지하기 위하여 필요한 조치를 할 것
④ 작업대를 정기적으로 점검하고 붐·작업대 등 각 부위의 이상 유무를 확인할 것
⑤ 전환스위치는 다른 물체를 이용하여 고정하지 말 것
⑥ 작업대는 정격하중을 초과하여 물건을 싣거나 탑승하지 말 것
⑦ 작업대의 붐대를 상승시킨 상태에서 탑승자는 작업대를 벗어나지 말 것

07 화면은 콘크리트 믹서 트럭의 바퀴를 물로 닦는 모습을 보여준다. 이 장비의 ① 명칭과 ② 효과를 쓰시오. (4점)

정답

① 명칭: 세륜기

② 효과

㉠ 비산먼지 발생 방지

㉡ 공공도로의 이물질에 의한 오염방지

08 동바리의 조립 시 동바리의 침하방지를 위한 조치사항 2가지를 쓰시오. (4점)

정답

① 받침목의 사용　② 깔판의 사용　③ 콘크리트 타설　④ 말뚝박기

2023년

2022년 | 기출문제

1회 1부

01 화면은 로우더(Loader) 운전자가 운반 작업 중 자리를 이탈하는 장면을 보여준다. 화면에서 볼 수 있는 위험요인 3가지를 쓰시오. (6점)

▶ 동영상 설명

로우더(Loader)가 긴 자재 2개를 싣고 위로 올린 상태로 운전자가 자리를 이탈했다가 돌아와서 자재를 고정장치 없이 흔들리게 운반한다. 신호수는 안전모 미착용 상태이고, 다른 작업자들도 안전모 미착용 상태로 로우더 반경 내로 지나간다.

정답

① 작업반경 내 근로자 출입금지 조치 미실시
② 운반 중인 자재 미고정
③ 자재를 위로 올린 상태에서 운전석 이탈
④ 안전모 미착용

02 화면은 상수도 작업을 위해 전기 용접기로 용접작업하는 모습을 보여주고 있다. 이와 같은 작업 시 작업자가 착용하여야 하는 개인보호구 3가지를 쓰시오. (6점)

정답

① 용접용 보안면
② 용접용 가죽제 안전장갑
③ 용접용 앞치마
④ 용접용 안전화

03 「산업안전보건기준에 관한 규칙」에 따라 시스템비계를 조립 작업하는 경우 사업주가 준수하여야 할 사항에 대하여 (　　) 안에 알맞은 내용을 쓰시오. (3점)

가. 비계 기둥의 밑둥에는 밑받침철물을 사용하여야 하며, 밑받침에 고저차가 있는 경우에는 조절형 밑받침철물을 사용하여 시스템비계가 항상 수평 및 수직을 유지하도록 할 것
나. 경사진 바닥에 설치하는 경우에는 (①) 또는 (②) 등을 사용하여 밑받침철물의 바닥면이 수평을 유지하도록 할 것
다. 가공전로에 근접하여 비계를 설치하는 경우에는 가공전로를 이설하거나 가공전로에 (③)를 설치하는 등 가공전로와의 접촉을 방지하기 위하여 필요한 조치를 할 것

정답

① 피벗형 받침 철물　② 쐐기　③ 절연용 방호구

04 화면과 같은 산소 결핍이 우려되는 밀폐공간에서 작업 시 준수사항 3가지를 쓰시오. (6점)

▶ 동영상 설명

작업자 3명이 흡연 후, 2명이 맨홀 뚜껑 개구부를 열고 밀폐공간에 들어간다. 1명이 위에서 보니 안에 들어간 2명이 쓰러져 있다.

정답

① 작업을 시작하기 전 해당 밀폐공간의 산소 및 유해가스의 농도를 측정할 것
② 적정공기 상태가 유지되도록 작업장을 환기할 것
③ 근로자에게 공기호흡기 또는 송기마스크를 지급하여 착용하도록 할 것

05 화면은 석축 쌓기 중인 모습을 보여준다. 석축 쌓기를 완료한 후에 붕괴될 수 있는 원인 3가지를 쓰시오. (6점)

정답

① 배수공 설치 불량　② 석축 쌓기 불량　③ 석재 불량　④ 기초지반 침하　⑤ 배수 불량
⑥ 석축배면 지장물 파열　⑦ 뒷채움 불량　⑧ 동결융해　⑨ 줄눈시공 불량

06 화면은 불도저를 사용해 노면을 깎는 작업을 보여준다. 해당 건설기계의 용도 3가지를 쓰시오. (6점)

정답

① 운반작업 ② 지면 고르기작업 ③ 굴착작업

07 화면의 흙막이 공법의 명칭을 쓰시오. (3점)

정답

어스앵커공법

08 근로자의 추락 위험을 방지하기 위하여 안전난간을 설치하여야 한다. 화면의 안전난간의 각 부위에 알맞은 명칭을 각각 쓰시오. (4점)

정답

① 상부 난간대 ② 중간 난간대 ③ 난간기둥 ④ 발끝막이판

1회 2부

01 화면과 같은 콘크리트타설장비 사용 시 준수사항 3가지를 쓰시오. (6점)

정답

① 작업을 시작하기 전에 콘크리트타설장비를 점검하고 이상을 발견하였으면 즉시 보수할 것
② 건축물의 난간 등에서 작업하는 근로자가 호스의 요동·선회로 인하여 추락하는 위험을 방지하기 위하여 안전난간 설치 등 필요한 조치를 할 것
③ 콘크리트타설장비의 붐을 조정하는 경우에는 주변의 전선 등에 의한 위험을 예방하기 위한 적절한 조치를 할 것
④ 작업 중에 지반의 침하나 아웃트리거 등 콘크리트타설장비 지지구조물의 손상 등에 의하여 콘크리트타설장비가 넘어질 우려가 있는 경우에는 이를 방지하기 위한 적절한 조치를 할 것

02 거푸집 지보공의 구성 재료 중 ①, ②, ③의 명칭을 각각 쓰시오. (3점)

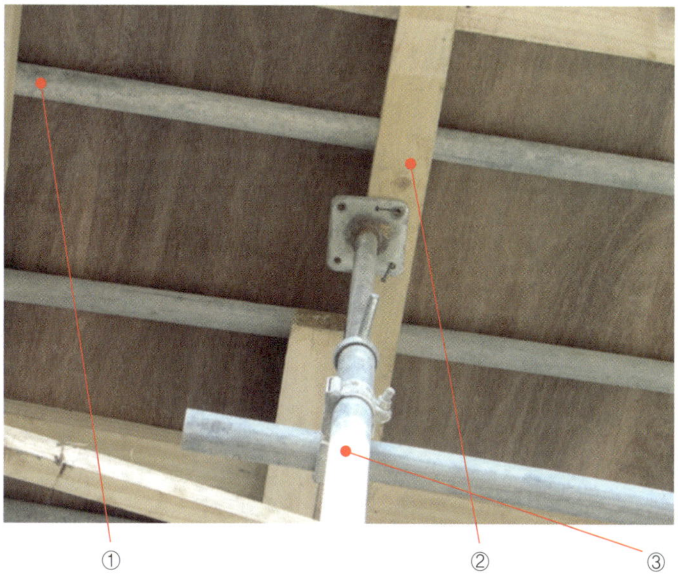

정답

① 장선　　② 멍에　　③ 동바리

03 화면은 1줄걸이로 자재를 인양하는 장면을 보여준다. 화면에서 ① 위험요인 및 ② 재해의 예방대책을 각각 2가지씩 쓰시오. (8점)

정답

① 위험요인
  ㉠ 유도자 미배치
  ㉡ 인양 중인 화물 줄걸이 상태 불량
  ㉢ 작업반경 내 근로자 출입금지 조치 미실시

② 예방대책
  ㉠ 유도자 배치
  ㉡ 인양화물 2줄걸이 실시
  ㉢ 작업반경 내 근로자 출입금지 조치 실시

04 화물자동차의 짐걸이로 사용해서는 안 되는 섬유로프 2가지를 쓰시오. (4점)

정답

① 꼬임이 끊어진 것
② 심하게 손상되거나 부식된 것

05 화면은 낙하물 방지망을 보수하는 장면을 보여주고 있다. 낙하물 방지망 설치 시 준수사항 2가지를 쓰시오. (4점)

정답

① 높이 10[m] 이내마다 설치하고, 내민 길이는 벽면으로부터 2[m] 이상으로 할 것

② 수평면과의 각도는 20° 이상 30° 이하를 유지할 것

06 화면은 상수도관을 매설하기 위하여 노천굴착작업을 하는 모습을 보여주고 있다. 이와 같은 굴착작업 시 각 지반에 따라 굴착면의 기울기 기준을 다르게 하는데, 표의 (　　) 안에 각 지반의 종류에 따른 기울기 기준을 쓰시오. (3점)

지반의 종류	굴착면의 기울기
모래	(　①　)
연암 및 풍화암	(　②　)
경암	(　③　)

정답

① 1 : 1.8　　② 1 : 1.0　　③ 1 : 0.5

07 굴착면의 높이가 2[m] 이상인 지반의 굴착작업에서 근로자의 위험을 방지하기 위하여 실시하는 작업장의 지형·지반 및 지층 상태 등에 대한 사전조사 내용 4가지를 쓰시오. (8점)

정답

① 형상·지질 및 지층의 상태
② 균열·함수·용수 및 동결의 유무 또는 상태
③ 매설물 등의 유무 또는 상태
④ 지반의 지하수위 상태

08 화면과 같은 지지방식의 흙막이 공법의 명칭을 쓰시오. (4점)

정답

어스앵커공법

01 화면은 낙하물 방지망을 보수하는 장면을 보여준다. 다음 물음에 답하시오. (5점)

① 화면에서 추락방지를 위한 조치사항 2가지를 쓰시오.
② 낙하물 방지망의 설치기준에 대하여 (　　) 안에 알맞은 내용을 쓰시오.
"낙하물 방지망은 높이 (㉠)[m] 이내마다 설치하고, 내민 길이는 벽면으로부터 (㉡)[m] 이상으로 하고, 수평면과의 각도는 (㉢)를 유지할 것"

정답

① 조치사항
㉠ 작업발판 설치　㉡ 추락방호망 설치　㉢ 근로자의 안전대 착용　㉣ 이동식 사다리를 사용하여 작업

② 설치기준
㉠ 10　㉡ 2　㉢ 20° 이상 30° 이하

02 화면의 건설기계 장비의 이름을 쓰시오. (3점)

정답

콘크리트 펌프카

03 화면과 같은 상황에서 작업장 및 작업자가 지키지 않은 안전준수사항 3가지를 쓰시오. (6점)

▶ 동영상 설명

작업자가 안전통로 없이 철근을 밟고 이동한다. 작업자는 안전대 미착용 상태이고, 운동화를 신었으며 각반이 없다. 이음철근에는 앤드캡이 없으며, 철근 상부에는 가설발판이 없다.

정답

① 안전통로 미확보
② 가설발판 미설치
③ 철근 앤드캡(찔림방지조치) 미설치
④ 안전화 및 각반 미착용

04 화면과 같은 공사 현장에서 추락사고가 발생하였다. 이러한 사고를 예방하기 위한 조치사항 3가지를 쓰시오. (6점)

정답

① 승강설비 설치
② 안전모의 올바른 착용
③ 추락방호망 설치
④ 근로자의 안전대 착용

05 화면은 교량 상부를 설치 중인 장면을 보여준다. 상부구조가 금속 또는 콘크리트로 구성되는 교량으로서 최대 지간길이가 30[m] 이상인 교량의 공사일 때, 다음 물음에 답하시오. (6점)

① 재료, 기구 또는 공구 등을 올리거나 내릴 경우, 사업주의 준수사항을 쓰시오.
② 중량물 부재를 크레인 등으로 인양하는 경우, 사업주의 준수사항을 쓰시오.
③ 자재나 부재의 낙하·전도 또는 붕괴 등에 의하여 근로자에게 위험을 미칠 우려가 있을 경우 사업주의 준수사항을 쓰시오.

정답

① 준수사항: 근로자가 달줄, 달포대 등을 사용하도록 할 것
② 준수사항
  ㉠ 인양용 고리를 견고하게 설치할 것
  ㉡ 인양용 로프는 부재에 두 군데 이상 결속할 것
  ㉢ 중량물이 안전하게 거치되기 전까지는 걸이로프를 해제시키지 아니할 것
③ 준수사항
  ㉠ 출입금지구역을 설정할 것
  ㉡ 자재 또는 가설시설의 좌굴 또는 변형 방지를 위한 보강재 부착 등의 조치를 할 것

06 화면은 굴착작업 현장을 보여준다. 풍화암의 기울기 기준을 쓰시오. (4점)

정답

1 : 1.0

07 작업자가 철골 위를 걸어다니다가 추락하는 재해가 발생하였다. 화면과 같은 재해를 막기 위한 안전시설물 2가지를 쓰시오. (4점)

▶ 동영상 설명

구명줄이 걸려 있는 철골 위를 작업자가 안전모만 쓰고 걸어가고 있다. 철골 위에 놓여 있는 볼트에 발이 걸려서 작업자가 추락하였다.

정답

① 작업발판

② 추락방호망

08 화면은 파이프 서포트를 사용한 동바리를 보여준다. 화면에서와 같이 파이프 서포트를 지주로 사용할 경우 준수하여야 하는 사항 3가지를 쓰시오. (6점)

정답

① 파이프 서포트를 3개 이상 이어서 사용하지 않도록 할 것

② 파이프 서포트를 이어서 사용하는 경우에는 4개 이상의 볼트 또는 전용철물을 사용하여 이을 것

③ 높이가 3.5[m]를 초과하는 경우에는 높이 2[m] 이내마다 수평연결재를 2개 방향으로 만들고 수평연결재의 변위를 방지할 것

01 「산업안전보건기준에 관한 규칙」에 따라 시스템비계를 조립 작업하는 경우 사업주가 준수하여야 할 사항에 대하여 (　　) 안에 알맞은 내용을 쓰시오. (3점)

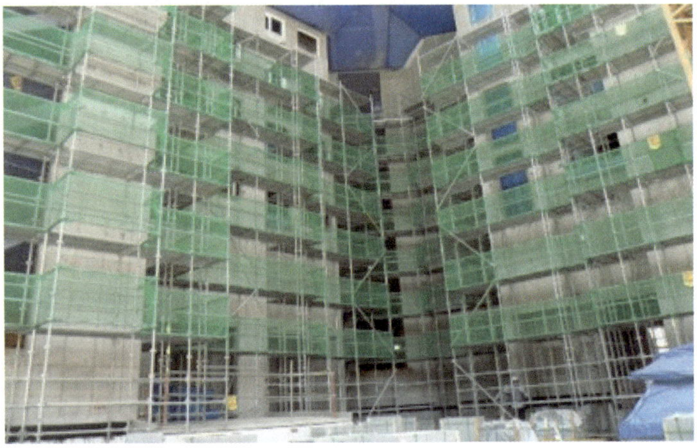

가. 비계 기둥의 밑둥에는 밑받침철물을 사용하여야 하며, 밑받침에 고저차가 있는 경우에는 조절형 밑받침철물을 사용하여 시스템비계가 항상 수평 및 수직을 유지하도록 할 것
나. 경사진 바닥에 설치하는 경우에는 (①) 또는 (②) 등을 사용하여 밑받침철물의 바닥면이 수평을 유지하도록 할 것
다. 가공전로에 근접하여 비계를 설치하는 경우에는 가공전로를 이설하거나 가공전로에 (③)를 설치하는 등 가공전로와의 접촉을 방지하기 위하여 필요한 조치를 할 것

정답

① 피벗형 받침 철물　　② 쐐기　　③ 절연용 방호구

02 화면은 높이가 5[m] 이상인 콘크리트 구조 교량의 공사 모습을 보여준다. 교량의 설치·해체 또는 변경작업 시 준수사항 3가지를 쓰시오. (6점)

정답

① 작업을 하는 구역에는 관계 근로자가 아닌 사람의 출입을 금지할 것

② 재료, 기구 또는 공구 등을 올리거나 내릴 경우에는 근로자로 하여금 달줄, 달포대 등을 사용하도록 할 것

③ 중량물 부재를 크레인 등으로 인양하는 경우에는 부재에 인양용 고리를 견고하게 설치하고, 인양용 로프는 부재에 두 군데 이상 결속하여 인양하여야 하며, 중량물이 안전하게 거치되기 전까지는 걸이로프를 해제시키지 아니할 것

④ 자재나 부재의 낙하·전도 또는 붕괴 등에 의하여 근로자에게 위험을 미칠 우려가 있을 경우에는 출입금지구역의 설정, 자재 또는 가설시설의 좌굴 또는 변형 방지를 위한 보강재 부착 등의 조치를 할 것

03 화면은 둥근톱을 사용하여 작업 중인 장면을 보여준다. ① 재해발생원인 2가지와 ② 감전방지용 누전차단기를 반드시 설치해야 하는 기계 · 기구 2개를 쓰시오. (8점)

정답

① 재해발생원인

㉠ 분할날 등 반발예방장치 미설치

㉡ 말려들기 쉬운 장갑 착용

㉢ 보안경 및 방진마스크 미착용

② 누전차단기 설치 기계 · 기구

㉠ 대지전압이 150[V]를 초과하는 이동형 또는 휴대형 전기기계 · 기구

㉡ 물 등 도전성이 높은 액체가 있는 습윤장소에서 사용하는 저압용 전기기계 · 기구

㉢ 철판 · 철골 위 등 도전성이 높은 장소에서 사용하는 이동형 또는 휴대형 전기기계 · 기구

㉣ 임시배선의 전로가 설치되는 장소에서 사용하는 이동형 또는 휴대형 전기기계 · 기구

04 낙하물 방지망의 설치기준이다. ( ) 안에 알맞은 내용을 쓰시오. (2점)

가. 높이 (①)[m] 이내마다 설치할 것
나. 내민 길이는 벽면으로부터 (②)[m] 이상일 것

정답

① 10 ② 2

05 다음 화면에서 나타나는 위험요인 2가지를 쓰시오. (4점)

▶ 동영상 설명

작업자가 동바리 설치 중 비계강관을 밟고 작업하고 있다. 작업자는 안전모와 안전대를 미착용한 상태이다.

정답

① 작업발판 미사용
② 개인보호구 미착용

06 화면은 인양 중인 화물의 와이어로프를 보여준다. 권상용 와이어로프의 사용 금지기준 3가지를 쓰시오. (6점)

정답

① 이음매가 있는 것
② 와이어로프의 한 꼬임에서 끊어진 소선의 수가 10[%] 이상인 것
③ 지름의 감소가 공칭지름의 7[%]를 초과하는 것
④ 꼬인 것
⑤ 심하게 변형되거나 부식된 것
⑥ 열과 전기충격에 의해 손상된 것

07 화면과 같이 ① 용접작업 시에 작업자가 갖춰야 할 개인보호구 3가지와 ② 교류아크용접 작업 시 사용해야 하는 방호장치를 쓰시오. (8점)

정답

① 개인보호구
  ㉠ 용접용 보안면
  ㉡ 용접용 가죽제 안전장갑
  ㉢ 용접용 앞치마
  ㉣ 용접용 안전화
② 방호장치: 자동전격방지기

08 화면에서 보여주고 있는 비계의 명칭을 쓰시오. (3점)

정답

말비계

2회 2부

01 **화면과 같은 가설통로 설치 시 준수사항이다. (　　) 안에 알맞은 내용을 쓰시오. (2점)**

가. 견고한 구조로 할 것
나. 경사는 (①)° 이하로 할 것. 다만, 계단을 설치하거나 높이 2[m] 미만의 가설통로로서 튼튼한 손잡이를 설치한 경우에는 그러하지 아니하다.
다. 경사가 (②)°를 초과하는 경우에는 미끄러지지 아니하는 구조로 할 것
라. 추락할 위험이 있는 장소에는 안전난간을 설치할 것. 다만, 작업상 부득이한 경우에는 필요한 부분만 임시로 해체할 수 있다.
마. 수직갱에 가설된 통로의 길이가 15[m] 이상인 경우에는 10[m] 이내마다 계단참을 설치할 것
바. 건설공사에 사용하는 높이 8[m] 이상인 비계다리에는 7[m] 이내마다 계단참을 설치할 것

정답

① 30　　② 15

02 「산업안전보건법령」상 계단 작업면의 조도기준을 쓰시오. (4점)

정답

150[lux] 이상

03 「발파 표준안전 작업지침」상 ① 화공작업소 주위에 근로자가 볼 수 있게 표시하여야 할 것 1가지와 ② 화약류저장소 내에 비치하여야 할 것 1가지를 쓰시오. (4점)

※ 「발파 표준안전 작업지침」이 개정됨에 따라 '화공작업소'에 대한 내용은 삭제되었습니다. 이에 따라 이 문제는 성립될 수 없습니다.

04 화면은 굴착기로 작업 중인 운전자가 자리를 벗어나는 장면을 보여준다. 차량계 하역운반기계의 운전자가 운전위치를 이탈하고자 할 때 운전자가 준수하여야 할 사항 3가지를 쓰시오. (6점)

정답

① 포크, 버킷, 디퍼 등의 장치를 가장 낮은 위치 또는 지면에 내려 둘 것
② 원동기를 정지시키고 브레이크를 확실히 거는 등 차량계 하역운반기계 등의 갑작스러운 이동을 방지하기 위한 조치를 할 것
③ 운전석을 이탈하는 경우에는 시동키를 운전대에서 분리시킬 것

05 화면을 보고 해당 작업장 및 작업자의 위험요인 3가지를 쓰시오. (6점)

▶ 동영상 설명

근로자가 사람 키 높이에 있는 폭이 넓은 창틀을 붓으로 도장 작업 중이다. 면장갑과 안전모는 착용하였지만 보안경, 마스크, 안전대, 안전화는 모두 미착용하였다. 사람 허리 정도 높이의 말비계에서 작업 중이고, 발 받침대 밖으로 구두의 앞, 뒤가 튀어나올 정도로 말비계의 폭이 좁다. 그러다 말비계 끝부분에서 발을 헛디뎌 떨어진다.

정답

① 말비계 끝부분 디딤
② 개인보호구 미착용
③ 작업발판 폭 미확보

06 화면을 보고, 해당 작업장 및 작업자의 위험요인 4가지를 쓰시오. (8점)

▶ 동영상 설명

작업자가 안전통로 없이 철근을 밟고 이동 중이다. 이음철근이 자세히 보이고 앤드캡이 설치되어 있지 않다. 작업자가 안전모를 착용하긴 했지만 턱끈이 덜렁거리며, 안전대는 미착용하였다. 또한 운동화를 신었고, 각반도 없다. 철근 상부에는 가설발판도 없다.

정답

① 안전모 착용 상태 불량
② 안전통로 미확보
③ 가설발판 미설치
④ 철근 앤드캡(찔림방지조치) 미설치
⑤ 안전화 및 각반 미착용

07 화면을 보고, 다음 물음에 답하시오. (4점)

① 화면에 보이는 비계의 명칭을 쓰시오.
② 비계의 수평면과 지주부재 사이의 기울기를 쓰시오.

정답

① 명칭: 말비계
② 기울기: 75° 이하

08 화면은 슬래브 콘크리트 타설을 위해 파이프 서포트가 설치된 작업장을 보여준다. 경사지에서 사용하는 동바리용 파이프 서포트에 대한 안전조치사항 3가지를 쓰시오. (6점)

정답

① 거푸집의 형상에 따른 부득이한 경우를 제외하고는 깔판·깔목 등을 2단 이상 끼우지 않도록 할 것
② 깔판·깔목 등을 이어서 사용하는 경우에는 깔판·깔목은 단단히 연결할 것
③ 경사면에 설치하는 동바리는 연직도를 유지하도록 깔판·깔목 등으로 고정할 것
④ 연직하게 설치되는 동바리는 경사면 방향 분력으로 인하여 미끄러짐 및 전도가 발생할 수 있으므로 모든 동바리에 가새를 설치하는 등 안전조치를 할 것

01 작업자가 건물 외벽 낙하물 방지망의 수리를 위해 안전대를 착용하지 않고, 낙하물 방지망 파이프를 밟고 이동하다 추락하는 사고가 발생하였다. 다음 물음에 답하시오. (4점)

> ① 근로자의 추락을 방지할 수 있는 대책 1가지를 쓰시오.
> ② 낙하물 방지망의 설치기준이다. (　　) 안에 알맞은 내용을 쓰시오.
> "낙하물 방지망의 높이는 (㉠)[m] 이내마다 설치하고, 내민 길이는 벽면으로부터 (㉡)[m] 이상으로 하고, 수평면과의 각도는 (㉢)를 유지할 것"

정답

① 안전대책

㉠ 작업발판 설치　　㉡ 추락방호망 설치　　㉢ 근로자의 안전대 착용　　㉣ 이동식 사다리를 사용하여 작업

② 설치기준

㉠ 10　　㉡ 2　　㉢ 20° 이상 30° 이하

02 화면은 호이스트 정기점검 중 발생할 수 있는 감전사고를 보여준다. 이러한 재해에 필요한 보호구 2가지를 쓰시오. (4점)

정답

① 절연장갑 ② ABE형 안전모 ③ 절연화

03 화면은 콘크리트 벽면을 핸드그라인더로 정리하는 작업을 보여준다. 분진이 안개처럼 퍼지고 있을 때, 개인이 착용해야 하는 보호구 2가지를 쓰시오. (4점)

정답

① 보안경 ② 방진마스크

04 화면과 같은 가설통로 설치 시 준수사항 중 (　　) 안에 알맞은 내용을 쓰시오. (4점)

수직갱에 가설된 통로의 길이가 15[m] 이상인 경우에는 (　　　)[m] 이내마다 계단참을 설치할 것

정답

10

05 흙막이 지보공이 설치되지 않은 곳에서 경사면을 굴착할 때, 토사붕괴 예방을 위한 조치사항 3가지를 쓰시오. (6점)

정답

① 적절한 경사면의 기울기를 계획할 것
② 경사면의 기울기가 당초 계획과 차이가 발생되면 즉시 재검토하여 계획을 변경시킬 것
③ 활동할 가능성이 있는 토석은 제거할 것
④ 경사면의 하단부에 압성토 등 보강공법으로 활동에 대한 저항대책을 강구할 것
⑤ 말뚝(강관, H형강, 철근 콘크리트)을 타입하여 지반을 강화시킬 것

06 화면은 아파트 하수관로 매설작업을 수행하고 있는 전경을 보여준다. 화면에서 발생할 수 있는 ① 위험요인과 ② 해결방안을 2가지씩 쓰시오. (8점)

▶ 동영상 설명

현장 주변은 흙이 여기저기 쌓여있는 등 정돈되어 있지 않고, 건설기계 유도원은 배치되어 있지 않지만 신호수는 배치되어 있다. 백호우 운전자는 좁은 시야로 흄관을 1줄걸이로 인양하여 매설하고 있으며, 인양된 흄관 바로 밑에 근로자 2명이 있다. 신호수가 맨손으로 흄관을 당기다 흄관이 낙하하는 사고가 발생한다.

정답

① 위험요인
- ㉠ 유도자 미배치
- ㉡ 인양 중인 흄관 줄걸이 상태 불량
- ㉢ 흄관하부 동시작업 실시
- ㉣ 작업장 주변 정리정돈 미실시

② 해결방안
- ㉠ 유도자 배치
- ㉡ 인양화물 2줄걸이 실시
- ㉢ 흄관하부 동시작업 금지
- ㉣ 작업장 주변 정리정돈 실시

07 화면은 노면 정리 작업을 보여준다. 화면에서 보이는 건설기계(로우더)의 용도 2가지를 쓰시오. (4점)

정답

① 싣기작업 ② 운반작업 ③ 지면 고르기작업

08 화면은 작업통로를 보여준다. 작업발판 및 통로의 끝이나 개구부에 사업주가 설치해야 하는 시설물 3가지를 쓰시오. (6점)

정답

① 안전난간 ② 울타리 ③ 수직형 추락방망 ④ 덮개

4회 1부

01 화면과 같은 제품창고에서 작업 시의 조도기준을 쓰시오. (단, 초정밀작업, 정밀작업, 보통작업이 아닌 경우이다.) (3점)

정답

75[lux] 이상

02 화면은 굴착기로 작업 중인 운전자가 자리를 벗어나는 장면을 보여준다. 차량계 하역운반기계의 운전자가 운전위치를 이탈하고자 할 때 운전자가 준수하여야 할 사항 3가지를 쓰시오. (6점)

정답

① 포크, 버킷, 디퍼 등의 장치를 가장 낮은 위치 또는 지면에 내려 둘 것

② 원동기를 정지시키고 브레이크를 확실히 거는 등 차량계 하역운반기계 등의 갑작스러운 이동을 방지하기 위한 조치를 할 것

③ 운전석을 이탈하는 경우에는 시동키를 운전대에서 분리시킬 것

03 사업주가 추락할 위험이 있는 높이 2[m] 이상의 장소에서 근로자에게 착용시켜야 하는 보호구 2가지를 쓰시오. (4점)

정답

① 안전대 ② 안전모

04 화면은 공사현장의 개구부이다. 이와 같이 추락의 위험이 존재하는 장소에서의 안전조치 방법 3가지를 쓰시오. (6점)

정답

① 안전난간 설치
② 울타리 설치
③ 수직형 추락방망 설치
④ 덮개 설치
⑤ 추락방호망 설치
⑥ 근로자의 안전대 착용

05 화면은 파이프 서포트를 사용한 동바리이다. 화면에서와 같은 동바리를 조립하는 경우 준수하여야 하는 사항 중 (　　) 안에 알맞은 내용을 쓰시오. (3점)

가. 동바리의 이음은 같은 품질의 재료를 사용할 것
나. 강재의 접속부 및 교차부는 (①) 등 전용철물을 사용하여 단단히 연결할 것
다. 높이가 (②)[m]를 초과하는 파이프 서포트에 대해서는 높이 (③)[m] 이내마다 수평연결재를 2개 방향으로 만들고 수평연결재의 변위를 방지할 것

정답

① 볼트·클램프　② 3.5　③ 2

06 화면과 같은 인양기계의 작업시작 전 점검항목 3가지를 쓰시오. (6점)

정답

① 권과방지장치나 그 밖의 경보장치의 기능

② 브레이크 · 클러치 및 조정장치의 기능

③ 와이어로프가 통하고 있는 곳 및 작업장소의 지반상태

07 화면은 항타작업 현장에 관한 내용이다. 이때 사용하는 권상용 와이어로프의 사용제한 조건 3가지를 쓰시오. (6점)

정답

① 이음매가 있는 것

② 와이어로프의 한 꼬임에서 끊어진 소선의 수가 10[%] 이상인 것

③ 지름의 감소가 공칭지름의 7[%]를 초과하는 것

④ 꼬인 것

⑤ 심하게 변형되거나 부식된 것

⑥ 열과 전기충격에 의해 손상된 것

08 타워크레인 해체 작업 시 작업계획서의 내용 3가지를 쓰시오. (6점)

정답

① 타워크레인의 종류 및 형식
② 설치·조립 및 해체순서
③ 작업도구·장비·가설설비 및 방호설비
④ 작업인원의 구성 및 작업근로자의 역할 범위
⑤ 타워크레인의 지지 방법

4회 2부

01 화면은 흙막이 지보공 설치작업을 보여준다. 흙막이 지보공 설치 시 정기점검사항 2가지를 쓰시오. (4점)

정답

① 부재의 손상·변형·부식·변위 및 탈락의 유무와 상태
② 버팀대의 긴압의 정도
③ 부재의 접속부·부착부 및 교차부의 상태
④ 침하의 정도

02 '가'와 '나' 중 타워크레인 와이어로프의 ① 샤클이 잘못 체결된 것을 고르고, ② 그 이유를 쓰시오. (4점)

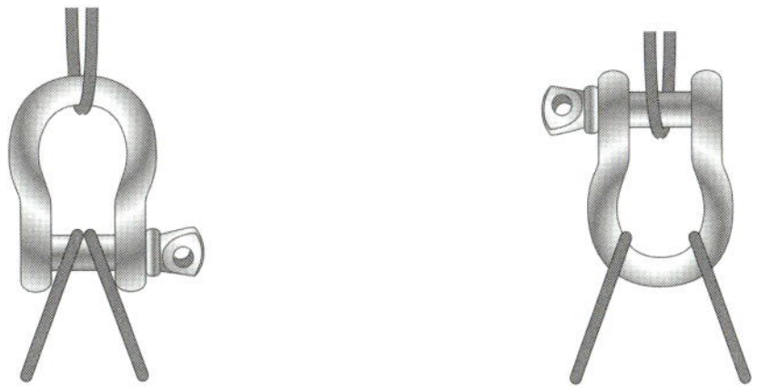

가 나

정답

① 잘못된 체결: 가
② 이유: 샤클을 풀기 위한 핸들(볼트)에 하중을 가하게 되면 핸들 부분이 풀리지 않고, 샤클의 안전율이 고려되지 않은 재료 사용으로 파단의 위험이 있다.

03 화면은 교량 기둥을 설치 중인 장면을 보여준다. 「산업안전보건법령」상 상부구조가 금속 또는 콘크리트로 구성되는 교량으로서 그 높이가 5[m] 이상이거나 교량의 최대 지간길이가 30[m] 이상인 교량의 설치작업 시 작업계획서의 내용 3가지를 쓰시오. (단, 그 밖에 안전·보건에 관련된 사항은 제외한다.) (6점)

정답

① 작업방법 및 순서
② 부재의 낙하·전도 또는 붕괴를 방지하기 위한 방법
③ 작업에 종사하는 근로자의 추락 위험을 방지하기 위한 안전조치 방법
④ 공사에 사용되는 가설 철구조물 등의 설치·사용·해체 시 안전성 검토 방법
⑤ 사용하는 기계 등의 종류 및 성능, 작업방법
⑥ 작업지휘자 배치계획

04 화면은 석축 붕괴에 관한 내용이다. 붕괴 원인 4가지를 쓰시오. (8점)

정답

① 배수공 설치 불량 ② 석축 쌓기 불량 ③ 석재 불량 ④ 기초지반 침하 ⑤ 배수 불량
⑥ 석축배면 지장물 파열 ⑦ 뒷채움 불량 ⑧ 동결융해 ⑨ 줄눈시공 불량

05 「산업안전보건법령」에 따라 "보통작업"을 하는 지하실 작업의 조도기준을 쓰시오. (4점)

정답

150[lux] 이상

06 다음 화면에서 건설용 리프트 운행 중 발생할 수 있는 ① 불안전한 행동 및 ② 불안전한 상태를 1가지씩 쓰시오. (4점)

▶ 동영상 설명

리프트를 이용하여 무거운 자재를 올리는 작업 중 자재의 크기로 인해 리프트 문이 닫히지 않은 상태로 운행 중이다. 탑승자는 리프트 한쪽으로 탑승하고 탑승대기 중인 작업자는 문 밖으로 머리를 내밀어 리프트 위치를 확인하고 있다. 작업장에는 안전난간과 추락방호망이 설치되어 있지 않으며 작업자들은 안전대와 안전모 미착용 상태이다.

정답

① 불안전한 행동
- ㉠ 운행 중인 리프트 쪽으로 머리를 내미는 행동
- ㉡ 적재하중을 초과하여 탑승하는 행위
- ㉢ 탑승근로자의 안전대, 안전모 미착용

② 불안전한 상태
- ㉠ 출입문을 개방한 채 운행하는 상태
- ㉡ 리프트 내 불균형한 자재 야적
- ㉢ 안전난간과 추락방호망 미설치

07 화면은 콘크리트 타설 중인 장면을 보여준다. 콘크리트 타설작업을 하는 경우 준수해야 할 사항 3가지를 쓰시오. (6점)

정답

① 당일의 작업을 시작하기 전에 해당 작업에 관한 거푸집 및 동바리의 변형·변위 및 지반의 침하 유무 등을 점검하고 이상이 있으면 보수할 것
② 작업 중에는 감시자를 배치하는 등의 방법으로 거푸집 및 동바리의 변형·변위 및 침하 유무 등을 확인하여야 하며, 이상이 있으면 작업을 중지하고 근로자를 대피시킬 것
③ 콘크리트 타설작업 시 거푸집 붕괴의 위험이 발생할 우려가 있으면 충분한 보강조치를 할 것
④ 설계도서 상의 콘크리트 양생기간을 준수하여 거푸집 및 동바리를 해체할 것
⑤ 콘크리트를 타설하는 경우에는 편심이 발생하지 않도록 골고루 분산하여 타설할 것

08 차량계 건설기계를 사용하여 작업 시, 운전 중인 건설기계에 접촉되어 근로자가 부딪힐 위험을 방지하기 위한 조치사항 2가지를 쓰시오. (4점)

정답

① 작업반경 내 근로자 출입금지 조치 실시
② 유도자 배치

4회 3부

01 다음은 이동식비계를 설치하여 작업 시 준수해야 하는 사항이다. (　　) 안에 알맞은 내용을 쓰시오. (4점)

가. 이동식비계의 바퀴에는 뜻밖의 갑작스러운 이동 또는 전도를 방지하기 위하여 (①)·(②) 등으로 바퀴를 고정시킨 다음 비계의 일부를 견고한 시설물에 고정하거나 (③)를 설치하는 등 필요한 조치를 할 것

나. 비계의 최상부에서 작업을 하는 경우에는 (④)을 설치할 것

정답

① 브레이크　　② 쐐기　　③ 아웃트리거　　④ 안전난간

02 화면과 같은 추락재해를 예방하기 위하여 추락방호망 설치 시 준수사항 3가지를 쓰시오. (6점)

정답

① 추락방호망의 설치위치는 가능하면 작업면으로부터 가까운 지점에 설치하여야 하며, 작업면으로부터 망의 설치지점까지의 수직거리는 10[m]를 초과하지 아니할 것

② 추락방호망은 수평으로 설치하고, 망의 처짐은 짧은 변 길이의 12[%] 이상이 되도록 할 것

③ 건축물 등의 바깥쪽으로 설치하는 경우 내민 길이는 벽면으로부터 3[m] 이상 되도록 할 것

2022년

03 가스를 사용하여 금속의 용접·용단 또는 가열작업을 하는 경우에 가스 등의 누출 또는 방출로 인한 폭발·화재 또는 화상을 예방하기 위한 준수사항 4가지를 쓰시오. (8점)

정답

① 가스 등의 호스와 취관은 손상·마모 등에 의하여 가스 등이 누출할 우려가 없는 것을 사용할 것
② 가스 등의 취관 및 호스의 상호 접촉부분은 호스밴드, 호스클립 등 조임기구를 사용하여 가스 등이 누출되지 않도록 할 것
③ 가스 등의 호스에 가스 등을 공급하는 경우에는 미리 그 호스에서 가스 등이 방출되지 않도록 필요한 조치를 할 것
④ 사용 중인 가스 등을 공급하는 공급구의 밸브나 콕에는 그 밸브나 콕에 접속된 가스 등의 호스를 사용하는 사람의 이름표를 붙이는 등 가스 등의 공급에 대한 오조작을 방지하기 위한 표시를 할 것
⑤ 용단작업을 하는 경우에는 취관으로부터 산소의 과잉방출로 인한 화상을 예방하기 위하여 근로자가 조절밸브를 서서히 조작하도록 주지시킬 것
⑥ 작업을 중단하거나 마치고 작업장소를 떠날 경우에는 가스 등의 공급구의 밸브나 콕을 잠글 것
⑦ 가스 등의 분기관은 전용 접속기구를 사용하여 불량체결을 방지하여야 하며, 서로 이어지지 않는 구조의 접속기구 사용, 서로 다른 색상의 배관·호스의 사용 및 꼬리표 부착 등을 통하여 서로 다른 가스배관과의 불량체결을 방지할 것

04 화면은 작업자가 둥근톱을 사용하여 작업하는 모습을 보여준다. 목재가공용 둥근톱 방호장치 중 (　　) 안에 알맞은 말을 쓰시오. (2점)

가. (①)예방장치
나. (②)예방장치

정답

① 반발　　② 톱날접촉

05 화면은 백호우로 굴착작업을 하는 장면을 보여준다. 차량계 건설기계를 사용하여 작업을 할 때 작업시작 전 점검사항을 쓰시오. (4점)

정답

브레이크 및 클러치 등의 기능

06 화면은 건물 외벽의 돌마감 공사를 보여준다. 화면에서 나타난 불안전한 요소 3가지를 쓰시오. (6점)

▶ 동영상 설명

두 명의 작업자가 안전난간이 없는 건물 외벽의 돌마감 공사를 하고 있다. 한 명은 휴대용 둥근톱을 사용하고 있는데 마스크와 안전대를 미착용한 상태이다. 다른 한 명은 한쪽 외벽에서 작업하고 있는데, 안전모를 미착용한 상태이다.

정답

① 개인보호구 미착용
② 안전난간 미설치
③ 둥근톱 작업 중 자재 낙하 우려

07 철골건립 중 기둥승강용 트랩의 설치기준에 대하여 (   ) 안에 알맞은 내용을 쓰시오. (2점)

기둥승강 설비로서 기둥제작 시 16[mm] 철근 등을 이용하여 (①)[cm] 이내의 간격, (②)[cm] 이상의 폭으로 트랩을 설치하여야 하며 안전대 부착설비구조를 겸용하여야 한다.

정답

① 30   ② 30

08 화면은 콘크리트 펌프카를 사용하여 콘크리트 타설작업을 하는 장면을 보여주고 있다. 콘크리트타설장비 사용 시 준수사항 4가지를 쓰시오. (8점)

정답

① 작업을 시작하기 전에 콘크리트타설장비를 점검하고 이상을 발견하였으면 즉시 보수할 것
② 건축물의 난간 등에서 작업하는 근로자가 호스의 요동·선회로 인하여 추락하는 위험을 방지하기 위하여 안전난간 설치 등 필요한 조치를 할 것
③ 콘크리트타설장비의 붐을 조정하는 경우에는 주변의 전선 등에 의한 위험을 예방하기 위한 적절한 조치를 할 것
④ 작업 중에 지반의 침하나 아웃트리거 등 콘크리트타설장비 지지구조물의 손상 등에 의하여 콘크리트타설장비가 넘어질 우려가 있는 경우에는 이를 방지하기 위한 적절한 조치를 할 것

네가 세상에서 보고자 하는 변화가 있다면,
네 스스로 그 변화가 되어라.

– 마하트마 간디(Mahatma Gandhi)

2021년 | 기출문제

1회 1부

01 다음은 이동식비계를 조립하여 작업 시 준수해야 하는 사항이다. (   ) 안에 알맞은 내용을 쓰시오. (4점)

가. 이동식비계의 바퀴에는 뜻밖의 갑작스러운 이동 또는 전도를 방지하기 위하여 (①)·(②) 등으로 바퀴를 고정시킨 다음 비계의 일부를 견고한 시설물에 고정하거나 (③)를 설치하는 등 필요한 조치를 할 것
나. 승강용사다리는 견고하게 설치할 것
다. 비계의 최상부에서 작업을 하는 경우에는 안전난간을 설치할 것
라. 작업발판은 항상 수평을 유지하고 작업발판 위에서 안전난간을 딛고 작업을 하거나 받침대 또는 사다리를 사용하여 작업하지 않도록 할 것
마. 작업발판의 최대적재하중은 (④)[kg]을 초과하지 않도록 할 것

정답

① 브레이크 ② 쐐기 ③ 아웃트리거 ④ 250

02 화면은 공사 중인 엘리베이터 피트홀을 보여준다. 화면과 같이 추락할 위험이 있는 장소에 설치해야 하는 방호조치 3가지를 쓰시오. (3점)

정답

① 안전난간　　② 울타리　　③ 수직형 추락방망　　④ 덮개

03 화면과 같은 건설현장에서 철골작업 시 작업을 중지해야 하는 기후조건 3가지를 쓰시오. (6점)

정답

① 풍속: 초당 10[m] 이상

② 강우량: 시간당 1[mm] 이상

③ 강설량: 시간당 1[cm] 이상

04 화면과 같이 근로자가 손수레를 사용하여 건설용 리프트에 벽돌을 싣는 작업 중 사고가 발생했다. 다음 물음에 답하시오.

(6점)

① 건설용 리프트의 안전장치 1가지를 쓰시오.
② 사고의 종류를 쓰시오.
③ 재해발생원인 1가지를 쓰시오.

정답

① 안전장치

㉠ 과부하방지장치 ㉡ 권과방지장치 ㉢ 비상정지장치 ㉣ 제동장치

② 사고의 종류: 떨어짐(추락)

③ 재해발생원인

㉠ 건설용 리프트의 적재하중 초과

㉡ 근로자 단독작업 실시

05 화면은 거푸집 작업을 보여준다. 거푸집 설치 시 연결철물의 ① 명칭과 ② 기능을 쓰시오. (5점)

정답

① 명칭: 거푸집 긴결재

② 기능

㉠ 거푸집 간격 유지 ㉡ 거푸집 측압 지지

06 화면은 굴착작업 현장을 보여준다. 풍화암의 기울기 기준을 쓰시오. (4점)

정답

1 : 1.0

07 화면은 아파트 하수관로 매설작업을 수행하고 있는 전경을 보여준다. 화면에서 발생할 수 있는 ① 위험요인과 ② 해결방안을 2가지씩 쓰시오. (8점)

▶ 동영상 설명

현장 주변은 흙이 여기저기 쌓여있는 등 정돈되어 있지 않고, 건설기계 유도원은 배치되어 있지 않지만 신호수는 배치되어 있다. 백호우 운전자는 좁은 시야로 흄관을 1줄걸이로 인양하여 매설하고 있으며, 인양된 흄관 바로 밑에 근로자 2명이 있다. 신호수가 맨손으로 흄관을 당기다 흄관이 낙하하는 사고가 발생한다.

정답

① 위험요인
- ㉠ 유도자 미배치
- ㉡ 인양 중인 흄관 줄걸이 상태 불량
- ㉢ 흄관하부 동시작업 실시
- ㉣ 작업장 주변 정리정돈 미실시

② 해결방안
- ㉠ 유도자 배치
- ㉡ 인양화물 2줄걸이 실시
- ㉢ 흄관하부 동시작업 금지
- ㉣ 작업장 주변 정리정돈 실시

2021년

08 화면은 가스용기 운반작업과 용단작업 장면을 보여준다. 화면에서 볼 수 있는 문제점을 1가지씩 쓰시오. (4점)

▶ 동영상 설명

① 가스용기 운반작업: 캡을 씌우지 않은 가스용기를 강하게 내린다. 전도 방지 조치가 되어 있지 않아 충격으로 폭발한다.
② 용단작업: 일반가스용기를 운반하는 차량주변 바닥에서 용단작업을 하고 있다. 작업자가 용접용 보안면은 착용하고 있는데, 용접장갑과 용접용 앞치마는 미착용 상태이다.

정답

① 가스용기 운반작업 시 문제점
  ㉠ 이동 시 캡을 씌우지 않고 이동
  ㉡ 이동 시 진동, 충격이 발생
  ㉢ 전도 방지 조치 미준수
② 용단작업 시 문제점
  ㉠ 용접장갑과 용접용 앞치마 미착용
  ㉡ 불티비산방지조치 미실시
  ㉢ 가연성가스 근처에서 용접

1회 2부

01 화면과 같이 근로자가 손수레를 사용하여 건설용 리프트에 벽돌을 싣는 작업 중 사고가 발생했다. 건설용 리프트의 안전장치 2가지를 쓰시오. (4점)

정답

① 과부하방지장치 ② 권과방지장치 ③ 비상정지장치 ④ 제동장치

02 「산업안전보건법령」에 따라 초정밀작업, 정밀작업, 보통작업이 아닌 경우의 조도는 얼마로 해야 하는지 쓰시오. (3점)

정답

75[lux] 이상

03 화면에 보이는 토공기계의 무너짐방지 방법 3가지를 쓰시오. (6점)

정답

① 연약한 지반에 설치하는 경우에는 아웃트리거 · 받침 등 지지구조물의 침하를 방지하기 위하여 깔판 · 받침목 등을 사용할 것
② 시설 또는 가설물 등에 설치하는 경우에는 그 내력을 확인하고 내력이 부족하면 그 내력을 보강할 것
③ 아웃트리거 · 받침 등 지지구조물이 미끄러질 우려가 있는 경우에는 말뚝 또는 쐐기 등을 사용하여 해당 지지구조물을 고정시킬 것
④ 궤도 또는 차로 이동하는 항타기 또는 항발기에 대해서는 불시에 이동하는 것을 방지하기 위하여 레일 클램프 및 쐐기 등으로 고정시킬 것
⑤ 상단 부분은 버팀대 · 버팀줄로 고정하여 안정시키고, 그 하단 부분은 견고한 버팀 · 말뚝 또는 철골 등으로 고정시킬 것

04 작업발판이 없는 곳에서 작업자가 쇠파이프에 걸터앉아 작업을 하다 추락사고가 발생했다. 다음 물음에 답하시오. (8점)

① 화면과 같은 추락사고를 예방하기 위한 대책 2가지를 쓰시오.
② 낙하물 방지망의 설치기준이다. (　　) 안에 알맞은 내용을 쓰시오.
　가. 수평면과의 각도는 (㉠)° 이상 (㉡)° 이하를 유지할 것
　나. 높이 (㉢)[m] 이내마다 설치할 것
　다. 내민 길이는 벽면으로부터 (㉣)[m] 이상으로 할 것

정답

① 추락사고 예방대책
　㉠ 작업발판 설치
　㉡ 추락방호망 설치
　㉢ 근로자의 안전대 착용
　㉣ 이동식 사다리를 사용하여 작업
② 낙하물 방지망 설치기준
　㉠ 20　㉡ 30　㉢ 10　㉣ 2

05 화면에서 근로자가 밀폐공간 내 방수작업을 하고 있다. 다음 물음에 답하시오. (6점)

① 적정공기 기준 1가지를 쓰시오.
② 산소 결핍 방지대책 2가지를 쓰시오.

정답

① 적정공기 기준
  ㉠ 산소농도 18[%] 이상 23.5[%] 미만
  ㉡ 이산화탄소농도 1.5[%] 미만
  ㉢ 일산화탄소농도 30[ppm] 미만
  ㉣ 황화수소농도 10[ppm] 미만

② 산소 결핍 방지대책
  ㉠ 작업을 시작하기 전 해당 밀폐공간의 산소 및 유해가스의 농도를 측정할 것
  ㉡ 적정공기 상태가 유지되도록 작업장을 환기할 것
  ㉢ 근로자에게 공기호흡기 또는 송기마스크를 지급하여 착용하도록 할 것

06 화물자동차의 짐걸이로 사용해서는 안 되는 섬유로프 2가지를 쓰시오. (4점)

정답

① 꼬임이 끊어진 것

② 심하게 손상되거나 부식된 것

07 화면은 흙막이 시설이 설치된 현장을 보여준다. 이와 같은 지지방식의 흙막이 공법의 명칭을 쓰시오. (4점)

정답

버팀대공법

08 「산업안전보건기준에 관한 규칙」에 따른 시스템비계의 설치기준 중 (　　) 안에 알맞은 내용을 쓰시오. (5점)

가. (①)·(②)·(③)를 견고하게 연결하는 구조가 되도록 할 것
나. 비계 밑단의 수직재와 받침철물은 밀착되도록 설치하고, 수직재와 받침철물의 연결부의 겹침길이는 받침철물 전체길이의 (④) 이상이 되도록 할 것
다. 수평재는 수직재와 (⑤)으로 설치하여야 하며, 체결 후 흔들림이 없도록 견고하게 설치할 것

정답

① 수직재　② 수평재　③ 가새재　④ $\frac{1}{3}$　⑤ 직각

1회 3부

01 화면은 둥근톱을 사용하여 작업 중인 모습이다. 다음 물음에 답하시오. (8점)

① 둥근톱 사용 중 재해발생원인 2가지를 쓰시오.
② 화면에서와 같은 작업현장에서 둥근톱과 같은 전동기계·기구를 사용하여 작업을 할 때 감전방지용 누전차단기를 설치해야 한다. 감전방지용 누전차단기를 반드시 설치해야 하는 기계·기구 2가지를 쓰시오.

정답

① 재해발생원인
 ㉠ 분할날 등 반발예방장치 미설치
 ㉡ 말려들기 쉬운 장갑 착용
 ㉢ 보안경 및 방진마스크 미착용
② 누전차단기 설치 기계·기구
 ㉠ 대지전압이 150[V]를 초과하는 이동형 또는 휴대형 전기기계·기구
 ㉡ 물 등 도전성이 높은 액체가 있는 습윤장소에서 사용하는 저압용 전기기계·기구
 ㉢ 철판·철골 위 등 도전성이 높은 장소에서 사용하는 이동형 또는 휴대형 전기기계·기구
 ㉣ 임시배선의 전로가 설치되는 장소에서 사용하는 이동형 또는 휴대형 전기기계·기구

02 화면은 타워크레인을 사용하여 트럭에 화물을 적재하는 작업을 보여준다. 화면에서 찾을 수 있는 안전조치 미흡사항 3가지를 쓰시오. (6점)

▶ 동영상 설명

작업자 여러 명이 타워크레인을 이용해 1줄걸이로 화물을 적재하고 있다. 신호수는 배치되어 있지 않으며, 안전모를 미착용한 근로자도 있다. 작업장은 통제되어 있지 않아 많은 사람이 출입하고 있다.

정답

① 신호수 미배치

② 화물의 줄걸이 상태 불량

③ 작업반경 내 근로자 출입금지 조치 미실시

④ 안전모 미착용

03 화면은 콘크리트 타설작업을 보여준다. 콘크리트타설장비 사용 시 준수사항 2가지를 쓰시오. (4점)

정답

① 작업을 시작하기 전에 콘크리트타설장비를 점검하고 이상을 발견하였으면 즉시 보수할 것
② 건축물의 난간 등에서 작업하는 근로자가 호스의 요동·선회로 인하여 추락하는 위험을 방지하기 위하여 안전난간 설치 등 필요한 조치를 할 것
③ 콘크리트타설장비의 붐을 조정하는 경우에는 주변의 전선 등에 의한 위험을 예방하기 위한 적절한 조치를 할 것
④ 작업 중에 지반의 침하나 아웃트리거 등 콘크리트타설장비 지지구조물의 손상 등에 의하여 콘크리트타설장비가 넘어질 우려가 있는 경우에는 이를 방지하기 위한 적절한 조치를 할 것

04 동바리의 조립 시 동바리의 침하를 방지하기 위한 조치 3가지를 쓰시오. (6점)

정답

① 받침목의 사용 ② 깔판의 사용 ③ 콘크리트 타설 ④ 말뚝박기

05 화면은 거푸집 작업을 보여준다. 거푸집 설치 시 연결철물의 ① 명칭과 ② 기능을 쓰시오. (5점)

정답

① 명칭: 거푸집 긴결재

② 기능

㉠ 거푸집 간격 유지　　㉡ 거푸집 측압 지지

06 화면은 굴착작업 현장을 보여준다. 경암의 기울기 기준을 쓰시오. (4점)

정답

1 : 0.5

07 철골건립 중 기둥승강용 트랩의 설치기준에 대하여 (   ) 안에 알맞은 내용을 쓰시오. (3점)

기둥승강 설비로서 기둥제작 시 (①)[mm] 철근 등을 이용하여 (②)[cm] 이내의 간격, (③)[cm] 이상의 폭으로 트랩을 설치하여야 하며 안전대 부착설비구조를 겸용하여야 한다.

정답

① 16   ② 30   ③ 30

08 「산업안전보건기준에 관한 규칙」에 따라 지하실 내부 작업 등 보통작업인 경우의 조도기준을 쓰시오. (4점)

정답

150[lux] 이상

01 낙하물 방지망의 설치기준이다. ( ) 안에 알맞은 내용을 쓰시오. (4점)

가. 수평면과의 각도는 (①)° 이상 (②)° 이하를 유지할 것
나. 높이 (③)[m] 이내마다 설치할 것
다. 내민 길이는 벽면으로부터 (④)[m] 이상으로 할 것

정답

① 20 ② 30 ③ 10 ④ 2

02 화면에서 보여주고 있는 비계의 종류를 쓰시오. (5점)

정답

말비계

03 콘크리트 라이닝(concrete lining)의 목적 2가지를 쓰시오. (4점)

정답

① 터널 단면의 변형 방지

② 터널 단면의 강도 확보

③ 터널 내부 시설물의 설치 용이

04 다음 화면에서 건설용 리프트 운행 중 재해가 발생할 수 있는 ① 불안전한 행동 및 ② 불안전한 상태를 2가지씩 쓰시오. (8점)

▶ 동영상 설명

리프트를 이용하여 무거운 자재를 올리는 작업 중 자재의 크기로 인해 리프트 문이 닫히지 않은 상태로 운행 중이다. 탑승자는 리프트 한쪽으로 탑승하고 탑승대기 중인 작업자는 문 밖으로 머리를 내밀어 리프트 위치를 확인하고 있다. 작업장에는 안전난간과 추락방호망이 설치되어 있지 않으며 작업자들은 안전대와 안전모 미착용 상태이다.

정답

① 불안전한 행동

㉠ 운행 중인 리프트 쪽으로 머리를 내미는 행동

㉡ 적재하중을 초과하여 탑승하는 행위

㉢ 탑승근로자의 안전대, 안전모 미착용

② 불안전한 상태

㉠ 출입문을 개방한 채 운행하는 상태

㉡ 리프트 내 불균형한 자재 야적

㉢ 안전난간과 추락방호망 미설치

05 「산업안전보건기준에 관한 규칙」에 의해 기둥·보·벽체·슬래브 등의 거푸집 및 동바리를 조립하거나 해체하는 작업을 하는 경우 준수하여야 하는 사항 2가지를 쓰시오. (4점)

정답

① 해당 작업을 하는 구역에는 관계 근로자가 아닌 사람의 출입을 금지할 것

② 비, 눈, 그 밖의 기상상태의 불안정으로 날씨가 몹시 나쁜 경우에는 그 작업을 중지할 것

③ 재료, 기구 또는 공구 등을 올리거나 내리는 경우에는 근로자로 하여금 달줄·달포대 등을 사용하도록 할 것

④ 낙하·충격에 의한 돌발적 재해를 방지하기 위하여 버팀목을 설치하고 거푸집 및 동바리를 인양장비에 매단 후에 작업을 하도록 하는 등 필요한 조치를 할 것

06 화면은 불도저를 사용해 노면을 깎는 작업을 보여준다. 해당 건설기계의 용도 3가지를 쓰시오. (6점)

정답

① 운반작업 ② 지면 고르기작업 ③ 굴착작업

07 화면과 같은 사고에 대한 작업장의 위험요인 3가지를 쓰시오. (6점)

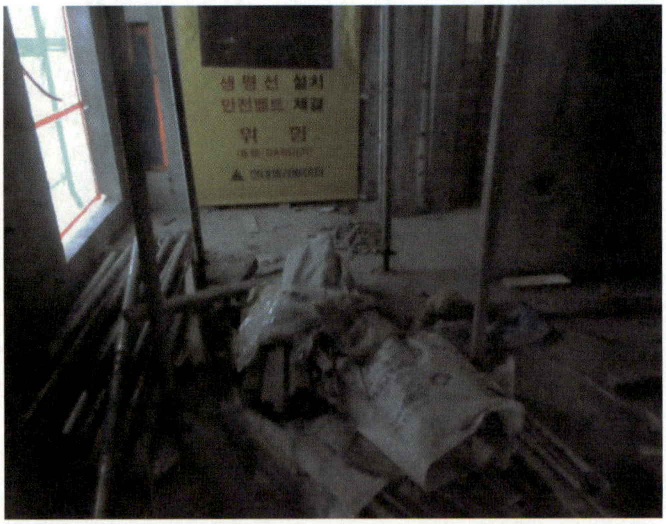

▶ 동영상 설명

어두운 작업장에서 작업자 혼자 정리를 하다가 개구부에 발이 빠진다.

정답

① 작업장 조도 미확보
② 개구부 덮개 미설치
③ 개구부 주변 안전난간 미설치

08 「산업안전보건기준에 관한 규칙」에 따라 시스템비계를 조립 작업하는 경우 사업주가 준수하여야 할 사항에 대하여 ( ) 안에 알맞은 내용을 쓰시오. (3점)

가. 비계 기둥의 밑둥에는 밑받침철물을 사용하여야 하며, 밑받침에 고저차가 있는 경우에는 조절형 밑받침철물을 사용하여 시스템비계가 항상 수평 및 수직을 유지하도록 할 것
나. 경사진 바닥에 설치하는 경우에는 (①) 또는 (②) 등을 사용하여 밑받침철물의 바닥면이 수평을 유지하도록 할 것
다. 가공전로에 근접하여 비계를 설치하는 경우에는 가공전로를 이설하거나 가공전로에 (③)를 설치하는 등 가공전로와의 접촉을 방지하기 위하여 필요한 조치를 할 것

정답

① 피벗형 받침 철물 ② 쐐기 ③ 절연용 방호구

2회 2부

01 화면은 거푸집의 구성요소를 보여준다. 거푸집 지보공의 구성 재료 중 ①, ②, ③의 명칭을 각각 쓰시오. (6점)

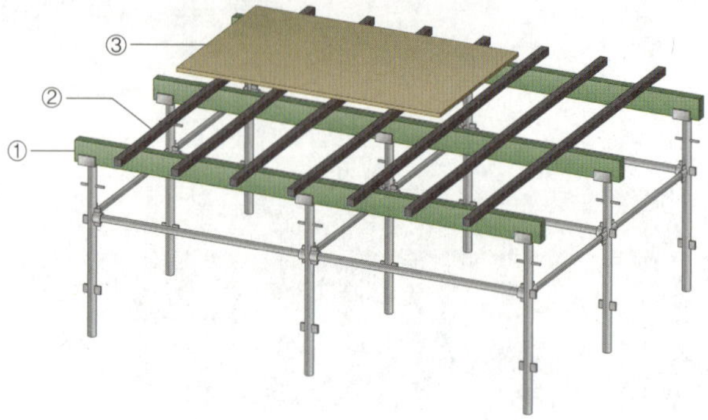

정답

① 멍에 ② 장선 ③ 바닥재

02 화면과 같은 콘크리트타설장비 사용 시 준수사항 3가지를 쓰시오. (6점)

정답

① 작업을 시작하기 전에 콘크리트타설장비를 점검하고 이상을 발견하였으면 즉시 보수할 것
② 건축물의 난간 등에서 작업하는 근로자가 호스의 요동·선회로 인하여 추락하는 위험을 방지하기 위하여 안전난간 설치 등 필요한 조치를 할 것
③ 콘크리트타설장비의 붐을 조정하는 경우에는 주변의 전선 등에 의한 위험을 예방하기 위한 적절한 조치를 할 것
④ 작업 중에 지반의 침하나 아웃트리거 등 콘크리트타설장비 지지구조물의 손상 등에 의하여 콘크리트타설장비가 넘어질 우려가 있는 경우에는 이를 방지하기 위한 적절한 조치를 할 것

03 절토 시 상·하부 동시작업은 금지하여야 하나, 부득이한 경우 작업해야 할 때 조치사항 3가지를 쓰시오. (6점)

정답

① 견고한 낙하물 방호시설 설치

② 부석제거

③ 작업장소에 불필요한 기계 등의 방치 금지

④ 신호수 및 담당자 배치

04 철골건립 중 기둥승강용 트랩의 설치기준에 대하여 (　　) 안에 알맞은 내용을 쓰시오. (3점)

기둥승강 설비로서 기둥제작 시 (①)[mm] 철근 등을 이용하여 (②)[cm] 이내의 간격, (③)[cm] 이상의 폭으로 트랩을 설치하여야 하며 안전대 부착설비구조를 겸용하여야 한다.

정답

① 16　② 30　③ 30

05 화면은 사다리식 통로가 설치된 장면을 보여준다. 높이가 7[m] 이상인 사다리식 통로를 설치하는 경우 근로자 이동에 지장이 없다면 등받이울을 설치할 수 있다. 등받이울의 설치 높이 기준을 쓰시오. (4점)

정답

바닥으로부터 높이가 2.5[m] 되는 지점부터 설치

06 「산업안전보건기준에 관한 규칙」에 따라 지하실 내부 작업 등 보통작업인 경우의 조도기준을 쓰시오. (3점)

정답

150[lux] 이상

07 화면은 이동식 크레인을 이용한 타워크레인의 해체작업을 보여준다. 화면에 나타난 불안전한 요소 3가지를 쓰시오.

(6점)

▶ 동영상 설명

타워크레인을 해체하며 분해품을 2줄걸이로 인양한다. 작업자가 인양물을 손으로 밀며 화물차 트럭 적재함에 내리고 있다. 별도의 신호수는 배치되어 있지 않으며, 하부에 근로자가 지나다니면서 작업 중이다. 작업장에 출입금지 테이프가 허술하게 설치되어 있다.

정답

① 유도로프 설치 불량

② 신호수 미배치

③ 작업반경 내 근로자 출입금지 조치 미실시

④ 출입금지 표지 부착상태 불량

08 화면은 굴착작업 중인 터널을 보여준다. 다음 물음에 답하시오. (6점)

① 화면의 터널 굴착공법의 명칭을 쓰시오.
② 터널굴착작업 시 작업계획서에 포함되어야 할 사항 2가지를 쓰시오.

정답

① 명칭: T.B.M(Tunnel Boring Machine)공법
② 작업계획서 포함사항
　㉠ 굴착의 방법
　㉡ 터널지보공 및 복공의 시공방법과 용수의 처리방법
　㉢ 환기 또는 조명시설을 설치할 때에는 그 방법

2회 3부

01 사업주가 추락할 위험이 있는 높이 2[m] 이상의 장소에서 근로자에게 착용시켜야 하는 보호구 2가지를 쓰시오. (4점)

정답

① 안전대 ② 안전모

02 동바리의 조립 시 동바리의 침하를 방지하기 위한 조치 3가지를 쓰시오. (6점)

정답

① 받침목의 사용 ② 깔판의 사용 ③ 콘크리트 타설 ④ 말뚝박기

03 화면은 작업장에 설치된 계단이다. 작업장에 계단을 설치할 경우 준수해야 할 사항에 대하여 (   ) 안에 알맞은 내용을 쓰시오. (3점)

계단을 설치하는 경우 바닥면으로부터 높이 (   )[m] 이내의 공간에 장애물이 없도록 하여야 한다.

정답

2

04 굴착작업에 있어서 토사 등의 붕괴 또는 낙하에 의하여 근로자에게 위험을 미칠 우려가 있는 경우, 그 위험을 예방하기 위한 조치사항 3가지를 쓰시오. (6점)

정답

① 흙막이 지보공의 설치

② 방호망의 설치

③ 근로자의 출입 금지

05 「산업안전보건기준에 관한 규칙」에 따라 시스템비계 설치기준에 맞게 (   ) 안에 알맞은 내용을 쓰시오. (5점)

가. (①   )·(②   )·(③   )를 견고하게 연결하는 구조가 되도록 할 것
나. 비계 밑단의 수직재와 받침철물은 밀착되도록 설치하고, 수직재와 받침철물의 연결부의 겹침길이는 받침철물의 전체길이의 (④   ) 이상이 되도록 할 것
다. 수평재는 수직재와 (⑤   )으로 설치하여야 하며, 체결 후 흔들림이 없도록 견고하게 설치할 것

정답

① 수직재　② 수평재　③ 가새재　④ $\frac{1}{3}$　⑤ 직각

06 근로자가 탑승하는 운반구를 지지하는 달기와이어로프의 안전계수의 최소값을 쓰시오. (4점)

정답

10

07 화면은 크레인을 이용하여 상부구조물을 설치하는 모습을 보여준다. 상부구조가 금속 또는 콘크리트로 구성되고 높이가 5[m] 이상인 교량의 설치·해체·변경 작업 시 준수사항 3가지를 쓰시오. (6점)

정답

① 작업을 하는 구역에는 관계 근로자가 아닌 사람의 출입을 금지할 것
② 재료, 기구 또는 공구 등을 올리거나 내릴 경우에는 근로자로 하여금 달줄, 달포대 등을 사용하도록 할 것
③ 중량물 부재를 크레인 등으로 인양하는 경우에는 부재에 인양용 고리를 견고하게 설치하고, 인양용 로프는 부재에 두 군데 이상 결속하여 인양하여야 하며, 중량물이 안전하게 거치되기 전까지는 걸이로프를 해제시키지 아니할 것
④ 자재나 부재의 낙하·전도 또는 붕괴 등에 의하여 근로자에게 위험을 미칠 우려가 있을 경우에는 출입금지구역의 설정, 자재 또는 가설시설의 좌굴 또는 변형 방지를 위한 보강재 부착 등의 조치를 할 것

08 흙막이 지보공이 설치되지 않은 곳을 굴착할 때, 토사붕괴 예방을 위한 조치사항 3가지를 쓰시오. (6점)

정답

① 적절한 경사면의 기울기를 계획할 것
② 경사면의 기울기가 당초 계획과 차이가 발생되면 즉시 재검토하여 계획을 변경시킬 것
③ 활동할 가능성이 있는 토석은 제거할 것
④ 경사면의 하단부에 압성토 등 보강공법으로 활동에 대한 저항대책을 강구할 것
⑤ 말뚝(강관, H형강, 철근 콘크리트)을 타입하여 지반을 강화시킬 것

4회 1부

01 화면은 공사 중인 작업현장을 보여준다. 「산업안전보건기준에 관한 규칙」에 따라 근로자의 위험을 방지하기 위하여 사업주가 해야 하는 사항에 대하여 (　　) 안에 알맞은 내용을 쓰시오. (2점)

사업주는 근로자의 위험을 방지하기 위하여 해당 작업, 작업장의 지형·지반 및 지층 상태 등에 대한 (①)를 하고 그 결과를 기록· 보존하여야 하며, 조사결과를 고려하여 (②)를 작성하고 그 계획에 따라 작업을 하도록 하여야 한다.

정답

① 사전조사　　② 작업계획서

02 화면은 슬래브 타설을 위한 동바리가 설치된 장면을 보여준다. 「산업안전보건기준에 관한 규칙」에 따라 동바리를 조립하는 경우, 동바리의 침하를 방지하기 위한 사업주의 조치사항 3가지를 쓰시오. (6점)

정답

① 받침목의 사용　　② 깔판의 사용　　③ 콘크리트 타설　　④ 말뚝박기

03 화면은 공사현장에 설치된 안전난간을 보여준다. 「산업안전보건기준에 관한 규칙」에 따라 근로자의 추락 등의 위험을 방지하기 위하여 안전난간을 설치하는 경우 (　　) 안에 알맞은 내용을 쓰시오. (6점)

가. 상부 난간대, 중간 난간대, (①) 및 난간기둥으로 구성할 것
나. 상부 난간대는 바닥면·발판 또는 경사로의 표면으로부터 (②)[cm] 이상 지점에 설치하고, 상부 난간대를 (③)[cm] 이하에 설치하는 경우에는 중간 난간대는 상부 난간대와 바닥면 등의 중간에 설치하여야 하며, (④)[cm] 이상 지점에 설치하는 경우에는 중간 난간대를 (⑤)단 이상으로 균등하게 설치하고 난간의 상하 간격은 (⑥)[cm] 이하가 되도록 할 것

정답

① 발끝막이판	② 90	③ 120
④ 120	⑤ 2	⑥ 60

04 화면은 크레인을 이용한 화물의 양중작업을 보여준다. 크레인 양중작업 시 걸이 작업의 준수사항 3가지를 쓰시오. (6점)

정답

① 와이어로프 등은 크레인의 훅 중심에 걸 것
② 인양 물체의 안정을 위하여 2줄걸이 이상을 사용할 것
③ 밑에 있는 물체를 걸고자 할 때에는 위의 물체를 제거한 후에 행할 것
④ 매다는 각도는 60° 이내로 할 것
⑤ 근로자를 매달린 물체 위에 탑승시키지 아니할 것

05 화면은 작업장의 지하실을 보여준다. 「산업안전보건기준에 관한 규칙」에 따라 지하실 내부 작업 등 보통작업인 경우의 조도는 얼마로 해야 하는지 쓰시오. (4점)

정답

150[lux] 이상

06 화면과 같은 지지방식의 흙막이 공법의 명칭을 쓰시오. (4점)

정답

어스앵커공법

07 화면은 고압 케이블 주변의 작업을 보여준다. 노란색으로 설치된 절연용 방호구의 이름을 쓰시오. (4점)

정답

고압전선 방호관

08 화면은 둥근톱을 사용하여 작업 중인 장면을 보여준다. ① 재해발생원인 2가지와 ② 감전방지용 누전차단기를 반드시 설치해야 하는 기계·기구 2개를 쓰시오. (8점)

정답

① 재해발생원인
- ㉠ 분할날 등 반발예방장치 미설치
- ㉡ 말려들기 쉬운 장갑 착용
- ㉢ 보안경 및 방진마스크 미착용

② 누전차단기 설치 기계·기구
- ㉠ 대지전압이 150[V]를 초과하는 이동형 또는 휴대형 전기기계·기구
- ㉡ 물 등 도전성이 높은 액체가 있는 습윤장소에서 사용하는 저압용 전기기계·기구
- ㉢ 철판·철골 위 등 도전성이 높은 장소에서 사용하는 이동형 또는 휴대형 전기기계·기구
- ㉣ 임시배선의 전로가 설치되는 장소에서 사용하는 이동형 또는 휴대형 전기기계·기구

01 화면은 공사현장의 시스템비계를 보여준다. 「산업안전보건기준에 관한 규칙」에 따라 사업주가 시스템비계를 사용하여 비계를 구성하는 경우 (   ) 안에 알맞은 내용을 쓰시오. (3점)

가. 수직재·수평재·(①)를 견고하게 연결하는 구조가 되도록 할 것
나. 비계 밑단의 수직재와 (②)은 밀착되도록 설치하고, 수직재와 받침철물의 연결부의 겹침길이는 받침철물 전체길이의 (③) 이상이 되도록 할 것

정답

① 가새재 ② 받침철물 ③ $\frac{1}{3}$

02

화면은 굴착기에 의해 굴착작업이 진행 중인 장면을 보여준다. 「산업안전보건기준에 관한 규칙」에 따라 지반 등을 굴착하는 경우에 사업주가 준수해야 하는 연암의 굴착면의 기울기 기준을 쓰시오. (4점)

정답

1 : 1.0

03

화면은 굴착기로 작업 중인 운전자가 자리를 벗어나는 장면을 보여준다. 차량계 하역운반기계의 운전자가 운전위치를 이탈하고자 할 때 운전자가 준수하여야 할 사항 3가지를 쓰시오. (6점)

정답

① 포크, 버킷, 디퍼 등의 장치를 가장 낮은 위치 또는 지면에 내려 둘 것
② 원동기를 정지시키고 브레이크를 확실히 거는 등 차량계 하역운반기계 등의 갑작스러운 이동을 방지하기 위한 조치를 할 것
③ 운전석을 이탈하는 경우에는 시동키를 운전대에서 분리시킬 것

04 화면은 교량 기둥을 설치 중인 장면을 보여준다. 「산업안전보건법령」상 상부구조가 금속 또는 콘크리트로 구성되는 교량으로서 그 높이가 5[m] 이상이거나 교량의 최대 지간길이가 30[m] 이상인 교량의 설치작업 시 작업계획서의 내용 3가지를 쓰시오. (단, 그 밖에 안전·보건에 관련된 사항은 제외한다.) (6점)

정답

① 작업방법 및 순서
② 부재의 낙하·전도 또는 붕괴를 방지하기 위한 방법
③ 작업에 종사하는 근로자의 추락 위험을 방지하기 위한 안전조치 방법
④ 공사에 사용되는 가설 철구조물 등의 설치·사용·해체 시 안전성 검토 방법
⑤ 사용하는 기계 등의 종류 및 성능, 작업방법
⑥ 작업지휘자 배치계획

05 화면과 같이 작업자 3명이 흡연 후 개구부를 열고 들어가 밀폐공간에서 작업 중 질식사고가 발생했다. 산소 결핍이 우려되는 밀폐공간에서 작업 시 재해발생요인 3가지를 쓰시오. (6점)

정답

① 작업시작 전 산소 및 유해가스 농도 측정 미실시
② 환기 미실시
③ 호흡용 보호구 미착용
④ 감시인 미배치

06 화면은 콘크리트 벽면을 핸드그라인더로 정리하는 작업을 보여준다. 분진이 안개처럼 퍼지고 있을 때, 개인이 착용해야 하는 보호구 2가지를 쓰시오. (4점)

정답

① 보안경　　　② 방진마스크

07 화면은 터널 내 천공 중인 장비의 작업을 보여준다. 장약작업 시 사업주의 준수사항 4가지를 쓰시오. (8점)

정답

① 장약작업 장소 인근에서는 화기사용 및 흡연을 하지 않도록 할 것
② 장약작업 장소 인근에서는 전기용접 작업이나 동력을 사용하는 기계를 사용하지 않을 것
③ 장약작업을 하는 근로자가 안전모 등 적절한 보호구를 착용하도록 할 것
④ 기존의 발파에 사용된 발파공에는 장약하지 않도록 할 것
⑤ 약포는 1개씩 손을 사용하여 신중하게 장약봉으로 넣고, 약포 간에 간격이 없도록 그때마다 구멍길이의 차를 측정하면서 장약을 수행하도록 할 것
⑥ 장약봉은 곧바르고 견고하며, 마찰 · 충격 · 정전기 등에 대하여 안전한 부도체(플라스틱, 나무 등)를 사용하여 약포 지름보다 약간 굵고, 적당한 길이로 하고, 개수는 충분히 준비하게 할 것
⑦ 장약은 뇌관의 관체, 각선, 연결장치 등이 충격 또는 손상되지 않도록 주의하며, 각선의 길이는 결선작업을 고려하여 충분한 길이의 것을 사용하게 할 것
⑧ 낙석 또는 붕락의 위험이 있는 뜬돌(부석) 등의 유무를 확인하고, 이를 제거하는 등 안전조치 후 작업하도록 할 것
⑨ 장약작업 중에는 관계 근로자가 아닌 사람의 출입을 금지할 것

08 화면은 작업장의 통로를 보여준다. 작업장에 통로를 설치할 경우 사업자가 준수하여야 하는 사항에 대하여 (　　) 안에 알맞은 내용을 쓰시오. (3점)

> 사업주는 통로면으로부터 높이 (①)[m] 이내에는 장애물이 없도록 하여야 한다. 다만, 부득이하게 통로면으로부터 높이 (②)[m] 이내에 장애물을 설치할 수밖에 없거나 통로면으로부터 높이 (③)[m] 이내의 장애물을 제거하는 것이 곤란하다고 고용노동부장관이 인정하는 경우에는 근로자에게 발생할 수 있는 부상 등의 위험을 방지하기 위한 안전 조치를 하여야 한다.

정답

① 2　　② 2　　③ 2

4회 3부

01 화면은 작업통로를 보여준다. 작업발판 및 통로의 끝이나 개구부에 사업주가 설치해야 하는 시설물 3가지를 쓰시오. (6점)

정답

① 안전난간 ② 울타리 ③ 수직형 추락방망 ④ 덮개

02 화면은 슬래브 콘크리트 타설을 위해 파이프 서포트가 설치된 작업장을 보여준다. 경사지에서 사용하는 동바리용 파이프 서포트에 대한 안전조치사항 2가지를 쓰시오. (4점)

정답

① 거푸집의 형상에 따른 부득이한 경우를 제외하고는 깔판 · 깔목 등을 2단 이상 끼우지 않도록 할 것
② 깔판 · 깔목 등을 이어서 사용하는 경우에는 깔판 · 깔목은 단단히 연결할 것
③ 경사면에 설치하는 동바리는 연직도를 유지하도록 깔판 · 깔목 등으로 고정할 것
④ 연직하게 설치되는 동바리는 경사면 방향 분력으로 인하여 미끄러짐 및 전도가 발생할 수 있으므로 모든 동바리에 가새를 설치하는 등 안전조치를 할 것

03 화면은 작업장의 임시전기설비를 보여준다. 전기기계·기구에 설치되어 있는 감전방지용 누전차단기의 설치기준에 따라 (   ) 안에 알맞은 내용을 쓰시오. (2점)

전기기계·기구에 설치되어 있는 누전차단기는 정격감도전류가 (①) 이하이고 작동시간은 (②) 이내일 것. 다만, 정격전부하전류가 50[A] 이상인 전기기계·기구에 접속되는 누전차단기는 오작동을 방지하기 위하여 정격감도전류는 200[mA] 이하로, 작동시간은 0.1초 이내로 할 수 있다.

정답

① 30[mA]   ② 0.03초

04 화면은 건물 외벽 석재마감 공사현장을 보여준다. 설명과 같은 상황에서 ① 위험요인 및 ② 안전대책을 각각 2가지씩 쓰시오. (8점)

▶ 동영상 설명

외벽을 석재로 마감하는 높은 작업장에서 1명은 일반 구두를 신고 위쪽에서 그라인더로 석재를 자르고 있으며, 다른 1명은 안전모를 쓰지 않은 채 아래에서 작업 중이다. 작업장에는 안전난간이 없고 작업발판은 허술하다. 작업장은 전반적으로 지저분하다.

정답

① 위험요인
- ㉠ 작업 중 일반 구두 착용
- ㉡ 안전모 미착용
- ㉢ 작업장 내 안전난간 미설치
- ㉣ 작업발판 설치 불량
- ㉤ 작업장 주변 정리정돈 미흡

② 안전대책
- ㉠ 안전모 및 안전화 착용
- ㉡ 상하 동시작업 금지
- ㉢ 안전난간 설치
- ㉣ 작업발판은 비계 등에 2점 이상 고정
- ㉤ 작업장 주변 정리정돈 실시

05 화면은 추락방호망이 설치된 작업장을 보여준다. 추락방호망의 설치기준 3가지를 쓰시오. (6점)

정답

① 추락방호망의 설치위치는 가능하면 작업면으로부터 가까운 지점에 설치하여야 하며, 작업면으로부터 망의 설치지점까지의 수직거리는 10[m]를 초과하지 아니할 것

② 추락방호망은 수평으로 설치하고, 망의 처짐은 짧은 변 길이의 12[%] 이상이 되도록 할 것

③ 건축물 등의 바깥쪽으로 설치하는 경우 추락방호망의 내민 길이는 벽면으로부터 3[m] 이상 되도록 할 것

06 「산업안전보건법령」에 따라 보통작업을 하는 지하실에서 작업 시 적합한 조도기준을 쓰시오. (4점)

정답

150[lux] 이상

07 화면은 이동식 크레인이 와이어로프를 이용하여 자재를 인양하는 모습을 보여준다. 와이어로프가 만족해야 하는 기준 3가지를 쓰시오. (6점)

정답

① 이음매가 없는 것
② 와이어로프의 한 꼬임에서 끊어진 소선의 수가 10[%] 미만인 것
③ 지름의 감소가 공칭지름의 7[%] 이하인 것
④ 꼬이지 않은 것
⑤ 심하게 변형되거나 부식되지 않은 것
⑥ 열과 전기충격에 의해 손상되지 않은 것

08 화면은 아파트단지 내에서 하수관로 매설작업을 수행하고 있는 전경을 보여주고 있다. 화면과 같은 작업 시 안전조치 사항 2가지를 쓰시오. (4점)

정답

① 유도자 배치
② 인양화물 2줄걸이 실시
③ 작업반경 내 근로자 출입금지 조치 실시

2020년 | 기출문제

1회 1부

01 화면은 터널 내부에서 장약을 넣고 있는 작업자들과 전체 작업장을 보여준 후 터널 외부를 보여주고 폭파하는 듯 주변에 떨림이 발생하는 장면을 보여준다. 장약작업 시 사업주가 준수해야 할 사항 3가지를 쓰시오. (6점)

정답

① 장약작업 장소 인근에서는 화기사용 및 흡연을 하지 않도록 할 것
② 장약작업 장소 인근에서는 전기용접 작업이나 동력을 사용하는 기계를 사용하지 않을 것
③ 장약작업을 하는 근로자가 안전모 등 적절한 보호구를 착용하도록 할 것
④ 기존의 발파에 사용된 발파공에는 장약하지 않도록 할 것
⑤ 약포는 1개씩 손을 사용하여 신중하게 장약봉으로 넣고, 약포 간에 간격이 없도록 그때마다 구멍길이의 차를 측정하면서 장약을 수행하도록 할 것
⑥ 장약봉은 곧바르고 견고하며, 마찰 · 충격 · 정전기 등에 대하여 안전한 부도체(플라스틱, 나무 등)를 사용하여 약포 지름보다 약간 굵고, 적당한 길이로 하고, 개수는 충분히 준비하게 할 것
⑦ 장약은 뇌관의 관체, 각선, 연결장치 등이 충격 또는 손상되지 않도록 주의하며, 각선의 길이는 결선작업을 고려하여 충분한 길이의 것을 사용하게 할 것
⑧ 낙석 또는 붕락의 위험이 있는 뜬돌(부석) 등의 유무를 확인하고, 이를 제거하는 등 안전조치 후 작업하도록 할 것
⑨ 장약작업 중에는 관계 근로자가 아닌 사람의 출입을 금지할 것

02 화면은 콘크리트 믹서 트럭의 바퀴를 물로 닦는 모습을 보여준다. 이 장비의 ① 명칭과 ② 효과를 쓰시오. (4점)

정답

① 명칭: 세륜기

② 효과

㉠ 비산먼지 발생 방지

㉡ 공공도로의 이물질에 의한 오염방지

03 화면과 같은 추락방호망을 보수할 때 준수사항 중 (   ) 안에 알맞은 내용을 쓰시오. (3점)

가. 추락방호망의 설치위치는 가능하면 작업면으로부터 가까운 지점에 설치하여야 하며, 작업면으로부터 망의 설치지점까지의 수직거리는 (①)[m]를 초과하지 아니할 것

나. 추락방호망은 수평으로 설치하고, 망의 처짐은 짧은 변 길이의 (②)[%] 이상이 되도록 할 것

다. 건축물 등의 바깥쪽으로 설치하는 경우 추락방호망의 내민 길이는 벽면으로부터 (③)[m] 이상 되도록 할 것

정답

① 10　　② 12　　③ 3

04 화면과 같은 이동식비계에서 작업 중 추락하는 사고가 발생했다. 이동식비계를 조립하여 작업 시 준수사항 3가지를 쓰시오. (6점)

정답

① 이동식비계의 바퀴에는 뜻밖의 갑작스러운 이동 또는 전도를 방지하기 위하여 브레이크·쐐기 등으로 바퀴를 고정시킨 다음 비계의 일부를 견고한 시설물에 고정하거나 아웃트리거를 설치하는 등 필요한 조치를 할 것
② 승강용사다리는 견고하게 설치할 것
③ 비계의 최상부에서 작업을 하는 경우에는 안전난간을 설치할 것
④ 작업발판은 항상 수평을 유지하고 작업발판 위에서 안전난간을 딛고 작업을 하거나 받침대 또는 사다리를 사용하여 작업하지 않도록 할 것
⑤ 작업발판의 최대적재하중은 250[kg]을 초과하지 않도록 할 것

05 화면과 같은 작업발판 위에서 일반 구두를 신고 도장 작업을 하며 옆으로 이동하다 추락하는 재해가 발생했다. 화면에서 볼 수 있는 작업의 위험요인 3가지를 쓰시오. (3점)

정답

① 작업 중 일반 구두 착용
② 안전대 미착용
③ 추락방호망 미설치

06 화면은 어두운 터널 안으로 차량이 들어가고 터널 천장의 울퉁불퉁한 모습을 보여주면서 근로자가 차량의 기능을 점검한 후 터널 외벽에 타설하는 모습을 보여준다. 다음 물음에 답하시오. (8점)

① 화면에서 작업하고 있는 공정의 명칭을 쓰시오.
② 화면에서 보이는 작업을 할 때 작업계획서에 포함되어야 하는 사항 3가지를 쓰시오.

정답

① 명칭: 숏크리트 타설
② 작업계획서 포함사항
 ㉠ 굴착의 방법
 ㉡ 터널 지보공 및 복공의 시공방법과 용수의 처리방법
 ㉢ 환기 또는 조명시설을 설치할 때에는 그 방법

07 화면은 슬래브 콘크리트 타설 후 마감작업 중인 장면을 보여주고 있다. 타설 전 안전조치 사항 3가지를 쓰시오. (6점)

정답

① 작업장소 및 위치를 확인하고 바닥미장 장비의 운반 및 작업에 장해요인을 파악 후 장비 운반방법 및 이동통로 확보 등 필요한 조치를 할 것
② 휘니샤 장비는 날접촉방지장치 설치, V－벨트 방호덮개 설치 및 손상 유무 등을 확인할 것
③ 휘니샤를 양중기로 인양 시 적정 인양장비를 선정하고 인양할 것
④ 작업장 주변 개구부, 슬래브 단부 등 추락위험이 있는 부위에는 견고한 구조의 안전난간 설치 등 추락방지조치를 할 것
⑤ 작업장 주변 돌출물 등은 사전에 제거를 하거나 보호캡 등을 설치할 것
⑥ 장비작업을 원활하게 하기 위하여 작업장 가까운 곳에 임시분전반을 설치하고 금속제 외함 접지, 누전차단기 설치 등 필요한 안전조치를 할 것
⑦ 유류를 연료로 사용하는 진동기, 휘니샤는 지정된 장소에서 연료를 주입하도록 하고 소화기를 배치할 것

08 화면은 굴착작업 현장을 보여주고 있다. 지반의 종류가 모래일 때 기울기 기준을 쓰시오. (4점)

정답

1 : 1.8

01 화면에 보이는 차량계 건설장비의 ① 명칭과 ② 작업계획서 작성에 포함되어야 할 사항 2가지를 쓰시오. (5점)

정답

① 명칭: 불도저

② 작업계획서 포함사항

㉠ 사용하는 차량계 건설기계의 종류 및 성능

㉡ 차량계 건설기계의 운행경로

㉢ 차량계 건설기계에 의한 작업방법

02 화면은 이동식비계 작업 시 바퀴가 흔들리는 모습을 보여준다. 다음 물음에 답하시오. (3점)

① 이동식비계의 바퀴에 뜻밖의 갑작스러운 이동 또는 전도를 방지하기 위하여 브레이크·쐐기 등을 대신하여 설치하여야 하는 장치의 명칭을 쓰시오.

② 이동식비계 작업 시 준수하여야 할 사항 중 (　　) 안에 알맞은 내용을 쓰시오.

가. 승강용사다리는 견고하게 설치할 것

나. 비계의 최상부에서 작업을 하는 경우에는 (㉠)을 설치할 것

다. 작업발판의 최대적재하중은 (㉡)[kg]을 초과하지 않도록 할 것

라. 작업발판은 항상 수평을 유지하고 작업발판 위에서 안전난간을 딛고 작업을 하거나 받침대 또는 사다리를 사용하여 작업하지 않도록 할 것

정답

① 명칭: 아웃트리거

② 준수사항

㉠ 안전난간　　　㉡ 250

03 화면은 임시전력시설(전기배전시설)을 보여준다. 전기기계 · 기구 등의 충전부에 부주의나 사고 등에 의해 작업자가 직접 접촉되어 발생하는 재해를 예방하기 위한 감전방지 조치사항 2가지를 쓰시오. (4점)

정답

① 충전부가 노출되지 않도록 폐쇄형 외함이 있는 구조로 할 것
② 충전부에 충분한 절연효과가 있는 방호망이나 절연덮개를 설치할 것
③ 충전부는 내구성이 있는 절연물로 완전히 덮어 감쌀 것
④ 발전소 · 변전소 및 개폐소 등 구획되어 있는 장소로서 관계 근로자가 아닌 사람의 출입이 금지되는 장소에 충전부를 설치하고, 위험표시 등의 방법으로 방호를 강화할 것
⑤ 전주 위 및 철탑 위 등 격리되어 있는 장소로서 관계 근로자가 아닌 사람이 접근할 우려가 없는 장소에 충전부를 설치할 것

04 **화면은 교량 상부에 콘크리트 펌프카를 사용하여 콘크리트를 타설하는 작업을 보여준다. 콘크리트타설장비 사용 시 준수사항 3가지를 쓰시오. (6점)**

정답

① 작업을 시작하기 전에 콘크리트타설장비를 점검하고 이상을 발견하였으면 즉시 보수할 것

② 건축물의 난간 등에서 작업하는 근로자가 호스의 요동·선회로 인하여 추락하는 위험을 방지하기 위하여 안전난간 설치 등 필요한 조치를 할 것

③ 콘크리트타설장비의 붐을 조정하는 경우에는 주변의 전선 등에 의한 위험을 예방하기 위한 적절한 조치를 할 것

④ 작업 중에 지반의 침하나 아웃트리거 등 콘크리트타설장비 지지구조물의 손상 등에 의하여 콘크리트타설장비가 넘어질 우려가 있는 경우에는 이를 방지하기 위한 적절한 조치를 할 것

05 **「산업안전보건법령」상 가설통로 설치 시 준수사항 3가지를 쓰시오. (단, 견고한 구조로 할 것은 제외한다.) (6점)**

정답

① 경사는 30° 이하로 할 것

② 경사가 15°를 초과하는 경우에는 미끄러지지 아니하는 구조로 할 것

③ 추락할 위험이 있는 장소에는 안전난간을 설치할 것

④ 수직갱에 가설된 통로의 길이가 15[m] 이상인 경우에는 10[m] 이내마다 계단참을 설치할 것

⑤ 건설공사에 사용하는 높이 8[m] 이상인 비계다리에는 7[m] 이내마다 계단참을 설치할 것

06 화면과 같이 와이어로프를 이용하여 자재를 1줄로 인양하던 중 자재가 떨어지는 사고가 발생했다. 다음 물음에 답하시오. (7점)

① 화면의 ㉠ 재해명칭과 ㉡ 원인, ㉢ 예방대책을 쓰시오.
② 직경이 20[mm]인 와이어로프를 폐기하지 않는 최소 지름 사용기준을 쓰시오.
③ 와이어로프의 직경이 18[mm]일 때 사용이 가능한지 판정하시오.

정답

① 명칭, 원인, 예방대책
㉠ 명칭: 맞음(낙하)
㉡ 원인: 인양 중인 화물 줄걸이 상태 불량
㉢ 예방대책: 인양화물 2줄걸이 실시

② 최소 지름 사용기준
지름의 감소가 공칭지름의 7[%] 초과 시 사용을 금지하여야 하므로 지름은 $20 \times (1-0.07) = 18.6$[mm] 이상이어야 한다.

③ 사용 가능 판정
지름의 감소가 공칭지름의 7[%]를 초과하므로 폐기하여야 한다.

07 화면은 지게차를 이용한 화물운반 작업을 보여준다. 지게차 등 차량계 하역운반기계에 화물을 적재할 때 준수하여야 하는 사항 3가지를 쓰시오. (6점)

정답

① 하중이 한쪽으로 치우치지 않도록 적재할 것

② 구내운반차 또는 화물자동차의 경우 화물의 붕괴 또는 낙하에 의한 위험을 방지하기 위하여 화물에 로프를 거는 등 필요한 조치를 할 것

③ 운전자의 시야를 가리지 않도록 화물을 적재할 것

④ 최대적재량을 초과하지 않도록 할 것

08 화면은 건설공사현장에 안전난간이 설치된 모습을 보여준다. (　　) 안에 알맞은 내용을 쓰시오. (3점)

> 상부 난간대는 바닥면·발판 또는 경사로의 표면으로부터 90[cm] 이상 지점에 설치하고, 상부 난간대를 120[cm] 이하에 설치하는 경우에는 중간 난간대는 상부 난간대와 바닥면 등의 중간에 설치하여야 하며, 120[cm] 이상 지점에 설치하는 경우에는 중간 난간대를 2단 이상으로 균등하게 설치하고 난간의 상하 간격은 (　　　)[cm] 이하가 되도록 할 것

정답

60

01 화면에서 굴착기를 이용하여 굴착한 흙을 덤프트럭으로 운반하는 작업을 보여주고 있다. 화면을 참고하여 ① 문제점 및 ② 안전대책을 1가지씩 쓰시오. (4점)

정답

① 문제점
- ㉠ 유도자 미배치
- ㉡ 작업반경 내 근로자 출입금지 조치 미실시
- ㉢ 불안전한 지반상태

② 안전대책
- ㉠ 유도자 배치
- ㉡ 작업반경 내 근로자 출입금지 조치 실시
- ㉢ 작업장 내 운행속도 제한조치 실시

02 화면은 건물외부에 설치된 비계를 보여주고 있다. 비계작업 시 벽 연결철물의 기능 2가지를 쓰시오. (4점)

정답

① 풍하중에 의한 움직임 방지

② 수평하중에 의한 움직임 방지

03 화면은 흙막이 시설이 설치되어 있는 현장을 보여주고 있다. 이와 같은 ① 흙막이 공법의 명칭 및 ② 구성요소(재료)의 명칭 2가지를 쓰시오. (6점)

정답

① 명칭: 버팀대공법

② 구성요소

㉠ H빔 ㉡ 토류판 ㉢ 복공판 ㉣ 스티프너

04 화면은 이동식 크레인이 와이어로프를 이용하여 자재를 인양하는 작업을 보여준다. 와이어로프가 만족해야 하는 기준 2가지를 쓰시오. (4점)

정답

① 이음매가 없는 것
② 와이어로프의 한 꼬임에서 끊어진 소선의 수가 10[%] 미만인 것
③ 지름의 감소가 공칭지름의 7[%] 이하인 것
④ 꼬이지 않은 것
⑤ 심하게 변형되거나 부식되지 않은 것
⑥ 열과 전기충격에 의해 손상되지 않은 것

2020년

05 화면은 시스템비계를 보여준다. 조립 시 준수해야 하는 사항 3가지를 쓰시오. (6점)

정답

① 비계 기둥의 밑둥에는 밑받침철물을 사용하여야 하며, 밑받침에 고저차가 있는 경우에는 조절형 밑받침철물을 사용하여 시스템비계가 항상 수평 및 수직을 유지하도록 할 것

② 경사진 바닥에 설치하는 경우에는 피벗형 받침 철물 또는 쐐기 등을 사용하여 밑받침철물의 바닥면이 수평을 유지하도록 할 것

③ 가공전로에 근접하여 비계를 설치하는 경우에는 가공전로를 이설하거나 가공전로에 절연용 방호구를 설치하는 등 가공전로와의 접촉을 방지하기 위하여 필요한 조치를 할 것

④ 비계 내에서 근로자가 상하 또는 좌우로 이동하는 경우에는 반드시 지정된 통로를 이용하도록 주지시킬 것

⑤ 비계 작업 근로자는 같은 수직면 상의 위와 아래 동시 작업을 금지할 것

⑥ 작업발판에는 제조사가 정한 최대적재하중을 초과하여 적재해서는 아니 되며, 최대적재하중이 표기된 표지판을 부착하고 근로자에게 주지시키도록 할 것

06 다음은 물체 인양 시 와이어로프의 각도에 대한 기준이다. (   ) 안에 알맞은 내용을 쓰시오. (4점)

훅에 매다는 로프의 각도는 (   )° 이하로 한다.

정답

60

07 화면은 철근을 인력으로 운반하는 모습을 보여준다. 이와 같이 인력으로 철근운반 시 준수하여야 할 사항 3가지를 쓰시오. (6점)

정답

① 1인당 무게는 25[kg] 정도가 적절하며, 무리한 운반을 삼가할 것
② 2인 이상이 한 조가 되어 어깨메기로 하여 운반하는 등 안전을 도모할 것
③ 긴 철근을 부득이 한 사람이 운반할 때에는 한쪽을 어깨에 메고 한쪽 끝을 끌면서 운반할 것
④ 운반할 때에는 양끝을 묶어 운반할 것
⑤ 내려 놓을 때는 천천히 내려 놓고 던지지 않을 것
⑥ 공동 작업을 할 때에는 신호에 따라 작업을 할 것

08 화면은 굴착기를 이용하여 굴착한 흙을 덤프트럭으로 운반하는 작업을 보여준다. 화면을 참고하여 ① 왼쪽 건설기계 명칭 및 ② 작업 시 주의하여야 할 사항(안전대책) 2가지를 쓰시오. (6점)

정답

① 명칭: 굴착기(백호우)

② 작업 시 주의사항

㉠ 유도자 배치

㉡ 작업반경 내 근로자 출입금지 조치 실시

㉢ 작업장 내 운행속도 제한조치 실시

㉣ 장비간 이격거리 확보를 위한 고임목 설치

01 화면은 굴착작업 중인 터널을 보여준다. 다음 물음에 답하시오. (6점)

① 화면의 터널굴착공법의 명칭을 쓰시오.
② 터널굴착작업 시 작업계획서에 포함되어야 할 사항 2가지를 쓰시오.

정답

① 명칭: T.B.M(Tunnel Boring Machine)공법
② 작업계획서 포함사항
㉠ 굴착의 방법
㉡ 터널 지보공 및 복공의 시공방법과 용수의 처리방법
㉢ 환기 또는 조명시설을 설치할 때에는 그 방법

02 화면은 굴착작업 현장을 보여주고 있다. 각 지반의 종류에 따라 「산업안전보건법령」에서 규정하는 굴착면의 기울기 기준을 쓰시오. (6점)

① 모래	② 풍화암	③ 연암

정답

① 1 : 1.8 ② 1 : 1.0 ③ 1 : 1.0

03 화면은 1줄걸이로 철골을 인양하는 모습을 보여준다. 크레인으로 철골 인양 시 안전대책 2가지를 쓰시오. (4점)

정답

① 근로자는 관리감독자의 지휘에 따라 작업할 것
② 작업반경 내 출입금지구역을 설정하여 관계근로자 외의 근로자의 출입을 금지할 것
③ 작업근로자에게 안전모 등 개인보호구를 착용시킬 것
④ 인양 시 2줄걸이를 사용할 것

04 다음은 말비계 조립·설치 시 준수해야 하는 사항이다. (   ) 안에 알맞은 내용을 쓰시오. (4점)

가. 지주부재의 하단에는 (   )를 하고, 근로자가 양측 끝부분에 올라서서 작업하지 않도록 할 것
나. 지주부재와 수평면의 기울기를 75° 이하로 하고, 지주부재와 지주부재 사이를 고정시키는 보조부재를 설치할 것
다. 말비계의 높이가 2[m]를 초과하는 경우에는 작업발판의 폭을 40[cm] 이상으로 할 것

정답

미끄럼 방지장치

05 화면은 강관틀비계를 보여준다. 조립 시 준수해야 할 사항 3가지를 쓰시오. (6점)

정답

① 비계기둥의 밑둥에는 밑받침철물을 사용하여야 하며 밑받침에 고저차가 있는 경우에는 조절형 밑받침철물을 사용하여 각각의 강관틀비계가 항상 수평 및 수직을 유지하도록 할 것

② 높이가 20[m]를 초과하거나 중량물의 적재를 수반하는 작업을 할 경우에는 주틀 간의 간격을 1.8[m] 이하로 할 것

③ 주틀 간에 교차 가새를 설치하고 최상층 및 5층 이내마다 수평재를 설치할 것

④ 수직방향으로 6[m], 수평방향으로 8[m] 이내마다 벽이음을 할 것

⑤ 길이가 띠장 방향으로 4[m] 이하이고 높이가 10[m]를 초과하는 경우에는 10[m] 이내마다 띠장 방향으로 버팀기둥을 설치할 것

06 다음 화면에서 나타나는 위험요소 2가지를 쓰시오. (4점)

▶ 동영상 설명

작업자 2명이 거푸집을 옮기는 와중에 거푸집이 낙하하여 방지망에 걸린다. 작업자들은 안전대 미착용 상태로 작업발판이나 안전난간 없이 비계파이프에 발을 올려놓고 작업하고 있다.

정답

① 작업자의 안전대 미착용

② 작업발판, 안전난간 미설치

③ 비계파이프에 발을 올려 작업(불안정한 작업자세)

07 다음은 안전난간의 설치기준이다. (　　) 안에 알맞은 내용을 쓰시오. (4점)

가. 상부 난간대는 바닥면·발판 또는 경사로의 표면으로부터 (①)[cm] 이상 지점에 설치하고, 상부 난간대를 (②)[cm] 이하에 설치하는 경우에는 중간 난간대는 상부 난간대와 바닥면 등의 중간에 설치할 것
나. 발끝막이판은 바닥면 등으로부터 (③)[cm] 이상의 높이를 유지할 것
다. 난간대는 지름 (④)[cm] 이상의 금속제 파이프나 그 이상의 강도가 있는 재료일 것
라. 안전난간은 구조적으로 가장 취약한 지점에서 가장 취약한 방향으로 작용하는 100[kg] 이상의 하중에 견딜 수 있는 튼튼한 구조일 것

정답

① 90　　② 120　　③ 10　　④ 2.7

08 화면은 장약을 이용하여 터널을 폭파하는 작업을 보여준다. 장약작업 시 사업주가 준수해야 할 사항 3가지를 쓰시오. (6점)

정답

① 장약작업 장소 인근에서는 화기사용 및 흡연을 하지 않도록 할 것
② 장약작업 장소 인근에서는 전기용접 작업이나 동력을 사용하는 기계를 사용하지 않을 것
③ 장약작업을 하는 근로자가 안전모 등 적절한 보호구를 착용하도록 할 것
④ 기존의 발파에 사용된 발파공에는 장약하지 않도록 할 것
⑤ 약포는 1개씩 손을 사용하여 신중하게 장약봉으로 넣고, 약포 간에 간격이 없도록 그때마다 구멍길이의 차를 측정하면서 장약을 수행하도록 할 것
⑥ 장약봉은 곧바르고 견고하며, 마찰 · 충격 · 정전기 등에 대하여 안전한 부도체(플라스틱, 나무 등)를 사용하여 약포 지름보다 약간 굵고, 적당한 길이로 하고, 개수는 충분히 준비하게 할 것
⑦ 장약은 뇌관의 관체, 각선, 연결장치 등이 충격 또는 손상되지 않도록 주의하며, 각선의 길이는 결선작업을 고려하여 충분한 길이의 것을 사용하게 할 것
⑧ 낙석 또는 붕락의 위험이 있는 뜬돌(부석) 등의 유무를 확인하고, 이를 제거하는 등 안전조치 후 작업하도록 할 것
⑨ 장약작업 중에는 관계 근로자가 아닌 사람의 출입을 금지할 것

01 화면은 분전반을 보여준다. 분전반 인근에서 작업하는 근로자가 고압 충전전로를 취급하거나 그 인근에서 작업 시 안전대책 3가지를 쓰시오. (6점)

정답

① 충전전로를 방호, 차폐하거나 절연 등의 조치를 하는 경우에는 근로자의 신체가 전로와 직접 접촉하거나 도전재료, 공구 또는 기기를 통하여 간접 접촉되지 않도록 할 것

② 충전전로를 취급하는 근로자에게 그 작업에 적합한 절연용 보호구를 착용시킬 것

③ 충전전로에 근접한 장소에서 전기작업을 하는 경우에는 해당 전압에 적합한 절연용 방호구를 설치할 것

④ 고압 및 특별고압의 전로에서 전기작업을 하는 근로자에게 활선작업용 기구 및 장치를 사용하도록 할 것

⑤ 근로자가 절연용 방호구의 설치·해체작업을 하는 경우에는 절연용 보호구를 착용하거나 활선작업용 기구 및 장치를 사용하도록 할 것

⑥ 유자격자가 아닌 근로자가 충전전로 인근의 높은 곳에서 작업할 때에 근로자의 몸 또는 긴 도전성 물체가 방호되지 않은 충전전로에서 대지전압이 50[kV] 이하인 경우에는 300[cm] 이내로, 대지전압이 50[kV]를 넘는 경우에는 10[kV]당 10[cm]씩 더한 거리 이내로 각각 접근할 수 없도록 할 것

02 화면은 작업자가 둥근톱을 사용하여 나무를 자르고 있는 모습을 보여준다. 둥근톱의 방호장치 2가지를 쓰시오. (4점)

정답

① 반발예방장치　　② 톱날접촉예방장치

03 화면은 타워크레인이 하물을 2줄걸이로 인양하는 모습이다. 하부에 근로자가 양중작업을 보지 못하고 지나가고 있는 중에 하물이 탈락해 낙하하는 사고가 발생한다. 크레인 작업 시 준수사항 2가지를 쓰시오. (4점)

정답

① 인양할 하물을 바닥에서 끌어당기거나 밀어내는 작업을 하지 아니할 것
② 유류드럼이나 가스통 등 운반 도중에 떨어져 폭발하거나 누출될 가능성이 있는 위험물 용기는 보관함에 담아 안전하게 매달아 운반할 것
③ 고정된 물체를 직접 분리·제거하는 작업을 하지 아니할 것
④ 미리 근로자의 출입을 통제하여 인양 중인 하물이 작업자의 머리 위로 통과하지 않도록 할 것
⑤ 인양할 하물이 보이지 아니하는 경우에는 어떠한 동작도 하지 아니할 것

04 화면은 작업장에 설치된 계단을 보여준다. 작업장에 계단 및 계단참을 설치할 경우 높이가 3[m]를 초과하는 계단에는 높이 3[m] 이내마다 진행방향으로 길이 몇 [m] 이상의 계단참을 설치하여야 하는지 쓰시오. (4점)

정답

1.2[m]

05 화면은 각파이프를 전기 용접기로 용접하는 모습이다. 용접작업 시에 갖춰야 할 ① 개인보호구 2가지 및 ② 방호장치 1가지를 쓰시오. (5점)

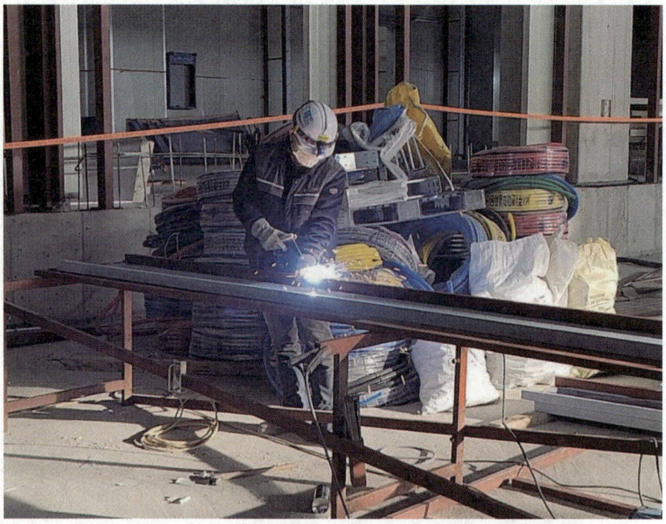

정답

① 개인보호구
  ㉠ 용접용 보안면
  ㉡ 용접용 가죽제 안전장갑
  ㉢ 용접용 앞치마
  ㉣ 용접용 안전화

② 방호장치: 자동전격방지기

06 화면과 같은 건설기계의 ① 명칭과 해당 기계로 할 수 있는 ② 작업의 종류(용도) 2가지를 쓰시오. (5점)

정답

① 명칭: 스크레이퍼

② 용도

㉠ 운반작업 ㉡ 굴착작업 ㉢ 성토작업 ㉣ 하역작업 ㉤ 지반다짐작업

07 화면과 같은 이동식비계 사용 중 안전수칙을 준수하지 않아 사고가 발생했다. 이동식비계를 설치하여 작업 시 준수하여야 할 사항 3가지를 쓰시오. (6점)

정답

① 이동식비계의 바퀴에는 뜻밖의 갑작스러운 이동 또는 전도를 방지하기 위하여 브레이크·쐐기 등으로 바퀴를 고정시킨 다음 비계의 일부를 견고한 시설물에 고정하거나 아웃트리거를 설치하는 등 필요한 조치를 할 것

② 승강용사다리는 견고하게 설치할 것

③ 비계의 최상부에서 작업을 하는 경우에는 안전난간을 설치할 것

④ 작업발판은 항상 수평을 유지하고 작업발판 위에서 안전난간을 딛고 작업을 하거나 받침대 또는 사다리를 사용하여 작업하지 않도록 할 것

⑤ 작업발판의 최대적재하중은 250[kg]을 초과하지 않도록 할 것

08 화면과 같은 밀폐공간인 잠함, 우물통, 수직갱, 그 밖에 이와 유사한 설비에서 ① 적정공기 기준 1가지 및 ② 굴착작업 시 준수사항 2가지를 쓰시오. (6점)

정답

① 적정공기 기준

㉠ 산소농도 18[%] 이상 23.5[%] 미만

㉡ 이산화탄소농도 1.5[%] 미만

㉢ 일산화탄소농도 30[ppm] 미만

㉣ 황화수소농도 10[ppm] 미만

② 작업 시 준수사항

㉠ 산소 결핍 우려가 있는 경우에는 산소의 농도를 측정하는 사람을 지명하여 측정하도록 할 것

㉡ 근로자가 안전하게 오르내리기 위한 설비를 설치할 것

㉢ 굴착 깊이가 20[m]를 초과하는 경우에는 해당 작업장소와 외부와의 연락을 위한 통신설비 등을 설치할 것

2회 3부

01 다음은 안전난간의 설치기준이다. (　　) 안에 알맞은 내용을 쓰시오. (5점)

가. 상부 난간대는 바닥면·발판 또는 경사로의 표면으로부터 (①)[cm] 이상 지점에 설치하고, 상부 난간대를 (②)[cm] 이하에 설치하는 경우에는 중간 난간대는 상부 난간대와 바닥면 등의 중간에 설치하여야 하며, (③)[cm] 이상 지점에 설치하는 경우에는 중간 난간대를 2단 이상으로 균등하게 설치하고 난간의 상하 간격은 (④)[cm] 이하가 되도록 할 것. 다만, 난간기둥 간의 간격이 25[cm] 이하인 경우에는 중간 난간대를 설치하지 않을 수 있다.

나. (⑤)은 바닥면 등으로부터 10[cm] 이상의 높이를 유지할 것

정답

① 90　② 120　③ 120　④ 60　⑤ 발끝막이판

02 화면에서 보여주고 있는 ① 비계의 종류, ② 작업발판의 폭, ③ 지주부재와 수평면의 기울기를 쓰시오. (단, 비계의 높이는 6[m]가 넘는다.) (6점)

정답

① 비계의 종류: 말비계

② 작업발판의 폭: 40[cm] 이상

③ 기울기: 75° 이하

03 화면은 콘크리트 펌프카를 사용하여 콘크리트 타설작업을 하는 장면을 보여주고 있다. 콘크리트타설장비 사용 시 준수사항 3가지를 쓰시오. (6점)

정답

① 작업을 시작하기 전에 콘크리트타설장비를 점검하고 이상을 발견하였으면 즉시 보수할 것

② 건축물의 난간 등에서 작업하는 근로자가 호스의 요동·선회로 인하여 추락하는 위험을 방지하기 위하여 안전난간 설치 등 필요한 조치를 할 것

③ 콘크리트타설장비의 붐을 조정하는 경우에는 주변의 전선 등에 의한 위험을 예방하기 위한 적절한 조치를 할 것

④ 작업 중에 지반의 침하나 아웃트리거 등 콘크리트타설장비 지지구조물의 손상 등에 의하여 콘크리트타설장비가 넘어질 우려가 있는 경우에는 이를 방지하기 위한 적절한 조치를 할 것

04 「산업안전보건법령」상 강관틀비계의 설치기준이다. (   ) 안에 알맞은 내용을 쓰시오. (3점)

가. 비계기둥의 밑둥에는 밑받침철물을 사용하여야 하며 밑받침에 고저차가 있는 경우에는 조절형 밑받침철물을 사용하여 각각의 강관틀비계가 항상 수평 및 수직을 유지하도록 할 것
나. 높이가 20[m]를 초과하거나 중량물의 적재를 수반하는 작업을 할 경우에는 주틀 간의 간격을 (①)[m] 이하로 할 것
다. 주틀 간에 (②)를 설치하고 최상층 및 5층 이내마다 수평재를 설치할 것
라. 수직방향으로 6[m], 수평방향으로 (③)[m] 이내마다 벽이음을 할 것
마. 길이가 띠장 방향으로 4[m] 이하이고 높이가 10[m]를 초과하는 경우에는 10[m] 이내마다 띠장 방향으로 버팀기둥을 설치할 것

정답

① 1.8　　② 교차 가새　　③ 8

2020년

05 화면과 같은 이동식비계의 바퀴에 뜻밖의 갑작스러운 이동 또는 전도를 방지하기 위하여 브레이크 · 쐐기 등을 대신하여 설치하는 것의 명칭을 쓰시오. (3점)

정답

아웃트리거

06 화면은 건물의 해체작업을 보여주고 있다. 화면에서와 같은 ① 해체공법과 ② 해체작업 시 작업계획서에 포함되어야 할 사항 2가지를 쓰시오. (단, 그 밖에 안전·보건에 관련된 사항은 제외한다.) (5점)

정답

① 해체공법: 압쇄공법

② 작업계획서 포함사항

㉠ 해체의 방법 및 해체 순서도면

㉡ 가설설비·방호설비·환기설비 및 살수·방화설비 등의 방법

㉢ 사업장 내 연락방법

㉣ 해체물의 처분계획

㉤ 해체작업용 기계·기구 등의 작업계획서

㉥ 해체작업용 화약류 등의 사용계획서

07 화면에서 보이는 장면은 터널 굴착현장에서의 공정이다. 화면을 참고하여 다음 물음에 답하시오. (6점)

① 화면에서 작업하고 있는 공정의 명칭을 쓰시오.
② 터널굴착작업 시 작업계획서 내용 2가지를 쓰시오.

정답

① 명칭: 숏크리트 타설
② 작업계획서 포함사항
㉠ 굴착의 방법
㉡ 터널 지보공 및 복공의 시공방법과 용수의 처리방법
㉢ 환기 또는 조명시설을 설치할 때에는 그 방법

08 화면과 같은 밀폐된 공간 즉 잠함, 우물통, 수직갱, 그 밖에 유사한 시설에서 굴착작업 시 ① 준수사항 2가지와 ② 산소 결핍이 인정되는 경우의 조치사항을 쓰시오. (6점)

정답

① 산소 결핍 우려 시 준수사항

㉠ 산소 결핍 우려가 있는 경우에는 산소의 농도를 측정하는 사람을 지명하여 측정하도록 할 것

㉡ 근로자가 안전하게 오르내리기 위한 설비를 설치할 것

㉢ 굴착 깊이가 20[m]를 초과하는 경우에는 해당 작업장소와 외부와의 연락을 위한 통신설비 등을 설치할 것

② 산소 결핍이 인정되는 경우 조치사항: 송기를 위한 설비를 설치하여 필요한 양의 공기를 공급할 것

2회 4부

01 화면과 같이 타워크레인을 이용하여 1줄걸이 방식으로 인양 중에 자재가 추락하는 사고가 발생했다. 다음 물음에 답하시오. (3점)

① 재해형태를 쓰시오.
② 재해의 원인을 쓰시오.
③ 사고를 예방할 수 있는 대책을 쓰시오.

정답

① 재해형태: 맞음(낙하)
② 원인: 인양 중인 화물 줄걸이 상태 불량
③ 예방대책: 인양화물 2줄걸이 실시

02 화면은 건물 외벽 석재마감 공사현장을 보여준다. 화면과 같은 상황에서 ① 불안전한 요소 1가지 및 ② 안전대책 2가지를 쓰시오. (6점)

▶ 동영상 설명

외벽을 석재로 마감하는 높은 작업장에서 1명은 일반 구두를 신고 위쪽에서 그라인더로 석재를 자르고 있으며, 다른 1명은 안전모를 쓰지 않은 채 아래에서 작업 중이다. 작업장에는 안전난간이 없고 작업발판은 허술하다. 작업장은 전반적으로 지저분하다.

정답

① 불안전한 요소
- ㉠ 작업 중 일반 구두 착용
- ㉡ 안전모 미착용
- ㉢ 작업장 내 안전난간 미설치
- ㉣ 작업발판 설치 불량
- ㉤ 작업장 주변 정리정돈 미흡

② 안전대책
- ㉠ 안전모 및 안전화 착용
- ㉡ 상하 동시작업 금지
- ㉢ 안전난간 설치
- ㉣ 작업발판은 비계 등에 2점 이상 고정
- ㉤ 작업장 주변 정리정돈 실시

03 화면에 보이는 ① 건설기계의 명칭을 쓰고, 이와 같은 차량계 건설기계를 사용하여 작업을 하는 때에 작성하여야 하는 ② 작업계획서에 포함하여야 할 사항 2가지를 쓰시오. (6점)

정답

① 명칭: 모터 그레이더

② 작업계획서 포함사항

㉠ 사용하는 차량계 건설기계의 종류 및 성능

㉡ 차량계 건설기계의 운행경로

㉢ 차량계 건설기계에 의한 작업방법

04 달비계 또는 높이 5[m] 이상의 비계를 조립, 해체하거나 변경 작업 시 준수사항 2가지를 쓰시오. (4점)

정답

① 근로자가 관리감독자의 지휘에 따라 작업하도록 할 것
② 조립·해체 또는 변경의 시기·범위 및 절차를 그 작업에 종사하는 근로자에게 주지시킬 것
③ 조립·해체 또는 변경 작업구역에는 해당 작업에 종사하는 근로자가 아닌 사람의 출입을 금지하고 그 내용을 보기 쉬운 장소에 게시할 것
④ 비, 눈, 그 밖의 기상상태의 불안정으로 날씨가 몹시 나쁜 경우에는 그 작업을 중지시킬 것
⑤ 비계재료의 연결·해체작업을 하는 경우에는 폭 20[cm] 이상의 발판을 설치하고 근로자로 하여금 안전대를 사용하도록 하는 등 추락을 방지하기 위한 조치를 할 것
⑥ 재료·기구 또는 공구 등을 올리거나 내리는 경우에는 근로자가 달줄 또는 달포대 등을 사용하게 할 것

05 화면은 호이스트 정기점검 중 발생할 수 있는 감전사고를 보여준다. 이러한 재해에 필요한 보호구를 쓰시오. (3점)

정답

① 절연장갑 ② ABE형 안전모 ③ 절연화

06 화면은 파이프 서포트를 사용한 동바리이다. 화면에서와 같이 파이프 서포트를 지주로 사용할 경우 준수하여야 하는 사항 3가지를 쓰시오. (6점)

정답

① 파이프 서포트를 3개 이상 이어서 사용하지 않도록 할 것

② 파이프 서포트를 이어서 사용하는 경우에는 4개 이상의 볼트 또는 전용철물을 사용하여 이을 것

③ 높이가 3.5[m]를 초과하는 경우에는 높이 2[m] 이내마다 수평연결재를 2개 방향으로 만들고 수평연결재의 변위를 방지할 것

07 화면은 터널공사를 보여준다. 터널공사 작업 시 자동경보장치에 대해 당일 작업시작 전에 점검하고 이상 발견 즉시 보수해야 할 사항 3가지를 쓰시오. (6점)

정답

① 계기의 이상 유무
② 검지부의 이상 유무
③ 경보장치의 작동상태

08 지반굴착작업에 있어서 굴착시기와 작업순서를 정하기 위한 사전조사 내용 3가지를 쓰시오. (6점)

정답

① 형상 · 지질 및 지층의 상태
② 균열 · 함수 · 용수 및 동결의 유무 또는 상태
③ 매설물 등의 유무 또는 상태
④ 지반의 지하수위 상태

2회 5부

01 화면은 항타 작업현장을 보여준다. 이러한 동력을 사용하는 항타기에 대해 무너짐을 방지하기 위하여 준수해야 하는 사항 3가지를 쓰시오. (6점)

정답

① 연약한 지반에 설치하는 경우에는 아웃트리거 · 받침 등 지지구조물의 침하를 방지하기 위하여 깔판 · 받침목 등을 사용할 것
② 시설 또는 가설물 등에 설치하는 경우에는 그 내력을 확인하고 내력이 부족하면 그 내력을 보강할 것
③ 아웃트리거 · 받침 등 지지구조물이 미끄러질 우려가 있는 경우에는 말뚝 또는 쐐기 등을 사용하여 해당 지지구조물을 고정시킬 것
④ 궤도 또는 차로 이동하는 항타기 또는 항발기에 대해서는 불시에 이동하는 것을 방지하기 위하여 레일 클램프 및 쐐기 등으로 고정시킬 것
⑤ 상단 부분은 버팀대 · 버팀줄로 고정하여 안정시키고, 그 하단 부분은 견고한 버팀 · 말뚝 또는 철골 등으로 고정시킬 것

02 화면과 같은 건설현장에서 철골작업 시 작업을 중지해야 하는 기후조건 2가지를 쓰시오. (4점)

정답

① 풍속: 초당 10[m] 이상

② 강우량: 시간당 1[mm] 이상

③ 강설량: 시간당 1[cm] 이상

03 화면에서 보여주는 ① 건설기계의 명칭을 쓰고, ② 주된 용도 2가지를 쓰시오. (5점)

정답

① 명칭: 클램쉘(Clamshell)

② 용도

㉠ 수중굴착

㉡ 수직굴착

㉢ 협소한 공간 내 수직이동하며 토사 운반 작업

04 화면과 같이 근로자가 손수레를 사용하여 건설용 리프트에 벽돌을 싣고 작업하던 중 사고가 발생했다. 다음 물음에 답하시오. (6점)

① 건설용 리프트의 안전장치 1가지를 쓰시오.
② 예상되는 사고의 종류를 쓰시오.
③ 재해발생원인 1가지를 쓰시오.

정답

① 안전장치
   ㉠ 과부하방지장치　　㉡ 권과방지장치　　㉢ 비상정지장치　　㉣ 제동장치
② 사고의 종류: 떨어짐(추락)
③ 발생원인
   ㉠ 건설용 리프트의 적재하중 초과
   ㉡ 근로자 단독작업 실시

05 화면은 아파트 건설현장에서 외벽 거푸집 조립작업 중인 모습을 보여준다. 이 거푸집의 ① 명칭과 ② 장점 2가지를 쓰시오. (5점)

정답

① 명칭: 갱 폼(Gang Form)

② 장점

㉠ 공사기간 단축

㉡ 벽체 거푸집과 작업발판의 일체형으로 비계 불필요

㉢ 설치, 해체가 용이

㉣ 반복사용 가능

06 화면은 옥상 위에 지브 크레인을 설치한 모습을 보여준다. 구조물 위에 크레인 설치 시에 구조적인 안전성을 위해 사전에 검토해야 하는 사항 3가지를 쓰시오. (6점)

정답

① 입지조건 ② 소음의 영향 ③ 인양하중 ④ 건물의 형태 ⑤ 작업반경

07 화면은 작업장과 도로를 안전 고깔로 구분해 놓은 장면을 보여준다. 도로 포장 작업 시 도로 경계면 부분에 근로자를 위해 추가로 설치해야 하는 시설 1가지를 쓰시오. (2점)

정답

① 안전 펜스 ② 보행자 통로 ③ 경계 표지

08 강풍에 의한 풍압 등 외압에 대한 내력이 설계과정에서 고려·확인되어야 하는 구조물 3가지를 쓰시오. (단, 높이 20[m] 이상의 구조물은 제외한다.) (6점)

정답

① 구조물의 폭과 높이의 비가 1 : 4 이상인 구조물

② 단면구조에 현저한 차이가 있는 구조물

③ 연면적당 철골량이 50[kg/m^2] 이하인 구조물

④ 기둥이 타이플레이트형인 구조물

⑤ 이음부가 현장용접인 구조물

대부분의 사람은 마음먹은 만큼 행복하다.

– 에이브러햄 링컨(Abraham Lincoln)

01 화면과 같이 교류 아크 용접작업 중 감전 사고가 발생했다. 용접작업 중 발생할 수 있는 감전에 대해 세울 수 있는 대책 3가지를 쓰시오. (6점)

정답

① 절연내력 및 내열성을 갖춘 용접봉의 홀더 사용

② 교류아크용접기에 자동전격방지기 설치

③ 근로자의 절연용 보호구 착용

02 화면은 록볼트 설치작업을 하고 있는 터널공사 현장을 보여준다. 록볼트의 역할 3가지를 쓰시오. (6점)

정답

① 봉합효과 ② 내압작용효과 ③ 보형성효과 ④ 아치형성효과 ⑤ 지반보강효과

03 화면은 아파트 건설 중인 장면을 보여준다. 낙하물에 의한 재해를 방지하기 위한 대책 2가지를 쓰시오. (4점)

정답

① 낙하물 방지망의 설치
② 수직보호망의 설치
③ 방호선반의 설치
④ 출입금지구역의 설정
⑤ 보호구의 착용

04 화면은 흙막이 지보공 설치작업을 보여준다. 흙막이 지보공 설치작업 시 정기점검사항 3가지를 쓰시오. (6점)

정답

① 부재의 손상 · 변형 · 부식 · 변위 및 탈락의 유무와 상태
② 버팀대의 긴압의 정도
③ 부재의 접속부 · 부착부 및 교차부의 상태
④ 침하의 정도

05 흙막이 지보공이 설치되지 않은 곳에서 경사면을 굴착할 때, 토사붕괴 예방을 위한 조치사항 3가지를 쓰시오. (6점)

정답

① 적절한 경사면의 기울기를 계획할 것
② 경사면의 기울기가 당초 계획과 차이가 발생되면 즉시 재검토하여 계획을 변경시킬 것
③ 활동할 가능성이 있는 토석은 제거할 것
④ 경사면의 하단부에 압성토 등 보강공법으로 활동에 대한 저항대책을 강구할 것
⑤ 말뚝(강관, H형강, 철근 콘크리트)을 타입하여 지반을 강화시킬 것

06 화면은 추락방호망이 설치된 모습을 보여준다. (　　) 안에 알맞은 내용을 쓰시오. (2점)

추락방호망은 수평으로 설치하고, 망의 처짐은 짧은 변 길이의 (　　　)[%] 이상이 되도록 할 것

정답

12

07 화면은 거푸집 작업을 보여준다. 거푸집 설치 시 연결철물의 ① 명칭과 ② 기능(효과)을 쓰시오. (4점)

정답

① 명칭: 거푸집 긴결재

② 기능(효과)

㉠ 거푸집 간격 유지　　　　㉡ 거푸집 측압 지지

08 굴착, 옹벽 시공 시 토석붕괴를 일으키는 외적 원인 3가지를 쓰시오. (6점)

정답

① 사면, 법면의 경사 및 기울기의 증가
② 절토 및 성토 높이의 증가
③ 공사에 의한 진동 및 반복 하중의 증가
④ 지표수 및 지하수의 침투에 의한 토사 중량의 증가
⑤ 지진, 차량, 구조물의 하중작용
⑥ 토사 및 암석의 혼합층두께

01 화면은 강관틀비계를 보여준다. 화면에 보이는 강관틀비계의 부재 명칭을 쓰시오. (3점)

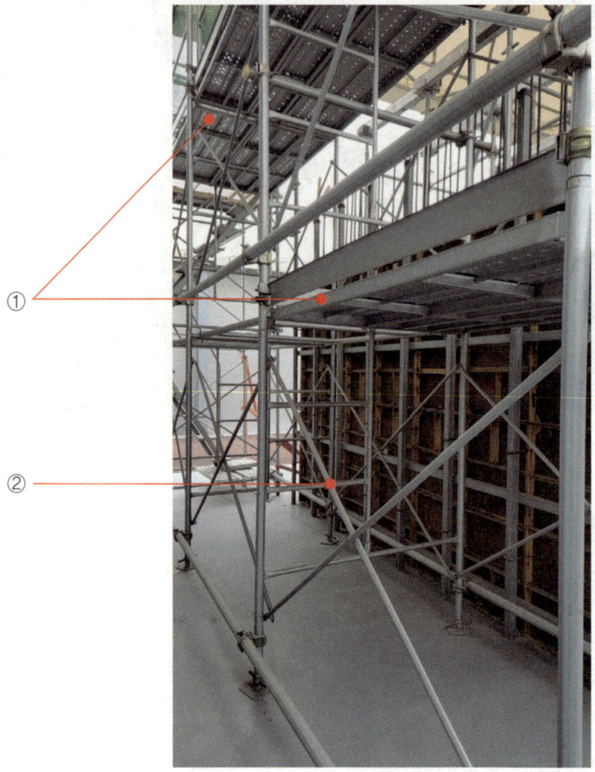

정답

① 작업발판 ② 교차 가새

02 화면과 같이 꽂음접속기를 설치하거나 사용하는 경우, 사업주가 준수하여야 할 사항 3가지를 쓰시오. (6점)

정답

① 서로 다른 전압의 꽂음접속기는 서로 접속되지 아니한 구조의 것을 사용할 것
② 습윤한 장소에 사용되는 꽂음접속기는 방수형 등 그 장소에 적합한 것을 사용할 것
③ 근로자가 해당 꽂음접속기를 접속시킬 경우에는 땀 등으로 젖은 손으로 취급하지 않도록 할 것
④ 해당 꽂음접속기에 잠금장치가 있는 경우에는 접속 후 잠그고 사용할 것

03 NATM공법을 이용한 터널공사 중 안전성 확보를 위한 계측방법의 종류 3가지를 쓰시오. (6점)

정답

① 내공변위 측정 ② 천단침하 측정 ③ 록볼트 인발시험 ④ 지중변위 측정 ⑤ 지중침하 측정

04 낙하물 방지망의 설치기준이다. ( ) 안에 알맞은 내용을 쓰시오. (4점)

가. 수평면과의 각도는 (①)° 이상 (②)° 이하를 유지할 것
나. 높이 (③)[m] 이내마다 설치할 것
다. 내민 길이는 벽면으로부터 (④)[m] 이상일 것

정답

① 20　② 30　③ 10　④ 2

05 화면에서와 같이 비계를 벽이음하는 삼각형 부재의 명칭을 쓰시오. (3점)

정답

브라켓(Bracket)

06 화면은 건물을 해체하는 모습을 보여준다. 다음 물음에 답하시오. (6점)

> ① 화면에서 보여주고 있는 해체공법을 쓰시오.
> ② 이 해체작업의 작업계획서 작성 시 포함해야 하는 사항 2가지를 쓰시오. (단, 그 밖에 안전·보건에 관련된 사항은 제외한다.)

정답

① 해체공법: 압쇄공법

② 작업계획서 포함사항

㉠ 해체의 방법 및 해체 순서도면

㉡ 가설설비·방호설비·환기설비 및 살수·방화설비 등의 방법

㉢ 사업장 내 연락방법

㉣ 해체물의 처분계획

㉤ 해체작업용 기계·기구 등의 작업계획서

㉥ 해체작업용 화약류 등의 사용계획서

07 화면은 프리캐스트 콘크리트(PC, Precast Concrete) 작업과정을 보여주고 있다. 다음 물음에 답하시오. (6점)

① 프리캐스트 콘크리트 작업의 올바른 제작 순서대로 기호를 나열하시오.

㉠ 탈형한다.

㉡ 인서트, 전기 부품 등 선 부착품을 설치하고 철근을 거치한다.

㉢ 거푸집을 제작하고 박리제를 도포한다.

㉣ 물에 담가 굳힌다.

㉤ 콘크리트를 타설한다.

㉥ 철근과 배근을 조립한다.

② ㉣ 작업의 명칭을 쓰시오.

정답

① 제작 순서: ㉢ → ㉡ → ㉥ → ㉤ → ㉠ → ㉣

② 명칭: 수중양생

08 화면은 높은 위치에서 가스용접 중인 장면을 보여준다. 금속의 용접·용단 또는 가열작업을 하는 경우에는 가스 등의 누출 또는 방출로 인한 폭발·화재 또는 화상 위험에 노출되는데, 이를 예방하기 위하여 가스용기 취급 시 준수해야 할 사항 3가지를 쓰시오. (6점)

정답

① 용기의 온도를 40[℃] 이하로 유지할 것
② 전도의 위험이 없도록 할 것
③ 충격을 가하지 않도록 할 것
④ 운반하는 경우에는 캡을 씌울 것
⑤ 사용하는 경우에는 용기의 마개에 부착되어 있는 유류 및 먼지를 제거할 것
⑥ 밸브의 개폐는 서서히 할 것
⑦ 사용 전 또는 사용 중인 용기와 그 밖의 용기를 명확히 구별하여 보관할 것
⑧ 용해아세틸렌의 용기는 세워 둘 것
⑨ 용기의 부식·마모 또는 변형상태를 점검한 후 사용할 것

3회 3부

01 화면은 항타기 작업을 보여준다. 화면에 보이는 토공기계의 무너짐 방지 방법 3가지를 쓰시오. (6점)

정답

① 연약한 지반에 설치하는 경우에는 아웃트리거 · 받침 등 지지구조물의 침하를 방지하기 위하여 깔판 · 받침목 등을 사용할 것
② 시설 또는 가설물 등에 설치하는 경우에는 그 내력을 확인하고 내력이 부족하면 그 내력을 보강할 것
③ 아웃트리거 · 받침 등 지지구조물이 미끄러질 우려가 있는 경우에는 말뚝 또는 쐐기 등을 사용하여 해당 지지구조물을 고정시킬 것
④ 궤도 또는 차로 이동하는 항타기 또는 항발기에 대해서는 불시에 이동하는 것을 방지하기 위하여 레일 클램프 및 쐐기 등으로 고정시킬 것
⑤ 상단 부분은 버팀대 · 버팀줄로 고정하여 안정시키고, 그 하단 부분은 견고한 버팀 · 말뚝 또는 철골 등으로 고정시킬 것

02 화면은 고압선 인근에서 근로자가 작업하는 모습을 보여준다. 이와 같은 작업 시 신체 등이 접촉하거나 접근으로 인하여 감전이 발생할 우려가 있다. 감전의 위험요소 3가지를 쓰시오. (단, 통전전류의 세기는 제외한다.) (3점)

정답

① 통전경로　　② 통전시간　　③ 전원의 종류

03 화면은 지게차를 이용한 화물 운반작업을 보여준다. 지게차 등 차량계 하역운반기계에 화물을 적재할 때 준수하여야 하는 사항 3가지를 쓰시오. (6점)

정답

① 하중이 한쪽으로 치우치지 않도록 적재할 것
② 구내운반차 또는 화물자동차의 경우 화물의 붕괴 또는 낙하에 의한 위험을 방지하기 위하여 화물에 로프를 거는 등 필요한 조치를 할 것
③ 운전자의 시야를 가리지 않도록 화물을 적재할 것
④ 최대적재량을 초과하지 않도록 할 것

04 화면은 흙막이 시설이 설치되어 있는 현장을 보여주고 있다. 이와 같은 ① 흙막이 공법의 명칭과 화면에서 보여준 ② 계측기의 종류 3가지 및 그 용도를 쓰시오. (8점)

정답

① 명칭: 어스앵커공법

② 계측기 종류와 용도

㉠ 지표침하계: 지표면의 침하량 측정

㉡ 수위계: 지반 내 지하수위의 변화 측정

㉢ 지중경사계: 지중의 수평 변위량 측정

05 타워크레인 사용 시 설치하여야 하는 방호장치 3가지를 쓰시오. (3점)

정답

① 과부하방지장치 ② 권과방지장치 ③ 비상정지장치 ④ 제동장치

06 화면은 굴착 기계로 터널 굴착을 하고 작업한 흙을 버리는 장면을 보여준다. 이와 같은 작업 시 작업계획서에 포함되어야 할 사항 3가지를 쓰시오. (6점)

정답

① 굴착의 방법
② 터널 지보공 및 복공의 시공방법과 용수의 처리방법
③ 환기 또는 조명시설을 설치할 때에는 그 방법

07 화면은 작업장에 설치된 계단을 보여준다. 작업장에 계단 및 계단참을 설치할 경우 준수해야 할 사항에 대하여 (　　) 안에 알맞은 내용을 쓰시오. (2점)

높이가 3[m]를 초과하는 계단에 높이 (①)[m] 이내마다 진행방향으로 길이 (②)[m] 이상의 계단참을 설치하여야 한다.

정답

① 3　　② 1.2

08 화면과 같은 이동식비계에서 덕트 작업 중 발생할 수 있는 재해 원인 3가지를 쓰시오. (6점)

정답

① 이동식비계 바퀴에 브레이크·쐐기 미설치

② 승강용사다리의 불안정한 설치

③ 비계의 최상부 작업 시 안전난간 미설치

④ 작업발판 위에서 사다리 등을 사용하여 작업 실시

3회 4부

01 화면은 터널공정을 보여주고 있다. 화면을 참고하여 다음 물음에 답하시오. (6점)

① 화면의 작업공정 명칭을 쓰시오.
② 터널굴착작업 시 작업계획서에 포함해야 할 사항 2가지를 쓰시오.

정답

① 명칭: 숏크리트 타설
② 작업계획서 포함사항
  ㉠ 굴착의 방법
  ㉡ 터널 지보공 및 복공의 시공방법과 용수의 처리방법
  ㉢ 환기 또는 조명시설을 설치할 때에는 그 방법

02 「산업안전보건법령」에 따라 "보통작업"을 하는 지하실 작업의 조도기준을 쓰시오. (4점)

정답

150[lux] 이상

03 화면은 콘크리트 타설작업을 보여준다. 콘크리트타설장비 사용 시 준수하여야 할 사항 3가지를 쓰시오. (6점)

정답

① 작업을 시작하기 전에 콘크리트타설장비를 점검하고 이상을 발견하였으면 즉시 보수할 것
② 건축물의 난간 등에서 작업하는 근로자가 호스의 요동·선회로 인하여 추락하는 위험을 방지하기 위하여 안전난간 설치 등 필요한 조치를 할 것
③ 콘크리트타설장비의 붐을 조정하는 경우에는 주변의 전선 등에 의한 위험을 예방하기 위한 적절한 조치를 할 것
④ 작업 중에 지반의 침하나 아웃트리거 등 콘크리트타설장비 지지구조물의 손상 등에 의하여 콘크리트타설장비가 넘어질 우려가 있는 경우에는 이를 방지하기 위한 적절한 조치를 할 것

04 높이 2[m] 초과인 말비계 조립 설치 시 ① 작업발판의 폭과 ② 지주부재와 수평면의 기울기 기준을 쓰시오. (4점)

정답

① 작업발판의 폭: 40[cm] 이상

② 기울기: 75° 이하

05 잠함, 우물통, 수직갱 또는 이와 비슷한 건설물이나 설비의 내부에서 굴착작업을 할 때 사업주가 준수하여야 할 사항 3가지를 쓰시오. (6점)

정답

① 산소 결핍 우려가 있는 경우에는 산소의 농도를 측정하는 사람을 지명하여 측정하도록 할 것

② 근로자가 안전하게 오르내리기 위한 설비를 설치할 것

③ 굴착 깊이가 20[m]를 초과하는 경우에는 해당 작업장소와 외부와의 연락을 위한 통신설비 등을 설치할 것

06 화면에서와 같은 강관비계의 설치기준에 대한 설명이다. (　　) 안에 알맞은 내용을 쓰시오. (4점)

가. 비계기둥의 간격은 띠장 방향에서는 (①)[m] 이하일 것
나. 비계기둥의 간격은 장선 방향에서는 (②)[m] 이하일 것

정답

① 1.85　　② 1.5

07 화면과 같이 철골작업 중 추락사고가 발생하였다. 화면에서 발견할 수 있는 위험요인 2가지를 쓰시오. (4점)

정답

① 고소작업 중인 작업자의 안전대 미착용

② 추락방호망 미설치

08 달비계 또는 높이 5[m] 이상의 비계를 조립·해체·변경하는 작업을 하는 경우, 사업주가 준수하여야 할 사항 3가지를 쓰시오. (6점)

정답

① 근로자가 관리감독자의 지휘에 따라 작업하도록 할 것

② 조립·해체 또는 변경의 시기·범위 및 절차를 그 작업에 종사하는 근로자에게 주지시킬 것

③ 조립·해체 또는 변경 작업구역에는 해당 작업에 종사하는 근로자가 아닌 사람의 출입을 금지하고 그 내용을 보기 쉬운 장소에 게시할 것

④ 비, 눈, 그 밖의 기상상태의 불안정으로 날씨가 몹시 나쁜 경우에는 그 작업을 중지시킬 것

⑤ 비계재료의 연결·해체작업을 하는 경우에는 폭 20[cm] 이상의 발판을 설치하고 근로자로 하여금 안전대를 사용하도록 하는 등 추락을 방지하기 위한 조치를 할 것

⑥ 재료·기구 또는 공구 등을 올리거나 내리는 경우에는 근로자가 달줄 또는 달포대 등을 사용하게 할 것

3회 5부

01 화면은 주변에 전선이 있는 현장에서 트럭 크레인이 붐을 뽑은 상태로 이동하고 있어, 붐에 붙어 있는 훅이 흔들리는 모습을 보여준다. 근로자는 크레인 붐 밑에서 강관비계를 2줄걸이로 묶는 작업을 진행하고 있다. 화면에서 발견할 수 있는 ① 위험요인 및 ② 안전대책을 각각 2가지씩 쓰시오. (8점)

정답

① 위험요인
  ㉠ 붐대를 뽑은 상태로 이동
  ㉡ 전로 인근에서 작업 실시

② 안전대책
  ㉠ 붐대를 접고 운행
  ㉡ 전로로부터 크레인 이격 조치 실시

02 화면과 같은 건설현장에서 철골작업 시 작업을 중지해야 하는 기후조건 3가지를 쓰시오. (6점)

정답

① 풍속: 초당 10[m] 이상
② 강우량: 시간당 1[mm] 이상
③ 강설량: 시간당 1[cm] 이상

03 화면은 작업장에 설치된 계단을 보여준다. 작업장에 계단 및 계단참을 설치할 경우 준수해야 할 사항에 대하여 (   ) 안에 알맞은 내용을 쓰시오. (2점)

계단 및 계단참을 설치할 때에는 $1[m^2]$당 (   )[kg] 이상의 하중에 견딜 수 있는 강도를 가진 구조로 설치해야 하며, 안전율은 4 이상으로 해야 한다.

정답

500

04 화면은 건물 외벽에 설치된 비계를 보여준다. 화면에서 보이는 ① 부재의 명칭 및 ② 설치기준 2가지를 쓰시오. (6점)

정답

① 명칭: 작업발판

② 설치기준

㉠ 발판재료는 작업할 때의 하중을 견딜 수 있도록 견고한 것으로 할 것

㉡ 작업발판의 폭은 40[cm] 이상으로 하고, 발판재료 간의 틈은 3[cm] 이하로 할 것

㉢ 추락의 위험이 있는 장소에는 안전난간을 설치할 것

㉣ 작업발판의 지지물은 하중에 의하여 파괴될 우려가 없는 것을 사용할 것

㉤ 작업발판재료는 뒤집히거나 떨어지지 않도록 둘 이상의 지지물에 연결하거나 고정시킬 것

㉥ 작업발판을 작업에 따라 이동시킬 경우에는 위험 방지에 필요한 조치를 할 것

05 화면은 철골공사 작업 시에 이용되는 작업발판을 만드는 비계로서 상하이동을 할 수 없는 구조이다. 화면의 비계의 명칭을 쓰시오. (2점)

정답

달대비계

06 화면은 개착시공을 하고 있는 현장 사면을 파란색 천막으로 덮어둔 모습을 보여준다. 이 천막의 역할 2가지를 쓰시오. (4점)

정답

① 빗물 유입 방지

② 노출된 토석의 풍화작용 방지

07 화면에 보이는 ① 차량계 건설장비의 명칭과 ② 작업계획서 작성 시 포함되어야 할 사항 2가지를 쓰시오. (6점)

정답

① 명칭: 불도저

② 작업계획서 포함사항

㉠ 사용하는 차량계 건설기계의 종류 및 성능

㉡ 차량계 건설기계의 운행경로

㉢ 차량계 건설기계에 의한 작업방법

08 화면을 보고 해당 작업장 및 작업자에 대하여 위험요인 3가지를 쓰시오. (6점)

▶ 동영상 설명

작업자는 안전대 미착용 상태이고, 안전모의 턱끈이 풀려있다. 작업장은 가설발판과 안전통로가 설치되어 있지 않아 작업자들은 철근을 밟고 이동한다.

정답

① 안전모 착용상태 불량

② 가설발판 및 안전통로 미설치

③ 작업장 정리정돈 미흡

4회 1부

01 화면에서 근로자가 밀폐공간 내 방수작업을 하고 있다. 다음 물음에 답하시오. (6점)

① 적정공기의 기준 1가지를 쓰시오.
② 밀폐공간 작업 시 산소 결핍 방지대책 2가지를 쓰시오.

정답

① 적정공기 기준
  ㉠ 산소농도 18[%] 이상 23.5[%] 미만
  ㉡ 이산화탄소농도 1.5[%] 미만
  ㉢ 일산화탄소농도 30[ppm] 미만
  ㉣ 황화수소농도 10[ppm] 미만
② 산소 결핍 방지대책
  ㉠ 작업을 시작하기 전 해당 밀폐공간의 산소 및 유해가스의 농도를 측정할 것
  ㉡ 적정공기 상태가 유지되도록 작업장을 환기할 것
  ㉢ 근로자에게 공기호흡기 또는 송기마스크를 지급하여 착용하도록 할 것

2020년

02 화면은 크레인 인양작업을 보여준다. 화면에 나타난 불안전한 요소 3가지를 쓰시오. (6점)

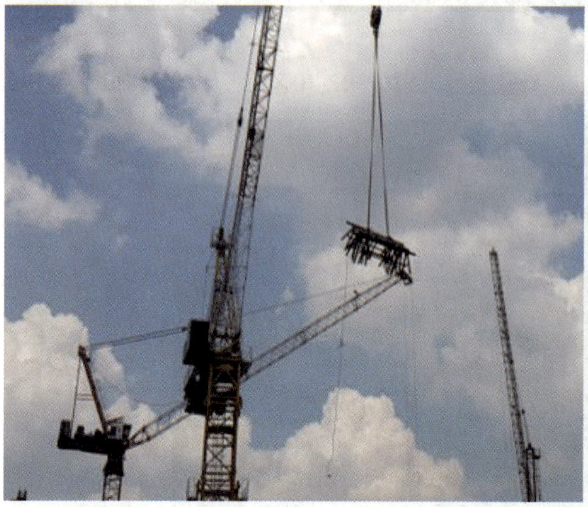

▶ 동영상 설명

타워크레인을 해체하며 분해품을 2줄걸이로 인양한다. 작업자가 인양물을 손으로 밀며 화물차 트럭 적재함에 내리고 있다. 별도의 신호수는 배치되어 있지 않으며, 하부에 근로자가 지나다니면서 작업 중이다. 작업장에 출입금지 테이프가 허술하게 설치되어 있다.

정답

① 유도로프 설치 불량

② 신호수 미배치

③ 작업반경 내 근로자 출입금지 조치 미실시

④ 출입금지 표지 부착상태 불량

03 다음은 계단참 설치 시 준수해야 하는 사항이다. (   ) 안에 알맞은 내용을 쓰시오. (4점)

사업주는 높이가 3[m]를 초과하는 계단에 높이 3[m] 이내마다 진행방향으로 길이 (   )[m] 이상의 계단참을 설치하여야 한다.

정답

1.2

04 화면과 같이 비계 위에서 작업 중에 음료를 마시던 작업자가 바닥에 버린 후 비계를 타고 올라가다 추락한다. 화면에서 보이는 위험요인 2가지를 쓰시오. (4점)

정답

① 승강로가 아닌 비계를 타고 이동

② 비계 외부 낙하물 방지망 및 추락방호망 미설치

05 화면은 철골을 1줄걸이로 인양하는 모습을 보여준다. 크레인으로 철골 인양 시 안전대책 2가지를 쓰시오. (4점)

정답

① 근로자는 관리감독자의 지휘에 따라 작업할 것
② 작업반경 내 출입금지구역을 설정하여 관계근로자 외의 근로자의 출입을 금지할 것
③ 작업근로자에게 안전모 등 개인보호구를 착용시킬 것
④ 인양 시 2줄걸이를 사용할 것

06 화면과 같이 타워크레인을 이용하여 1줄걸이 방식으로 인양 중에 자재가 추락하는 사고가 발생했다. 다음 물음에 답하시오. (6점)

① 재해형태를 쓰시오.
② 재해의 원인을 쓰시오.
③ 사고를 예방할 수 있는 대책을 쓰시오.

정답

① 재해형태: 맞음(낙하)
② 원인: 인양 중인 화물 줄걸이 상태 불량
③ 예방대책: 인양화물 2줄걸이 실시

07 화면은 H빔 철골을 와이어로프와 볼트로 고정·설치하는 장면을 보여준다. 양중기 와이어로프의 사용제한 조건 3가지를 쓰시오. (6점)

정답

① 이음매가 있는 것
② 와이어로프의 한 꼬임에서 끊어진 소선의 수가 10[%] 이상인 것
③ 지름의 감소가 공칭지름의 7[%]를 초과하는 것
④ 꼬인 것
⑤ 심하게 변형되거나 부식된 것
⑥ 열과 전기충격에 의해 손상된 것

08 다음은 이동식비계를 설치하여 작업 시 준수해야 하는 사항이다. (   ) 안에 알맞은 내용을 쓰시오. (4점)

가. 이동식비계의 바퀴에는 뜻밖의 갑작스러운 이동 또는 전도를 방지하기 위하여 (①)·(②) 등으로 바퀴를 고정시킨 다음 비계의 일부를 견고한 시설물에 고정하거나 (③)를 설치하는 등 필요한 조치를 할 것

나. 비계의 최상부에서 작업을 하는 경우에는 (④)을 설치할 것

정답

① 브레이크 ② 쐐기 ③ 아웃트리거 ④ 안전난간

4회 2부

01 화면은 비계의 해체작업을 보여준다. 달비계 또는 높이 5[m] 이상의 비계를 조립·해체·변경하는 작업을 하는 경우 준수해야 할 사항 3가지를 쓰시오. (6점)

정답

① 근로자가 관리감독자의 지휘에 따라 작업하도록 할 것
② 조립·해체 또는 변경의 시기·범위 및 절차를 그 작업에 종사하는 근로자에게 주지시킬 것
③ 조립·해체 또는 변경 작업구역에는 해당 작업에 종사하는 근로자가 아닌 사람의 출입을 금지하고 그 내용을 보기 쉬운 장소에 게시할 것
④ 비, 눈, 그 밖의 기상상태의 불안정으로 날씨가 몹시 나쁜 경우에는 그 작업을 중지시킬 것
⑤ 비계재료의 연결·해체작업을 하는 경우에는 폭 20[cm] 이상의 발판을 설치하고 근로자로 하여금 안전대를 사용하도록 하는 등 추락을 방지하기 위한 조치를 할 것
⑥ 재료·기구 또는 공구 등을 올리거나 내리는 경우에는 근로자가 달줄 또는 달포대 등을 사용하게 할 것

02 화면은 굴착기를 이용하여 굴착한 흙을 덤프트럭으로 운반하는 작업을 보여준다. 화면과 같은 작업 시 안전대책 3가지를 쓰시오. (6점)

정답

① 유도자 배치
② 작업반경 내 근로자 출입금지 조치 실시
③ 작업장 내 운행속도 제한조치 실시
④ 장비간 이격거리 확보를 위한 고임목 설치

03 화면은 덤프트럭이 운행 중인 것을 보여주고 있다. 화면에서와 같은 도로에서 건설기계가 넘어지거나 굴러떨어지는 것을 방지하기 위해 필요한 조치사항 3가지를 쓰시오. (6점)

정답

① 유도자 배치
② 지반의 부동침하 방지 조치
③ 갓길의 붕괴 방지 조치
④ 도로 폭의 유지

04 다음은 이동식비계를 설치하여 작업 시 준수해야 하는 사항이다. (   ) 안에 알맞은 내용을 쓰시오. (2점)

가. 이동식비계의 바퀴에는 뜻밖의 갑작스러운 이동 또는 전도를 방지하기 위하여 브레이크·쐐기 등으로 바퀴를 고정시킨 다음 비계의 일부를 견고한 시설물에 고정하거나 (①)를 설치하는 등 필요한 조치를 할 것
나. 승강용사다리는 견고하게 설치할 것
다. 비계의 최상부에서 작업을 하는 경우에는 안전난간을 설치할 것
라. 작업발판은 항상 수평을 유지하고 작업발판 위에서 안전난간을 딛고 작업을 하거나 받침대 또는 사다리를 사용하여 작업하지 않도록 할 것
마. 작업발판의 최대적재하중은 (②)[kg]을 초과하지 않도록 할 것

정답

① 아웃트리거　　　② 250

05 화면은 추락위험이 있는 옹벽을 보여준다. 화면과 같은 작업장에서 작업자의 추락을 방지하기 위한 안전대책 3가지를 쓰시오. (6점)

정답

① 작업발판 설치

② 추락방호망 설치

③ 근로자의 안전대 착용

④ 이동식 사다리를 사용하여 작업

06 2[m] 이상의 비계에서 작업 시 사용해야 할 개인보호구 1가지를 쓰시오. (단, 안전모는 제외한다.) (2점)

정답

안전대

07 화면은 터널 내부에서 장약을 넣고 있는 작업자들과 전체 작업장을 보여준 후 터널 외부를 보여주고 폭파하는 듯 주변에 떨림이 발생하는 장면을 보여준다. 장약작업 시 사업주가 준수해야 할 사항 3가지를 쓰시오. (6점)

정답

① 장약작업 장소 인근에서는 화기사용 및 흡연을 하지 않도록 할 것
② 장약작업 장소 인근에서는 전기용접 작업이나 동력을 사용하는 기계를 사용하지 않을 것
③ 장약작업을 하는 근로자가 안전모 등 적절한 보호구를 착용하도록 할 것
④ 기존의 발파에 사용된 발파공에는 장약하지 않도록 할 것
⑤ 약포는 1개씩 손을 사용하여 신중하게 장약봉으로 넣고, 약포 간에 간격이 없도록 그때마다 구멍길이의 차를 측정하면서 장약을 수행하도록 할 것
⑥ 장약봉은 곧바르고 견고하며, 마찰 · 충격 · 정전기 등에 대하여 안전한 부도체(플라스틱, 나무 등)를 사용하여 약포 지름보다 약간 굵고, 적당한 길이로 하고, 개수는 충분히 준비하게 할 것
⑦ 장약은 뇌관의 관체, 각선, 연결장치 등이 충격 또는 손상되지 않도록 주의하며, 각선의 길이는 결선작업을 고려하여 충분한 길이의 것을 사용하게 할 것
⑧ 낙석 또는 붕락의 위험이 있는 뜬돌(부석) 등의 유무를 확인하고, 이를 제거하는 등 안전조치 후 작업하도록 할 것
⑨ 장약작업 중에는 관계 근로자가 아닌 사람의 출입을 금지할 것

08 화면은 콘크리트 타설 중인 장면을 보여준다. 콘크리트 타설작업을 하는 경우 준수해야 할 사항 3가지를 쓰시오. (6점)

2020년

정답

① 당일의 작업을 시작하기 전에 해당 작업에 관한 거푸집 및 동바리의 변형·변위 및 지반의 침하 유무 등을 점검하고 이상이 있으면 보수할 것
② 작업 중에는 감시자를 배치하는 등의 방법으로 거푸집 및 동바리의 변형·변위 및 침하 유무 등을 확인하여야 하며, 이상이 있으면 작업을 중지하고 근로자를 대피시킬 것
③ 콘크리트 타설작업 시 거푸집 붕괴의 위험이 발생할 우려가 있으면 충분한 보강조치를 할 것
④ 설계도서 상의 콘크리트 양생기간을 준수하여 거푸집 및 동바리를 해체할 것
⑤ 콘크리트를 타설하는 경우에는 편심이 발생하지 않도록 골고루 분산하여 타설할 것

4회 3부

01 화면에 보이는 ① 건설기계의 명칭을 쓰고, 이와 같은 차량계 건설기계를 사용하여 작업을 하는 때에 작성하여야 하는 ② 작업계획서에 포함하여야 할 사항 2가지를 쓰시오. (6점)

정답

① 명칭: 모터 그레이더

② 작업계획서 포함사항

㉠ 사용하는 차량계 건설기계의 종류 및 성능

㉡ 차량계 건설기계의 운행경로

㉢ 차량계 건설기계에 의한 작업방법

02 화면과 같은 장소에서 건설작업에 종사하는 근로자가 전로에 신체 등이 접촉하거나 접근함으로 인하여 감전의 위험이 발생할 우려가 있다. 감전의 위험요소 3가지를 쓰시오. (단, 통전전류의 세기는 제외한다.) (6점)

정답

① 통전경로　　② 통전시간　　③ 전원의 종류

03 화면에서와 같은 강관비계의 설치기준에 대한 설명이다. (　　) 안에 알맞은 내용을 쓰시오. (2점)

가. 비계기둥 간의 적재하중은 (　①　)[kg]을 초과하지 않도록 할 것
나. 높이가 2[m] 이상인 비계에서 작업발판의 폭은 40[cm] 이상으로 하고, 발판재료 간의 틈은 (　②　)[cm] 이하로 할 것

정답

① 400　　② 3

04 화면과 같이 화물을 인양하는 중에 낙하사고가 발생했다. 사고발생 원인 3가지를 쓰시오. (6점)

정답

① 줄걸이 작업 불량
② 인양작업 전 와이어로프의 결함유무 미확인
③ 신호수의 지시 불이행
④ 정격하중 초과중량 화물 인양

05 화면은 흙막이 시설이 설치되어 있는 현장을 보여주고 있다. 화면과 같은 지지방식의 흙막이 공법의 명칭을 쓰시오. (2점)

정답

어스앵커공법

06 화면은 인양 중인 화물의 와이어로프를 보여준다. 권상용 와이어로프의 사용 금지기준 3가지를 쓰시오. (6점)

정답

① 이음매가 있는 것

② 와이어로프의 한 꼬임에서 끊어진 소선의 수가 10[%] 이상인 것

③ 지름의 감소가 공칭지름의 7[%]를 초과하는 것

④ 꼬인 것

⑤ 심하게 변형되거나 부식된 것

⑥ 열과 전기충격에 의해 손상된 것

07 화면과 같이 산소 결핍이 우려되는 밀폐공간에서 작업 시 세워야 하는 재해 방지대책 3가지를 쓰시오. (6점)

정답

① 작업을 시작하기 전 해당 밀폐공간의 산소 및 유해가스의 농도를 측정할 것
② 적정공기 상태가 유지되도록 작업장을 환기할 것
③ 근로자에게 공기호흡기 또는 송기마스크를 지급하여 착용하도록 할 것

08 화면은 공사 중인 엘리베이터 피트홀을 보여준다. 화면과 같이 추락할 위험이 있는 장소에 설치해야 하는 방호조치 3가지를 쓰시오. (6점)

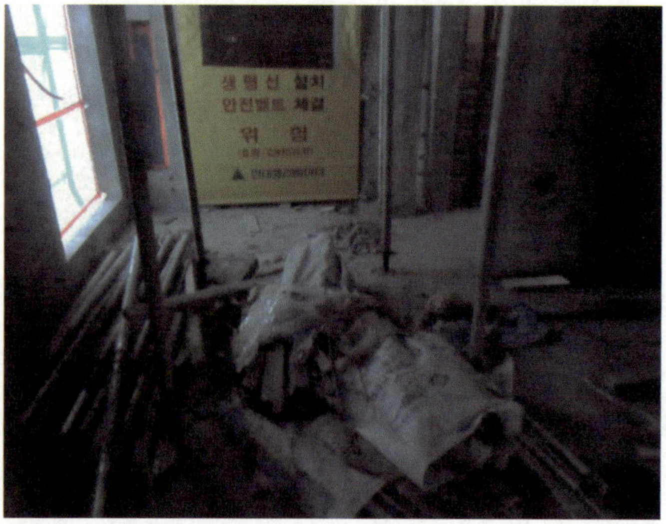

정답

① 안전난간 ② 울타리 ③ 수직형 추락방망 ④ 덮개

4회 4부

01 다음은 안전난간의 설치기준이다. ( ) 안에 알맞은 내용을 쓰시오. (2점)

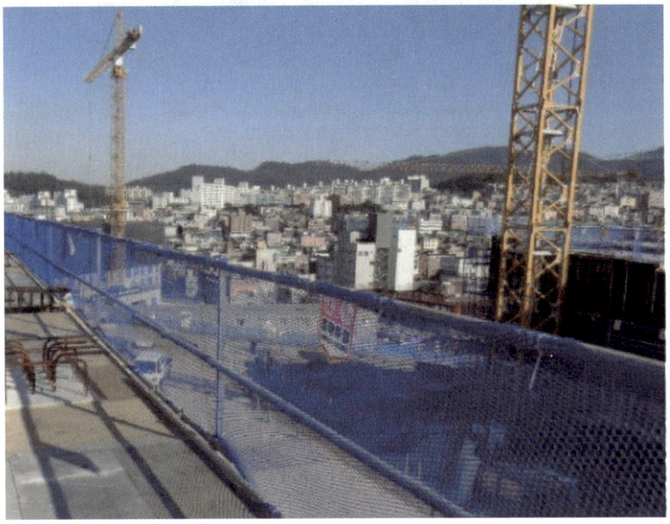

가. 상부 난간대는 바닥면·발판 또는 경사로의 표면으로부터 (①)[cm] 이상 지점에 설치하고, 상부 난간대를 (②)[cm] 이하에 설치하는 경우에는 중간 난간대는 상부 난간대와 바닥면 등의 중간에 설치할 것

나. 난간대는 지름 2.7[cm] 이상의 금속제 파이프나 그 이상의 강도가 있는 재료일 것

다. 안전난간은 구조적으로 가장 취약한 지점에서 가장 취약한 방향으로 작용하는 100[kg] 이상의 하중에 견딜 수 있는 튼튼한 구조일 것

정답

① 90 ② 120

02 화면과 같이 비계에서 작업 중에 음료를 마시던 작업자가 음료병을 바닥에 버린 후 비계를 타고 올라가다 사고가 발생했다. 화면과 같은 ① 재해의 유형과 ② 위험요소 2가지를 쓰시오. (6점)

정답

① 재해유형: 떨어짐(추락)

② 위험요소

㉠ 승강로가 아닌 비계를 타고 이동

㉡ 비계 외부 낙하물 방지망 및 추락방호망 미설치

03 화면은 둥근톱을 사용하여 나무를 자르고 있는 모습을 보여준다. 둥근톱의 방호장치 2가지를 쓰시오. (4점)

정답

① 반발예방장치　　　② 톱날접촉예방장치

04 터널 굴착작업 시 자동경보장치에 대해 당일 작업시작 전에 점검하고 이상 발견 시 즉시 보수해야 할 사항 3가지를 쓰시오. (6점)

정답

① 계기의 이상 유무

② 검지부의 이상 유무

③ 경보장치의 작동상태

05 화면은 프리캐스트 콘크리트(Precast Concrete) 작업과정을 보여준다. 프리캐스트 콘크리트 공법의 장점 3가지를 쓰시오. (6점)

정답

① 공장 내 표준화 작업으로 시공기간 단축

② 제품의 품질 확보

③ 현장 시공 최소화로 안전사고 감소

④ 날씨와 관계없이 작업 가능

06

화면은 강관비계로 제작한 가설통로를 보여준다. 이때 지면과 가설통로 사이의 각도는 몇 도(°)로 해야 하는지 쓰시오. (단, 높이 2[m] 이상의 가설통로이다.) (2점)

정답

30° 이하

07

화면과 같이 근로자가 손수레를 사용하여 건설용 리프트에 벽돌을 싣고 작업 중 사고가 발생했다. 재해발생을 막기 위한 리프트의 안전장치 3가지를 쓰시오. (6점)

정답

① 과부하방지장치　② 권과방지장치　③ 비상정지장치　④ 제동장치

08 화면은 항타기 및 항발기 작업을 보여준다. 화면에 보이는 토공기계의 무너짐 방지 방법 4가지를 쓰시오. (8점)

정답

① 연약한 지반에 설치하는 경우에는 아웃트리거·받침 등 지지구조물의 침하를 방지하기 위하여 깔판·받침목 등을 사용할 것
② 시설 또는 가설물 등에 설치하는 경우에는 그 내력을 확인하고 내력이 부족하면 그 내력을 보강할 것
③ 아웃트리거·받침 등 지지구조물이 미끄러질 우려가 있는 경우에는 말뚝 또는 쐐기 등을 사용하여 해당 지지구조물을 고정시킬 것
④ 궤도 또는 차로 이동하는 항타기 또는 항발기에 대해서는 불시에 이동하는 것을 방지하기 위하여 레일 클램프 및 쐐기 등으로 고정시킬 것
⑤ 상단 부분은 버팀대·버팀줄로 고정하여 안정시키고, 그 하단 부분은 견고한 버팀·말뚝 또는 철골 등으로 고정시킬 것

2019년 | 기출문제

1회 1부

01 건설현장에서 철골작업 시 작업을 중지하여야 하는 기후조건 3가지를 쓰시오. (6점)

정답

① 풍속: 초당 10[m] 이상
② 강우량: 시간당 1[mm] 이상
③ 강설량: 시간당 1[cm] 이상

02 화면과 같이 근로자가 손수레를 사용하여 건설용 리프트에 벽돌을 싣고 작업 중 사고가 발생했다. 다음 물음에 답하시오. (6점)

① 건설용 리프트의 안전장치 1가지를 쓰시오.
② 예상되는 사고의 종류를 쓰시오.
③ 재해발생원인 1가지를 쓰시오.

정답

① 안전장치

㉠ 과부하방지장치　　㉡ 권과방지장치　　㉢ 비상정지장치　　㉣ 제동장치

② 사고의 종류: 떨어짐(추락)

③ 발생원인

㉠ 건설용 리프트의 적재하중 초과

㉡ 근로자 단독작업 실시

03 불도저와 같은 차량계 건설기계를 사용하여 작업할 때 작업계획서에 포함하여야 할 사항 3가지를 쓰시오. (6점)

정답

① 사용하는 차량계 건설기계의 종류 및 성능
② 차량계 건설기계의 운행경로
③ 차량계 건설기계에 의한 작업방법

04 작업자가 둥근톱을 사용하며 나무를 자르고 있다. 둥근톱의 방호장치 2가지를 쓰시오. (4점)

정답

① 반발예방장치 ② 톱날접촉예방장치

05 화면은 아파트를 해체하는 작업을 보여주고 있다. 다음 물음에 답하시오. (6점)

① 화면에서 보여주는 해체공법의 명칭을 쓰시오.
② 해체작업 시 작업계획서에 포함되어야 할 사항 2가지를 쓰시오. (단, 그 밖에 안전·보건에 관련된 사항은 제외한다.)

정답

① 해체공법: 압쇄공법
② 작업계획서 포함사항
  ㉠ 해체의 방법 및 해체 순서도면
  ㉡ 가설장비·방호설비·환기설비 및 살수·방화설비 등의 방법
  ㉢ 사업장 내 연락방법
  ㉣ 해체물의 처분계획
  ㉤ 해체작업용 기계·기구 등의 작업계획서
  ㉥ 해체작업용 화약류 등의 사용계획서

06 (　　) 안에 알맞은 내용을 쓰시오. (2점)

추락방호망은 수평으로 설치하고, 망의 처짐은 짧은 변 길이의 (　　　)[%] 이상이 되도록 할 것

정답

12

07 화면과 같이 백호우 운전 중 운전자가 운전위치를 이탈한다. 차량계 건설기계의 운전자가 운전위치를 이탈하고자 할 때 준수하여야 할 사항 3가지를 쓰시오. (6점)

정답

① 포크, 버킷, 디퍼 등의 장치를 가장 낮은 위치 또는 지면에 내려 둘 것
② 원동기를 정지시키고 브레이크를 확실히 거는 등 차량계 건설기계의 갑작스러운 이동을 방지하기 위한 조치를 할 것
③ 운전석을 이탈하는 경우에는 시동키를 운전대에서 분리시킬 것

08 화면과 같이 이동식 크레인을 이용하여 철제 배관 운반 중 신호수 간에 신호방법이 맞지 않아 물체가 흔들리며 철골에 부딪혀 작업자 위로 물체가 낙하하는 재해가 발생했다. 이와 같은 재해발생예방을 위한 준수사항 2가지를 쓰시오. (4점)

정답

① 작업반경 내 근로자 출입금지 조치 실시
② 인양작업 전 줄걸이 상태 확인
③ 신호수 간의 신호방법 통일

2019년

01 화면은 굴착기를 이용하여 굴착한 흙을 덤프트럭으로 운반하는 작업을 보여준다. 안전모를 쓰지 않은 측량기사가 덤프트럭 가까이에서 측량작업을 하고 있다. 화면에서 보이는 위험요인 2가지를 쓰시오. (4점)

정답

① 유도자 미배치
② 작업반경 내 근로자 출입금지 조치 미실시
③ 불안전한 지반상태
④ 근로자의 안전모 미착용

02 화면은 터널작업의 강아치 지보공을 보여준다. 터널굴착작업 시 작업계획서에 포함되어야 할 사항 3가지를 쓰시오. (6점)

정답

① 굴착의 방법
② 터널 지보공 및 복공의 시공방법과 용수의 처리방법
③ 환기 또는 조명시설을 설치할 때에는 그 방법

03 화면은 건물 외벽의 석재마감 공사현장을 보여준다. 추락재해를 유발하는 불안전한 요소 2가지를 쓰시오. (4점)

정답

① 작업발판 끝부분 작업 시 안전난간 미설치
② 2[m] 이상 고소작업 시 작업발판 미설치
③ 작업자의 복장, 보호구 착용상태 불량
④ 작업장의 정리정돈 상태불량

04 「산업안전보건법령」상 강관틀비계의 설치기준 3가지를 쓰시오. (6점)

정답

① 비계기둥의 밑둥에는 밑받침철물을 사용하여야 하며 밑받침에 고저차가 있는 경우에는 조절형 밑받침철물을 사용하여 각각의 강관틀비계가 항상 수평 및 수직을 유지하도록 할 것

② 높이가 20[m]를 초과하거나 중량물의 적재를 수반하는 작업을 할 경우에는 주틀 간의 간격을 1.8[m] 이하로 할 것

③ 주틀 간에 교차 가새를 설치하고 최상층 및 5층 이내마다 수평재를 설치할 것

④ 수직방향으로 6[m], 수평방향으로 8[m] 이내마다 벽이음을 할 것

⑤ 길이가 띠장 방향으로 4[m] 이하이고 높이가 10[m]를 초과하는 경우에는 10[m] 이내마다 띠장 방향으로 버팀기둥을 설치할 것

05 화면과 같이 비계 위에서 작업을 하던 중 작업자가 파이프를 놓쳐서 밑에서 작업하던 사람에게 떨어지는 사고가 발생했다. 이와 같은 위험요인을 막기 위한 안전대책 2가지를 쓰시오. (4점)

정답

① 낙하물 방지망의 설치
② 수직보호망의 설치
③ 방호선반의 설치
④ 출입금지구역의 설정
⑤ 보호구의 착용

06 화면은 흙막이 지보공 설치작업을 보여준다. 흙막이 지보공 설치 시 정기점검사항 2가지를 쓰시오. (4점)

정답

① 부재의 손상·변형·부식·변위 및 탈락의 유무와 상태
② 버팀대의 긴압의 정도
③ 부재의 접속부·부착부 및 교차부의 상태
④ 침하의 정도

07 잠함, 우물통, 수직갱 등과 같은 설비에서 굴착작업 시 준수사항 3가지를 쓰시오. (6점)

정답

① 산소 결핍 우려가 있는 경우에는 산소의 농도를 측정하는 사람을 지명하여 측정하도록 할 것
② 근로자가 안전하게 오르내리기 위한 설비를 설치할 것
③ 굴착 깊이가 20[m]를 초과하는 경우에는 해당 작업장소와 외부와의 연락을 위한 통신설비 등을 설치할 것

08 NATM공법을 이용한 터널공사 중 안전성 확보를 위한 계측방법의 종류 3가지를 쓰시오. (6점)

정답

① 내공변위 측정 ② 천단침하 측정 ③ 록볼트 인발시험 ④ 지중변위 측정 ⑤ 지중침하 측정

1회 3부

01 **화면은 작업장에 설치된 계단을 보여준다. 작업장에 계단 및 계단참을 설치할 경우 준수해야 할 사항에 대하여 다음 (　　) 안에 알맞은 내용을 쓰시오. (6점)**

가. 계단 및 계단참을 설치하는 경우 $1[m^2]$당 (　①　)[kg] 이상의 하중에 견딜 수 있는 강도를 가진 구조로 설치해야 하며 안전율은 (　②　) 이상으로 해야 한다.
나. 계단을 설치하는 경우 그 폭을 (　③　)[m] 이상으로 해야 한다.
다. 높이가 3[m]를 초과하는 계단에 높이 (　④　)[m] 이내마다 진행방향으로 길이 (　⑤　)[m] 이상의 계단참을 설치해야 한다.
라. 계단을 설치하는 경우 바닥면으로부터 높이 (　⑥　)[m] 이내의 공간에 장애물이 없도록 해야 한다.

정답

① 500	② 4	③ 1
④ 3	⑤ 1.2	⑥ 2

2019년

02 화면은 굴착작업 현장을 보여준다. 굴착작업 시 토사 등의 붕괴 또는 낙하에 의하여 근로자가 위험해질 우려가 있을 때 위험을 방지하기 위한 조치사항 3가지를 쓰시오. (6점)

정답

① 흙막이 지보공의 설치

② 방호망의 설치

③ 근로자의 출입 금지

03 화면과 같이 비계 위에서 작업 중 음료를 마시던 작업자가 음료병을 바닥에 버린 후 비계를 타고 올라가다 사고가 발생했다. 화면에서 보이는 위험요인 2가지를 쓰시오. (4점)

정답

① 승강로가 아닌 비계를 타고 이동

② 비계외부 낙하물 방지망 및 추락방호망 미설치

04 터널공사 작업 시 자동경보장치에 대해 당일 작업시작 전에 점검하고 이상 발견 시 즉시 보수해야 할 사항 3가지를 쓰시오. (6점)

정답

① 계기의 이상 유무

② 검지부의 이상 유무

③ 경보장치의 작동상태

05 화면은 이동식비계 작업 중 비계의 바퀴가 흔들리는 모습을 보여준다. 이동식비계의 바퀴에 뜻밖의 갑작스러운 이동 또는 전도를 방지하기 위하여 브레이크·쐐기 등을 대신하여 설치하여야 하는 장치의 명칭을 쓰시오. (2점)

정답

아웃트리거

06 지반굴착작업에 있어서 굴착시기와 작업순서를 정하기 위한 사전조사 사항 3가지를 쓰시오. (6점)

정답

① 형상·지질 및 지층의 상태
② 균열·함수·용수 및 동결의 유무 또는 상태
③ 매설물 등의 유무 또는 상태
④ 지반의 지하수위 상태

07 화면은 노면 정리 작업을 보여준다. 화면에서 보이는 건설기계(로우더)의 용도 2가지를 쓰시오. (4점)

정답

① 신기작업 ② 운반작업 ③ 지면 고르기작업

08 화면은 펌프카를 이용한 콘크리트 타설 과정 중 시멘트가 흐트러진 모습을 보여준다. 콘크리트타설장비를 사용하여 콘크리트 타설작업 시 준수사항 3가지를 쓰시오. (6점)

정답

① 작업을 시작하기 전에 콘크리트타설장비를 점검하고 이상을 발견하였으면 즉시 보수할 것
② 건축물의 난간 등에서 작업하는 근로자가 호스의 요동·선회로 인하여 추락하는 위험을 방지하기 위하여 안전난간 설치 등 필요한 조치를 할 것
③ 콘크리트타설장비의 붐을 조정하는 경우에는 주변의 전선 등에 의한 위험을 예방하기 위한 적절한 조치를 할 것
④ 작업 중에 지반의 침하나 아웃트리거 등 콘크리트타설장비 지지구조물의 손상 등에 의하여 콘크리트타설장비가 넘어질 우려가 있는 경우에는 이를 방지하기 위한 적절한 조치를 할 것

2회 1부

01 화면을 보고, 다음 물음에 답하시오. (4점)

① 화면에 보이는 비계의 명칭을 쓰시오.
② 비계의 수평면과 지주부재 사이의 기울기를 쓰시오.

정답

① 명칭: 말비계
② 기울기: 75° 이하

02 화면은 추락방호망을 보여준다. (   ) 안에 알맞은 내용을 쓰시오. (2점)

추락방호망은 수평으로 설치하고, 망의 처짐은 짧은 변 길이의 (   )[%] 이상이 되도록 할 것

정답

12

03 화면은 낙하물 방지망의 보수작업을 보여준다. (   ) 안에 알맞은 내용을 쓰시오. (4점)

낙하물 방지망의 수평면과의 각도는 (①)° 이상 (②)° 이하를 유지할 것

정답

① 20　② 30

04 화면은 건설기계를 이용한 사면 굴착공사 모습을 보여준다. 차량계 건설기계 작업 시 기계가 넘어질 우려가 있을 때 사업주의 조치사항 3가지를 쓰시오. (6점)

정답

① 유도자 배치
② 지반의 부동침하 방지 조치
③ 갓길의 붕괴 방지 조치
④ 도로 폭의 유지

05 화면은 강관틀비계를 보여준다. 벽이음의 간격을 쓰시오. (4점)

정답

수직방향으로 6[m], 수평방향으로 8[m] 이내

06 화면은 흙막이 공법 중 하나를 보여준다. 다음 물음에 답하시오. (4점)

① 화면과 같은 흙막이 공법의 명칭을 쓰시오.
② 이 흙막이 공법의 특징을 쓰시오.

정답

① 명칭: 어스앵커공법
② 특징
　㉠ 버팀보와 버팀지주가 필요하지 않아 넓은 작업 공간 확보
　㉡ 배면 측을 앵커로 지지하므로 주변 지반 침하의 최소화

07 화면은 석축 쌓기 중인 모습을 보여준다. 석축 쌓기를 완료한 후에 붕괴할 수 있는 원인 4가지를 쓰시오. (8점)

정답

① 배수공 설치 불량 ② 석축 쌓기 불량 ③ 석재 불량 ④ 기초지반 침하 ⑤ 배수 불량
⑥ 석축배면 지장물 파열 ⑦ 뒷채움 불량 ⑧ 동결융해 ⑨ 줄눈시공 불량

08 꽂음접속기를 설치하거나 사용하는 경우, 사업주가 준수하여야 할 사항 4가지를 쓰시오. (8점)

정답

① 서로 다른 전압의 꽂음접속기는 서로 접속되지 아니한 구조의 것을 사용할 것
② 습윤한 장소에 사용되는 꽂음접속기는 방수형 등 그 장소에 적합한 것을 사용할 것
③ 근로자가 해당 꽂음접속기를 접속시킬 경우에는 땀 등으로 젖은 손으로 취급하지 않도록 할 것
④ 해당 꽂음접속기에 잠금장치가 있는 경우에는 접속 후 잠그고 사용할 것

2회 2부

01 화면은 근로자 여러 명이 철근을 운반하고 있다. 허리보다 아래로 운반하고 있으며, 양손에 철근을 들고 있는 작업자는 안전화를 신고 있지 않다. 화면에서 재해위험요인 2가지를 쓰시오. (4점)

정답

① 철근 운반 시 근로자 단독작업 실시

② 안전화 미착용

③ 중량물 취급방법 부적합

02 화면은 높이가 3[m] 이상인 계단을 보여준다. 이와 같은 계단에 계단참의 진행방향으로 길이는 몇 [m] 이상으로 해야 하는지 쓰시오. (2점)

정답

1.2[m] 이상

03 화면은 운행 중인 건설용 리프트를 보여준다. 건설용 리프트의 방호장치 3가지를 쓰시오. (6점)

정답

① 과부하방지장치 ② 권과방지장치 ③ 비상정지장치 ④ 제동장치

04 화면에서 보이는 안전난간의 구조에 대하여 다음 (   ) 안에 알맞은 내용을 쓰시오. (4점)

안전난간은 (①), (②), (③) 및 (④)으로 구성할 것

정답

① 상부 난간대 ② 중간 난간대 ③ 발끝막이판 ④ 난간기둥

05 화면과 같은 장소에서 건설작업에 종사하는 근로자가 전로에 신체 등이 접촉하거나 접근함으로 인하여 감전의 위험이 발생할 우려가 있다. 근로자가 전로에 감전될 수 있는 감전의 위험요소 2가지를 쓰시오. (4점)

정답

① 통전전류의 크기　② 통전경로　③ 통전시간　④ 전원의 종류

06 화면은 터널작업 장면을 보여준다. 다음 물음에 답하시오. (8점)

① 화면에서 보이는 굴착 공법의 명칭을 쓰시오.
② 터널 굴착작업 계획 시, 작업계획서에 포함되어야 하는 사항 3가지를 쓰시오.

정답

① 명칭: T.B.M(Tunnel Boring Machine)공법

② 작업계획서 포함사항

㉠ 굴착의 방법

㉡ 터널 지보공 및 복공의 시공방법과 용수의 처리방법

㉢ 환기 또는 조명시설을 설치할 때에는 그 방법

07 화면을 보고 다음 물음에 답하시오. (6점)

① 건설기계의 명칭을 쓰시오.
② 이 건설기계의 용도 2가지를 쓰시오.

정답

① 명칭: 스크레이퍼

② 용도

㉠ 운반작업 ㉡ 굴착작업 ㉢ 성토작업 ㉣ 하역작업 ㉤ 지반다짐작업

08 화면은 상부구조가 콘크리트인 높이 5[m]의 교량 설치작업을 보여준다. 다음 상황에 따라 사업주의 준수사항을 각각 쓰시오. (6점)

① 재료, 기구 또는 공구 등을 상하로 운반할 때
② 중량물 부재를 크레인을 이용하여 인양할 때
③ 자재나 부재의 낙하·전도 또는 붕괴에 대한 위험이 있을 때

정답

① 준수사항: 근로자가 달줄, 달포대 등을 사용하도록 할 것
② 준수사항
 ㉠ 인양용 고리를 견고하게 설치할 것
 ㉡ 인양용 로프는 부재에 두 군데 이상 결속할 것
 ㉢ 중량물이 안전하게 거치되기 전까지는 걸이로프를 해제시키지 아니할 것
③ 준수사항
 ㉠ 출입금지구역을 설정할 것
 ㉡ 자재 또는 가설시설의 좌굴 또는 변형 방지를 위한 보강재 부착 등의 조치를 할 것

01 화면과 같은 잠함, 수직갱 등 밀폐된 공간에서 작업 시 산소 결핍으로 인해 질식 사고가 발생할 수 있다. 다음 물음에 답하시오. (4점)

① 화면과 같은 굴착작업 시 준수사항을 쓰시오.
② 산소 결핍 인정 시 조치해야 할 사항을 쓰시오.

정답

① 작업 시 준수사항
- ㉠ 산소 결핍 우려가 있는 경우에는 산소의 농도를 측정하는 사람을 지명하여 측정하도록 할 것
- ㉡ 근로자가 안전하게 오르내리기 위한 설비를 설치할 것
- ㉢ 굴착 깊이가 20[m]를 초과하는 경우에는 해당 작업장소와 외부와의 연락을 위한 통신설비 등을 설치할 것

② 산소 결핍이 인정되는 경우 조치사항: 송기를 위한 설비를 설치하여 필요한 양의 공기를 공급할 것

02 화면과 같이 바퀴가 고정되지 않은 이동식비계에 올라가 작업을 하다 추락하는 재해가 발생했다. 이동식비계 위에 난간은 없으며, 근로자는 안전대와 안전모를 착용하지 않았다. 재해발생원인 3가지를 쓰시오. (6점)

정답

① 안전난간 미설치

② 작업자의 안전대, 안전모 미착용

③ 바퀴 고정장치 미설치

03 화면은 록볼트를 설치하는 작업을 하고 있는 터널공사 현장을 보여준다. 록볼트의 역할 3가지를 쓰시오. (6점)

정답

① 봉합효과 ② 내압작용효과 ③ 보형성효과 ④ 아치형성효과 ⑤ 지반보강효과

04 화면은 개착시공을 하고 있는 현장 사면을 파란색 천막으로 덮어둔 모습을 보여준다. 이 천막의 역할 2가지를 쓰시오. (4점)

정답

① 빗물 유입 방지

② 노출된 토석의 풍화작용 방지

05 크레인을 이용하여 철골을 인양할 때 세워야 하는 재해방지대책 2가지를 쓰시오. (4점)

정답

① 근로자는 관리감독자의 지휘에 따라 작업할 것

② 작업반경 내 출입금지구역을 설정하여 관계근로자 외의 근로자의 출입을 금지할 것

③ 작업근로자에게 안전모 등 개인보호구를 착용시킬 것

④ 인양 시 2줄걸이를 사용할 것

06 화면은 건물을 해체하는 작업이 진행 중인 모습을 보여준다. 다음 물음에 답하시오. (6점)

① 화면에서 보여주고 있는 해체공법을 쓰시오.
② 이 해체작업의 작업계획서 작성 시 포함해야 하는 사항 2가지를 쓰시오. (단, 그 밖의 안전·보건에 관련된 사항은 제외한다.)

정답

① 해체공법: 압쇄공법
② 작업계획서 포함사항
㉠ 해체의 방법 및 해체 순서도면
㉡ 가설설비·방호설비·환기설비 및 살수·방화설비 등의 방법
㉢ 사업장 내 연락방법
㉣ 해체물의 처분계획
㉤ 해체작업용 기계·기구 등의 작업계획서
㉥ 해체작업용 화약류 등의 사용계획서

07 화면은 가설구조물과 개구부 등에서 노출될 수 있는 추락위험을 보여준다. 이를 방지하기 위해 설치하여야 하는 안전 난간의 구조 및 설치요건에 대해 (　　) 안에 알맞은 내용을 쓰시오. (4점)

가. 난간대는 지름 (①)[cm] 이상의 금속제 파이프나 그 이상의 강도가 있는 재료일 것
나. 상부 난간대는 바닥면·발판 또는 경사로의 표면으로부터 (②)[cm] 이상 지점에 설치하고, 상부 난간대를 (③)[cm] 이하에 설치하는 경우에는 중간 난간대는 상부 난간대와 바닥면 등의 중간에 설치할 것
다. 발끝막이판은 바닥면 등으로부터 (④)[cm] 이상의 높이를 유지할 것

정답

① 2.7　② 90　③ 120　④ 10

08 화면은 좁은 실내공간에서 전기용접을 하고 있는 상황이다. 다음 물음에 답하시오. (6점)

① 근로자가 착용하여야 하는 보호구 2가지를 쓰시오.
② 파이프 용접 시 사용하는 용접기의 방호장치 1가지를 쓰시오.

정답

① 보호구
  ㉠ 용접용 보안면
  ㉡ 용접용 가죽제 안전장갑
  ㉢ 용접용 앞치마
  ㉣ 용접용 안전화
② 방호장치: 자동전격방지기

01 화면은 콘크리트 벽면을 핸드그라인더로 정리하는 작업을 보여준다. 분진이 안개처럼 퍼지고 있을 때, 개인이 착용해야 하는 보호구 2가지를 쓰시오. (4점)

정답

① 보안경　　② 방진마스크

02 화면은 굴착기계로 터널 굴착 후 갱내 조명시설과 환기기설이 설치된 장면을 보여준다. 다음 물음에 답하시오. (6점)

① 화면에서 보이는 굴착공법의 명칭을 쓰시오.
② 작업계획서에 포함되어야 하는 사항 2가지를 쓰시오.

정답

① 명칭: T.B.M(Tunnel Boring Machine)공법
② 작업계획서 포함사항
㉠ 굴착의 방법
㉡ 터널 지보공 및 복공의 시공방법과 용수의 처리방법
㉢ 환기 또는 조명시설을 설치할 때에는 그 방법

03 화면과 같이 근로자들이 밀폐공간에서 작업 중 산소 결핍이 발생될 수 있다. 밀폐공간에서 작업 시 재해발생요인 3가지를 쓰시오. (6점)

정답

① 작업시작 전 산소 및 유해가스 농도 측정 미실시
② 환기 미실시
③ 호흡용 보호구 미착용
④ 감시인 미배치

04 화면은 흙막이 공법 중 하나를 보여준다. 이러한 지지방식의 흙막이 공법의 명칭을 쓰시오. (4점)

정답

어스앵커공법

05 화면은 크레인이 작업 중인 장면을 보여준다. 크레인의 방호장치 3가지를 쓰시오. (6점)

정답

① 과부하방지장치 ② 권과방지장치 ③ 비상정지장치 ④ 제동장치

06 비계 기둥 하부에 미끄럼 방지조치가 되어 있지 않고 맨땅 흙바닥에 깔판은 모서리 부분만 받치고 있다. 이때 ① 위험요인 및 ② 안전대책을 쓰시오. (4점)

정답

① 위험요인
 ㉠ 밑받침철물 미사용
 ㉡ 밑둥잡이 미설치
② 안전대책
 ㉠ 밑받침철물 사용
 ㉡ 깔판, 받침목 등을 사용하여 밑둥잡이 설치

07 추락방호망 설치 시 준수해야 할 기준 3가지를 쓰시오. (6점)

정답

① 추락방호망의 설치위치는 가능하면 작업면으로부터 가까운 지점에 설치하여야 하며, 작업면으로부터 망의 설치지점까지의 수직거리는 10[m]를 초과하지 아니할 것
② 추락방호망은 수평으로 설치하고, 망의 처짐은 짧은 변 길이의 12[%] 이상이 되도록 할 것
③ 건축물 등의 바깥쪽으로 설치하는 경우 추락방호망의 내민 길이는 벽면으로부터 3[m] 이상 되도록 할 것

08 채석작업 당일 작업시작 전에 점검하여야 하는 사항 2가지를 쓰시오. (4점)

정답

① 작업장소 및 그 주변 지반의 부석과 균열의 유무와 상태
② 함수·용수 및 동결상태의 변화

4회 2부

01 화면은 주변에 전선이 있는 현장에서 트럭 크레인이 붐을 뽑은 상태로 이동하고 있어, 붐에 붙어 있는 훅이 흔들리는 모습을 보여준다. 근로자는 크레인 붐 밑에서 강관비계를 2줄걸이로 묶는 작업을 진행하고 있다. 화면에서 발견할 수 있는 ① 위험요인 및 ② 안전대책을 각각 2가지씩 쓰시오. (8점)

정답

① 위험요인
  ㉠ 붐대를 뽑은 상태로 이동
  ㉡ 전로 인근에서 작업 실시

② 안전대책
  ㉠ 붐대를 접고 운행
  ㉡ 전로로부터 크레인 이격 조치 실시

02 화면은 작업장에 설치된 계단을 보여준다. 작업장에 계단 및 계단참을 설치할 경우 준수해야 할 사항에 대하여 (　　) 안에 알맞은 내용을 쓰시오. (6점)

가. 계단 및 계단참을 설치하는 경우에는 $1[m^2]$당 (①)[kg] 이상의 하중에 견딜 수 있는 강도를 가진 구조로 설치해야 하며, 안전율은 (②) 이상으로 해야 한다.
나. 계단을 설치하는 경우 그 폭을 (③)[m] 이상으로 해야 한다.
다. 높이가 3[m]를 초과하는 계단에 높이 (④)[m] 이내마다 진행방향으로 길이 (⑤)[m] 이상의 계단참을 설치해야 한다.
라. 계단을 설치하는 경우 바닥면으로부터 높이 (⑥)[m] 이내의 공간에 장애물이 없도록 해야 한다.

정답

① 500	② 4	③ 1
④ 3	⑤ 1.2	⑥ 2

03 화면은 흙막이 시설이 설치되어 있는 현장을 보여주고 있다. 화면과 같은 지지방식의 흙막이 공법의 명칭을 쓰시오. (4점)

정답

어스앵커공법

04 화면은 건물 외벽의 석재마감 공사현장을 보여준다. 화면과 같은 상황에서 ① 위험요인 및 ② 안전대책을 쓰시오. (4점)

▶ 동영상 설명

외벽을 석재로 마감하는 높은 작업장에서 1명은 일반 구두를 신고 위쪽에서 그라인더로 석재를 자르고 있으며, 다른 1명은 안전모를 쓰지 않은 채 아래에서 작업 중이다. 작업장에는 안전난간이 없고 작업발판은 허술하다. 작업장은 전반적으로 지저분하다.

정답

① 위험요인
- ㉠ 작업 중 일반 구두 착용
- ㉡ 안전모 미착용
- ㉢ 작업장 내 안전난간 미설치
- ㉣ 작업발판 설치 불량
- ㉤ 작업장 주변 정리정돈 미흡

② 안전대책
- ㉠ 안전모 및 안전화 착용
- ㉡ 상하 동시작업 금지
- ㉢ 안전난간 설치
- ㉣ 작업발판은 비계 등에 2점 이상 고정
- ㉤ 작업장 주변 정리정돈 실시

05 화면은 철골을 설치 중인 작업장을 보여준다. 철골작업 시 트랩설치 ① 간격과 ② 폭의 규격을 쓰시오. (4점)

정답

① 간격: 30[cm] 이내

② 폭: 30[cm] 이상

06 화면은 깊이가 깊은 대규모 흙막이 가시설 현장을 보여준다. 흙막이 지보공을 설치하여 굴착 시 정기적으로 점검해야 하는 내용 3가지를 쓰시오. (6점)

정답

① 부재의 손상·변형·부식·변위 및 탈락의 유무와 상태

② 버팀대의 긴압의 정도

③ 부재의 접속부·부착부 및 교차부의 상태

④ 침하의 정도

07 화면은 이동식비계를 이용하여 작업 중인 모습을 보여준다. 이동식비계를 조립하여 작업 시 준수사항 2가지를 쓰시오. (4점)

정답

① 이동식비계의 바퀴에는 뜻밖의 갑작스러운 이동 또는 전도를 방지하기 위하여 브레이크·쐐기 등으로 바퀴를 고정시킨 다음 비계의 일부를 견고한 시설물에 고정하거나 아웃트리거를 설치하는 등 필요한 조치를 할 것

② 승강용사다리는 견고하게 설치할 것

③ 비계의 최상부에서 작업을 하는 경우에는 안전난간을 설치할 것

④ 작업발판은 항상 수평을 유지하고 작업발판 위에서 안전난간을 딛고 작업을 하거나 받침대 또는 사다리를 사용하여 작업하지 않도록 할 것

⑤ 작업발판의 최대적재하중은 250[kg]을 초과하지 않도록 할 것

08 동바리의 조립 시 동바리의 침하를 방지하기 위한 조치 2가지를 쓰시오. (4점)

정답

① 받침목의 사용 ② 깔판의 사용 ③ 콘크리트 타설 ③ 말뚝박기

4회 3부

01 화면은 원심력으로 철근콘크리트 말뚝을 시공하는 현장을 보여준다. 말뚝의 항타공법 종류 2가지를 쓰시오. (4점)

정답

① 타격공법　② 진동공법　③ 압입공법　④ 프리보링공법

02 이동식비계 작업 시 바퀴의 흔들림과 갑작스러운 이동 또는 전도를 방지하기 위하여 브레이크·쐐기 등을 대신하여 설치하여야 하는 장치의 이름을 쓰시오. (3점)

정답

아웃트리거

03 「산업안전보건법령」상 "보통작업"을 하는 지하실 작업조도의 기준을 쓰시오. (3점)

정답

150[lux] 이상

04 화면은 둥근톱을 사용하여 작업 중인 모습을 보여준다. 근로자는 보안경 및 방진마스크 미착용 상태이며, 작업에 집중하지 않고 있다. 화면에서 찾을 수 있는 ① 재해원인 2가지와 ② 감전방지용 누전차단기를 반드시 설치해야 하는 기계·기구 1가지를 쓰시오. (6점)

정답

① 재해원인

㉠ 분할날 등 반발예방장치 미설치

㉡ 말려들기 쉬운 장갑 착용

㉢ 보안경 및 방진마스크 미착용

② 누전차단기 설치 기계·기구

㉠ 대지전압이 150[V]를 초과하는 이동형 또는 휴대형 전기기계·기구

㉡ 물 등 도전성이 높은 액체가 있는 습윤장소에서 사용하는 저압용 전기기계·기구

㉢ 철판·철골 위 등 도전성이 높은 장소에서 사용하는 이동형 또는 휴대형 전기기계·기구

㉣ 임시배선의 전로가 설치되는 장소에서 사용하는 이동형 또는 휴대형 전기기계·기구

05 **화면은 항타기 및 항발기 작업을 보여준다. 화면에 보이는 토공기계의 무너짐 방지 방법 3가지를 쓰시오. (6점)**

정답

① 연약한 지반에 설치하는 경우에는 아웃트리거·받침 등 지지구조물의 침하를 방지하기 위하여 깔판·받침목 등을 사용할 것
② 시설 또는 가설물 등에 설치하는 경우에는 그 내력을 확인하고 내력이 부족하면 그 내력을 보강할 것
③ 아웃트리거·받침 등 지지구조물이 미끄러질 우려가 있는 경우에는 말뚝 또는 쐐기 등을 사용하여 해당 지지구조물을 고정시킬 것
④ 궤도 또는 차로 이동하는 항타기 또는 항발기에 대해서는 불시에 이동하는 것을 방지하기 위하여 레일 클램프 및 쐐기 등으로 고정시킬 것
⑤ 상단 부분은 버팀대·버팀줄로 고정하여 안정시키고, 그 하단 부분은 견고한 버팀·말뚝 또는 철골 등으로 고정시킬 것

06 화면은 아파트 하수관로의 매설작업을 수행하고 있는 전경을 보여준다. 화면에서 발생할 수 있는 ① 재해발생원인 및 ② 안전대책을 1가지씩 쓰시오. (4점)

▶ 동영상 설명

현장 주변은 흙이 여기저기 쌓여있는 등 정돈되어 있지 않고, 건설기계 유도원은 배치되어 있지 않지만 신호수는 배치되어 있다. 백호우 운전자는 좁은 시야로 흄관을 1줄걸이로 인양하여 매설하고 있으며, 인양된 흄관 바로 밑에 근로자 2명이 있다. 신호수가 맨손으로 흄관을 당기다 흄관이 낙하하는 사고가 발생한다.

정답

① 재해원인
 ㉠ 유도자 미배치
 ㉡ 인양 중인 화물 줄걸이 상태 불량
 ㉢ 흄관하부 동시작업 실시
 ㉣ 작업장 주변 정리정돈 미실시
② 안전대책
 ㉠ 유도자 배치
 ㉡ 인양화물 2줄걸이 실시
 ㉢ 흄관하부 동시작업 금지
 ㉣ 작업장 주변 정리정돈 실시

07 화면은 가스용기 운반작업과 용단작업 장면을 보여준다. 화면에서 볼 수 있는 각각의 문제점을 2가지씩 쓰시오. (8점)

정답

① 가스용기 운반 시 문제점
  ㉠ 이동 시 캡을 씌우지 않고 이동
  ㉡ 이동 시 진동, 충격이 발생
② 용단작업 시 문제점
  ㉠ 용접장갑과 용접용 앞치마 미착용
  ㉡ 불티비산방지조치 미실시

08 크레인 작업 시 준수사항 3가지를 쓰시오. (6점)

정답

① 인양할 하물을 바닥에서 끌어당기거나 밀어내는 작업을 하지 아니할 것
② 유류드럼이나 가스통 등 운반 도중에 떨어져 폭발하거나 누출될 가능성이 있는 위험물 용기는 보관함에 담아 안전하게 매달아 운반할 것
③ 고정된 물체를 직접 분리·제거하는 작업을 하지 아니할 것
④ 미리 근로자의 출입을 통제하여 인양 중인 하물이 작업자의 머리 위로 통과하지 않도록 할 것
⑤ 인양할 하물이 보이지 아니하는 경우에는 어떠한 동작도 하지 아니할 것

낙관주의는 성공으로 인도하는 믿음이다.
희망과 자신감이 없으면 아무것도 이루어질 수 없다.

– 헬렌 켈러(Helen Keller)

2018년 | 기출문제

1회 1부

01 화면은 터널 내에서 터널공사를 하는 현장을 보여주고 있다. 터널공사 현장에서 불안전한 행동 및 상태를 각각 2가지씩 쓰시오. (4점)

정답

① 불안전한 상태
- ㉠ 작업장 주변 조도 확보 미흡
- ㉡ 발파에 의한 작업장 내 분진 발생
- ㉢ 작업장 내 지정통로 미확보
- ㉣ 터널 내 용수 발생으로 바닥 내 물고임

② 불안전한 행동
- ㉠ 터널구간 내 방진마스크 등 개인보호구 미착용
- ㉡ 작업구간 내 인화성물질 사용(흡연 등)
- ㉢ 바닥이 불안정한 구간 이동 중 입수보행

02 화면은 작업장에 설치된 계단을 보여주고 있다. 화면에서와 같이 작업장에 계단 및 계단참을 설치할 경우 준수하여야 하는 사항에 대하여 (   ) 안에 알맞은 내용을 쓰시오. (4점)

가. 높이가 (①)[m]를 초과하는 계단에 높이 (②)[m] 이내마다 진행방향으로 길이 (③)[m] 이상의 계단참을 설치하여야 한다.
나. 계단을 설치하는 경우 바닥면으로부터 높이 (④)[m] 이내의 공간에 장애물이 없도록 하여야 한다.

정답

① 3 ② 3 ③ 1.2 ④ 2

03 화면과 같은 건설기계의 ① 명칭과 ② 할 수 있는 작업의 종류(용도) 3가지를 쓰시오. (4점)

정답

① 명칭: 스크레이퍼
② 용도
㉠ 운반작업 ㉡ 굴착작업 ㉢ 성토작업 ㉣ 하역작업 ㉤ 지반다짐작업

04 화면은 록볼트 설치작업을 하고 있는 터널 공사현장이다. 이러한 록볼트의 역할 3가지를 쓰시오. (6점)

정답

① 봉합효과　② 내압작용효과　③ 보형성효과　④ 아치형성효과　⑤ 지반보강효과

05 화면은 흙막이 시설이 설치되어 있는 현장을 보여주고 있다. 이와 같은 ① 흙막이 공법의 명칭과 ② 이 공법의 구성요소(재료)의 명칭 2가지를 쓰시오. (6점)

정답

① 명칭: 버팀대공법

② 구성요소

㉠ H빔　㉡ 토류판　㉢ 복공판　㉣ 스티프너

06 화면은 굴착기계로 터널 굴착 후 갱내 조명시설과 환기시설이 설치된 장면을 보여준다. 화면에 나타나는 ① 공법의 명칭과 터널굴착작업 시 ② 작업계획서 포함사항 2가지를 쓰시오. (5점)

정답

① 명칭: T.B.M(Tunnel Boring Machine)공법

② 작업계획서 포함사항

㉠ 굴착의 방법

㉡ 터널 지보공 및 복공의 시공방법과 용수의 처리방법

㉢ 환기 또는 조명시설을 설치할 때에는 그 방법

07 화면과 같은 추락방호망 설치 시 준수사항 3가지를 쓰시오. (6점)

정답

① 추락방호망의 설치위치는 가능하면 작업면으로부터 가까운 지점에 설치하여야 하며, 작업면으로부터 망의 설치지점까지의 수직거리는 10[m]를 초과하지 아니할 것

② 추락방호망은 수평으로 설치하고, 망의 처짐은 짧은 변 길이의 12[%] 이상이 되도록 할 것

③ 건축물 등의 바깥쪽으로 설치하는 경우 추락방호망의 내민 길이는 벽면으로부터 3[m] 이상 되도록 할 것

08 화면은 상수도 작업을 위해 전기 용접기로 용접하는 모습을 보여주고 있다. 이와 같은 작업 시 작업자가 착용하여야 하는 ① 개인보호구 2가지와 ② 방호장치를 쓰시오. (5점)

정답

① 개인보호구

㉠ 용접용 보안면

㉡ 용접용 가죽제 안전장갑

㉢ 용접용 앞치마

㉣ 용접용 안전화

② 방호장치: 자동전격방지기

01 화면과 같이 이동식비계 위에서 작업 중 설치상태가 불량하여 재해가 발생했다. 이동식비계의 올바른 설치(조립)기준 3가지를 쓰시오. (6점)

정답

① 이동식비계의 바퀴에는 뜻밖의 갑작스러운 이동 또는 전도를 방지하기 위하여 브레이크·쐐기 등으로 바퀴를 고정시킨 다음 비계의 일부를 견고한 시설물에 고정하거나 아웃트리거를 설치하는 등 필요한 조치를 할 것

② 승강용사다리는 견고하게 설치할 것

③ 비계의 최상부에서 작업을 하는 경우에는 안전난간을 설치할 것

④ 작업발판은 항상 수평을 유지하고 작업발판 위에서 안전난간을 딛고 작업을 하거나 받침대 또는 사다리를 사용하여 작업하지 않도록 할 것

⑤ 작업발판의 최대적재하중은 250[kg]을 초과하지 않도록 할 것

02 화면은 흙막이 시설이 설치되어 있는 현장을 보여주고 있다. 이와 같은 ① 흙막이 공법의 명칭과 이 시설에 설치하여 ② 축하중 변화상태를 측정하는 계측기 명칭을 쓰시오. (4점)

정답

① 공법: 어스앵커공법

② 계측기: 하중계

03 화면은 잔골재를 밀고 있는 작업을 보여준다. 이 건설기계의 ① 명칭과 ② 용도를 쓰시오. (4점)

정답

① 명칭: 모터 그레이더

② 용도

㉠ 바닥 정지작업　　㉡ 성토작업　　㉢ 측구 굴착작업　　㉣ 제설작업

04 화면은 Precast Concrete 제품의 제작과정에 관한 내용이다. 화면을 보고 Precast Concrete의 장점 2가지를 쓰시오. (4점)

정답

① 공장 내 표준화 작업으로 시공기간 단축
② 제품의 품질 확보
③ 현장 시공 최소화로 안전사고 감소
④ 날씨와 관계없이 작업 가능

05 화면에서와 같은 강관비계의 설치기준에 대하여 (   ) 안에 알맞은 내용을 쓰시오. (6점)

① 비계기둥의 간격: 띠장 방향에서는 (   )[m] 이하
② 비계기둥의 간격: 장선 방향에서는 (   )[m] 이하
③ 띠장의 간격: (   )[m] 이하

정답

① 1.85   ② 1.5   ③ 2

06 구조안전의 위험이 큰 철골구조물 등은 건립 중 강풍에 의한 풍압 등 외압에 대한 내력이 설계에 고려되었는지 확인하여야 한다. 확인하여야 하는 구조물 3가지를 쓰시오. (단, 높이 20[m] 이상의 구조물은 제외한다.) (6점)

정답

① 구조물의 폭과 높이의 비가 1 : 4 이상인 구조물

② 단면구조에 현저한 차이가 있는 구조물

③ 연면적당 철골량이 50[kg/m²] 이하인 구조물

④ 기둥이 타이플레이트형인 구조물

⑤ 이음부가 현장용접인 구조물

07 「산업안전보건법령」상 가설통로 설치 시 준수사항 3가지를 쓰시오. (단, 견고한 구조로 할 것은 제외한다.) (6점)

정답

① 경사는 30° 이하로 할 것
② 경사가 15°를 초과하는 경우에는 미끄러지지 아니하는 구조로 할 것
③ 추락할 위험이 있는 장소에는 안전난간을 설치할 것
④ 수직갱에 가설된 통로의 길이가 15[m] 이상인 경우에는 10[m] 이내마다 계단참을 설치할 것
⑤ 건설공사에 사용하는 높이 8[m] 이상인 비계다리에는 7[m] 이내마다 계단참을 설치할 것

08 화면은 건설기계를 이용한 사면 굴착공사를 보여주고 있다. 화면에서와 같은 사면에서 건설기계가 넘어지거나 굴러떨어짐을 방지하기 위해 필요한 조치사항 2가지를 쓰시오. (4점)

정답

① 유도자 배치
② 지반의 부동침하 방지 조치
③ 갓길의 붕괴 방지 조치
④ 도로 폭의 유지

01 화면은 트럭크레인을 이용하여 인양하는 모습을 보여준다. 인양 시 ① 위험요인(문제점)과 ② 안전대책을 3가지씩 쓰시오. (6점)

정답

① 위험요인

㉠ 작업반경 내 근로자 출입금지 조치 미실시

㉡ 인양작업 전 와이어로프의 결함유무 미확인

㉢ 신호수의 지시 불이행

② 안전대책

㉠ 작업반경 내 근로자 출입금지 조치 실시

㉡ 인양작업 전 와이어로프의 결함유무 확인

㉢ 신호수의 지시에 따라 인양

02 화면에서 보여주고 있는 ① 비계의 종류와 ② 비계의 높이가 2[m] 초과일 때 작업발판의 폭을 쓰시오. (4점)

정답

① 비계의 종류: 말비계

② 작업발판의 폭: 40[cm] 이상

03 화면은 아파트 공사현장을 보여주고 있다. 추락 또는 낙하재해를 방지하기 위한 안전설비를 각각 1가지씩 쓰시오. (4점)

정답

① 추락재해방지

㉠ 작업발판 ㉡ 추락방호망

② 낙하재해방지

㉠ 낙하물 방지망 ㉡ 수직보호망 ㉢ 방호선반

04 화면은 동바리의 설치 잘못으로 거푸집 붕괴사고가 발생한 장면이다. 동바리의 조립 시 준수사항 3가지를 쓰시오. (6점)

정답

① 받침목이나 깔판의 사용, 콘크리트 타설, 말뚝박기 등 동바리의 침하를 방지하기 위한 조치를 할 것
② 동바리의 상하 고정 및 미끄러짐 방지 조치를 할 것
③ 상부·하부의 동바리가 동일 수직선 상에 위치하도록 하여 깔판·받침목에 고정시킬 것
④ 개구부 상부에 동바리를 설치하는 경우에는 상부하중을 견딜 수 있는 견고한 받침대를 설치할 것
⑤ U헤드 등의 단판이 없는 동바리 상단에 멍에 등을 올릴 경우에는 해당 상단에 U헤드 등의 단판을 설치하고, 멍에 등이 전도되거나 이탈되지 않도록 고정시킬 것
⑥ 동바리의 이음은 같은 품질의 재료를 사용할 것
⑦ 강재의 접속부 및 교차부는 볼트·클램프 등 전용철물을 사용하여 단단히 연결할 것
⑧ 거푸집의 형상에 따른 부득이한 경우를 제외하고는 깔판이나 받침목은 2단 이상 끼우지 않도록 할 것
⑨ 깔판이나 받침목을 이어서 사용하는 경우에는 그 깔판·받침목을 단단히 연결할 것

05 화면과 같이 철조망 안쪽 변압기(수전설비) 설치장소 충전부에 접촉하여 감전 사고가 발생했다. 감전재해 예방대책 3가지를 쓰시오. (6점)

정답

① 충전부가 노출되지 않도록 폐쇄형 외함이 있는 구조로 할 것
② 충전부에 충분한 절연효과가 있는 방호망이나 절연덮개를 설치할 것
③ 충전부는 내구성이 있는 절연물로 완전히 덮어 감쌀 것
④ 발전소·변전소 및 개폐소 등 구획되어 있는 장소로서 관계 근로자가 아닌 사람의 출입이 금지되는 장소에 충전부를 설치하고, 위험표시 등의 방법으로 방호를 강화할 것
⑤ 전주 위 및 철탑 위 등 격리되어 있는 장소로서 관계 근로자가 아닌 사람이 접근할 우려가 없는 장소에 충전부를 설치할 것

06 화면은 낙하물 방지망을 보수하는 장면을 보여주고 있다. 낙하물 방지망 설치 시 준수사항 2가지를 쓰시오. (4점)

정답

① 높이 10[m] 이내마다 설치하고, 내민 길이는 벽면으로부터 2[m] 이상으로 할 것
② 수평면과의 각도는 20° 이상 30° 이하를 유지할 것

07 화면의 건설기계에 대한 다음 물음에 답하시오. (6점)

① 건설기계의 명칭을 쓰시오.
② 건설기계를 운용하는 데에 따른 사항 중 (　　) 안에 알맞은 내용을 쓰시오.
"콘크리트는 신속하게 운반하여 즉시 타설하고, 충분히 다져야 한다. 비비기로부터 타설이 끝날 때까지의 시간은 원칙적으로 외기온도가 (㉠)[℃] 이상일 때에는 (㉡)시간을, (㉠)[℃] 미만일 때에는 (㉢)시간을 넘어서는 안 된다."

정답

① 명칭: 콘크리트 믹서 트럭
② 운용기준
㉠ 25　　　　㉡ 1.5　　　　㉢ 2

08 화면은 토사 굴착현장을 보여준다. 토사 굴착현장에서의 토사 등의 붕괴 또는 낙하에 의해 근로자에게 위험을 미칠 우려가 있을 때 취할 조치 2가지를 쓰시오. (4점)

정답

① 흙막이 지보공의 설치
② 방호망의 설치
③ 근로자의 출입 금지

2회 1부

01 화면은 트럭크레인을 이용하여 인양하는 모습을 보여준다. 인양 시 ① 위험요인(문제점) 3가지와 ② 안전대책 3가지를 쓰시오. (6점)

정답

① 위험요인

㉠ 작업반경 내 근로자 출입금지 조치 미실시

㉡ 인양작업 전 와이어로프의 결함유무 미확인

㉢ 신호수의 지시 불이행

② 안전대책

㉠ 작업반경 내 근로자 출입금지 조치 실시

㉡ 인양작업 전 와이어로프의 결함유무 확인

㉢ 신호수의 지시에 따라 인양

02 화면과 같이 둥근톱을 이용하여 작업을 하던 중 재해가 발생했다. 다음 물음에 답하시오. (6점)

① 재해발생원인 2가지를 쓰시오.

② 화면에서와 같은 작업현장에서 둥근톱과 같은 전동기계·기구를 사용하여 작업을 할 때 감전방지용 누전차단기를 설치해야 한다. 감전방지용 누전차단기를 반드시 설치해야 하는 기계·기구 1가지를 쓰시오.

정답

① 재해발생원인
- ㉠ 분할날 등 반발예방장치 미설치
- ㉡ 말려들기 쉬운 장갑 착용
- ㉢ 보안경 및 방진마스크 미착용

② 누전차단기 설치 기계·기구
- ㉠ 대지전압이 150[V]를 초과하는 이동형 또는 휴대형 전기기계·기구
- ㉡ 물 등 도전성이 높은 액체가 있는 습윤장소에서 사용하는 저압용 전기기계·기구
- ㉢ 철판·철골 위 등 도전성이 높은 장소에서 사용하는 이동형 또는 휴대형 전기기계·기구
- ㉣ 임시배선의 전로가 설치되는 장소에서 사용하는 이동형 또는 휴대형 전기기계·기구

03 화면은 흙막이 지보공 설치 작업을 보여주고 있다. 흙막이 지보공 설치 시 정기점검사항 3가지를 쓰시오. (6점)

정답

① 부재의 손상·변형·부식·변위 및 탈락의 유무와 상태
② 버팀대의 긴압의 정도
③ 부재의 접속부·부착부 및 교차부의 상태
④ 침하의 정도

04 철골작업 시 트랩설치 ① 간격과 ② 폭의 규격을 쓰시오. (4점)

정답

① 간격: 30[cm] 이내

② 폭: 30[cm] 이상

05 화면은 크레인을 이용한 작업현장이다. 화면과 같은 크레인에 부착하여야 할 방호장치 2가지를 쓰시오. (4점)

정답

① 과부하방지장치 ② 권과방지장치 ③ 비상정지장치 ④ 제동장치

06 화면에 나타난 건설기계의 ① 명칭과 ② 사용 용도를 쓰시오. (4점)

정답

① 명칭: 불도저

② 용도

㉠ 운반작업　　㉡ 지면 고르기작업　　㉢ 굴착작업

07 화면은 낙하물 방지망을 보수하는 장면을 보여주고 있다. 낙하물 방지망 설치 시 준수사항 2가지를 쓰시오. (4점)

정답

① 높이 10[m] 이내마다 설치하고, 내민 길이는 벽면으로부터 2[m] 이상으로 할 것

② 수평면과의 각도는 20° 이상 30° 이하를 유지할 것

08 화면은 이동식비계가 설치된 장면을 보여준다. 이동식비계의 올바른 설치(조립)기준 3가지를 쓰시오. (6점)

정답

① 이동식비계의 바퀴에는 뜻밖의 갑작스러운 이동 또는 전도를 방지하기 위하여 브레이크·쐐기 등으로 바퀴를 고정시킨 다음 비계의 일부를 견고한 시설물에 고정하거나 아웃트리거를 설치하는 등 필요한 조치를 할 것

② 승강용사다리는 견고하게 설치할 것

③ 비계의 최상부에서 작업을 하는 경우에는 안전난간을 설치할 것

④ 작업발판은 항상 수평을 유지하고 작업발판 위에서 안전난간을 딛고 작업을 하거나 받침대 또는 사다리를 사용하여 작업하지 않도록 할 것

⑤ 작업발판의 최대적재하중은 250[kg]을 초과하지 않도록 할 것

01 화면과 같은 동력을 사용하는 건설기계(항타기)의 작업에서 무너짐 방지 조치사항 3가지를 쓰시오. (6점)

정답

① 연약한 지반에 설치하는 경우에는 아웃트리거·받침 등 지지구조물의 침하를 방지하기 위하여 깔판·받침목 등을 사용할 것
② 시설 또는 가설물 등에 설치하는 경우에는 그 내력을 확인하고 내력이 부족하면 그 내력을 보강할 것
③ 아웃트리거·받침 등 지지구조물이 미끄러질 우려가 있는 경우에는 말뚝 또는 쐐기 등을 사용하여 해당 지지구조물을 고정시킬 것
④ 궤도 또는 차로 이동하는 항타기 또는 항발기에 대해서는 불시에 이동하는 것을 방지하기 위하여 레일 클램프 및 쐐기 등으로 고정시킬 것
⑤ 상단 부분은 버팀대·버팀줄로 고정하여 안정시키고, 그 하단 부분은 견고한 버팀·말뚝 또는 철골 등으로 고정시킬 것

02 화면은 터널 굴착 후 조명시설과 환기시설이 설치된 장면을 보여준다. 화면의 ① 공법 명칭과 ② 터널굴착 작업 시 작업계획서 포함사항 3가지를 쓰시오. (7점)

정답

① 명칭: T.B.M(Tunnel Boring Machine)공법

② 작업계획서 포함사항

㉠ 굴착의 방법

㉡ 터널 지보공 및 복공의 시공방법과 용수의 처리방법

㉢ 환기 또는 조명시설을 설치할 때에는 그 방법

03 화면은 동바리의 설치 잘못으로 거푸집의 붕괴사고가 발생한 장면이다. 동바리의 침하 방지를 위한 조치사항 3가지를 쓰시오. (6점)

정답

① 받침목의 사용 ② 깔판의 사용 ③ 콘크리트 타설 ④ 말뚝박기

04 화면은 상수도관을 매설하기 위하여 노천굴착작업을 하는 모습을 보여주고 있다. 이와 같은 굴착작업 시 각 지반에 따라 굴착면의 기울기 기준을 다르게 하는데, 표의 (　　) 안에 각 지반의 종류에 따른 기울기 기준을 쓰시오. (3점)

지반의 종류	기울기
모래	(　①　)
연암 및 풍화암	(　②　)
경암	(　③　)

정답

① 1 : 1.8　　② 1 : 1.0　　③ 1 : 0.5

05 도로와 작업장 높이에 차이가 있을 경우 설치하는 방호대책 2가지를 쓰시오. (4점)

정답

① 바리게이트　　　　　② 연석

06 화면은 타워크레인을 사용하여 인양작업 중 발생한 재해를 재현한 것이다. 재해의 발생원인 2가지를 설명하시오. (4점)

정답

① 신호수 미배치
② 작업반경 내 근로자 출입금지 조치 미실시
③ 상하 동시작업 실시
④ 위험표지판, 안전표지판 설치 불량
⑤ 인양 중인 화물 줄걸이 상태 불량

07 비계작업 시 벽연결의 역할(기능) 2가지를 쓰시오. (4점)

정답

① 풍하중에 의한 움직임 방지

② 수평하중에 의한 움직임 방지

08 화면은 작업자가 이동식비계 위에서 작업하는 장면을 보여준다. 이동식비계의 올바른 설치(조립)기준 3가지를 쓰시오. (6점)

정답

① 이동식비계의 바퀴에는 뜻밖의 갑작스러운 이동 또는 전도를 방지하기 위하여 브레이크·쐐기 등으로 바퀴를 고정시킨 다음 비계의 일부를 견고한 시설물에 고정하거나 아웃트리거를 설치하는 등 필요한 조치를 할 것

② 승강용사다리는 견고하게 설치할 것

③ 비계의 최상부에서 작업을 하는 경우에는 안전난간을 설치할 것

④ 작업발판은 항상 수평을 유지하고 작업발판 위에서 안전난간을 딛고 작업을 하거나 받침대 또는 사다리를 사용하여 작업하지 않도록 할 것

⑤ 작업발판의 최대적재하중은 250[kg]을 초과하지 않도록 할 것

2회 3부

01 화면은 높이가 2[m] 이상인 작업장소에서 근로자가 작업발판 위에서 작업을 하는 모습을 보여준다. 작업발판의 설치 기준 3가지를 쓰시오. (6점)

정답

① 발판재료는 작업할 때의 하중을 견딜 수 있도록 견고한 것으로 할 것
② 작업발판의 폭은 40[cm] 이상으로 하고, 발판재료 간의 틈은 3[cm] 이하로 할 것
③ 추락의 위험이 있는 장소에는 안전난간을 설치할 것
④ 작업발판의 지지물은 하중에 의하여 파괴될 우려가 없는 것을 사용할 것
⑤ 작업발판재료는 뒤집히거나 떨어지지 않도록 둘 이상의 지지물에 연결하거나 고정시킬 것
⑥ 작업발판을 작업에 따라 이동시킬 경우에는 위험 방지에 필요한 조치를 할 것

02 화면에 보이는 ① 비계의 종류와 ② 비계 높이가 2[m] 초과일 때 작업발판 및 폭과 ③ 지주부재와 수평면의 기울기를 쓰시오. (6점)

정답

① 비계의 종류: 말비계

② 작업발판의 폭: 40[cm] 이상

③ 기울기: 75° 이하

03 화면은 잔골재를 밀고 있는 작업을 보여준다. 이 건설기계의 ① 명칭과 ② 용도를 쓰시오. (4점)

정답

① 명칭: 모터 그레이더

② 용도

㉠ 바닥 정지작업 ㉡ 성토작업 ㉢ 측구 굴착작업 ㉣ 제설작업

04 화면은 작업자들이 이동식비계 위에서 작업 중인 장면을 보여준다. 이동식비계의 올바른 설치(조립)기준 3가지를 쓰시오. (6점)

정답

① 이동식비계의 바퀴에는 뜻밖의 갑작스러운 이동 또는 전도를 방지하기 위하여 브레이크·쐐기 등으로 바퀴를 고정시킨 다음 비계의 일부를 견고한 시설물에 고정하거나 아웃트리거를 설치하는 등 필요한 조치를 할 것

② 승강용사다리는 견고하게 설치할 것

③ 비계의 최상부에서 작업을 하는 경우에는 안전난간을 설치할 것

④ 작업발판은 항상 수평을 유지하고 작업발판 위에서 안전난간을 딛고 작업을 하거나 받침대 또는 사다리를 사용하여 작업하지 않도록 할 것

⑤ 작업발판의 최대적재하중은 250[kg]을 초과하지 않도록 할 것

05 화면은 굴착작업 현장을 보여주고 있다. 굴착작업 시 사전조사 내용 2가지를 쓰시오. (4점)

정답

① 형상 · 지질 및 지층의 상태
② 균열 · 함수 · 용수 및 동결의 유무 또는 상태
③ 매설물 등의 유무 또는 상태
④ 지반의 지하수위 상태

06 화면은 토사 굴착현장을 보여준다. 토사 굴착현장에서의 토사 등의 붕괴 또는 낙하에 의해 근로자에게 위험을 미칠 우려가 있을 때 취할 조치 2가지를 쓰시오. (4점)

정답

① 흙막이 지보공의 설치
② 방호망의 설치
③ 근로자의 출입 금지

07 「산업안전보건법령」에 따라 보통작업을 하는 지하실에서 작업 시 적합한 조도기준을 쓰시오. (4점)

정답

150[lux] 이상

08 화면은 굴착 기계로 터널굴착을 하고 작업한 흙을 버리는 장면을 보여준다. 터널굴착작업 시 작업계획서 포함사항 3가지를 쓰시오. (6점)

정답

① 굴착의 방법
② 터널 지보공 및 복공의 시공방법과 용수의 처리방법
③ 환기 또는 조명시설을 설치할 때에는 그 방법

4회 1부

01 화면은 아파트의 신축공사현장이다. 화면을 참고하여 고소작업 시 추락재해를 방지하기 위한 안전조치사항 2가지를 쓰시오. (단, 화면에 제시된 "수직형 추락방망", "추락방호망", "방호선반", "안전난간"의 설치는 제외한다.) (4점)

정답

① 작업발판 설치 ② 근로자의 안전대 착용 ③ 울타리 설치 ④ 덮개 설치

02 화면은 크레인을 이용한 작업현장이다. 화면에서와 같은 크레인에 부착하여야 할 방호장치 2가지를 쓰시오. (4점)

정답

① 과부하방지장치 ② 권과방지장치 ③ 비상정지장치 ④ 제동장치

03 화면은 굴착 기계로 터널 굴착을 하고 작업한 흙을 버리는 장면을 보여준다. 터널굴착작업 시 작업계획서 내용 3가지를 쓰시오. (6점)

정답

① 굴착의 방법
② 터널 지보공 및 복공의 시공방법과 용수의 처리방법
③ 환기 또는 조명시설을 설치할 때에는 그 방법

04 화면을 보고, 해당차량 기계의 명칭을 쓰시오. (3점)

정답

콘크리트 믹서 트럭

05 화면과 같이 철조망 안쪽 변압기(수전설비) 설치장소 충전부에 접촉하여 감전 사고가 발생했다. 감전재해 예방대책 3가지를 쓰시오. (6점)

정답

① 충전부가 노출되지 않도록 폐쇄형 외함이 있는 구조로 할 것
② 충전부에 충분한 절연효과가 있는 방호망이나 절연덮개를 설치할 것
③ 충전부는 내구성이 있는 절연물로 완전히 덮어 감쌀 것
④ 발전소·변전소 및 개폐소 등 구획되어 있는 장소로서 관계 근로자가 아닌 사람의 출입이 금지되는 장소에 충전부를 설치하고, 위험표시 등의 방법으로 방호를 강화할 것
⑤ 전주 위 및 철탑 위 등 격리되어 있는 장소로서 관계 근로자가 아닌 사람이 접근할 우려가 없는 장소에 충전부를 설치할 것

06 화면은 강관비계의 높이가 2[m] 이상인 작업현장을 보여준다. 화면을 보고 (　　) 안에 알맞은 내용을 쓰시오. (3점)

가. 작업발판의 폭은 (　①　)[cm] 이상이어야 한다.
나. 발판재료 간의 틈은 (　②　)[cm] 이하로 하여야 한다.
다. 비계기둥 간의 적재하중은 (　③　)[kg]을 초과하지 않아야 한다.

정답

① 40　　② 3　　③ 400

07 화면은 흙막이 시설이 설치되어 있는 현장을 보여주고 있다. 이와 같은 흙막이 ① 공법의 명칭과 ② 계측기 종류 3가지와 그 용도를 쓰시오. (8점)

정답

① 명칭: 어스앵커공법

② 계측기 종류와 용도

㉠ 지표침하계: 지표면의 침하량 측정

㉡ 수위계: 지반 내 지하수위의 변화 측정

㉢ 지중경사계: 지중의 수평 변위량 측정

08 화면은 석축 붕괴에 관한 내용이다. 붕괴 원인 3가지를 쓰시오. (6점)

정답

① 배수공 설치 불량 ② 석축 쌓기 불량 ③ 석재 불량 ④ 기초지반 침하 ⑤ 배수 불량

⑥ 석축배면 지장물 파열 ⑦ 뒷채움 불량 ⑧ 동결융해 ⑨ 줄눈시공 불량

4회 2부

01 「산업안전보건법령」에 따라 사업주는 근로자가 상시 작업에 종사하는 장소에 대하여 조도가 일정 이상이 되도록 하여야 한다. (　　) 안에 알맞은 내용을 쓰시오. (3점)

초정밀작업	정밀작업	보통작업	그 밖의 작업
750[lux] 이상	300[lux] 이상	(　　　)[lux] 이상	75[lux] 이상

정답

150

02 화면은 작업장에 설치된 가설계단을 보여주고 있다. 작업장에 가설계단을 설치하지 아니할 수 있는 가설통로의 설치 각도 기준을 쓰시오. (3점)

정답

30° 이하

03 화면은 교량 상부에 콘크리트 펌프카를 사용하여 콘크리트를 타설하는 작업을 보여주고 있다. 콘크리트타설장비 사용 시 준수사항 3가지를 쓰시오. (6점)

정답

① 작업을 시작하기 전에 콘크리트타설장비를 점검하고 이상을 발견하였으면 즉시 보수할 것
② 건축물의 난간 등에서 작업하는 근로자가 호스의 요동·선회로 인하여 추락하는 위험을 방지하기 위하여 안전난간 설치 등 필요한 조치를 할 것
③ 콘크리트타설장비의 붐을 조정하는 경우에는 주변의 전선 등에 의한 위험을 예방하기 위한 적절한 조치를 할 것
④ 작업 중에 지반의 침하나 아웃트리거 등 콘크리트타설장비 지지구조물의 손상 등에 의하여 콘크리트타설장비가 넘어질 우려가 있는 경우에는 이를 방지하기 위한 적절한 조치를 할 것

04 화면은 차량계 건설기계를 보여주고 있다. 이 기계의 작업계획서에 포함되어야 할 사항 2가지를 쓰시오. (4점)

정답

① 사용하는 차량계 건설기계의 종류 및 성능
② 차량계 건설기계의 운행경로
③ 차량계 건설기계에 의한 작업방법

05 화면은 동바리의 설치 잘못으로 거푸집 붕괴사고가 발생한 장면이다. 동바리의 조립 시 준수사항 3가지를 쓰시오. (6점)

정답

① 받침목이나 깔판의 사용, 콘크리트 타설, 말뚝박기 등 동바리의 침하를 방지하기 위한 조치를 할 것
② 동바리의 상하 고정 및 미끄러짐 방지 조치를 할 것
③ 상부·하부의 동바리가 동일 수직선 상에 위치하도록 하여 깔판·받침목에 고정시킬 것
④ 개구부 상부에 동바리를 설치하는 경우에는 상부하중을 견딜 수 있는 견고한 받침대를 설치할 것
⑤ U헤드 등의 단판이 없는 동바리의 상단에 멍에 등을 올릴 경우에는 해당 상단에 U헤드 등의 단판을 설치하고, 멍에 등이 전도되거나 이탈되지 않도록 고정시킬 것
⑥ 동바리의 이음은 같은 품질의 재료를 사용할 것
⑦ 강재의 접속부 및 교차부는 볼트·클램프 등 전용철물을 사용하여 단단히 연결할 것
⑧ 거푸집의 형상에 따른 부득이한 경우를 제외하고는 깔판이나 받침목은 2단 이상 끼우지 않도록 할 것
⑨ 깔판이나 받침목을 이어서 사용하는 경우에는 그 깔판·받침목을 단단히 연결할 것

06 화면은 트럭크레인을 이용하여 인양하는 모습을 보여준다. 인양 시 ① 위험요인(문제점)과 ② 안전대책을 3가지씩 쓰시오. (6점)

정답

① 위험요인

㉠ 작업반경 내 근로자 출입금지 조치 미실시

㉡ 인양작업 전 와이어로프의 결함유무 미확인

㉢ 신호수의 지시 불이행

② 안전대책

㉠ 작업반경 내 근로자 출입금지 조치 실시

㉡ 인양작업 전 와이어로프의 결함유무 확인

㉢ 신호수의 지시에 따라 인양

07 화면에서 보이는 장면은 터널굴착작업 현장에서의 공정이다. 화면을 참고하여 다음 물음에 답하시오. (6점)

① 화면에서 작업하고 있는 공정의 명칭을 쓰시오.
② 터널굴착작업 시 작업계획서 내용 2가지를 쓰시오.

정답

① 명칭: 숏크리트 타설
② 작업계획서 포함사항
  ㉠ 굴착의 방법
  ㉡ 터널 지보공 및 복공의 시공방법과 용수의 처리방법
  ㉢ 환기 또는 조명시설을 설치할 때에는 그 방법

08 화면은 공사현장의 개구부이다. 이와 같이 추락의 위험이 존재하는 장소에서의 안전조치 방법 3가지를 쓰시오. (6점)

정답

① 안전난간 설치
② 울타리 설치
③ 수직형 추락방망 설치
④ 덮개 설치
⑤ 추락방호망 설치
⑥ 근로자의 안전대 착용

4회 3부

01 화면은 낙하물 방지망을 보수하는 장면을 보여주고 있다. 낙하물 방지망 설치 시 준수사항 2가지를 쓰시오. (4점)

정답

① 높이 10[m] 이내마다 설치하고, 내민 길이는 벽면으로부터 2[m] 이상으로 할 것
② 수평면과의 각도는 20° 이상 30° 이하를 유지할 것

02 화면과 같이 지하실 밀폐공간에서 방수작업 도중 작업자가 쓰러지는 재해가 발생했다. 동종 재해방지를 위한 안전대책 2가지를 쓰시오. (4점)

정답

① 작업을 시작하기 전 해당 밀폐공간의 산소 및 유해가스의 농도를 측정할 것
② 적정공기 상태가 유지되도록 작업장을 환기할 것
③ 근로자에게 공기호흡기 또는 송기마스크를 지급하여 착용하도록 할 것

03 화면은 항타작업 현장에 관한 내용이다. 이때 사용하는 권상용 와이어로프의 사용제한 조건 3가지를 쓰시오. (6점)

정답

① 이음매가 있는 것
② 와이어로프의 한 꼬임에서 끊어진 소선의 수가 10[%] 이상인 것
③ 지름의 감소가 공칭지름의 7[%]를 초과하는 것
④ 꼬인 것
⑤ 심하게 변형되거나 부식된 것
⑥ 열과 전기충격에 의해 손상된 것

04 화면은 일반적인 콘크리트 타설작업 방법이다. 콘크리트 타설 시 안전기준 3가지를 쓰시오. (6점)

정답

① 당일의 작업을 시작하기 전에 해당 작업에 관한 거푸집 및 동바리의 변형·변위 및 지반의 침하 유무 등을 점검하고 이상이 있으면 보수할 것

② 작업 중에는 감시자를 배치하는 등의 방법으로 거푸집 및 동바리의 변형·변위 및 침하 유무 등을 확인하여야 하며, 이상이 있으면 작업을 중지하고 근로자를 대피시킬 것

③ 콘크리트 타설작업 시 거푸집 붕괴의 위험이 발생할 우려가 있으면 충분한 보강조치를 할 것

④ 설계도서 상의 콘크리트 양생기간을 준수하여 거푸집 및 동바리를 해체할 것

⑤ 콘크리트를 타설하는 경우에는 편심이 발생하지 않도록 골고루 분산하여 타설할 것

05 화면은 지게차가 철근을 싣고 신호수의 신호에 따라 운반하는 장면을 보여준다. 지게차에 화물 적재 시 재해를 일으킬 수 있는 위험요인 2가지를 쓰시오. (4점)

정답

① 하중이 한쪽으로 치우치도록 적재

② 화물에 로프를 거는 등 필요한 조치 미실시

③ 운전자의 시야를 가리도록 화물을 적재

④ 최대적재량을 초과하여 화물을 적재

06 화면에 보이는 ① 비계의 종류와 ② 비계 높이가 2[m] 초과일 때 작업발판의 폭 및 ③ 지주부재와 수평면의 기울기 기준을 쓰시오. (6점)

정답

① 비계의 종류: 말비계

② 작업발판의 폭: 40[cm] 이상

③ 기울기: 75° 이하

07 화면은 차량계 건설기계를 보여주고 있다. 화면의 ① 기계 명칭과 이와 같은 차량계 건설기계를 이용하여 작업 시 ② 작업계획서 작성에 포함되어야 할 사항 2가지를 쓰시오. (7점)

정답

① 명칭: 로우더(Loader)

② 작업계획서 포함사항

㉠ 사용하는 차량계 건설기계의 종류 및 성능

㉡ 차량계 건설기계의 운행경로

㉢ 차량계 건설기계에 의한 작업방법

08 화면과 같은 사다리식 통로를 설치할 때 준수하여야 할 사항 중 (　　) 안에 알맞은 내용을 쓰시오. (3점)

가. 고정식 사다리식 통로의 기울기는 (①)° 이하로 하고, 그 높이가 (②)[m] 이상인 경우에는 등받이울이 있어도 근로자 이동에 지장이 없는 경우 바닥으로부터 높이가 2.5[m] 되는 지점부터 등받이울을 설치하여야 한다.
나. 사다리식 통로의 길이가 10[m] 이상인 경우에는 (③)[m] 이내마다 계단참을 설치하여야 한다.

정답

① 90　② 7　③ 5

2017년 기출문제

1회 1부

01 화면에서 근로자는 밀폐공간에서 방수작업을 하고 있다. 밀폐공간에서 ① 적정공기 기준 1가지와 ② 산소 결핍 방지 대책 2가지를 쓰시오. (6점)

정답

① 적정공기 기준
- ㉠ 산소농도 18[%] 이상 23.5[%] 미만
- ㉡ 이산화탄소농도 1.5[%] 미만
- ㉢ 일산화탄소농도 30[ppm] 미만
- ㉣ 황화수소농도 10[ppm] 미만

② 산소 결핍 방지대책
- ㉠ 작업을 시작하기 전 해당 밀폐공간의 산소 및 유해가스의 농도를 측정할 것
- ㉡ 적정공기 상태가 유지되도록 작업장을 환기할 것
- ㉢ 근로자에게 공기호흡기 또는 송기마스크를 지급하여 착용하도록 할 것

02 화면은 서해대교이다. 다음 물음에 답하시오. (6점)

① 이 교량의 형식을 쓰시오.
② 교량 공정이 다음과 같을 때, 시공 순서를 나열하시오.
㉠ 케이블 설치 ㉡ 주탑 시공 ㉢ 상판 아스팔트 타설 ㉣ 우물통 기초공사

정답

① 교량 형식: 사장교
② 시공 순서: ㉣ → ㉡ → ㉠ → ㉢

03 화면은 굴착기(백호우)로 콘크리트를 타설하는 장면을 보여준다. 위험요인 2가지를 쓰시오. (4점)

정답

① 작업 장소 하부 지반의 침하로 인한 백호우 전도

② 백호우 버킷 연결부 등이 작업 중 탈락

③ 유도자 미배치

04 화면은 백호우를 이용한 도로작업으로 언덕 위에서 굴착한 흙을 트럭에 퍼 담고 있는 장면이다. 근로자에 대한 위험방지대책 2가지를 쓰시오. (4점)

정답

① 작업반경 내 근로자 출입금지 조치 실시

② 유도자 배치

05 화면은 가스용기의 운반 및 용단작업을 보여주고 있다. 화면을 참고하여 가스용기의 운반과 용단 시의 문제점으로 나누어 각각 2가지씩 쓰시오. (8점)

정답

① 가스용기 운반 시 문제점
   ㉠ 이동 시 캡을 씌우지 않고 이동
   ㉡ 이동 시 진동, 충격이 발생

② 용단작업 시 문제점
   ㉠ 용접장갑과 용접용 앞치마 미착용
   ㉡ 불티비산방지조치 미실시

06 화면은 차량계 건설장비를 보여주고 있다. 차량계 건설장비를 이용하는 작업 시 작업계획서 작성에 포함되어야 할 사항 3가지를 쓰시오. (6점)

정답

① 사용하는 차량계 건설기계의 종류 및 성능
② 차량계 건설기계의 운행경로
③ 차량계 건설기계에 의한 작업방법

07 화면과 같은 사다리식 통로를 설치할 때 준수하여야 할 사항 중 ( ) 안에 알맞은 내용을 쓰시오. (3점)

가. 고정식 사다리식 통로의 기울기는 (①)° 이하로 하고, 그 높이가 (②)[m] 이상인 경우에는 등받이울이 있어도 근로자 이동에 지장이 없는 경우 바닥으로부터 높이가 2.5[m] 되는 지점부터 등받이울을 설치하여야 한다.
나. 사다리식 통로의 길이가 10[m] 이상인 경우에는 (③)[m] 이내마다 계단참을 설치하여야 한다.

2017년

정답

① 90 ② 7 ③ 5

08 화면은 파이프 서포트를 사용한 동바리이다. 화면에서와 같은 동바리를 조립하는 경우 준수하여야 하는 사항 중 (　　) 안에 알맞은 내용을 쓰시오. (3점)

가. 동바리의 이음은 같은 품질의 재료를 사용할 것
나. 강재의 접속부 및 교차부는 (　①　) 등 전용철물을 사용하여 단단히 연결할 것
다. 높이가 (　②　)[m]를 초과하는 파이프 서포트에 대해서는 높이 (　③　)[m] 이내마다 수평연결재를 2개 방향으로 만들고 수평연결재의 변위를 방지할 것

정답

① 볼트 · 클램프　　② 3.5　　③ 2

1회 2부

01 화면은 작업장에 설치된 계단을 보여주고 있다. 화면에서와 같이 작업장에 계단 및 계단참을 설치할 경우 준수하여야 하는 사항에 대하여 (   ) 안에 알맞은 내용을 쓰시오. (6점)

가. 계단 및 계단참을 설치하는 경우 1[m^2]당 (①)[kg] 이상의 하중에 견딜 수 있는 강도를 가진 구조로 설치해야 하며, 안전율은 (②) 이상으로 해야 한다.
나. 계단을 설치하는 경우에는 그 폭을 (③)[m] 이상으로 해야 한다.
다. 높이가 3[m]를 초과하는 계단에 높이 (④)[m] 이내마다 진행방향으로 길이 (⑤)[m] 이상의 계단참을 설치해야 한다.
라. 계단을 설치하는 경우 바닥면으로부터 높이 (⑥)[m] 이내의 공간에 장애물이 없도록 해야 한다.

정답

① 500	② 4	③ 1
④ 3	⑤ 1.2	⑥ 2

02 화면은 건설기계를 이용한 사면굴착 공사를 보여주고 있다. 화면에서와 같은 사면에서 건설기계가 넘어지거나 굴러떨어지는 것을 방지하기 위해 필요한 조치사항 3가지를 쓰시오. (6점)

정답

① 유도자 배치
② 지반의 부동침하 방지 조치
③ 갓길의 붕괴 방지 조치
④ 도로 폭의 유지

03 화면에서와 같은 강관비계의 설치기준에 대하여 (   ) 안에 알맞은 내용을 써넣으시오. (3점)

① 비계기둥의 간격: 띠장 방향에서는 (   )[m] 이하
② 비계기둥의 간격: 장선 방향에서는 (   )[m] 이하
③ 띠장의 간격: (   )[m] 이하

정답

① 1.85　　② 1.5　　③ 2

04 화면에 보이는 장면은 터널굴착현장에서의 공정이다. 화면을 참고하여 다음 물음에 답하시오. (5점)

① 화면에서 작업하고 있는 공정의 명칭을 쓰시오.
② 화면과 같은 작업 시 작업계획서 내용 2가지를 쓰시오.

정답

① 명칭: 숏크리트 타설
② 작업계획서 포함사항
㉠ 굴착의 방법
㉡ 터널 지보공 및 복공의 시공방법과 용수의 처리방법
㉢ 환기 또는 조명시설을 설치할 때에는 그 방법

05 화면의 ① 기계의 명칭 및 ② 용도를 쓰시오. (4점)

정답

① 명칭: 아스팔트 피니셔

② 용도: 덤프트럭으로 운반된 아스팔트를 노면에 일정한 높이와 간격으로 포설

06 화면과 같이 근로자가 손수레를 사용하여 건설용 리프트에 벽돌을 싣는 작업 중 재해가 발생했다. 재해발생원인 2가지를 쓰시오. (4점)

정답

① 건설용 리프트의 적재하중 초과

② 근로자 단독작업 실시

07 화면은 동바리의 설치 잘못으로 붕괴사고가 발생한 장면이다. 동바리의 조립 시 준수사항 3가지를 쓰시오. (6점)

정답

① 받침목이나 깔판의 사용, 콘크리트 타설, 말뚝박기 등 동바리의 침하를 방지하기 위한 조치를 할 것
② 동바리의 상하 고정 및 미끄러짐 방지 조치를 할 것
③ 상부·하부의 동바리가 동일 수직선 상에 위치하도록 하여 깔판·받침목에 고정시킬 것
④ 개구부 상부에 동바리를 설치하는 경우에는 상부하중을 견딜 수 있는 견고한 받침대를 설치할 것
⑤ U헤드 등의 단판이 없는 동바리의 상단에 멍에 등을 올릴 경우에는 해당 상단에 U헤드 등의 단판을 설치하고, 멍에 등이 전도되거나 이탈되지 않도록 고정시킬 것
⑥ 동바리의 이음은 같은 품질의 재료를 사용할 것
⑦ 강재의 접속부 및 교차부는 볼트·클램프 등 전용철물을 사용하여 단단히 연결할 것
⑧ 거푸집의 형상에 따른 부득이한 경우를 제외하고는 깔판이나 받침목은 2단 이상 끼우지 않도록 할 것
⑨ 깔판이나 받침목을 이어서 사용하는 경우에는 그 깔판·받침목을 단단히 연결할 것

08 화면과 같은 철조망 안쪽 변압기(수전설비) 설치장소 충전부에 접촉하여 감전 사고가 발생할 수 있다. 감전재해 예방대책 3가지를 쓰시오. (6점)

정답

① 충전부가 노출되지 않도록 폐쇄형 외함이 있는 구조로 할 것
② 충전부에 충분한 절연효과가 있는 방호망이나 절연덮개를 설치할 것
③ 충전부는 내구성이 있는 절연물로 완전히 덮어 감쌀 것
④ 발전소·변전소 및 개폐소 등 구획되어 있는 장소로서 관계 근로자가 아닌 사람의 출입이 금지되는 장소에 충전부를 설치하고, 위험표시 등의 방법으로 방호를 강화할 것
⑤ 전주 위 및 철탑 위 등 격리되어 있는 장소로서 관계 근로자가 아닌 사람이 접근할 우려가 없는 장소에 충전부를 설치할 것

1회 3부

01 화면은 사면보호공을 보여주고 있다. 이와 같이 사면굴착 이후 사면보호를 위한 방법 중 구조물에 의한 보호방법 3가지를 쓰시오. (6점)

정답

① 뿜어붙이기공　② 블록공　③ 돌쌓기공　④ 현장타설 콘크리트격자공

02 화면은 건물외벽의 석재마감 공사현장을 보여준다. 화면에서 추락재해를 유발하는 불안전한 요소 3가지를 쓰시오. (6점)

정답

① 작업발판 끝부분 작업 시 안전난간 미설치
② 2[m] 이상 고소작업 시 작업발판 미설치
③ 작업자의 복장, 보호구 착용상태 불량
④ 작업장의 정리정돈 상태불량

03 화면은 아파트 건설현장에서 외부 벽체 거푸집 조립작업을 보여주고 있다. 이 거푸집의 ① 명칭과 ② 장점을 쓰시오. (4점)

정답

① 명칭: 갱 폼(Gang Form)

② 장점

㉠ 공사기간 단축

㉡ 벽체 거푸집과 작업발판의 일체형으로 비계 불필요

㉢ 설치, 해체가 용이

㉣ 반복사용 가능

04 화면은 터널공사에서 콘크리트 라이닝을 하고 있다. 콘크리트 라이닝의 목적 2가지를 쓰시오. (4점)

정답

① 터널 단면의 변형 방지

② 터널 단면의 강도 확보

③ 터널 내부 시설물의 설치 용이

05 화면은 철근의 조립간격을 보여주고 있다. 기초에서 ① 주철근에 가로로 들어가는 철근의 역할과 ② 기둥에서 전단력에 저항하는 철근의 이름을 쓰시오. (4점)

정답

① 철근의 역할
 ㉠ 주철근을 고정하여 좌굴 방지
 ㉡ 수축조절
 ㉢ 주철근 간격 유지
② 철근의 이름: 띠철근

06 화면은 아파트단지 내에서 하수관로 매설작업을 수행하고 있는 전경을 보여주고 있다. 화면을 참고하여 안전대책(조치사항) 2가지를 쓰시오. (4점)

정답

① 유도자 배치
② 인양화물 2줄걸이 실시
③ 작업반경 내 근로자 출입금지 조치 실시

07 화면과 같은 동력을 사용하는 건설기계(항타기)의 작업에서 무너짐 방지 조치사항 3가지를 쓰시오. (6점)

정답

① 연약한 지반에 설치하는 경우에는 아웃트리거·받침 등 지지구조물의 침하를 방지하기 위하여 깔판·받침목 등을 사용할 것
② 시설 또는 가설물 등에 설치하는 경우에는 그 내력을 확인하고 내력이 부족하면 그 내력을 보강할 것
③ 아웃트리거·받침 등 지지구조물이 미끄러질 우려가 있는 경우에는 말뚝 또는 쐐기 등을 사용하여 해당 지지구조물을 고정시킬 것
④ 궤도 또는 차로 이동하는 항타기 또는 항발기에 대해서는 불시에 이동하는 것을 방지하기 위하여 레일 클램프 및 쐐기 등으로 고정시킬 것
⑤ 상단 부분은 버팀대·버팀줄로 고정하여 안정시키고, 그 하단 부분은 견고한 버팀·말뚝 또는 철골 등으로 고정시킬 것

08 화면에서 보이는 장면은 터널굴착작업 현장에서의 공정이다. 화면을 참고하여 다음 물음에 답하시오. (6점)

① 화면에서 작업하고 있는 공정의 명칭을 쓰시오.
② 터널굴착작업 시 작업계획서 내용 2가지를 쓰시오.

정답

① 명칭: 숏크리트 타설
② 작업계획서 포함사항
  ㉠ 굴착의 방법
  ㉡ 터널 지보공 및 복공의 시공방법과 용수의 처리방법
  ㉢ 환기 또는 조명시설을 설치할 때에는 그 방법

2회 1부

01 화면은 현장에서 사용되는 가스용기를 보여주고 있다. 이러한 가스용기를 현장에서 취급할 때 주의해야 할 사항 2가지를 쓰시오. (4점)

정답

① 용기의 온도를 40[℃] 이하로 유지할 것
② 전도의 위험이 없도록 할 것
③ 충격을 가하지 않도록 할 것
④ 운반하는 경우에는 캡을 씌울 것
⑤ 사용하는 경우에는 용기의 마개에 부착되어 있는 유류 및 먼지를 제거할 것
⑥ 밸브의 개폐는 서서히 할 것
⑦ 사용 전 또는 사용 중인 용기와 그 밖의 용기를 명확히 구별하여 보관할 것
⑧ 용해아세틸렌의 용기는 세워 둘 것
⑨ 용기의 부식·마모 또는 변형상태를 점검한 후 사용할 것

02 화면은 작업장에 설치된 계단을 보여주고 있다. 화면에서와 같이 작업장에 계단 및 계단참을 설치할 경우 준수하여야 하는 사항에 대하여 (   ) 안에 알맞은 내용을 쓰시오. (6점)

가. 계단 및 계단참을 설치하는 경우 1[m^2]당 (①)[kg] 이상의 하중에 견딜 수 있는 강도를 가진 구조로 설치해야 하며, 안전율은 (②) 이상으로 해야 한다.
나. 계단을 설치하는 경우 그 폭을 (③)[m] 이상으로 해야 한다.
다. 높이가 3[m]를 초과하는 계단에 높이 (④)[m] 이내마다 진행방향으로 길이 (⑤)[m] 이상의 계단참을 설치해야 한다.
라. 계단을 설치하는 경우 바닥면으로부터 높이 (⑥)[m] 이내의 공간에 장애물이 없도록 해야 한다.

정답

① 500	② 4	③ 1
④ 3	⑤ 1.2	⑥ 2

03 잠함, 우물통, 수직갱 또는 이와 비슷한 건설물이나 설비의 내부에서 굴착작업을 할 때 사업주가 준수하여야 할 사항 2가지를 쓰시오. (4점)

정답

① 산소 결핍 우려가 있는 경우에는 산소의 농도를 측정하는 사람을 지명하여 측정하도록 할 것

② 근로자가 안전하게 오르내리기 위한 설비를 설치할 것

③ 굴착 깊이가 20[m]를 초과하는 경우에는 해당 작업장소와 외부와의 연락을 위한 통신설비 등을 설치할 것

04 화면은 흙막이 시설이 설치되어 있는 현장을 보여주고 있다. 이와 같은 ① 흙막이 공법의 명칭 및 ② 구성요소의 명칭 2가지를 쓰시오. (6점)

정답

① 명칭: 버팀대공법

② 구성요소

㉠ H빔 ㉡ 토류판 ㉢ 복공판 ㉣ 스티프너

05 화면은 임시전력시설(전기배전시설)이다. 전기기계·기구 등의 충전전로에 부주의나 사고 등에 의해 작업자가 직접 접촉되어 발생하는 재해를 예방하기 위한 충전전로 감전방지 조치사항 3가지를 쓰시오. (6점)

정답

① 충전전로를 방호, 차폐하거나 절연 등의 조치를 하는 경우에는 근로자의 신체가 전로와 직접 접촉하거나 도전재료, 공구 또는 기기를 통하여 간접 접촉되지 않도록 할 것

② 충전전로를 취급하는 근로자에게 그 작업에 적합한 절연용 보호구를 착용시킬 것

③ 충전전로에 근접한 장소에서 전기작업을 하는 경우에는 해당 전압에 적합한 절연용 방호구를 설치할 것

④ 고압 및 특별고압의 전로에서 전기작업을 하는 근로자에게 활선작업용 기구 및 장치를 사용하도록 할 것

⑤ 근로자가 절연용 방호구의 설치·해체작업을 하는 경우에는 절연용 보호구를 착용하거나 활선작업용 기구 및 장치를 사용하도록 할 것

⑥ 유자격자가 아닌 근로자가 충전전로 인근의 높은 곳에서 작업할 때에 근로자의 몸 또는 긴 도전성 물체가 방호되지 않은 충전전로에서 대지전압이 50[kV] 이하인 경우에는 300[cm] 이내로, 대지전압이 50[kV]를 넘는 경우에는 10[kV]당 10[cm]씩 더한 거리 이내로 각각 접근할 수 없도록 할 것

06 화면에서 근로자는 밀폐공간에서 방수작업을 하고 있다. 화면에서 ① 적정공기 기준 1가지와 ② 산소 결핍 방지대책 2가지를 쓰시오. (6점)

정답

① 적정공기 기준
 ㉠ 산소농도 18[%] 이상 23.5[%] 미만
 ㉡ 이산화탄소농도 1.5[%] 미만
 ㉢ 일산화탄소농도 30[ppm] 미만
 ㉣ 황화수소농도 10[ppm] 미만

② 산소 결핍 방지대책
 ㉠ 작업을 시작하기 전 해당 밀폐공간의 산소 및 유해가스의 농도를 측정할 것
 ㉡ 적정공기 상태가 유지되도록 작업장을 환기할 것
 ㉢ 근로자에게 공기호흡기 또는 송기마스크를 지급하여 착용하도록 할 것

07 **화면은 교량 상부에 콘크리트 펌프카를 사용하여 콘크리트를 타설하는 작업을 보여주고 있다. 콘크리트타설장비 사용 시 준수사항 2가지를 쓰시오. (4점)**

정답

① 작업을 시작하기 전에 콘크리트타설장비를 점검하고 이상을 발견하였으면 즉시 보수할 것

② 건축물의 난간 등에서 작업하는 근로자가 호스의 요동·선회로 인하여 추락하는 위험을 방지하기 위하여 안전난간 설치 등 필요한 조치를 할 것

③ 콘크리트타설장비의 붐을 조정하는 경우에는 주변의 전선 등에 의한 위험을 예방하기 위한 적절한 조치를 할 것

④ 작업 중에 지반의 침하나 아웃트리거 등 콘크리트타설장비 지지구조물의 손상 등에 의하여 콘크리트타설장비가 넘어질 우려가 있는 경우에는 이를 방지하기 위한 적절한 조치를 할 것

08 **화면은 토사 굴착현장을 보여준다. 토사 굴착현장에서의 토사 등의 붕괴 또는 낙하에 의해 근로자에게 위험을 미칠 우려가 있을 때 취할 조치 2가지를 쓰시오. (4점)**

정답

① 흙막이 지보공의 설치

② 방호망의 설치

③ 근로자의 출입 금지

2회 2부

01 화면은 서해대교이다. 다음 물음에 답하시오. (6점)

① 이 교량의 형식을 쓰시오.
② 교량 공정이 다음과 같을 때 시공 순서를 나열하시오.
㉠ 케이블 설치　　㉡ 주탑 시공　　㉢ 상판 아스팔트 타설　　㉣ 우물통 기초공사

정답

① 교량 형식: 사장교
② 시공 순서: ㉣ → ㉡ → ㉠ → ㉢

02 화면과 같은 공간에서 작업자 3명이 흡연 후 개구부를 열고 들어가 밀폐공간에서 작업 중 질식사고가 발생한다. 산소결핍이 우려되는 밀폐공간에서 작업 시 문제점 3가지를 쓰시오. (6점)

정답

① 작업시작 전 산소 및 유해가스 농도 측정 미실시
② 환기 미실시
③ 호흡용 보호구 미착용
④ 감시인 미배치

03 화면은 토사 굴착현장을 보여준다. 토사 굴착현장에서의 토사 등의 붕괴 또는 낙하에 의해 근로자에게 위험을 미칠 우려가 있을 때 취할 조치 2가지를 쓰시오. (4점)

정답

① 흙막이 지보공의 설치
② 방호망의 설치
③ 근로자의 출입 금지

04 화면은 철근을 인력으로 운반하는 모습이다. 이와 같은 운반작업을 할 때 준수하여야 할 사항 3가지를 쓰시오. (6점)

정답

① 1인당 무게는 25[kg] 정도가 적절하며, 무리한 운반을 삼가할 것
② 2인 이상이 한 조가 되어 어깨메기로 하여 운반하는 등 안전을 도모할 것
③ 긴 철근을 부득이 한 사람이 운반할 때에는 한쪽을 어깨에 메고 한쪽 끝을 끌면서 운반할 것
④ 운반할 때에는 양끝을 묶어 운반할 것
⑤ 내려 놓을 때는 천천히 내려 놓고 던지지 않을 것
⑥ 공동 작업을 할 때에는 신호에 따라 작업을 할 것

05 화면은 철근조립작업 방법을 보여주고 있다. 이음 등을 고려한 노출된 철근의 보호방법 2가지를 쓰시오. (4점)

정답

① 철근에 비닐 등을 덮어 빗물이나 습기 차단
② 방청도료를 도포하여 철근 부식 방지
③ 아연도금된 철근 사용

06 화면은 파이프 서포트를 사용한 동바리이다. 화면에서와 같이 파이프 서포트를 지주로 사용할 경우 준수하여야 하는 사항 3가지를 쓰시오. (6점)

정답

① 파이프 서포트를 3개 이상 이어서 사용하지 않도록 할 것

② 파이프 서포트를 이어서 사용하는 경우에는 4개 이상의 볼트 또는 전용철물을 사용하여 이을 것

③ 높이가 3.5[m]를 초과하는 경우에는 높이 2[m] 이내마다 수평연결재를 2개 방향으로 만들고 수평연결재의 변위를 방지할 것

07 **화면은 차량계 건설장비를 보여주고 있다. 차량계 건설장비를 이용하는 작업의 작업계획서 작성에 포함되어야 할 사항 2가지를 쓰시오. (4점)**

정답

① 사용하는 차량계 건설기계의 종류 및 성능
② 차량계 건설기계의 운행경로
③ 차량계 건설기계에 의한 작업방법

08 **화면에서 보여주는 건설기계의 용도 2가지를 쓰시오. (4점)**

정답

① 수중굴착
② 수직굴착
③ 협소한 공간 내 수직이동하며 토사 운반 작업

01 화면은 건물의 해체작업을 보여주고 있다. 화면에서와 같은 ① 해체공법과 ② 해체작업 시 작업계획서에 포함되어야 할 사항 2가지를 쓰시오. (단, 그 밖에 안전·보건에 관련된 사항은 제외한다.) (6점)

정답

① 해체공법: 압쇄공법

② 작업계획서 포함사항

㉠ 해체의 방법 및 해체 순서도면

㉡ 가설설비·방호설비·환기설비 및 살수·방화설비 등의 방법

㉢ 사업장 내 연락방법

㉣ 해체물의 처분계획

㉤ 해체작업용 기계·기구 등의 작업계획서

㉥ 해체작업용 화약류 등의 사용계획서

02 화면과 같은 철조망 안쪽 변압기(수전설비) 설치장소 충전부에 접촉하여 감전 사고가 발생할 수 있다. 충전부에 대한 감전재해 예방대책 2가지를 쓰시오. (4점)

정답

① 충전부가 노출되지 않도록 폐쇄형 외함이 있는 구조로 할 것
② 충전부에 충분한 절연효과가 있는 방호망이나 절연덮개를 설치할 것
③ 충전부는 내구성이 있는 절연물로 완전히 덮어 감쌀 것
④ 발전소·변전소 및 개폐소 등 구획되어 있는 장소로서 관계 근로자가 아닌 사람의 출입이 금지되는 장소에 충전부를 설치하고, 위험표시 등의 방법으로 방호를 강화할 것
⑤ 전주 위 및 철탑 위 등 격리되어 있는 장소로서 관계 근로자가 아닌 사람이 접근할 우려가 없는 장소에 충전부를 설치할 것

03 화면은 사면보호공을 보여주고 있다. 이와 같이 사면굴착 이후 사면보호를 위한 방법 중 구조물에 의한 보호방법 3가지를 쓰시오. (6점)

정답

① 뿜어붙이기공 ② 블록공 ③ 돌쌓기공 ④ 현장타설 콘크리트격자공

04 화면은 자재를 인양 중인 장면을 보여준다. 위험요인에 대한 안전대책 2가지를 쓰시오. (4점)

정답

① 근로자는 관리감독자의 지휘에 따라 작업할 것

② 작업반경 내 출입금지구역을 설정하여 관계근로자 외의 근로자의 출입을 금지할 것

③ 작업근로자에게 안전모 등 개인보호구를 착용시킬 것

05 화면은 추락재해 가능성이 있는 경사로를 보여준다. 시설측면에서 불안전한 상태 3가지를 쓰시오. (6점)

정답

① 작업발판 미설치

② 울, 손잡이 등 미설치

③ 추락방호망 미설치

④ 통로 설치상태 불량

06 화면은 타워크레인 작업 중 발생할 수 있는 낙하재해를 재연하고 있다. 화면에서 재해의 원인(불안전 요소)으로 추정되는 사항 2가지를 쓰시오. (4점)

정답

① 줄걸이 작업 불량
② 인양작업 전 와이어로프의 결함유무 미확인
③ 신호수의 지시 불이행
④ 정격하중 초과중량 화물 인양

07 화면은 토사 굴착현장을 보여준다. 토사 굴착현장에서의 토사 등의 붕괴 또는 낙하에 의해 근로자에게 위험을 미칠 우려가 있을 때 취할 조치 2가지를 쓰시오. (4점)

정답

① 흙막이 지보공의 설치
② 방호망의 설치
③ 근로자의 출입 금지

08 화면은 오토클라이밍폼 작업을 하는 과정을 보여준다. 작업순서를 쓰시오. (6점)

① 오토클라이밍폼으로 교각 시공	② 측경 간 시공	③ 중앙 key segment
④ 중앙 박스 타설(키세그 연결 전)	⑤ 상부타설 시작	⑥ 상부타설 진행

정답

① → ⑤ → ⑥ → ② → ④ → ③

4회 1부

01 화면은 가스용기의 운반 및 용단작업을 하는 모습을 보여주고 있다. 가스용기의 운반과 용단 시의 문제점으로 나누어 각각 2가지씩 쓰시오. (4점)

정답

① 가스용기 운반 시 문제점
  ㉠ 이동 시 캡을 씌우지 않고 이동
  ㉡ 이동 시 진동, 충격이 발생
② 용단작업 시 문제점
  ㉠ 용접장갑과 용접용 앞치마 미착용
  ㉡ 불티비산방지조치 미실시

02 화면은 터널공사에서 콘크리트 라이닝을 하는 모습을 보여준다. 콘크리트 라이닝의 목적 3가지를 쓰시오. (6점)

정답

① 터널 단면의 변형 방지
② 터널 단면의 강도 확보
③ 터널 내부 시설물의 설치 용이

03 화면은 아파트 건설현장에서 외부벽체 거푸집 조립작업 중인 모습이다. ① 이 거푸집의 명칭과 ② 콘크리트 측압에 영향을 주는 요인 2가지 및 ③ 장점 3가지를 쓰시오. (7점)

정답

① 명칭: 갱 폼(Gang Form)

② 측압에 영향을 주는 요인

㉠ 온도	㉡ 습도	㉢ 슬럼프 값	㉣ 물시멘트비
㉤ 타설속도	㉥ 철근량	㉦ 다짐 정도	㉧ 시공연도

③ 장점

- ㉠ 공사기간 단축
- ㉡ 벽체 거푸집과 작업발판의 일체형으로 비계 불필요
- ㉢ 설치, 해체가 용이
- ㉣ 반복사용 가능

2017년

04 화면과 같은 동력을 사용하는 건설기계의 작업에서 무너짐 방지 조치사항에 대하여 다음 물음에 답하시오. (6점)

① 아웃트리거 · 받침 등 지지구조물이 미끄러질 우려가 있는 경우의 조치사항을 쓰시오.
② 시설 또는 가설물 등에 설치하는 경우 조치사항을 쓰시오.
③ 연약한 지반에 설치하는 경우 조치사항을 쓰시오.

정답

① 말뚝 또는 쐐기 등을 사용하여 해당 지지구조물을 고정시킬 것
② 그 내력을 확인하고 내력이 부족하면 그 내력을 보강할 것
③ 아웃트리거 · 받침 등 지지구조물의 침하를 방지하기 위하여 깔판 · 받침목 등을 사용할 것

05 화면의 ① 기계의 명칭 및 ② 기계의 용도를 쓰시오. (4점)

정답

① 명칭: 아스팔트 피니셔

② 용도: 덤프트럭으로 운반된 아스팔트를 노면에 일정한 높이와 간격으로 포설

06 화면과 같은 가설통로의 설치기준에 관한 사항에서 미끄러지지 아니하는 구조로 할 때 경사의 각도 기준을 쓰시오. (단, 계단이 없고, 높이 2[m] 이상이다.) (4점)

정답

15° 초과 30° 이하

07 화면에서 보여주고 있는 비계의 종류를 쓰시오. (3점)

정답

말비계

08 화면과 같은 장소에서 건설작업에 종사하는 근로자가 전로에 신체 등이 접촉하거나 접근함으로 인하여 감전의 위험이 발생할 우려가 있다. 감전의 위험요소 3가지를 쓰시오. (단, 통전전류의 세기는 제외한다.) (6점)

정답

① 통전경로　　② 통전시간　　③ 전원의 종류

4회 2부

01 화면과 같이 철조망 안쪽 변압기(수전설비) 설치장소 충전부에 접촉하여 감전 사고가 발생했다. 충전부에 대한 감전재해 예방대책 3가지를 쓰시오. (6점)

정답

① 충전부가 노출되지 않도록 폐쇄형 외함이 있는 구조로 할 것
② 충전부에 충분한 절연효과가 있는 방호망이나 절연덮개를 설치할 것
③ 충전부는 내구성이 있는 절연물로 완전히 덮어 감쌀 것
④ 발전소·변전소 및 개폐소 등 구획되어 있는 장소로서 관계 근로자가 아닌 사람의 출입이 금지되는 장소에 충전부를 설치하고, 위험표시 등의 방법으로 방호를 강화할 것
⑤ 전주 위 및 철탑 위 등 격리되어 있는 장소로서 관계 근로자가 아닌 사람이 접근할 우려가 없는 장소에 충전부를 설치할 것

02 화면은 굴착기를 이용하여 굴착한 흙을 덤프트럭으로 운반하는 작업을 보여주고 있다. 화면을 참고하여 위험요인 2가지를 쓰시오. (4점)

정답

① 유도자 미배치

② 작업반경 내 근로자 출입금지 조치 미실시

③ 불안전한 지반상태

03 화면은 굴착작업 현장을 보여주고 있다. 굴착작업 시 사전조사 내용 2가지를 쓰시오. (4점)

정답

① 형상·지질 및 지층의 상태

② 균열·함수·용수 및 동결의 유무 또는 상태

③ 매설물 등의 유무 또는 상태

④ 지반의 지하수위 상태

04 화면은 작업장에 설치된 계단을 보여주고 있다. 화면에서와 같이 작업장에 계단 및 계단참을 설치할 경우 준수하여야 하는 사항에 대하여 ( ) 안에 알맞은 내용을 쓰시오. (3점)

가. 계단을 설치하는 경우 그 폭을 (①)[m] 이상으로 하여야 한다. 단, 급유용, 보수용, 비상용 계단 및 나선형 계단에 대하여는 제외한다.
나. 높이가 3[m]를 초과하는 계단에 높이 (②)[m] 이내마다 진행방향으로 길이 (③)[m] 이상의 계단참을 설치하여야 한다.

정답

① 1 ② 3 ③ 1.2

05 화면은 낙하물 방지망을 보수하는 장면을 보여주고 있다. 낙하물 방지망 방망의 표시사항 2가지를 쓰시오. (4점)

정답

① 제조자명 ② 제조연월 ③ 재봉치수 ④ 그물코 ⑤ 신품인 때의 방망의 강도

06 화면에서와 같은 가설구조물이나 개구부 등에서 추락 위험을 방지하기 위해 설치하여야 하는 안전난간의 구조 및 설치요건에 맞도록 (　　) 안에 알맞은 내용을 쓰시오. (7점)

가. 안전난간은 (①), (②), (③) 및 (④)으로 구성할 것
나. (④)은 바닥면 등으로부터 (⑤)[cm] 이상의 높이를 유지할 것
다. (①)는 바닥면·발판 또는 경사로의 표면으로부터 (⑥)[cm] 이상 지점에 설치하고, (①)를 (⑦)[cm] 이하에 설치하는 경우에는 중간 난간대는 상부 난간대와 바닥면 등의 중간에 설치할 것

정답

① 상부 난간대　② 중간 난간대　③ 난간기둥　④ 발끝막이판
⑤ 10　⑥ 90　⑦ 120

07 화면을 보고 ① 해당차량 기계의 명칭과 ② 회전이유 2가지를 쓰시오. (6점)

정답

① 명칭: 콘크리트 믹서 트럭

② 회전이유

ㄱ 골재, 시멘트 및 물을 완전히 혼합하여 균질한 혼합물 생성

ㄴ 재료 분리의 발생 및 양생 방지

08 화면에서와 같은 건설현장에서 철골작업 시 작업을 중지하여야 하는 기후조건 3가지를 쓰시오. (6점)

정답

① 풍속: 초당 10[m] 이상

② 강우량: 시간당 1[mm] 이상

③ 강설량: 시간당 1[cm] 이상

4회 3부

01 화면에서 장약작업을 하고 있다. 장약작업 시 준수사항 3가지를 쓰시오. (6점)

정답

① 장약작업 장소 인근에서는 화기사용 및 흡연을 하지 않도록 할 것
② 장약작업 장소 인근에서는 전기용접 작업이나 동력을 사용하는 기계를 사용하지 않을 것
③ 장약작업을 하는 근로자가 안전모 등 적절한 보호구를 착용하도록 할 것
④ 기존의 발파에 사용된 발파공에는 장약하지 않도록 할 것
⑤ 약포는 1개씩 손을 사용하여 신중하게 장약봉으로 넣고, 약포 간에 간격이 없도록 그때마다 구멍길이의 차를 측정하면서 장약을 수행하도록 할 것
⑥ 장약봉은 곧바르고 견고하며, 마찰 · 충격 · 정전기 등에 대하여 안전한 부도체(플라스틱, 나무 등)를 사용하여 약포 지름보다 약간 굵고, 적당한 길이로 하고, 개수는 충분히 준비하게 할 것
⑦ 장약은 뇌관의 관체, 각선, 연결장치 등이 충격 또는 손상되지 않도록 주의하며, 각선의 길이는 결선작업을 고려하여 충분한 길이의 것을 사용하게 할 것
⑧ 낙석 또는 붕락의 위험이 있는 뜬돌(부석) 등의 유무를 확인하고, 이를 제거하는 등 안전조치 후 작업하도록 할 것
⑨ 장약작업 중에는 관계 근로자가 아닌 사람의 출입을 금지할 것

02 백호우로 콘크리트를 타설하는 화면을 보여준다. 위험요인 2가지를 쓰시오. (4점)

정답

① 작업 장소 하부 지반의 침하로 인한 백호우 전도

② 백호우 버킷 연결부 등이 작업 중 탈락

③ 유도자 미배치

03 화면과 같은 장비 등의 운전자가 운전위치를 이탈하는 경우 준수사항 3가지를 쓰시오. (6점)

정답

① 포크, 버킷, 디퍼 등의 장치를 가장 낮은 위치 또는 지면에 내려 둘 것

② 원동기를 정지시키고 브레이크를 확실히 거는 등 차량계 건설기계의 갑작스러운 이동을 방지하기 위한 조치를 할 것

③ 운전석을 이탈하는 경우에는 시동키를 운전대에서 분리시킬 것

04 화면은 둥근톱을 이용하여 작업을 하는 모습을 보여준다. 둥근톱의 방호장치 2가지를 쓰시오. (4점)

정답

① 반발예방장치 ② 톱날접촉예방장치

05 강관비계 조립 시 준수사항 2가지를 쓰시오. (4점)

정답

① 비계기둥에는 미끄러지거나 침하하는 것을 방지하기 위하여 밑받침철물을 사용하거나 깔판·받침목 등을 사용하여 밑둥잡이를 설치하는 등의 조치를 할 것
② 강관의 접속부 또는 교차부는 적절한 부속철물을 사용하여 접속하거나 단단히 묶을 것
③ 교차 가새로 보강할 것
④ 가공전로에 근접하여 비계를 설치하는 경우에는 가공전로를 이설하거나 가공전로에 절연용 방호구를 장착하는 등 가공전로와의 접촉을 방지하기 위한 조치를 할 것

06 화면은 건물의 해체작업을 보여주고 있다. 화면에서와 같은 ① 해체공법과 ② 해체작업 시 작업계획서에 포함되어야 할 사항 2가지를 쓰시오. (단, 그 밖에 안전·보건에 관련된 사항은 제외한다.) (6점)

정답

① 해체공법: 압쇄공법

② 작업계획서 포함사항

㉠ 해체의 방법 및 해체 순서도면

㉡ 가설설비·방호설비·환기설비 및 살수·방화설비 등의 방법

㉢ 사업장 내 연락방법

㉣ 해체물의 처분계획

㉤ 해체작업용 기계·기구 등의 작업계획서

㉥ 해체작업용 화약류 등의 사용계획서

2017년

07 화면은 터널 공사현장에 관한 내용이다. 터널공사 작업 시 자동경보장치에 대하여 당일 작업시작 전에 점검하고 이상 발견 시 즉시 보수해야 할 사항 2가지를 쓰시오. (4점)

정답

① 계기의 이상 유무

② 검지부의 이상 유무

③ 경보장치의 작동상태

08 화면은 작업장에 설치된 계단을 보여준다. 작업장에 계단 및 계단참을 설치할 경우 준수해야 할 사항에 대하여 (   ) 안에 알맞은 내용을 쓰시오. (6점)

가. 계단 및 계단참을 설치하는 경우 1[m^2]당 (①)[kg] 이상의 하중에 견딜 수 있는 강도를 가진 구조로 설치해야 하며, 안전율은 (②) 이상으로 해야 한다.
나. 계단을 설치하는 경우에는 그 폭을 (③)[m] 이상으로 해야 한다.
다. 높이가 3[m]를 초과하는 계단에 높이 (④)[m] 이내마다 진행방향으로 길이 (⑤)[m] 이상의 계단참을 설치해야 한다.
라. 계단을 설치하는 경우 바닥면으로부터 높이 (⑥)[m] 이내의 공간에 장애물이 없도록 해야 한다.

2017년

정답

① 500	② 4	③ 1
④ 3	⑤ 1.2	⑥ 2

하고 싶은 일에는
방법이 보이고

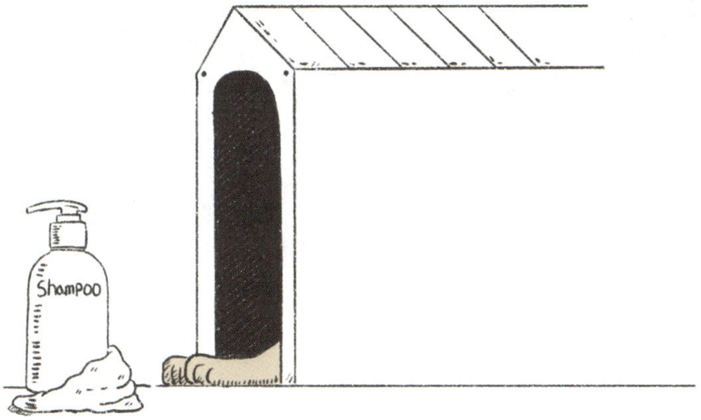

하기 싫은 일에는
핑계가 보인다.

– 필리핀 격언

2016년 | 기출문제

1회 1부

01 화면은 건물의 해체작업을 보여주고 있다. 화면에서와 같은 ① 해체공법과 ② 해체작업 시 작업계획서에 포함되어야 할 사항 2가지를 쓰시오. (단, 그 밖에 안전·보건에 관련된 사항은 제외한다.) (6점)

정답

① 해체공법: 압쇄공법

② 작업계획서 포함사항

㉠ 해체의 방법 및 해체 순서도면

㉡ 가설설비·방호설비·환기설비 및 살수·방화설비 등의 방법

㉢ 사업장 내 연락방법

㉣ 해체물의 처분계획

㉤ 해체작업용 기계·기구 등의 작업계획서

㉥ 해체작업용 화약류 등의 사용계획서

02 화면은 건설기계를 이용한 사면굴착 공사를 보여주고 있다. 화면에서와 같은 사면에서 건설기계가 넘어지거나 굴러떨어지는 것을 방지하기 위해 필요한 조치사항 3가지를 쓰시오. (6점)

정답

① 유도자 배치
② 지반의 부동침하 방지 조치
③ 갓길의 붕괴 방지 조치
④ 도로 폭의 유지

03 화면은 건물외벽의 석재마감 공사현장을 보여주고 있다. 화면에서 추락재해를 유발하는 불안전한 요소 2가지를 쓰시오. (4점)

정답

① 작업발판 끝부분 작업 시 안전난간 미설치
② 2[m] 이상 고소작업 시 작업발판 미설치
③ 작업자의 복장, 보호구 착용상태 불량
④ 작업장의 정리정돈 상태불량

04 화면과 같은 작업 중 근로자가 충전부에 접촉하여 감전 사고가 발생했다. 충전부에 대한 감전재해 예방대책 3가지를 쓰시오. (6점)

정답

① 충전부가 노출되지 않도록 폐쇄형 외함이 있는 구조로 할 것
② 충전부에 충분한 절연효과가 있는 방호망이나 절연덮개를 설치할 것
③ 충전부는 내구성이 있는 절연물로 완전히 덮어 감쌀 것
④ 발전소·변전소 및 개폐소 등 구획되어 있는 장소로서 관계 근로자가 아닌 사람의 출입이 금지되는 장소에 충전부를 설치하고, 위험표시 등의 방법으로 방호를 강화할 것
⑤ 전주 위 및 철탑 위 등 격리되어 있는 장소로서 관계 근로자가 아닌 사람이 접근할 우려가 없는 장소에 충전부를 설치할 것

05 화면은 트렌치 굴착작업 현장을 보여주고 있다. 굴착작업 시 작업시작 전 점검사항 2가지를 쓰시오. (4점)

정답

① 작업장소 및 그 주변의 부석·균열의 유무
② 함수·용수 및 동결의 유무 또는 상태의 변화

06 화면은 철근조립작업 방법을 보여주고 있다. 이음 등을 고려한 노출된 철근의 보호방법 3가지를 쓰시오. (6점)

정답

① 철근에 비닐 등을 덮어 빗물이나 습기 차단
② 방청도료를 도포하여 철근 부식 방지
③ 아연도금된 철근 사용

07 화면에 나타난 터널 굴착공법의 명칭을 쓰시오. (4점)

정답

T.B.M(Tunnel Boring Machine)공법

08 화면은 토사 굴착현장을 보여준다. 토사 굴착현장에서의 토사 등의 붕괴 또는 낙하에 의해 근로자에게 위험을 미칠 우려가 있을 때 취할 조치 2가지를 쓰시오. (4점)

정답

① 흙막이 지보공의 설치

② 방호망의 설치

③ 근로자의 출입 금지

1회 2부

01 화면은 교량 상부에 콘크리트 펌프카를 사용하여 콘크리트를 타설하는 작업을 보여주고 있다. 콘크리트타설장비 사용 시 준수사항 2가지를 쓰시오. (4점)

정답

① 작업을 시작하기 전에 콘크리트타설장비를 점검하고 이상을 발견하였으면 즉시 보수할 것
② 건축물의 난간 등에서 작업하는 근로자가 호스의 요동·선회로 인하여 추락하는 위험을 방지하기 위하여 안전난간 설치 등 필요한 조치를 할 것
③ 콘크리트타설장비의 붐을 조정하는 경우에는 주변의 전선 등에 의한 위험을 예방하기 위한 적절한 조치를 할 것
④ 작업 중에 지반의 침하나 아웃트리거 등 콘크리트타설장비 지지구조물의 손상 등에 의하여 콘크리트타설장비가 넘어질 우려가 있는 경우에는 이를 방지하기 위한 적절한 조치를 할 것

02 화면과 같은 ① 건설기계의 명칭과 ② 할 수 있는 작업의 종류 2가지를 쓰시오. (4점)

정답

① 명칭: 스크레이퍼

② 작업의 종류

㉠ 운반작업 ㉡ 굴착작업 ㉢ 성토작업 ㉣ 하역작업 ㉤ 지면 고르기작업

03 화면에서 보이는 장면은 터널 굴착현장에서의 공정이다. 화면을 참고하여 다음 물음에 답하시오. (4점)

> ① 화면에서 작업하고 있는 공정의 명칭을 쓰시오.
> ② 공법의 종류 2가지를 쓰시오.

정답

① 명칭: 숏크리트 타설

② 종류

㉠ 습식공법 ㉡ 건식공법

04 화면은 굴착기를 이용하여 굴착한 흙을 덤프트럭으로 운반하는 작업을 보여준다. 화면을 참고하여 ① 왼쪽 건설기계 명칭과 ② 작업 시 주의하여야 할 사항(안전대책) 2가지를 쓰시오. (6점)

정답

① 명칭: 굴착기(백호우)

② 작업 시 주의사항

㉠ 유도자 배치

㉡ 작업반경 내 근로자 출입금지 조치 실치

㉢ 작업장 내 운행속도 제한조치 실시

㉣ 장비간 이격거리 확보를 위한 고임목 설치

05 화면은 추락재해 가능성이 있는 경사로를 보여준다. 시설측면에서 불안전한 상태 2가지를 쓰시오. (4점)

정답

① 작업발판 미설치

② 울, 손잡이 등 미설치

③ 추락방호망 미설치

④ 통로 설치상태 불량

06 화면은 임시전력시설(전기배전시설)이다. 전기기계·기구 등의 충전전로에 부주의나 사고 등에 의해 작업자가 직접 접촉되어 발생하는 재해를 예방하기 위한 충전전로 감전방지 조치사항 3가지를 쓰시오. (6점)

정답

① 충전전로를 방호, 차폐하거나 절연 등의 조치를 하는 경우에는 근로자의 신체가 전로와 직접 접촉하거나 도전재료, 공구 또는 기기를 통하여 간접 접촉되지 않도록 할 것
② 충전전로를 취급하는 근로자에게 그 작업에 적합한 절연용 보호구를 착용시킬 것
③ 충전전로에 근접한 장소에서 전기작업을 하는 경우에는 해당 전압에 적합한 절연용 방호구를 설치할 것
④ 고압 및 특별고압의 전로에서 전기작업을 하는 근로자에게 활선작업용 기구 및 장치를 사용하도록 할 것
⑤ 근로자가 절연용 방호구의 설치·해체작업을 하는 경우에는 절연용 보호구를 착용하거나 활선작업용 기구 및 장치를 사용하도록 할 것
⑥ 유자격자가 아닌 근로자가 충전전로 인근의 높은 곳에서 작업할 때에 근로자의 몸 또는 긴 도전성 물체가 방호되지 않은 충전전로에서 대지전압이 50[kV] 이하인 경우에는 300[cm] 이내로, 대지전압이 50[kV]를 넘는 경우에는 10[kV]당 10[cm]씩 더한 거리 이내로 각각 접근할 수 없도록 할 것

07 화면에서 보이는 장면은 터널굴착 현장에서의 공정 중 한 가지이다. 터널굴착작업 시 작업계획서 내용 3가지를 쓰시오. (6점)

정답

① 굴착의 방법
② 터널 지보공 및 복공의 시공방법과 용수의 처리방법
③ 환기 또는 조명시설을 설치할 때에는 그 방법

08 화면은 현장에서 사용되는 가스용기를 보여주고 있다. 이러한 가스용기를 현장에서 취급할 때 주의해야 할 사항 3가지를 쓰시오. (6점)

정답

① 용기의 온도를 40[℃] 이하로 유지할 것
② 전도의 위험이 없도록 할 것
③ 충격을 가하지 않도록 할 것
④ 운반하는 경우에는 캡을 씌울 것
⑤ 사용하는 경우에는 용기의 마개에 부착되어 있는 유류 및 먼지를 제거할 것
⑥ 밸브의 개폐는 서서히 할 것
⑦ 사용 전 또는 사용 중인 용기와 그 밖의 용기를 명확히 구별하여 보관할 것
⑧ 용해아세틸렌의 용기는 세워 둘 것
⑨ 용기의 부식·마모 또는 변형상태를 점검한 후 사용할 것

1회 3부

01 화면은 사면보호공을 보여주고 있다. 이와 같이 사면굴착 이후 사면보호를 위한 방법 중 구조물에 의한 보호방법 2가지를 쓰시오. (4점)

정답

① 뿜어붙이기공 ② 블록공 ③ 돌쌓기공 ④ 현장타설 콘크리트격자공

02 화면과 같이 지하실 밀폐공간에서 방수작업 도중 작업자가 쓰러지는 재해가 발생했다. 동종 재해방지를 위한 안전대책 2가지를 쓰시오. (4점)

정답

① 작업을 시작하기 전 해당 밀폐공간의 산소 및 유해가스의 농도를 측정할 것
② 적정공기 상태가 유지되도록 작업장을 환기할 것
③ 근로자에게 공기호흡기 또는 송기마스크를 지급하여 착용하도록 할 것

03 화면에서 굴착기(백호우) 2대로 철강을 들어올리는 작업을 하고, 바로 옆에 작업자가 서 있으며 주변에 충전전로도 보인다. 위험요소 2가지를 쓰시오. (4점)

정답

① 유도자 미배치

② 작업반경 내 근로자 출입금지 조치 미실시

③ 크레인이 아닌 굴착기로 철강을 들어올리는 작업

④ 충전전로 인근 작업 시 이격거리 미준수

04 화면과 같은 공간에서 작업자 3명이 흡연 후 개구부를 열고 들어가 밀폐공간에서 작업 중 질식사고가 발생한다. 산소결핍이 우려되는 밀폐공간에서 작업 시 문제점 3가지를 쓰시오. (6점)

정답

① 작업시작 전 산소 및 유해가스 농도 측정 미실시

② 환기 미실시

③ 호흡용 보호구 미착용

④ 감시인 미배치

05 화면에서 장약작업을 하고 있다. 장약작업 시 준수사항 3가지를 쓰시오. (6점)

정답

① 장약작업 장소 인근에서는 화기사용 및 흡연을 하지 않도록 할 것
② 장약작업 장소 인근에서는 전기용접 작업이나 동력을 사용하는 기계를 사용하지 않을 것
③ 장약작업을 하는 근로자가 안전모 등 적절한 보호구를 착용하도록 할 것
④ 기존의 발파에 사용된 발파공에는 장약하지 않도록 할 것
⑤ 약포는 1개씩 손을 사용하여 신중하게 장약봉으로 넣고, 약포 간에 간격이 없도록 그때마다 구멍길이의 차를 측정하면서 장약을 수행하도록 할 것
⑥ 장약봉은 곧바르고 견고하며, 마찰 · 충격 · 정전기 등에 대하여 안전한 부도체(플라스틱, 나무 등)를 사용하여 약포 지름보다 약간 굵고, 적당한 길이로 하고, 개수는 충분히 준비하게 할 것
⑦ 장약은 뇌관의 관체, 각선, 연결장치 등이 충격 또는 손상되지 않도록 주의하며, 각선의 길이는 결선작업을 고려하여 충분한 길이의 것을 사용하게 할 것
⑧ 낙석 또는 붕락의 위험이 있는 뜬돌(부석) 등의 유무를 확인하고, 이를 제거하는 등 안전조치 후 작업하도록 할 것
⑨ 장약작업 중에는 관계 근로자가 아닌 사람의 출입을 금지할 것

06 화면은 임시전력시설(전기배전시설)이다. 전기기계·기구 등의 충전전로에 부주의나 사고 등에 의해 작업자가 직접 접촉되어 발생하는 재해를 예방하기 위한 감전방지 조치사항 3가지를 쓰시오. (6점)

정답

① 충전전로를 방호, 차폐하거나 절연 등의 조치를 하는 경우에는 근로자의 신체가 전로와 직접 접촉하거나 도전재료, 공구 또는 기기를 통하여 간접 접촉되지 않도록 할 것

② 충전전로를 취급하는 근로자에게 그 작업에 적합한 절연용 보호구를 착용시킬 것

③ 충전전로에 근접한 장소에서 전기작업을 하는 경우에는 해당 전압에 적합한 절연용 방호구를 설치할 것

④ 고압 및 특별고압의 전로에서 전기작업을 하는 근로자에게 활선작업용 기구 및 장치를 사용하도록 할 것

⑤ 근로자가 절연용 방호구의 설치·해체작업을 하는 경우에는 절연용 보호구를 착용하거나 활선작업용 기구 및 장치를 사용하도록 할 것

⑥ 유자격자가 아닌 근로자가 충전전로 인근의 높은 곳에서 작업할 때에 근로자의 몸 또는 긴 도전성 물체가 방호되지 않은 충전전로에서 대지전압이 50[kV] 이하인 경우에는 300[cm] 이내로, 대지전압이 50[kV]를 넘는 경우에는 10[kV]당 10[cm]씩 더한 거리 이내로 각각 접근할 수 없도록 할 것

07 화면은 타워크레인을 사용한 인양작업 중 발생한 재해를 재현한 것이다. 다음 물음에 답하시오. (6점)

① 재해형태를 쓰시오.
② 재해의 원인을 쓰시오.
③ 사고를 예방할 수 있는 대책을 쓰시오.

정답

① 재해형태: 맞음(낙하)
② 원인: 인양 중인 화물 줄걸이 상태 불량
③ 예방대책: 적합한 줄걸이 용구 및 올바른 줄걸이 사용

08 화면의 흙막이 구조물에서 사용되는 계측기 종류 2가지를 쓰시오. (4점)

정답

① 지표침하계　　② 수위계　　③ 지중경사계

2회 1부

01 화면을 보고 해당차량 기계의 명칭을 쓰시오. (4점)

정답

콘크리트 믹서 트럭

02 화면은 콘크리트 말뚝의 모습을 보여주고 있다. 이와 같은 말뚝의 항타공법 종류 3가지를 쓰시오. (6점)

정답

① 타격공법　② 진동공법　③ 압입공법　④ 프리보링공법

03 화면은 동바리의 설치 잘못으로 붕괴사고가 발생한 장면이다. 동바리의 조립 시 준수사항 3가지를 쓰시오. (6점)

정답

① 받침목이나 깔판의 사용, 콘크리트 타설, 말뚝박기 등 동바리의 침하를 방지하기 위한 조치를 할 것
② 동바리의 상하 고정 및 미끄러짐 방지 조치를 할 것
③ 상부 · 하부의 동바리가 동일 수직선 상에 위치하도록 하여 깔판 · 받침목에 고정시킬 것
④ 개구부 상부에 동바리를 설치하는 경우에는 상부하중을 견딜 수 있는 견고한 받침대를 설치할 것
⑤ U헤드 등의 단판이 없는 동바리 상단에 멍에 등을 올릴 경우에는 해당 상단에 U헤드 등의 단판을 설치하고, 멍에 등이 전도되거나 이탈되지 않도록 고정시킬 것
⑥ 동바리의 이음은 같은 품질의 재료를 사용할 것
⑦ 강재의 접속부 및 교차부는 볼트 · 클램프 등 전용철물을 사용하여 단단히 연결할 것
⑧ 거푸집의 형상에 따른 부득이한 경우를 제외하고는 깔판이나 받침목은 2단 이상 끼우지 않도록 할 것
⑨ 깔판이나 받침목을 이어서 사용하는 경우에는 그 깔판 · 받침목을 단단히 연결할 것

04 화면에서는 굴착기를 이용하여 굴착한 흙을 덤프트럭으로 운반하는 작업을 보여주고 있다. 화면을 참고하여 위험요인 2가지를 쓰시오. (4점)

정답

① 유도자 미배치
② 작업반경 내 근로자 출입금지 조치 미실시
③ 불안전한 지반상태

05 화면에서 보여주는 것과 같이 가설구조물이나 개구부 등에서 추락 위험을 방지하기 위해 설치하여야 하는 안전난간의 구조 및 설치요건에 맞도록 ( ) 안에 알맞은 내용을 쓰시오. (5점)

가. 안전난간은 (①), (②), (③) 및 (④)으로 구성할 것
나. (④)은 바닥면 등으로부터 (⑤)[cm] 이상의 높이를 유지할 것

정답

① 상부 난간대 ② 중간 난간대 ③ 난간기둥 ④ 발끝막이판 ⑤ 10

06 화면은 굴착작업 현장을 보여주고 있다. 굴착작업 시 ① 사전조사 내용 3가지와 ② 작업시작 전 점검사항 2가지를 쓰시오. (5점)

정답

① 사전조사 내용
  ㉠ 형상·지질 및 지층의 상태
  ㉡ 균열·함수·용수 및 동결의 유무 또는 상태
  ㉢ 매설물 등의 유무 또는 상태
  ㉣ 지반의 지하수위 상태

② 작업시작 전 점검사항
  ㉠ 작업장소 및 그 주변의 부석·균열의 유무
  ㉡ 함수·용수 및 동결의 유무 또는 상태의 변화

07 화면은 교량건설을 보여주고 있다. 해당 공사의 공법의 명칭을 쓰시오. (4점)

정답

F.C.M(Free Cantilever Method)공법

08 화면은 작업자가 이동식비계 위에서 작업 중인 장면을 보여준다. 이동식비계의 설치·사용 시 재해가 발생할 수 있는 원인 3가지를 쓰시오. (6점)

정답

① 이동식비계 바퀴에 브레이크·쐐기 미설치

② 승강용사다리의 불안정한 설치

③ 비계의 최상부 작업 시 안전난간 미설치

④ 작업발판 위에서 받침대 등을 사용하여 작업 실시

2회 2부

01 화면에 보여진 차량계 하역운반기계를 이송하기 위하여 자주에 의하여 화물자동차에 싣거나 내리는 작업 중 차량이 넘어지거나 굴러떨어짐으로써 발생하는 재해의 방지대책 2가지를 쓰시오. (4점)

정답

① 싣거나 내리는 작업은 평탄하고 견고한 장소에서 할 것
② 발판을 사용하는 경우에는 충분한 길이 · 폭 및 강도를 가진 것을 사용하고 적당한 경사를 유지하기 위하여 견고하게 설치할 것
③ 가설대 등을 사용하는 경우에는 충분한 폭 및 강도와 적당한 경사를 확보할 것
④ 지정운전자의 성명 · 연락처 등을 보기 쉬운 곳에 표시하고 지정운전자 외에는 운전하지 않도록 할 것

02 화면은 토사붕괴를 보여준다. 토공현장에서 토사붕괴의 외적 원인 3가지를 쓰시오. (6점)

정답

① 사면, 법면의 경사 및 기울기의 증가
② 절토 및 성토 높이의 증가
③ 공사에 의한 진동 및 반복 하중의 증가
④ 지표수 및 지하수의 침투에 의한 토사 중량의 증가
⑤ 지진, 차량, 구조물의 하중작용
⑥ 토사 및 암석의 혼합층두께

03 화면은 잔골재를 밀고 있는 작업을 보여준다. 이 건설기계의 ① 명칭과 ② 용도를 쓰시오. (4점)

정답

① 명칭: 모터 그레이더
② 용도
㉠ 바닥 정지작업　㉡ 성토작업　㉢ 측구 굴착작업　㉣ 제설작업

04 화면과 같이 근로자가 낙하물 방지망 보수 중에 재해가 발생하였다. 다음 물음에 답하시오. (5점)

① 재해발생의 형태를 쓰시오.
② 위와 같은 재해발생의 예방을 위해 필요한 조치사항을 쓰시오.
③ 낙하물 방지망의 설치기준이다. ( ) 안에 알맞은 내용을 쓰시오.
"낙하물 방지망은 높이 (㉠)[m] 이내마다 설치하고, 내민 길이는 벽면으로부터 (㉡)[m] 이상으로 하고, 수평면과의 각도는 (㉢)를 유지할 것"

정답

① 재해형태: 떨어짐(추락)
② 조치사항
㉠ 작업발판 설치 ㉡ 추락방호망 설치 ㉢ 근로자의 안전대 착용 ㉣ 이동식 사다리를 사용하여 작업
③ 낙하물 방지망 설치기준
㉠ 10 ㉡ 2 ㉢ 20° 이상 30° 이하

05 화면은 자재를 인양 중인 장면을 보여준다. 위험요인에 대한 안전대책 3가지를 쓰시오. (6점)

정답

① 작업반경 내 근로자 출입금지 조치 실시

② 인양작업 전 와이어로프의 결함유무 확인

③ 신호수의 지시에 따라 인양

06 추락방지용으로 매듭 있는 방망을 신품으로 설치하는 경우, 그물코의 종류에 따른 방망사의 인장강도를 쓰시오. (4점)

정답

① 그물코의 크기 5[cm]: 110[kg]

② 그물코의 크기 10[cm]: 200[kg]

07 화면과 같이 근로자가 손수레를 사용하여 건설용 리프트에 벽돌을 싣고 작업하던 중 사고가 발생했다. 다음 물음에 답하시오. (5점)

① 건설용 리프트의 안전장치 2가지를 쓰시오.
② 사고의 종류를 쓰시오.
③ 재해발생원인 2가지를 쓰시오.

정답

① 안전장치

㉠ 과부하방지장치 ㉡ 권과방지장치 ㉢ 비상정지장치 ㉣ 제동장치

② 사고의 종류: 떨어짐(추락)

③ 발생원인

㉠ 건설용 리프트의 적재하중 초과

㉡ 근로자 단독작업 실시

08 화면은 공사현장의 개구부이다. 이와 같이 추락의 위험이 존재하는 장소에서의 안전조치 방법 3가지를 쓰시오. (6점)

정답

① 안전난간 설치
② 울타리 설치
③ 수직형 추락방망 설치
④ 덮개 설치
⑤ 추락방호망 설치
⑥ 근로자의 안전대 착용

01 화면은 와이어로프의 체결 모습을 보여주고 있다. 다음 물음에 답하시오. (5점)

① 그림 ㉠, ㉡, ㉢ 중에서 와이어로프의 체결 방법으로 올바른 것을 쓰시오.

② 주어진 와이어로프 직경에 따른 클립 수를 (　　) 안에 쓰시오.

로프직경[mm]	클립 수[개]	로프직경[mm]	클립 수[개]
9 ~ 16	(㉠)	22	(㉡)
18	5	28	(㉢)

정답

① 올바른 체결: ㉠

② 클립 수

㉠ 4　　㉡ 5　　㉢ 5

02 화면은 흙막이 시설이 설치되어 있는 현장을 보여주고 있다. 이와 같은 ① 흙막이 공법의 명칭과 ② 계측기 종류 3가지 및 그 용도를 쓰시오. (8점)

정답

① 명칭: 어스앵커공법

② 계측기 종류와 용도

㉠ 지표침하계: 지표면의 침하량 측정

㉡ 수위계: 지반 내 지하수위의 변화 측정

㉢ 지중경사계: 지중의 수평 변위량 측정

03 화면에 나타난 건설기계의 ① 명칭과 ② 사용용도 2가지를 쓰시오. (6점)

정답

① 명칭: 불도저

② 용도

㉠ 운반작업　　㉡ 지면 고르기작업　　㉢ 굴착작업

04 화면은 빌딩의 엘리베이터 피트 거푸집 공사 장면을 보여준다. 발생할 수 있는 위험상황을 쓰시오. (2점)

정답

추락방호망 미설치로 추락사고 발생

05 화면의 작업자가 착용하고 있는 안전대의 ① 종류와 ② 용도를 쓰시오. (4점)

정답

① 종류: U자걸이

② 용도 : 고소작업 시 추락 방지

06 화면은 작업자가 이동식비계 위에서 작업 중인 장면을 보여준다. 이동식비계의 올바른 설치(조립)기준 3가지를 쓰시오. (3점)

정답

① 이동식비계의 바퀴에는 뜻밖의 갑작스러운 이동 또는 전도를 방지하기 위하여 브레이크·쐐기 등으로 바퀴를 고정시킨 다음 비계의 일부를 견고한 시설물에 고정하거나 아웃트리거를 설치하는 등 필요한 조치를 할 것

② 승강용사다리는 견고하게 설치할 것

③ 비계의 최상부에서 작업을 하는 경우에는 안전난간을 설치할 것

④ 작업발판은 항상 수평을 유지하고 작업발판 위에서 안전난간을 딛고 작업을 하거나 받침대 또는 사다리를 사용하여 작업하지 않도록 할 것

⑤ 작업발판의 최대적재하중은 250[kg]을 초과하지 않도록 할 것

07 화면은 트럭크레인을 이용하여 인양하는 모습을 보여준다. 인양 시 재해위험요인 3가지를 쓰시오. (6점)

정답

① 작업반경 내 근로자 출입금지 조치 미실시

② 인양작업 전 와이어로프의 결함유무 미확인

③ 신호수의 지시 불이행

08 화면에서 추락재해를 유발하는 시설측면에서의 불안전한 상태 3가지를 쓰시오. (6점)

정답

① 작업발판 미설치

② 울, 손잡이 등 미설치

③ 추락방호망 미설치

④ 통로 설치상태 불량

4회 1부

01 화면은 아파트단지 내에서 하수관로 매설작업을 수행하고 있는 전경을 보여주고 있다. 화면을 참고하여 안전대책(조치사항) 3가지를 쓰시오. (6점)

정답

① 유도자 배치
② 인양화물 2줄걸이 실시
③ 작업반경 내 근로자 출입금지 조치 실시

02 화면에 나타나는 교각거푸집 공사의 ① 명칭과 ② 장점 3가지를 쓰시오. (4점)

정답

① 명칭: 슬라이딩 폼

② 장점

㉠ 시공기간 단축

㉡ 작업자의 안전성 향상

㉢ 연속시공 가능

03 화면은 흙막이 시설이 설치되어 있는 현장을 보여주고 있다. 화면에서 보여준 계측기의 종류 3가지를 쓰시오. (6점)

정답

① 지표침하계　　② 수위계　　③ 지중경사계

04 화면과 같이 이동식 크레인을 이용하여 철제 배관을 운반하는 도중 신호수 간에 신호방법이 맞지 않아 물체가 흔들리며 작업자 위로 자재가 낙하하는 재해가 발생했다. 화면의 재해발생예방을 위한 준수사항 2가지를 쓰시오. (4점)

정답

① 작업반경 내 근로자 출입금지 조치 실시

② 인양작업 전 줄걸이 상태 확인

③ 신호수 간의 신호방법 통일

05 화면은 파이프 서포트를 사용한 동바리이다. 화면에서와 같이 파이프 서포트를 지주로 사용할 경우 준수하여야 하는 사항 3가지를 쓰시오. (6점)

정답

① 파이프 서포트를 3개 이상 이어서 사용하지 않도록 할 것

② 파이프 서포트를 이어서 사용하는 경우에는 4개 이상의 볼트 또는 전용철물을 사용하여 이을 것

③ 높이가 3.5[m]를 초과하는 경우에는 높이 2[m] 이내마다 수평연결재를 2개 방향으로 만들고 수평연결재의 변위를 방지할 것

06 화면은 석축붕괴에 관한 내용이다. 붕괴 원인 3가지를 쓰시오. (6점)

정답

① 배수공 설치 불량 ② 석축 쌓기 불량 ③ 석재 불량 ④ 기초지반 침하 ⑤ 배수 불량
⑥ 석축배면 지장물 파열 ⑦ 뒷채움 불량 ⑧ 동결융해 ⑨ 줄눈시공 불량

07 화면은 교량 가설현장을 보여주고 있다. 이와 같은 교량에서 고소작업 시 추락방지시설 2가지를 쓰시오. (4점)

정답

① 작업발판 ② 추락방호망

08 화면에서 굴착기를 이용하여 굴착한 흙을 덤프트럭으로 운반하는 작업을 보여주고 있다. 화면을 참고하여 ① 문제점 및 ② 안전대책을 2가지씩 쓰시오. (4점)

정답

① 위험요인
- ㉠ 유도자 미배치
- ㉡ 작업반경 내 근로자 출입금지 조치 미실시
- ㉢ 불안전한 지반상태

② 안전대책
- ㉠ 유도자 배치
- ㉡ 작업반경 내 근로자 출입금지 조치 실시
- ㉢ 작업장 내 운행속도 제한조치 실시

4회 2부

01 화면을 보고, 다음 물음에 답하시오. (4점)

① 화면에서 보여주고 있는 건설장비의 명칭을 쓰시오.
② 화면의 건설장비가 화물의 하중을 직접 지지하는 경우에 사용되는 와이어로프의 안전율은 얼마 이상인지 쓰시오.

정답

① 명칭: 이동식 크레인
② 안전율: 5 이상

02 화면에 보이는 장면은 터널 굴착현장에서의 공정이다. 화면을 참고하여 다음 물음에 답하시오. (6점)

① 화면에서 작업하고 있는 공정의 명칭을 쓰시오.
② 화면과 같은 작업 시 작업계획서 내용 2가지를 쓰시오.

정답

① 명칭: 숏크리트 타설
② 작업계획서 포함사항
　㉠ 굴착의 방법
　㉡ 터널 지보공 및 복공의 시공방법과 용수의 처리방법
　㉢ 환기 또는 조명시설을 설치할 때에는 그 방법

03 화면 ①과 ②에서 보여주고 있는 건설기계의 명칭과 주요작업을 각각 쓰시오. (4점)

화면 ①

화면 ②

정답

① 어스드릴: 암석에 천공작업으로 구멍 뚫기
② 굴착기(백호우): 굴착작업(토석채취)

04 화면은 동바리의 설치 잘못으로 거푸집의 붕괴사고가 발생한 장면이다. 화면에서 동바리의 설치상태가 잘못된 점 2가지를 쓰시오. (4점)

정답

① 동바리 규격불량

② 수평연결재 미설치

③ 변형된 자재 사용

④ 동바리 수직도 미준수

05 화면은 낙하물 방지망을 보수하는 장면을 보여주고 있다. 낙하물 방지망 방망의 표시사항 2가지를 쓰시오. (4점)

정답

① 제조자명 ② 제조연월 ③ 재봉치수 ④ 그물코 ⑤ 신품인 때의 방망의 강도

06 화면은 작업자가 이동식비계 위에서 작업 중인 장면을 보여준다. 이동식비계의 올바른 설치(조립)기준 3가지를 쓰시오. (6점)

정답

① 이동식비계의 바퀴에는 뜻밖의 갑작스러운 이동 또는 전도를 방지하기 위하여 브레이크·쐐기 등으로 바퀴를 고정시킨 다음 비계의 일부를 견고한 시설물에 고정하거나 아웃트리거를 설치하는 등 필요한 조치를 할 것

② 승강용사다리는 견고하게 설치할 것

③ 비계의 최상부에서 작업을 하는 경우에는 안전난간을 설치할 것

④ 작업발판은 항상 수평을 유지하고 작업발판 위에서 안전난간을 딛고 작업을 하거나 받침대 또는 사다리를 사용하여 작업하지 않도록 할 것

⑤ 작업발판의 최대적재하중은 250[kg]을 초과하지 않도록 할 것

07 화면은 트럭크레인을 이용하여 인양하는 모습을 보여준다. 인양 시 ① 위험요인과 ② 안전대책을 각각 3가지씩 쓰시오. (6점)

정답

① 위험요인

㉠ 작업반경 내 근로자 출입금지 조치 미실시

㉡ 인양작업 전 와이어로프의 결함유무 미확인

㉢ 신호수의 지시 불이행

② 안전대책

㉠ 작업반경 내 근로자 출입금지 조치 실시

㉡ 인양작업 전 와이어로프의 결함유무 확인

㉢ 신호수의 지시에 따라 인양

08 화면과 같은 밀폐된 공간 즉 잠함, 우물통, 수직갱, 그 밖에 유사한 시설에서 굴착작업 시 ① 준수사항 2가지와 ② 산소 결핍이 인정되는 경우의 조치사항을 쓰시오. (6점)

정답

① 작업 시 준수사항

㉠ 산소 결핍 우려가 있는 경우에는 산소의 농도를 측정하는 사람을 지명하여 측정하도록 할 것

㉡ 근로자가 안전하게 오르내리기 위한 설비를 설치할 것

㉢ 굴착 깊이가 20[m]를 초과하는 경우에는 해당 작업장소와 외부와의 연락을 위한 통신설비 등을 설치할 것

② 산소 결핍이 인정되는 경우 조치사항: 송기를 위한 설비를 설치하여 필요한 양의 공기를 공급할 것

01 화면에서 굴착기를 이용하여 굴착한 흙을 덤프트럭으로 운반하는 작업을 보여주고 있다. 화면을 참고하여 작업 시 주의사항(대책) 3가지를 쓰시오. (6점)

정답

① 유도자 배치

② 작업반경 내 근로자 출입금지 조치 실시

③ 작업장 내 운행속도 제한조치 실시

④ 장비간 이격거리 확보를 위한 고임목 설치

02 화면은 건설기계를 이용한 사면굴착 공사를 보여주고 있다. 화면에서와 같은 사면에서 건설기계가 넘어지거나 굴러떨어지는 것을 방지하기 위해 필요한 조치사항 3가지를 쓰시오. (6점)

정답

① 유도자 배치
② 지반의 부동침하 방지 조치
③ 갓길의 붕괴 방지 조치
④ 도로 폭의 유지

03 화면의 흙막이의 안전대책 2가지를 쓰시오. (4점)

정답

① 흙막이 지보공의 재료로 변형·부식되거나 심하게 손상된 것을 사용하지 아니할 것
② 흙막이 지보공을 조립하는 경우 미리 그 구조를 검토한 후 조립도를 작성하여 그 조립도에 따라 조립하도록 할 것
③ 흙막이 지보공을 설치하였을 때에는 정기적으로 점검하고 이상을 발견하면 즉시 보수할 것

04 화면은 록볼트 설치작업을 하고 있는 터널 공사현장이다. 이러한 록볼트의 역할 3가지를 쓰시오. (6점)

정답

① 봉합효과 ② 내압작용효과 ③ 보형성효과 ④ 아치형성효과 ⑤ 지반보강효과

05 화면은 교량 건설공법을 보여주고 있다. 공법의 ① 명칭 및 ② 특징을 설명하시오. (5점)

정답

① 명칭: F.C.M(Free Cantilever Method)공법

② 특징: 기 시공된 교각을 중심으로 좌우 평형을 유지하며 순차적으로 상부구조를 시공해 나가는 공법으로 교량하부의 이동이 불가하거나 동바리 사용이 어려울 경우 적용되며 특히 하천, 항만 교량에 이용된다.

06 **화면은 파이프 서포트를 사용한 동바리이다. 화면에서와 같은 동바리를 조립하는 경우 준수하여야 하는 사항 중 ( ) 안에 알맞은 내용을 쓰시오. (3점)**

가. 동바리의 이음은 같은 품질의 재료를 사용할 것
나. 강재의 접속부 및 교차부는 (①) 등 전용철물을 사용하여 단단히 연결할 것
다. 동바리로 사용하는 파이프 서포트의 경우 높이가 (②)[m]를 초과하는 경우에는 높이 (③)[m] 이내마다 수평연결재를 2개 방향으로 만들고 수평연결재의 변위를 방지할 것
라. 동바리로 사용하는 파이프 서포트의 경우 3개 이상 이어서 사용하지 않도록 할 것

정답

① 볼트 · 클램프 ② 3.5 ③ 2

07 화면은 상수도 작업을 위해 전기 용접기로 용접작업하는 모습을 보여주고 있다. 이와 같은 작업 시 작업자가 착용하여야 하는 개인보호구 3가지를 쓰시오. (6점)

정답

① 용접용 보안면
② 용접용 가죽제 안전장갑
③ 용접용 앞치마
④ 용접용 안전화

08 화면은 트렌치 굴착작업 현장을 보여주고 있다. 굴착작업 시 사업주의 작업시작 전 점검사항 2가지를 쓰시오. (4점)

정답

① 작업장소 및 그 주변의 부석·균열의 유무
② 함수·용수 및 동결의 유무 또는 상태의 변화

2015년 | 기출문제

1회 1부

01 화면과 같이 타워크레인을 사용하여 인양작업 중 재해가 발생했다. 재해의 발생원인 2가지를 쓰시오. (4점)

정답

① 신호수 미배치
② 작업반경 내 근로자 출입금지 조치 미실시
③ 상하 동시작업 실시
④ 위험표지판, 안전표지판 설치 불량
⑤ 인양 중인 화물 줄걸이 상태 불량

02 화면은 작업장에 설치된 계단을 보여주고 있다. 화면에서와 같이 작업장에 계단 및 계단참을 설치할 경우 준수하여야 하는 사항에 대하여 (　　) 안에 알맞은 내용을 쓰시오. (6점)

가. 계단 및 계단참을 설치하는 경우 1[m^2]당 (　①　)[kg] 이상의 하중에 견딜 수 있는 강도를 가진 구조로 설치해야 하며, 안전율은 (　②　) 이상으로 해야 한다.
나. 계단을 설치하는 경우 그 폭을 (　③　)[m] 이상으로 해야 한다.
다. 높이가 3[m]를 초과하는 계단에 높이 (　④　)[m] 이내마다 진행방향으로 길이 (　⑤　)[m] 이상의 계단참을 설치해야 한다.
라. 계단을 설치하는 경우 바닥면으로부터 높이 (　⑥　)[m] 이내의 공간에 장애물이 없도록 해야 한다.

정답

① 500　② 4　③ 1
④ 3　⑤ 1.2　⑥ 2

03 화면은 자재 인양작업을 보여주고 있다. 위험요인에 대한 안전대책 2가지를 쓰시오. (4점)

정답

① 근로자는 관리감독자의 지휘에 따라 작업할 것
② 작업반경 내 출입금지구역을 설정하여 관계근로자 외의 근로자의 출입은 금지할 것
③ 작업근로자에게 안전모 등 개인보호구를 착용시킬 것

04 화면과 같은 아파트 공사현장에 발생할 수 있는 추락재해에 대한 예방대책 3가지를 쓰시오. (6점)

정답

① 작업발판 설치
② 추락방호망 설치
③ 근로자의 안전대 착용
④ 안전난간 설치
⑤ 울타리 설치
⑥ 수직형 추락방망 설치
⑦ 덮개 설치

05 화면은 토사붕괴에 관한 것이다. 토공현장에서 토사붕괴의 외적 원인 3가지를 쓰시오. (6점)

정답

① 사면, 법면의 경사 및 기울기의 증가
② 절토 및 성토 높이의 증가
③ 공사에 의한 진동 및 반복 하중의 증가
④ 지표수 및 지하수의 침투에 의한 토사 중량의 증가
⑤ 지진, 차량, 구조물의 하중작용
⑥ 토사 및 암석의 혼합층두께

06 화면은 트럭크레인을 이용하여 인양하는 모습을 보여준다. 인양 시 재해위험요인 3가지를 쓰시오. (6점)

정답

① 작업반경 내 근로자 출입금지 조치 미실시

② 인양작업 전 와이어로프의 결함유무 미확인

③ 신호수의 지시 불이행

07 화면은 교량 건설공법을 보여주고 있다. 공법의 ① 명칭 및 ② 특징을 설명하시오. (4점)

정답

① 명칭: F.C.M(Free Cantilever Method)공법

② 특징: 기 시공된 교각을 중심으로 좌우 평형을 유지하며 순차적으로 상부구조를 시공해 나가는 공법으로 교량하부의 이동이 불가하거나 동바리 사용이 어려울 경우 적용되며 특히 하천, 항만 교량에 이용된다.

08 화면은 굴착기를 이용하여 굴착한 흙을 덤프트럭으로 운반하는 작업을 보여주고 있다. 화면을 참고하여 작업 시 주의사항(대책) 2가지를 쓰시오. (4점)

정답

① 유도자 배치

② 작업반경 내 근로자 출입금지 조치 실시

③ 작업장 내 운행속도 제한조치 실시

④ 장비간 이격거리 확보를 위한 고임목 설치

01 화면에서 추락재해를 유발하는 시설측면에서의 불안전한 상태에 대하여 안전대책 3가지를 쓰시오. (6점)

정답

① 작업발판 설치
② 추락방호망 설치
③ 안전난간 설치
④ 수직형 추락방망 설치

02 화면에 나타난 건설기계의 ① 명칭과 ② 사용 용도 2가지를 쓰시오. (4점)

정답

① 명칭: 불도저
② 용도
㉠ 운반작업　　㉡ 지면 고르기작업　　㉢ 굴착작업

03 화면은 흙막이 시설이 설치되어 있는 현장을 보여주고 있다. 이와 같은 ① 흙막이 공법의 명칭과 화면에서 볼 수 있는 ② 계측기 종류 2가지 및 그 용도를 쓰시오. (6점)

정답

① 명칭: 어스앵커공법

② 계측기 종류와 용도

㉠ 지표침하계: 지표면의 침하량 측정

㉡ 수위계: 지반 내 지하수위의 변화 측정

㉢ 지중경사계: 지중의 수평 변위량 측정

04 화면은 건물의 해체작업을 보여주고 있다. 화면에서와 같은 ① 해체공법과 ② 해체작업 시 작업계획서에 포함되어야 할 사항 2가지를 쓰시오. (단, 그 밖에 안전·보건에 관련된 사항은 제외한다.) (6점)

정답

① 해체공법: 압쇄공법

② 작업계획서 포함사항

㉠ 해체의 방법 및 해체 순서도면

㉡ 가설설비·방호설비·환기설비 및 살수·방화설비 등의 방법

㉢ 사업장 내 연락방법

㉣ 해체물의 처분계획

㉤ 해체작업용 기계·기구 등의 작업계획서

㉥ 해체작업용 화약류 등의 사용계획서

05 화면은 안전대의 종류 중 하나를 보여준다. 다음 물음에 답하시오. (4점)

① 안전대의 명칭을 쓰시오.
② 안전대의 용도를 쓰시오.

정답
① 명칭: 추락방지대
② 용도: 수직으로 이동하는 작업 시에 개인용 추락 방지장치

06 화면은 파이프 서포트를 사용한 동바리를 보여준다. 화면에서와 같이 파이프 서포트를 지주로 사용할 경우 준수하여야 하는 사항 3가지를 쓰시오. (6점)

정답
① 파이프 서포트를 3개 이상 이어서 사용하지 않도록 할 것
② 파이프 서포트를 이어서 사용하는 경우에는 4개 이상의 볼트 또는 전용철물을 사용하여 이을 것
③ 높이가 3.5[m]를 초과하는 경우에는 높이 2[m] 이내마다 수평연결재를 2개 방향으로 만들고 수평연결재의 변위를 방지할 것

07 화면의 흙막이 구조물에서 이용되는 계측기 종류 2가지를 쓰시오. (4점)

정답

① 지표침하계 ② 수위계 ③ 지중경사계

08 화면은 토사 굴착현장을 보여준다. 토사 굴착현장에서의 토사 등의 붕괴 또는 낙하에 의해 근로자에게 위험을 미칠 우려가 있을 때 취할 조치 2가지를 쓰시오. (4점)

정답

① 흙막이 지보공의 설치
② 방호망의 설치
③ 근로자의 출입 금지

01 화면에서 보여주는 가설구조물이나 개구부 등에서 추락 위험을 방지하기 위해 설치하여야 하는 안전난간의 구조 및 설치요건에 맞도록 ( ) 안에 알맞은 내용을 쓰시오. (7점)

가. 안전난간은 (①), (②), (③) 및 (④)으로 구성할 것
나. (①)는 바닥면·발판 또는 경사로의 표면으로부터 (⑤)[cm] 이상 지점에 설치하고, (①)를 (⑥)[cm] 이하에 설치하는 경우에는 중간 난간대는 상부 난간대와 바닥면 등의 중간에 설치할 것
다. (④)은 바닥면 등으로부터 (⑦)[cm] 이상의 높이를 유지할 것

정답

① 상부 난간대　② 중간 난간대　③ 난간기둥　④ 발끝막이판
⑤ 90　⑥ 120　⑦ 10

02 화면에 보이는 건설기계의 명칭을 쓰시오. (3점)

정답

모터 그레이더

03 화면은 콘크리트 말뚝의 모습을 보여주고 있다. 이와 같은 말뚝의 항타공법 종류 4가지를 쓰시오. (4점)

정답

① 타격공법　② 진동공법　③ 압입공법　④ 프리보링공법

04 화면과 같이 근로자가 건설용 리프트에 벽돌을 싣고 작업하던 중 사고가 발생했다. 다음 물음에 답하시오. (6점)

① 건설용 리프트의 안전장치 1가지를 쓰시오.
② 발생가능한 사고의 종류를 쓰시오.
③ 재해의 발생원인 1가지를 쓰시오.

정답

① 안전장치
㉠ 과부하방지장치 ㉡ 권과방지장치 ㉢ 비상정지장치 ㉣ 제동장치
② 사고의 종류: 떨어짐(추락)
③ 발생원인
㉠ 건설용 리프트의 적재하중 초과
㉡ 근로자 단독작업 실시

2015년

05 화면은 굴착기계로 터널 굴착을 하는 장면을 보여준다. 화면의 ① 공법 명칭과 ② 터널굴착작업 시 작업계획서 포함사항 2가지를 쓰시오. (6점)

정답

① 명칭: T.B.M(Tunnel Boring Machine)공법

② 작업계획서 포함사항

㉠ 굴착의 방법

㉡ 터널 지보공 및 복공의 시공방법과 용수의 처리방법

㉢ 환기 또는 조명시설을 설치할 때에는 그 방법

06 화면을 보고 ① 해당차량 기계의 명칭과 ② 회전이유를 쓰시오. (4점)

정답

① 명칭: 콘크리트 믹서 트럭

② 회전이유

㉠ 골재, 시멘트 및 물을 완전히 혼합하여 균질한 혼합물 생성

㉡ 재료 분리의 발생 및 양생 방지

07 화면은 백호우로 콘크리트를 타설하는 작업을 보여준다. 위험요인 3가지를 쓰시오. (6점)

정답

① 작업 장소 하부 지반의 침하로 인한 백호우 전도

② 백호우 버킷 연결부 등이 작업 중 탈락

③ 유도자 미배치

08 화면은 빌딩의 엘리베이터 피트 거푸집 공사 장면을 보여준다. 발생할 수 있는 ① 사고의 종류와 ② 원인 1가지를 쓰시오. (4점)

정답

① 사고의 종류: 떨어짐(추락)

② 원인: 추락방호망 미설치로 추락사고 발생

2회 1부

01 화면은 차량계 건설장비를 보여주고 있다. 화면의 장비 ① 명칭과 이와 같은 차량계 건설장비를 이용하는 작업의 ② 작업계획서 작성에 포함되어야 할 사항 2가지를 쓰시오. (5점)

정답

① 명칭: 로우더(Loader)

② 작업계획서 포함사항

㉠ 사용하는 차량계 건설기계의 종류 및 성능

㉡ 차량계 건설기계의 운행경로

㉢ 차량계 건설기계에 의한 작업방법

02 화면을 보고 다음 물음에 답하시오. (4점)

① 화면에서 보여주고 있는 건설장비의 명칭을 쓰시오.
② 화면의 건설장비가 화물의 하중을 직접 지지하는 경우에 사용되는 와이어로프의 안전율은 얼마 이상인지 쓰시오.

정답

① 명칭: 이동식 크레인
② 안전율: 5 이상

03 화면은 가스용기의 운반 및 용단작업을 보여주고 있다. 가스용기의 운반과 용단 시의 문제점으로 나누어 각각 1가지씩 쓰시오. (4점)

정답

① 가스용기 운반 시 문제점
　㉠ 이동 시 캡을 씌우지 않고 이동
　㉡ 이동 시 진동, 충격이 발생
② 용단작업 시 문제점
　㉠ 용접장갑과 용접용 앞치마 미착용
　㉡ 불티비산방지조치 미실시

04 화면은 항타작업 현장이다. 이때 사용하는 권상용 와이어로프의 사용제한 조건 3가지를 쓰시오. (6점)

정답

① 이음매가 있는 것

② 와이어로프의 한 꼬임에서 끊어진 소선의 수가 10[%] 이상인 것

③ 지름의 감소가 공칭지름의 7[%]를 초과하는 것

④ 꼬인 것

⑤ 심하게 변형되거나 부식된 것

⑥ 열과 전기충격에 의해 손상된 것

05 화면에서는 굴착기를 이용하여 굴착한 흙을 덤프트럭으로 운반하는 작업을 보여주고 있다. 화면과 같은 작업 시 주의사항(대책) 3가지를 쓰시오. (6점)

정답

① 유도자 배치
② 작업반경 내 근로자 출입금지 조치 실시
③ 작업장 내 운행속도 제한조치 실시
④ 장비간 이격거리 확보를 위한 고임목 설치

06 화면과 같이 아파트 공사현장에서 발생할 수 있는 재해 중 추락재해의 사고에 대한 예방대책 3가지를 쓰시오. (단, 추락방호망, 방호선반, 안전난간의 설치는 제외한다.) (6점)

정답

① 작업발판 설치
② 근로자의 안전대 착용
③ 울타리 설치
④ 수직형 추락방망 설치
⑤ 덮개 설치

07 화면의 건설기계에 대한 다음 물음에 답하시오. (4점)

① 건설기계의 명칭을 쓰시오.
② 건설기계를 운용하는 데에 따른 사항 중 (　　) 안에 알맞은 내용을 쓰시오.
"콘크리트는 신속하게 운반하여 즉시 타설하고, 충분히 다져야 한다. 비비기로부터 타설이 끝날 때까지의 시간은 원칙적으로 외기온도가 (㉠)[℃] 이상일 때에는 (㉡)시간을, (㉠)[℃] 미만일 때에는 (㉢)시간을 넘어서는 안 된다."

정답
① 명칭 : 콘크리트 믹서 트럭
② 운용기준
㉠ 25　　㉡ 1.5　　㉢ 2

08 화면은 흙막이 시설이 설치되어 있는 현장을 보여주고 있다. 이와 같은 ① 흙막이 공법의 명칭과 ② 이 공법의 구성요소(재료)의 명칭 2가지를 쓰시오. (5점)

정답
① 명칭: 버팀대공법
② 구성요소
㉠ H빔　　㉡ 토류판　　㉢ 복공판　　㉣ 스티프너

01 화면은 임시전력시설(전기배전시설)이다. 전기기계 · 기구 등의 충전전로에 부주의나 사고 등에 의해 작업자가 직접 접촉되어 발생하는 재해를 예방하기 위한 감전방지 조치사항 2가지를 쓰시오. (4점)

정답

① 충전전로를 방호, 차폐하거나 절연 등의 조치를 하는 경우에는 근로자의 신체가 전로와 직접 접촉하거나 도전재료, 공구 또는 기기를 통하여 간접 접촉되지 않도록 할 것

② 충전전로를 취급하는 근로자에게 그 작업에 적합한 절연용 보호구를 착용시킬 것

③ 충전전로에 근접한 장소에서 전기작업을 하는 경우에는 해당 전압에 적합한 절연용 방호구를 설치할 것

④ 고압 및 특별고압의 전로에서 전기작업을 하는 근로자에게 활선작업용 기구 및 장치를 사용하도록 할 것

⑤ 근로자가 절연용 방호구의 설치 · 해체작업을 하는 경우에는 절연용 보호구를 착용하거나 활선작업용 기구 및 장치를 사용하도록 할 것

⑥ 유자격자가 아닌 근로자가 충전전로 인근의 높은 곳에서 작업할 때에 근로자의 몸 또는 긴 도전성 물체가 방호되지 않은 충전전로에서 대지전압이 50[kV] 이하인 경우에는 300[cm] 이내로, 대지전압이 50[kV]를 넘는 경우에는 10[kV]당 10[cm]씩 더한 거리 이내로 각각 접근할 수 없도록 할 것

02 화면은 교량 가설현장을 보여주고 있다. 이와 같은 교량에서 고소작업 시 추락방지시설 2가지를 쓰시오. (4점)

정답

① 작업발판　　② 추락방호망

03 화면은 아파트단지 내에서 하수관로 매설작업을 수행하고 있는 전경을 보여주고 있다. 화면을 참고하여 안전준수사항 2가지를 쓰시오. (4점)

정답

① 유도자 배치

② 인양화물 2줄걸이 실시

③ 작업반경 내 근로자 출입금지 조치 실시

04 화면은 사면보호공을 보여주고 있다. 이와 같이 사면굴착 이후 사면보호를 위한 방법 중 구조물에 의한 보호방법 3가지를 쓰시오. (6점)

정답

① 뿜어붙이기공　② 블록공　③ 돌쌓기공　④ 현장타설 콘크리트격자공

05 화면은 교량 상부에 콘크리트 펌프카를 사용하여 콘크리트를 타설하는 작업을 보여주고 있다. 콘크리트타설장비 사용 시 준수사항 3가지를 쓰시오. (6점)

정답

① 작업을 시작하기 전에 콘크리트타설장비를 점검하고 이상을 발견하였으면 즉시 보수할 것
② 건축물의 난간 등에서 작업하는 근로자가 호스의 요동·선회로 인하여 추락하는 위험을 방지하기 위하여 안전난간 설치 등 필요한 조치를 할 것
③ 콘크리트타설장비의 붐을 조정하는 경우에는 주변의 전선 등에 의한 위험을 예방하기 위한 적절한 조치를 할 것
④ 작업 중에 지반의 침하나 아웃트리거 등 콘크리트타설장비 지지구조물의 손상 등에 의하여 콘크리트타설장비가 넘어질 우려가 있는 경우에는 이를 방지하기 위한 적절한 조치를 할 것

06 화면과 같이 건설현장에서 고소작업대 위에 올라가 전기용접기를 이용하여 용접작업을 하는 중 사고가 발생했다. 사고의 원인 2가지를 쓰시오. (4점)

정답

① 안전대 미착용

② 용접용 보호구 미착용

③ 자동전격방지기 미설치

07 화면은 타워크레인 작업 중 발생할 수 있는 낙하재해를 보여주고 있다. 화면에서 재해의 원인(불안전 요소)으로 추정되는 사항 3가지를 쓰시오. (6점)

정답

① 줄걸이 작업 불량

② 인양작업 전 와이어로프의 결함유무 미확인

③ 신호수의 지시 불이행

④ 정격하중 초과중량 화물 인양

08 화면과 같은 사다리식 통로를 설치할 때 준수하여야 할 사항 중 ( ) 안에 알맞은 내용을 쓰시오. (6점)

가. 고정식 사다리식 통로의 기울기는 (①)° 이하로 하고, 그 높이가 (②)[m] 이상인 경우에는 등받이울이 있어도 근로자 이동에 지장이 없는 경우 바닥으로부터 높이가 (③)[m] 되는 지점부터 등받이울을 설치하여야 한다.
나. 사다리식 통로의 길이가 (④)[m] 이상인 경우에는 (⑤)[m] 이내마다 계단참을 설치하여야 한다.
다. 사다리의 상단은 걸쳐놓은 지점으로부터 (⑥)[cm] 이상 올라가도록 하여야 한다.

정답

① 90	② 7	③ 2.5
④ 10	⑤ 5	⑥ 60

2015년

4회 1부

01 화면은 사면보호공을 보여주고 있다. 이와 같이 사면굴착 이후 사면보호를 위한 방법 중 구조물에 의한 보호방법 3가지를 쓰시오. (6점)

정답

① 뿜어붙이기공 ② 블록공 ③ 돌쌓기공 ④ 현장타설 콘크리트격자공

02 화면에서는 추락재해를 유발하는 불안전한 상태를 보여준다. 시설측면에서 불안전한 상태에 대한 안전대책 2가지를 쓰시오. (4점)

정답

① 작업발판 설치
② 추락방호망 설치
③ 안전난간 설치
④ 수직형 추락방망 설치

03 화면에서 근로자는 밀폐공간에서 방수작업을 하고 있다. 화면에서 ① 적정공기 기준 1가지와 ② 산소 결핍 방지대책 2가지를 쓰시오. (6점)

정답

① 적정공기 기준
 ㉠ 산소농도 18[%] 이상 23.5[%] 미만
 ㉡ 이산화탄소농도 1.5[%] 미만
 ㉢ 일산화탄소농도 30[ppm] 미만
 ㉣ 황화수소농도 10[ppm] 미만

② 산소 결핍 방지대책
 ㉠ 작업을 시작하기 전 해당 밀폐공간의 산소 및 유해가스의 농도를 측정할 것
 ㉡ 적정공기 상태가 유지되도록 작업장을 환기할 것
 ㉢ 근로자에게 공기호흡기 또는 송기마스크를 지급하여 착용하도록 할 것

04 화면은 아파트 건설현장에서 외벽 거푸집 조립작업 중이다. 이 거푸집의 ① 명칭과 ② 장점을 쓰시오. (4점)

정답

① 명칭: 갱 폼(Gang Form)

② 장점

㉠ 공사기간 단축

㉡ 벽체 거푸집과 작업발판의 일체형으로 비계 불필요

㉢ 설치, 해체가 용이

㉣ 반복사용 가능

05 화면은 터널공사에서 콘크리트 라이닝을 하고 있다. 콘크리트 라이닝의 목적 2가지를 쓰시오. (4점)

정답

① 터널 단면의 변형 방지

② 터널 단면의 강도 확보

③ 터널 내부 시설물의 설치 용이

06 화면과 같은 장소에서 건설작업에 종사하는 근로자가 전로에 신체 등이 접촉하거나 접근함으로 인하여 감전의 위험이 발생할 우려가 있다. 감전의 위험요소 2가지를 쓰시오. (4점)

정답

① 통전전류의 크기　② 통전경로　③ 통전시간　④ 전원의 종류

07 화면은 오토클라이밍폼 작업을 하는 과정을 보여준다. 작업순서를 쓰시오. (6점)

① 오토클라이밍폼으로 교각 시공	② 측경 간 시공	③ 중앙 key segment
④ 중앙 박스 타설(키세그 연결 전)	⑤ 상부타설 시작	⑥ 상부타설 진행

정답

① → ⑤ → ⑥ → ② → ④ → ③

08 화면에서 보이는 장면은 터널 굴착현장에서의 공정이다. 화면을 참고하여 다음 물음에 답하시오. (6점)

① 화면에서 작업하고 있는 공정의 명칭을 쓰시오.
② 화면과 같은 작업 시 작업계획서 내용 2가지를 쓰시오.

정답

① 명칭: 숏크리트 타설
② 작업계획서 포함사항
  ㉠ 굴착의 방법
  ㉡ 터널 지보공 및 복공의 시공방법과 용수의 처리방법
  ㉢ 환기 또는 조명시설을 설치할 때에는 그 방법

4회 2부

01 화면은 동바리의 설치 잘못으로 붕괴사고가 발생한 장면이다. 동바리의 조립 시 준수사항 3가지를 쓰시오. (6점)

정답

① 받침목이나 깔판의 사용, 콘크리트 타설, 말뚝박기 등 동바리의 침하를 방지하기 위한 조치를 할 것
② 동바리의 상하 고정 및 미끄러짐 방지 조치를 할 것
③ 상부 · 하부의 동바리가 동일 수직선 상에 위치하도록 하여 깔판 · 받침목에 고정시킬 것
④ 개구부 상부에 동바리를 설치하는 경우에는 상부하중을 견딜 수 있는 견고한 받침대를 설치할 것
⑤ U헤드 등의 단판이 없는 동바리 상단에 멍에 등을 올릴 경우에는 해당 상단에 U헤드 등의 단판을 설치하고, 멍에 등이 전도되거나 이탈되지 않도록 고정시킬 것
⑥ 동바리의 이음은 같은 품질의 재료를 사용할 것
⑦ 강재의 접속부 및 교차부는 볼트 · 클램프 등 전용철물을 사용하여 단단히 연결할 것
⑧ 거푸집의 형상에 따른 부득이한 경우를 제외하고는 깔판이나 받침목은 2단 이상 끼우지 않도록 할 것
⑨ 깔판이나 받침목을 이어서 사용하는 경우에는 그 깔판 · 받침목을 단단히 연결할 것

02 화면의 ① 기계의 명칭과 ② 용도를 쓰시오. (4점)

정답

① 명칭: 아스팔트 피니셔

② 용도: 덤프트럭으로 운반된 아스팔트를 노면에 일정한 높이와 간격으로 포설

03 화면은 흙막이 시설이 설치되어 있는 현장을 보여주고 있다. 이와 같은 흙막이 ① 공법의 명칭과 ② 이 공법의 구성요소(재료) 2가지를 쓰시오. (6점)

정답

① 명칭: 버팀대공법

② 구성요소

㉠ H빔 ㉡ 토류판 ㉢ 복공판 ㉣ 스티프너

04 화면에 보여진 차량계 건설기계를 이용하여 작업 중 차량이 넘어지거나 굴러떨어짐으로써 발생하는 재해의 방지대책 2가지를 쓰시오. (4점)

정답

① 유도자 배치
② 지반의 부동침하 방지 조치
③ 갓길의 붕괴 방지 조치
④ 도로 폭의 유지

05 화면은 낙하물 방지망을 보수하는 장면이다. 방망의 표시사항 2가지를 쓰시오. (4점)

정답

① 제조자명 ② 제조연월 ③ 재봉치수 ④ 그물코 ⑤ 신품인 때의 방망의 강도

06 화면은 타워크레인의 모습이다. 타워크레인의 해체 작업 시 준수하여야 하는 사항 2가지를 쓰시오. (4점)

정답

① 작업순서를 정하고 그 순서에 따라 작업을 할 것
② 작업을 할 구역에 관계 근로자가 아닌 사람의 출입을 금지하고 그 취지를 보기 쉬운 곳에 표시할 것
③ 비, 눈, 그 밖에 기상상태의 불안정으로 날씨가 몹시 나쁜 경우에는 그 작업을 중지시킬 것
④ 작업장소는 안전한 작업이 이루어질 수 있도록 충분한 공간을 확보하고 장애물이 없도록 할 것
⑤ 들어올리거나 내리는 기자재는 균형을 유지하면서 작업을 하도록 할 것
⑥ 크레인의 성능, 사용조건 등에 따라 충분한 응력을 갖는 구조로 기초를 설치하고 침하 등이 일어나지 않도록 할 것
⑦ 규격품인 조립용 볼트를 사용하고 대칭되는 곳을 차례로 결합하고 분해할 것

07 화면은 철근을 인력으로 운반하는 모습이다. 이와 같은 운반작업을 할 때 준수하여야 할 사항 3가지를 쓰시오. (6점)

정답

① 1인당 무게는 25[kg] 정도가 적절하며, 무리한 운반을 삼가할 것
② 2인 이상이 한 조가 되어 어깨메기로 하여 운반하는 등 안전을 도모할 것
③ 긴 철근을 부득이 한 사람이 운반할 때에는 한쪽을 어깨에 메고 한쪽 끝을 끌면서 운반할 것
④ 운반할 때에는 양끝을 묶어 운반할 것
⑤ 내려 놓을 때는 천천히 내려 놓고 던지지 않을 것
⑥ 공동 작업을 할 때에는 신호에 따라 작업을 할 것

08 화면은 서해대교이다. 다음 물음에 답하시오. (6점)

① 이 교량의 형식을 쓰시오.
② 교량 공정이 다음과 같을 때, 시공 순서를 나열하시오.
㉠ 케이블 설치 ㉡ 주탑 시공 ㉢ 상판 아스팔트 타설 ㉣ 우물통 기초공사

정답

① 교량 형식: 사장교
② 시공 순서: ㉣ → ㉡ → ㉠ → ㉢

01 화면은 공사현장의 개구부이다. 이와 같이 추락의 위험이 존재하는 장소에서의 안전조치 방법 3가지를 쓰시오. (6점)

정답

① 안전난간 설치
② 울타리 설치
③ 수직형 추락방망 설치
④ 덮개 설치
⑤ 추락방호망 설치
⑥ 근로자의 안전대 착용

02 화면은 철근의 조립간격을 보여주고 있다. 기초에서 ① 주철근에 가로로 들어가는 철근의 역할과 ② 기둥에서 전단력에 저항하는 철근의 이름을 쓰시오. (5점)

정답

① 철근의 역할
- ㉠ 주철근을 고정하여 좌굴 방지
- ㉡ 수축조절
- ㉢ 주철근 간격 유지

② 철근의 이름: 띠철근

03 화면에서 보여주는 ① 건설기계의 명칭을 쓰고, 주된 ② 용도 2가지를 쓰시오. (6점)

정답

① 명칭: 클램쉘(Clamshell)

② 용도
- ㉠ 수중굴착
- ㉡ 수직굴착
- ㉢ 협소한 공간 내 수직이동하며 토사 운반 작업

04 화면에서와 같은 강관비계의 설치기준에 대하여 (   ) 안에 알맞은 내용을 쓰시오. (4점)

① 비계기둥의 간격: 띠장 방향에서는 (   )[m] 이하
② 비계기둥의 간격: 장선 방향에서는 (   )[m] 이하
③ 띠장의 간격: (   )[m] 이하
④ 비계기둥 간의 적재하중: (   )[kg] 이하

정답

① 1.85 ② 1.5 ③ 2 ④ 400

05 화면은 동바리의 설치 잘못으로 붕괴사고가 발생한 장면이다. 화면에서 동바리의 설치상태가 잘못된 점 3가지를 쓰시오. (6점)

정답

① 동바리 규격불량

② 수평연결재 미설치

③ 변형된 자재 사용

④ 동바리 수직도 미준수

06 화면에서 보이는 장면은 터널굴착 현장에서의 공정 중 하나이다. 터널굴착작업 시 작업계획서 내용 3가지를 쓰시오. (6점)

정답

① 굴착의 방법

② 터널 지보공 및 복공의 시공방법과 용수의 처리방법

③ 환기 또는 조명시설을 설치할 때에는 그 방법

07 화면과 같은 사다리식 통로를 설치할 때 준수하여야 할 사항 중 (   ) 안에 알맞은 내용을 쓰시오. (3점)

가. 고정식 사다리식 통로의 기울기는 (①)° 이하로 하고, 그 높이가 (②)[m] 이상인 경우에는 등받이울이 있어도 근로자 이동에 지장이 없는 경우 바닥으로부터 높이가 2.5[m] 되는 지점부터 등받이울을 설치하여야 한다.

나. 사다리식 통로의 길이가 10[m] 이상인 경우에는 (③)[m] 이내마다 계단참을 설치하여야 한다.

정답

① 90 ② 7 ③ 5

08 화면에서 추락재해 가능성이 있는 경사로를 보여주고 있다. 시설측면에서의 불안전한 상태 2가지를 쓰시오. (4점)

정답

① 작업발판 미설치

② 울, 손잡이 등 미설치

③ 추락방호망 미설치

④ 통로 설치상태 불량

에듀윌이
너를
지지할게

ENERGY

끝이 좋아야 시작이 빛난다.

– 마리아노 리베라(Mariano Rivera)

2025 에듀윌 건설안전기사 실기 기출문제집

발 행 일	2025년 2월 5일 초판
편 저 자	김충민
펴 낸 이	양형남
개발책임	목진재
개 발	원은지
펴 낸 곳	(주)에듀윌
I S B N	979-11-360-3645-2
등록번호	제25100-2002-000052호
주 소	08378 서울특별시 구로구 디지털로34길 55 코오롱싸이언스밸리 2차 3층

www.eduwill.net

대표전화 1600-6700

여러분의 작은 소리
에듀윌은 크게 듣겠습니다.

본 교재에 대한 여러분의 목소리를 들려주세요.
공부하시면서 어려웠던 점, 궁금한 점,
칭찬하고 싶은 점, 개선할 점, 어떤 것이라도 좋습니다.

에듀윌은 여러분께서 나누어 주신 의견을
통해 끊임없이 발전하고 있습니다.

에듀윌 도서몰 book.eduwill.net

- 부가학습자료 및 정오표: 에듀윌 도서몰 → 도서자료실
- 교재 문의: 에듀윌 도서몰 → 문의하기 → 교재(내용, 출간) / 주문 및 배송